# 风力发电机组轴承应用技术

王 勇 赵 明 编著

机械工业出版社

本书介绍了风力发电机组中常用的滚动轴承应用技术。书中的内容首先对风力发电机组和轴承做了简单介绍，然后从常见的滚动轴承入手，介绍了轴承通用的基本性能、轴承配置原则、基本选型校核计算、轴承润滑技术，以及一般的安装、储运和拆卸技术，轴承的振动监测分析技术和轴承的失效分析技术等。之后以风力发电机组传动链最主要的组成部分——齿轮箱、发电机、主轴为线索，分别介绍各部分专门的选型配置、校核计算、润滑与运维等特有的技术知识。在本书的最后部分，介绍了风力发电机组轴承智能监测与诊断相关的技术以及数据分析方法。

本书可供风力发电机组技术人员、风力发电机组传动链子设备（发电机、齿轮箱）技术人员，以及风力发电机组的使用、维护相关技术人员在设计、试验、维护、保养等涉及轴承相关问题的分析、校核的工作中使用。从事风力发电设备技术服务的轴承应用工程师也可以将本书作为一本专门领域的技术参考工具书。

## 图书在版编目（CIP）数据

风力发电机组轴承应用技术 / 王勇，赵明编著 . —北京：机械工业出版社，2023.5
ISBN 978-7-111-72843-6

Ⅰ.①风… Ⅱ.①王…②赵… Ⅲ.①风力发电机 – 发电机组 – 轴承 – 研究 Ⅳ.
①TM315

中国国家版本馆 CIP 数据核字（2023）第 050898 号

机械工业出版社（北京市百万庄大街 22 号　邮政编码 100037）
策划编辑：江婧婧　　　　　　责任编辑：江婧婧
责任校对：贾海霞　梁　静　　封面设计：鞠　杨
责任印制：刘　媛
涿州市般润文化传播有限公司印刷
2023 年 6 月第 1 版第 1 次印刷
169mm×239mm・25 印张・508 千字
标准书号：ISBN 978-7-111-72843-6
定价：125.00 元

电话服务　　　　　　　　网络服务
客服电话：010-88361066　机 工 官 网：www.cmpbook.com
　　　　　010-88379833　机 工 官 博：weibo.com/cmp1952
　　　　　010-68326294　金 书 网：www.golden-book.com
**封底无防伪标均为盗版**　机工教育服务网：www.cmpedu.com

# 序

人类对风能的利用自古有之，从 19 世纪开始，风能开始被转化为电能为人类生产生活提供能源支持。风能是重要的绿色能源，中国风力发电始于 20 世纪 80 年代，虽然发展相对滞后，但是发展起点高、发展速度快。中国风力发电从起始阶段开始就伴随着风力装备的发展，从早期的 750kW 到如今的 10MW 乃至更大的风力发电机组中，机组的设计及生产制造水平已经居于世界领先地位。

轴承是风力发电机组中最重要的机械零部件之一，从风力发电机组的设计、校核计算、生产制造到维护使用的全过程中，轴承相关问题是工程技术人员无法回避的话题。某种程度上看，轴承的可靠应用在很大程度上影响了风力机整体的设计制造水平以及维护水平。因此，轴承在风力发电机组中的应用技术成为广大风力发设备工程师非常关注的技术。

轴承在风力发电机组中的应用技术处于设备技术和轴承技术的交叉领域，应用机理复杂，涉及范围宽泛，此前在国内很难找到系统介绍的相关书籍。这种情况下，风电装备制造和使用者只能从轴承供应商处得到一些相关技术支持，并获得一些技术资料。这样的轴承应用技术资料存在零散、不系统、水平参差不齐、中立性不足的问题。为帮助广大工程技术人员系统、全面地掌握上述知识，《风力发电机组轴承应用技术》一书问世了。本书系统地阐述了滚动轴承在风力发电机组中各个位置的选型、配置、校核计算、润滑、维护、失效分析等相关技术内容，是对风力发电机组轴承应用技术的系统性总结与提炼。本书作者均长期从事轴承应用技术工作，并全程参与了中国风电装备中与轴承应用相关的发展历程。该书内容丰富、覆盖面广、系统性强，内容阐述方式通俗易懂，是作者多年实际工作经验与坚实理论基础结合的产物。

随着中国风电数字化、智能化水平的发展，对风力发电机组轴承运行的智能监测与健康管理成为轴承应用领域的一个新兴分支。本书中，作者结合近年来的工业智能化、数字化实践，总结了一些相关的数智化逻辑、轴承健康管理方法，以及一些对于算法的探索和实践。

对技术的好奇心永远是一个工程师进行技术探索的勇气源泉，也是技术水平提升的不竭动力。这本书本质上也是作者多年来对技术好奇和探索的总结。

新技术层出不穷，技术积累日益丰富，希望本书可以帮助广大工程师在技术发展、进步的洪流中取得更大成就。

金风科技副总裁
金风国际董事长 吴凯

2023 年 3 月 15 日

# 前　　言

风力发电作为新能源中重要的一个类别已经得到了广泛的应用，轴承作为风力发电机组中的关键零部件，在机组的设计、使用、维护中都占据重要的地位，受到机械工程师的关注。

风力发电机组本身是一个多设备的组合体，在机组中每一个子设备中都有轴承应用的一些专门知识。在前几年作者出版了《电机轴承应用技术》《齿轮箱轴承应用技术》等轴承应用技术的专门书籍，在这些书籍中，都对相关的轴承应用技术进行了详细的阐述，同时也涉及了风力发电机组中电机与齿轮箱轴承应用技术的相关内容，但是对于风力发电机组而言，主轴系统的轴承应用技术并未涉及，也就不能包含风力发电机组轴承应用的全部场景。同时，《电机轴承应用技术》与《齿轮箱轴承应用技术》并不是专门为风力发电机组应用而著，因此还是需要对风力发电机组总体轴承应用技术进行一个详尽、系统的梳理。基于这个目的，在编辑江婧婧的鼓励下，我们决定撰写《风力发电机组轴承应用技术》一书。

《风力发电机组轴承应用技术》一书以风力发电机组的应用为主要场景，分别对机组中主要的关键子设备中的轴承应用技术进行了系统的梳理，涵盖了轴承从选型、设计到使用维护的主要应用技术内容。

本书在风力发电机组电机、齿轮箱的轴承应用技术的共性方面引用了《电机轴承应用技术》与《齿轮箱轴承应用技术》的部分，同时对风力发电机组中电机和齿轮箱的特殊要求进行补充。书中的一些数据引用了相应的国际标准、国家标准、企业标准和国际知名轴承品牌厂家的综合型录、手册等。

近些年，大数据和人工智能技术在设备运维领域的应用日渐普及，本书在轴承维护部分加入了基于大数据和人工智能技术的智能运维数据分析技术中相关的内容。这些内容也主要源于作者近些年的实践和总结。对于一项新技术的应用，还很难像成熟的轴承应用技术一样有国际、国内达成广泛共识的详细知识框架，因此对这些部分的梳理也是一个探索，供广大读者参考。

为本书的编写提出了宝贵意见和建议的还有许伟、韩志刚、常东方、马乃绪等。由于作者水平所限，书中难免存在不准确甚至错误的地方，恳请广大机械工程技术人员，轴承应用工程师，风力发电机组设计、运维、使用技术人员提出宝贵意见和建议。

　　本书是作者对轴承应用技术系列书籍的一个总结。作者在过去的轴承应用技术学习应用中曾经得到很多前辈工程师和朋友的鼓励和支持。感谢良师益友伍美芳女士（Quency NG）、吴凯先生、杨彦女士、才家刚先生。感谢更早期的授渔之师赵连成先生、张炳义教授。

作　者

2023 年 1 月 19 日

# 目　　录

# 第二篇　滚动轴承应用技术

## 第三篇　风力发电机组齿轮箱轴承应用

## 第五篇　风力发电机组主轴轴承应用

# 第一篇　概　　述

随着环境保护因素成为社会生产生活中越来越重要的因素，清洁的可再生能源越来越受到青睐。中国的可再生能源正进入大规模、高比例、市场化阶段，正进一步成为能源生产和消费的主流方向，是实现"碳达峰、碳中和"的有力支撑。

风力发电作为新能源中的一个分支在中国发展有几十年的历史，已经从小型试验式的设备成长为能源生产领域中的一个重要部分。根据国家能源局发布的2022全国电力工业统计数据。截至12月底，全国累计发电机装机容量约25.6亿kW，其中风电装机容量3.7亿kW，占总量的14.45%。2021年，中国新增海上风电装机容量1740万kW，累计装机规模达到2639万kW，超过英国，跃居世界第一。在过去的几十年里，风力发电累积了大量的装机，并保持高速增长，越来越成为生产生活中广泛使用的电能来源。

中国的风力发电机组从最早的小型陆上风力发电机组到现在的大型陆上、海上风力发电机组，机组容量越来越大，内部结构也变得越来越复杂。虽然风力发电机组的总体设计发生了一些变化，但是截至目前，风力发电机组的总体结构形式已经基本稳定，整个机组仍然以旋转轴系结构为主。

在风力发电机组的旋转轴系中，轴承是用作维系轴系正常运转的重要零部件之一。轴承保证了轴系的空间位置，减小运转时的摩擦，使轴系可以发挥应有的效能。

风力发电机组作为一个多子系统构成的机组设备，会使用到不同类型、不同大小的多重轴承协同工作。同时，风力发电机组的运行环境又十分恶劣，给多重不同轴承协同工作带来了不小的挑战。

因此，在风力发电机组从设计到运行的整个过程中，轴承的选型、校核计算、结构设计、润滑设计、安装、维护与监测、故障诊断与失效分析等各方面技术成为工程技术人员必须面对的问题。

要解决上述问题，工程技术人员需要具备相当的机械知识、轴承知识，以及风力发电机组相关主要部件的技术知识。这种在风力发电机组领域对轴承进行合理选型、使用、维护、分析的技术是属于应用技术的范畴，因此我们称之为风力发电机组轴承应用技术。

# 第一章
# 风力发电机组概述

　　人类利用风能的历史非常悠久，其具体的开始时间已经很难追溯了。从"风车之国"荷兰，利用风能进行谷物的加工，到我国古代利用风能吸海水制盐。如果追溯第一台真正意义上的自动运行的，且用于发电的风力机，大概可以追溯到 19 世纪 80 年代，美国电力工业的奠基人之一的 Charles F. Brush 在俄亥俄州的克利夫兰市安装的，由雪松木制造的叶长只有 8.5m 的风力发电机组了。

　　随着能源问题成为全球可持续发展所面临的主要问题，国际社会不得不积极地寻找对策，同时关注新能源或者绿色能源的发展与利用。风能是一种可再生并且没有污染的绿色能源，与水力一样，目前看来是取之不尽、用之不竭的，而且全球的风能储量非常丰富。据估计，全球可利用的风能总量在 53 000TWh/ 年。风能的大规模开发利用，将会有效地减少化石能源的使用，同时降低二氧化碳等气体的排放，缓解温室效应，保护环境。大力发展风能已经成为各国政府的重要选择。

　　20 世纪 30 年代起，北欧等国家就已经着手研发大功率的风力发电机组，直至 80 年代初期，已经出现了功率为 600kW，在当时来说算是中大型的风力发电机组了，各国的技术逐渐在突破风力发电的技术瓶颈，风力发电机组的制造及整体风力发电的成本都在逐步降低。20 世纪末期新一代的风力发电机组的雏形已经形成，并且在本世纪初，全球形成第一波风力发电机组制造，以及风力发电风场的建设高潮。

　　我国与全球同步开始了大型风力发电机组的推广应用，在本世纪初的时候就已经形成了近 30 个规模化的风力发电风场，分布在风资源较丰富的 10 余个省份。至 2016 年前后，我国风电新增装机容量已达 2300 万 kW，累计装机容量 1.7 亿 kW，其中海上风电开始崭露头角，并开始有计划的部署。

## 第一节　风力发电机组的功能及作用

　　风力发电机组是发电设备的一种，工作原理与其他的发电设备类似。简单说就是将风能转换为机械能，再通过常用的发电机组将机械能转换成电能的设备。

　　风力发电机组的工作原理比较简单，叶轮在风力的作用下旋转，把风的动能转换为叶轮轴的机械能，发电机在叶轮轴的带动下旋转发电。广义地说，风能也是太阳能，所以也可以认为风力发电机组是一种以太阳为热源，以大气为工作介质的热能利用发电机。

## 一、风力发电机组中的各个组成部件

传统的风力发电机组通常由叶片及轮毂组件、主轴系统、变桨系统、发电系统、控制系统等一系列机构组成。图1-1以水平轴风力发电机组为例介绍了风力发电机组的各个组成部分。除在图1-1中介绍的主要部分以外，风力发电机组还包括一些其他的辅助机构，例如制动系统、避雷系统、润滑系统、冷却系统（在某些设计的风力发电机组中）、电梯（大型兆瓦级风力发电机组）、塔架及塔架基座、液压系统、风速计及风向标等。

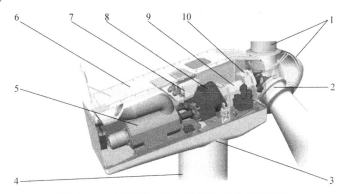

图1-1 水平轴风力发电机组的各个组成部件

1—轮毂及叶片 2—变桨系统 3—偏航系统
4—塔架 5—发电机组 6—机舱 7—控制系统 8—齿轮箱（增速箱） 9—主轴 10—主轴承

### （一）轮毂及叶片

轮毂及叶片，通常也被统称作叶轮。是风力发电机组重要的部件之一，它是风力发电机组区别于其他动力机的主要标志，同时也是风力发电机组需要利用风能的关键部件，它的作用是捕捉和吸收风能，并将风能转变成机械能（旋转），同时通过主轴将能量传递给后续部件的关键部件。

叶轮由叶片和轮毂组成，在现代的风力发电机组中，我们一般也把变桨系统算在其中。中大功率风力发电机组的叶片设计都采用截面积接近于流线型的叶片设计，类似于飞机的机翼，如图1-2所示。而叶片的材料目前也以玻璃钢叶片为主，即一种环氧树脂或者不饱和树脂的高强度塑料，同时渗入长度不同的玻璃纤维，以达到增强强度的作用。这种材料的强度较高，同时重量轻、耐老化能力好，而且表面可以继续缠绕玻璃纤维或者涂环氧树脂，以达到表面光滑，同时降低风阻的目的。因为粗糙的叶片表面容易增加叶片在运转过程中的撕裂风险。

玻璃钢材料的叶片在其内部的其他部分会填充软木或者泡沫塑料，在保证叶片运转稳定性的同时，应尽可能地降低叶片的重量，在保证叶片具有一定刚度的情况下，增大叶片的捕风面积。

随着风力发电机组功率的增加以及使用场地的变化——从陆上转移到沿海滩涂，再到海上风电，整体对包括叶片在内的材料的要求也越来越高。因此，随着要求的不断提升，现在也有采用碳纤维制作的复合叶片。碳纤维复合叶片的刚度是玻璃钢复合叶片的 2～3 倍。但是性能的提升带来的是制造成本的攀升，由于碳纤维材料的成本较高，影响了它在风力发电机组上的应用。

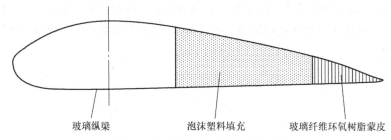

玻璃纵梁　　　　　　泡沫塑料填充　　　　玻璃纤维环氧树脂蒙皮

图 1-2　风力发电机叶片结构简述

**（二）变桨系统**

变桨系统，顾名思义在风力发电机组运行的过程中，通过控制叶片的角度来控制叶轮的转速，进而控制风力发电机组的输出功率，并能够通过空气动力制动的方式使风力发电机组安全停机。

变桨控制系统包括三个主要部件，变桨驱动装置——电机、齿轮箱，以及变桨轴承。从额定功率起，通过控制系统将叶片以精细的变桨角度向顺桨方向转动，实现风机的功率控制。如果一个驱动器发生故障，另两个驱动器可以安全地使风机停机。变桨控制系统如图 1-3 所示。

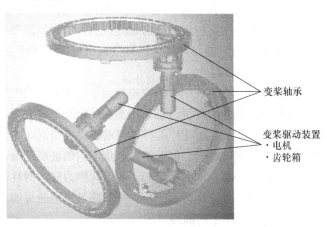

变桨轴承

变桨驱动装置
·电机
·齿轮箱

图 1-3　变桨控制系统

变桨控制系统是通过改变叶片迎角，实现功率变化来进行调节的。通过在叶片和轮毂之间安装的变桨驱动电机带动回转轴承转动从而改变叶片迎角，由此控制叶片的升力，以达到控制作用在风轮叶片上的转矩和功率的目的。在风力发电机组正常运行时，叶片向小迎角方向变化而达到限制功率。

采用变桨距调节，风力机的起动性好、刹车机构简单，叶片顺桨后风轮转速可以逐渐下降，额定点以前的功率输出饱满，额定点以后的输出功率平滑，风轮叶根承受的动、静载荷小。变桨系统作为基本制动系统，可以在额定功率范围内对风机速度进行控制。

### （三）主轴系统

当叶轮旋转起来后，转动惯量就传递到下一个阶段，即风力发电机组的主轴和主轴承部分。如图 1-4 所示。

主轴是风力发电机组里主要传递转矩的零部件，它将转动惯量传递到下一个零部件，也就是我们后面需要着重介绍的部分——增速齿轮箱。

而主轴承则是整个风力发电机组里面最主要的承载部件。整个风力发电机组传动链的重量，包括叶轮、主轴承，在某些风力发电机组的设计

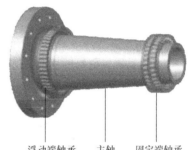

浮动端轴承　　主轴　　固定端轴承

**图 1-4　主轴的配置及连接方式**

中可能还会包括齿轮箱的重量，以及风的载荷，都会通过主轴承传递到机舱，通过塔筒最终传递到基座上。因此主轴承的选型在风力发电机组的整个设计中都是一个非常关键的环节。

### （四）增速齿轮箱

在整个风力发电机组传动链中，紧接着主轴之后的就是我们要跟大家花比较大的篇幅去介绍的本书的主要内容——增速齿轮箱。从名字就可以看出来，其实这就是一个齿轮箱，只是名字叫作增速齿轮箱，顾名思义，与传统的工业齿轮箱不同的是，它的作用不是降低转速，而是增加转速。

所以，与主轴后段直接相连接的则是整个齿轮箱中的低速轴，通过齿轮的增速传动，把由于风能提高的转速增加到后端发电机可以接受的发电转速。因为风力发电机组的叶轮转速一般都比较低，大多数都在 20 转左右。如果我们以装配了 4 级发电机的风力发电机组为例，那么齿轮箱的增速比一般都要在 70 ~ 100。这也对齿轮箱的整体设计提出了很多的要求。所以从设计上说，虽然这也是个齿轮箱，但是内部轴的配置以及轴承的选择与工业齿轮箱都有很多的不同。

一般来说，风力发电机组的齿轮箱都是以行星轴加平行轴的混合设计来达到如此高的传动比的。

如图 1-5 所示，这种混合传动的设计结构相对紧凑，比较符合风力发电机组的要

求，整体风力发电机组设计的空间就较小。低速级转速低，转矩大，采用行星传动，且主要以太阳轮浮动均载为主。第二级、第三级转矩小得多，采用斜齿传动，能有效地保证叶尖高压油通道。首先，通过风带动叶片转动，叶片通过主轴和主轴承把转速传到输入轴（1）上。通过输入轴（1）上的花键把力矩传到行星架（2）上，行星架通过内齿圈（3）、行星轮（4）和太阳轮（5）组成的行星传动传到太阳轮（5）上，太阳轮（5）通过另一端的花键把力矩传到大齿轮（6）上，大齿轮（6）通过齿轮传动把力矩传到齿轮轴（7）上，齿轮轴（7）通过轴上的大齿轮把力矩传到输出轴（8）上。输出轴（8）通过输出轴轴伸端把力矩和转速传到发电机上，供发电机发电。

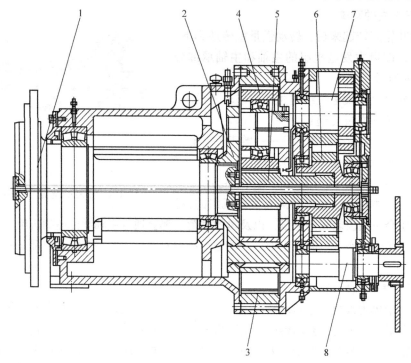

图 1-5  600kW 的风力发电机增速齿轮箱示意图

**（五）发电机及其他零部件**

发电机是整个风力发电机组中的主要做功设备。传动链前期所有的功，最终都需要通过发电机把旋转的机械能转变成电能。目前传统的风力发电机组里的发电机与普通的发电机区别不大，只有一些需要根据风力发电特点所做的细节上的调整，例如带有绝缘涂层的轴承等。

在目前的风力发电机组中，常用的风力发电机主要有双馈异步发电机以及直驱式风力发电机组里面常用的永磁发电机。

双馈式风力发电机本身总体结构与一般的电机相似，从机械结构上看都是双支撑单轴系统。1.5MW 风力发电机基本结构如图 1-6 所示。

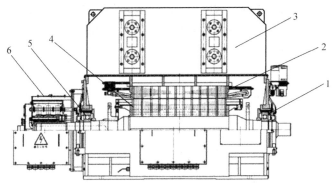

图 1-6 1.5MW 风力发电机结构

图 1-6 中，1 为发电机驱动端轴承；2 为发电机定子；3 为冷却装置；4 为风力发电机转子；5 为风力发电机非驱动端轴承；6 为风力发电机电刷装置。

直驱式永磁风力发电机总体上也是单轴系统，这种发电机经常与主轴共用轴承。

风力发电机安装在风力发电机组上运行的时候一般都是倾斜安装，具有大约 5°的倾角。

风力发电机组的其他部件，例如塔架、机舱等，因为是纯静态的结构，而且不涉及轴承的应用，我们在本书中不做说明。

## 二、风力发电机组的设计类型与发展方向

随着风力发电机组的不断发展，以及风力发电机组零部件制造技术的不断提升。风力发电机组的发展也遵循着结构更紧凑，功率密度更高的发展趋势。由于风力发电机组特殊的应用场合，导致了对与风力发电机组相关技术的要求也非常高。例如，越轻以及越紧凑的结构设计不仅给风力发电机组主机带来轻量化的设计，同时塔架的成本也会随之降低；随着功率的不断提高，紧凑型的设计会带来更小的机舱容量，也意味着整体设计趋向轻量化的要求。

因此，对风力发电机组整体的零部件的设计、链接的设计，甚至是材料的设计都带来越来越多的改进。

目前风力发电机组流行的趋势是在保证强度的同时要求重量更轻，同时传动链的设计更紧凑。这也是市场上现有的风力发电机组设计存在不同设计的最主要原因。从最早的传统两点支撑的风力发电机组设计到现在非常流行的无主轴的风力发电机组设计，风力发电机组经历了多代更迭，风力发电的发展在近 40～50 年出现了井喷的情况，所以市场上的风力发电机组存在着从最早到最新的设计全覆盖的情况。

我们对风力发电机组设计的区分，从"整合度"程度的不同，把它们分为三个

类型的设计：①传统式风力发电机组，主轴系统与增速齿轮箱完全分离式的设计；②混合式风力发电机组，在混合式风力发电机组的设计中又存在两种不同的区分，一是有两个主轴承，其中一个与后面的齿轮箱融合，这个轴承承担着两种功能，即主轴承的支撑功能和齿轮箱输入轴轴承的功能；二是只有一个主轴承的设计，其完全与齿轮箱融合，不仅起到支撑整个传动链的功能，还承担一部分齿轮箱输入轴的功能；③直驱式风力发电机组，在这种风力发电机组中，增速齿轮箱被去掉，主轴承直接与永磁发电机链接，发电机直径较大，转速较慢，但是同样能达到传统式风力发电机组的作用。

图 1-7 所示的不同的设计，在整个风力发电机组的设计流程中经历了多年的市场验证。从技术来讲，是从传动链的角度对其整合性以及功能性划分做了非常大的改进。

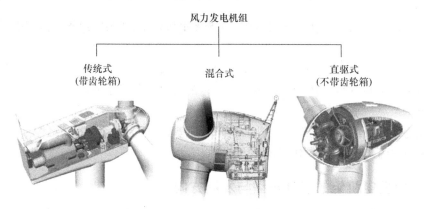

图 1-7　三种不同的风力发电机组设计

### （一）传统式风力发电机组（带齿轮箱）

对于传统的风力发电机组来说，它的优点是功能区分明显，主轴就承担主轴的功能，齿轮箱承担齿轮箱的功能，因此缺点也非常明显，整个传动链的尺寸非常长，导致的结果就是整个风力发电机组主机的尺寸很大，整体重量较大。

### （二）混合式风力发电机组

混合式的风力发电机组设计。在传统设计的角度上，对主轴系统和增速齿轮箱系统做了部分层面的混合。最主要的目的是缩短了传动链，从图 1-7 也可以看出，混合式的风力发电机组内部的设计要比传统式短了不少。优点是缩短的传动链设计更紧凑，重量更轻。更轻的风力发电机组主机对于塔架的设计来说，也友好了不少。

但是，对机械设计稍有了解就会发现，混合式的机型给整机设计，甚至是加工制造都提出了更高的要求。功能的混合意味着在设计时我们就要考虑两个不同功能的零部件之间的相互影响。而且单一零部件所承担的功能越多也意味着出现失效的点也在增多，出现失效的风险也在提高。因此这种设计的风力发电机组不仅对设计，也对零部件的制造、整机的安装，甚至后续的维护都提出了更高的要求。

### （三）直驱式风力发电机组（不带齿轮箱）

直驱式的风力发电机组。在开始我们就介绍过，要让发电机达到发电的条件，不可或缺的一点就是转速要达到发电机的要求，这也是为什么在早期的设计中，增速齿轮箱是传动链上不可缺少的一部分。但是，随着大批量的风力发电机组投入商业运行，我们发现在整体的风力发电机组失效中，齿轮箱的失效占到了 60% 以上。

这是因为增速齿轮箱是一个相对来说比较复杂的部件，其中不仅有齿轮的啮合，更多的还有轴承的运行。因此，在过去的很长一段时间中，齿轮箱的维护和保养都是摆在风场业主面前的一个很大的难题。这也就是直驱式的风力发电机组应运而生的主要原因。

为了降低风力发电机组的维保成本，直接拿掉了其中一个失效点过多的零部件。但是，齿轮箱的消失意味着对发电机的要求更多了，尺寸要求更大，永磁式的发电机在生产成本上也面临着问题。但是这个就是发电机厂家需要去进一步解决的问题了。我们在本书中不展开讨论。

## 第二节　风力发电机的发展趋势

随着全球能源需求的政策倾斜，以及科技的不断进步，风力发电机的发展在过去的几十年中经历了爆炸性的增长，展现出了广阔的前景。

## 一、单机容量的不断增大

如果单纯谈商用的风力发电机组，我国市场开始接触的时候大概已经是 500～600kW 等级的主机占领市场了。经过多年的发展，如今在丹麦已经建成的风力发电机组高度已经超过 200m，叶片长度超过 80m，长度已经超过了波音 747 飞机，其叶轮的扫风面积甚至超过了坐落在泰晤士河岸的"伦敦眼"。此风力发电机组每天的发电量可达 26 万 kWh，基本可以满足上百个用户一个月的基本用电量。

虽说全球的风能资源非常丰富，但是历经过去多年的风力发电机组建设，风场资源也面临着会越来越紧张的局面，因此单机容量更大的风力发电机组势必成为未来发展的方向。

## 二、风力发电从陆地向海面拓展

虽然我们一直强调风能是一种可再生的能源，而且只要有太阳，同时地球在不停地转动，风能可以说是一种取之不尽、用之不竭的资源，但是随着过去几十年风力发电机组的快速增长，越来越多的风力发电机组竖立在陆地上风能较充沛的地方，也在不停地侵占着陆地资源，我们同样面临着陆地资源不够，而没有地方可以继续竖立风力发电机组的窘境。

因此，海面的广阔空间和巨大的风能潜力使得风力发电机组从陆地向海面的扩张成为一种趋势。自 2006 年开始，欧洲的海上风力发电已经大规模地起飞。随着我国对风力发电机组设计和改进的不断投入以及技术的不断创新，我国的海上风力发电机组也在经历着快速发展的阶段。目前，头部的风力发电机组设计及制造商已经有了成熟的海上风力发电机组技术，并且在我国的东部及东南沿海地区建设了越来越多的海上风力发电场。

## 三、新方案和新技术的不断使用

在功率调节方式上，变速恒频技术和变桨距调节技术将得到更多的应用；在发电机类型上，无刷双馈型感应发电机（传统式）和永磁发电机（直驱式）已经成为风力发电的新宠；在励磁电源上，随着电力电子技术的发展，新型变频器不断出现，同时性能得到不断的改善；在控制技术上，计算机分布式控制技术和新的控制理论将进一步得到应用；在驱动方式上，无齿轮箱的直接驱动技术将更加吸引人们的注意。

在技术上，经过不断发展，风力发电机组逐渐形成了水平轴、三叶片、上风向、管式塔的统一形式。进入 21 世纪后，随着电力电子技术、计算机控制技术和材料技术的不断发展，风力发电技术得到了飞速发展。

# 第二章
# 轴承概述

## 第一节　轴承与摩擦

### 一、轴承的历史

轴承作为旋转机械中最重要的零部件，早在古埃及时期就已经存在。人类最早使用的"轴承"通常是以直线运动形式减小摩擦，以便于挪动重量巨大的物体。那个时候，轴承的概念仅仅是一个原理模型，这样的应用可以最早追溯到修建吉萨金字塔的时候，图 2-1 是古埃及修建金字塔的时候，人们应用圆木当作滚子搬运重物的图景。

图 2-1　人类早期的轴承应用原理

早期人们在车辆中需要使用一定的装置减少轮轴与轮毂的摩擦，最简单的轴套轴承就在那个时候被广泛应用。1760 年英国人约翰·哈里森（John Harrison）在制作海上航行时使用的航海精密计时器的过程中，发明了带有保持架的滚动轴承。这是最早投入使用的具有保持架的滚动轴承，也推动了滚动轴承的广泛应用。

具有保持架的滚动轴承诞生之后，在大规模生产的时候工程师们遇到的最大的困扰就是如何大批量地生产出高精度的钢球以及滚子。1883 年德国人弗里德里希·费舍尔（Friedrich Fischer）发明了一种可以大量生产高精度钢球的球磨机，这一发明被认为是后来滚动轴承工业的开端，随着这一发明的应用，滚动轴承迅速扩展到全世界。1905 年弗里德里希·费舍尔创建了 FAG（Fischer Aktien-Gesellschaft，费舍尔股份有限公司），后被舍弗勒集团收购。

1895 年，亨利·铁姆肯（Henry Timken）发明了圆锥滚子轴承，并于 1898 年获得圆锥滚子轴承专利。1899 年铁姆肯滚子轴承公司成立。从此人们拥有了可以承担较大的复合负荷的滚子轴承。

当时人类有了可以承受径向负荷、轴向负荷以及复合负荷的轴承。但是对于方向变动负荷或者是需要调心的负荷承载还是问题。1907年，瑞典人斯文·温奎斯特（Sven Wingquist）发明了双列自调心球轴承，并成立了SKF（Svenska Kullarger Fabriken，瑞典轴承工厂）。后来SKF又发明了调心滚子轴承。

至此，滚动轴承的主要品类几乎都已经诞生了。现代轴承工业代表品牌及其生产已经成型。时至今日，工程领域使用的滚动轴承依然主要涵盖在这些领域中。

## 二、摩擦与轴承的摩擦方式

轴承的主要作用是减少机械转动时相互接触又相对运动的表面的摩擦。

摩擦是指一个物体与另一个物体沿着接触面出现切向运动或者相互运动的趋势时接触表面的阻力。通常摩擦分为静摩擦、滑动摩擦和滚动摩擦。

当两个相互接触的物体有相对运动趋势而并未出现相互之间的位置改变时，接触表面的阻力就是静摩擦力。

当物体相对运动的趋势增大到一定程度，克服了静摩擦力的最大值时，便出现了相对运动以及相对位置的改变。这个静摩擦力的最大值就是最大静摩擦力。而当相互接触的物体发生相对运动时，其间的摩擦就是滑动摩擦，或者滚动摩擦。

除了接触表面的正压力以外，决定接触表面摩擦力大小的条件包括接触表面的粗糙度、硬度以及润滑条件。人们用摩擦系数来描述接触表面在一定正压力下产生摩擦阻力的程度。

一般地，滑动摩擦系数为0.1~0.2；滚动摩擦系数为0.001~0.002。可见滚动摩擦与滑动摩擦相比具有更小的摩擦系数。

正是由于摩擦形式的不同，轴承可以依此分为滚动轴承和滑动轴承。

滚动摩擦是滚动轴承内部滚动体与滚道之间主要的摩擦形式，而滑动摩擦是滑动轴承两个轴承圈之间的摩擦形式，滚动轴承与滑动轴承的对比见表2-1。

表2-1　滚动轴承与滑动轴承的对比

| 对比条件 | 滚动轴承 | 滑动轴承 |
|---|---|---|
| 起动摩擦转矩 | 小 | 很大 |
| 运行摩擦转矩 | 很小 | 大 |
| 油脂润滑 | 可以 | 不可以 |
| 油润滑 | 可以 | 可以 |
| 立式安装 | 可以 | 需要特殊设计 |
| 高转速 | 可以 | 可以 |
| 低转速 | 可以 | 不适合 |
| 承受重负荷能力 | 一般 | 适合 |
| 频繁起动 | 可以 | 不适合 |

一般齿轮箱中滚动轴承使用得最为广泛，这也是本书介绍的主要对象，本书后续内容如果没有特殊说明，轴承均指滚动轴承。

## 第二节　轴承分类

轴承按照摩擦方式可分为两大类：一类是滚动轴承；另一类是滑动轴承。在一般的齿轮箱中前者应用较广泛，是本书要介绍的对象。

滚动轴承虽然种类繁多，但都已成为了"标准件"，具有统一的编号形式，使用时按样本选用即可。

## 一、按轴承的尺寸大小分类

轴承的大小分类是按其公称外径尺寸大小来确定的。具体规定见表 2-2。

**表 2-2　按轴承的公称外径尺寸大小分类**

| 类型 | 微型 | 小型 | 中小型 | 中大型 | 大型 | 特大型 |
|---|---|---|---|---|---|---|
| 公称外径尺寸范围 /mm | ≤ 26 | 28 ~ 55 | 60 ~ 115 | 120 ~ 190 | 200 ~ 430 | ≥ 440 |

## 二、按承受载荷方向、公称接触角及滚动体形状分类

### （一）公称接触角的定义

所谓的"公称接触角"（用符号 $\alpha$ 表示），是指滚动体与滚道接触区中点的滚动体载荷向量与轴承径向平面之间的夹角。一般滚动体载荷作用在接触区的中心，与接触表面垂直，所以接触角即指接触面中心和滚动体中心的连线与轴承径向平面之间的夹角。

通过滚动体中心与轴承轴线垂直的平面称为轴承的径向平面，包含轴承中心线的平面称为轴向平面。

图 2-2 为几种不同类型轴承接触角的表示方法。

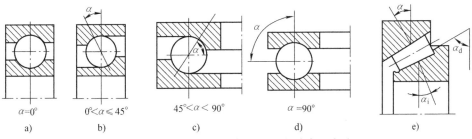

$\alpha = 0°$　　　$0° < \alpha \leqslant 45°$　　　$45° < \alpha < 90°$　　　$\alpha = 90°$

a)　　　　　b)　　　　　c)　　　　　d)　　　　　e)

**图 2-2　几种不同类型轴承接触角的表示方法**

a）向心轴承　b）角接触轴承　c）推力向心轴承　d）推力轴承　e）圆锥滚子轴承

### （二）分类

根据 GB/T 271—2017《滚动轴承 分类》，滚动轴承按其所能承受的载荷方向或公称接触角的不同被分为向心轴承和推力轴承，按其滚动体形状的不同被分为球轴承和滚子轴承。综合以上分类，其基本类型见表 2-3。

表 2-3　滚动轴承按轴承所能承受的载荷方向、公称接触角及滚动体形状分类

| 序号 | 分类 | | |
|---|---|---|---|
| 1 | 向心轴承<br>（$0° \leqslant \alpha < 45°$） | 径向接触轴承<br>（$\alpha = 0°$） | 径向接触球轴承，又称为深沟球轴承 |
| | | | 圆柱滚子轴承 |
| | | | 滚针轴承 |
| | | 角接触向心轴承<br>（$0° < \alpha \leqslant 45°$） | 调心球轴承 |
| | | | 角接触球轴承 |
| | | | 调心滚子轴承 |
| | | | 圆锥滚子轴承 |
| 2 | 推力轴承<br>（$45° < \alpha \leqslant 90°$） | 轴向接触轴承<br>（$\alpha = 90°$） | 轴向接触球轴承，又称为推力球轴承 |
| | | | 推力圆柱滚子轴承 |
| | | | 推力滚针轴承 |
| | | 角接触推力轴承<br>（$45° < \alpha < 90°$） | 推力角接触球轴承 |
| | | | 推力圆锥滚子轴承 |
| | | | 推力调心滚子轴承 |
| 3 | 组合轴承（一套轴承由两种或两种以上轴承组合而成的轴承组） | | |

## 三、按轴承的结构或公称接触角分类

按结构的不同或公称接触角的不同，主要分类见表 2-4。

表 2-4　按轴承结构或公称接触角不同分类的常用轴承

| 序号 | 名称 | 定义 |
|---|---|---|
| 1 | 向心轴承 | 主要用于承受径向载荷的滚动轴承，公称接触角 $0° \sim 45°$ |
| 2 | 径向接触轴承 | 公称接触角为 $0°$ 的向心轴承 |
| 3 | 角接触向心轴承 | 公称接触角为 $0° \sim 45°$ 的向心轴承 |
| 4 | 推力轴承 | 主要用于承受轴向载荷的滚动轴承，公称接触角为 $45° \sim 90°$ |
| 5 | 轴向接触轴承 | 公称接触角为 $90°$ 的推力轴承 |
| 6 | 角接触推力轴承 | 公称接触角为 $45° \sim 90°$ 的推力轴承 |
| 7 | 球轴承 | 滚动体为球的轴承 |
| 8 | 滚子轴承 | 滚动体为滚子，按滚子的形状，又可分为圆柱滚子轴承、圆锥滚子轴承、滚针轴承、球面滚子轴承（调心滚子轴承）等 |
| 9 | 调心轴承 | 滚道是球面形的，能适应两滚道轴心线间的角偏差及角运动的轴承 |
| 10 | 非调心轴承（刚性轴承） | 能阻抗滚道间轴心线角偏移的轴承 |
| 11 | 单列轴承 | 具有一列滚动体的轴承 |

（续）

| 序号 | 名称 | 定　义 |
|---|---|---|
| 12 | 双列轴承 | 具有两列滚动体的轴承 |
| 13 | 多列轴承 | 具有多于两列的滚动体，并且承受同一方向载荷的轴承 |
| 14 | 可分离轴承 | 具有可分离部件的轴承，俗称活套轴承 |
| 15 | 不可分离轴承 | 轴承在最终配套后，套圈均不能任意自由分离的轴承 |
| 16 | 密封轴承 | 带密封圈的轴承，有单密封和双密封之分 |
| 17 | 沟形球轴承 | 滚道一般为沟形，沟的圆弧半径略大于球半径的滚动轴承 |
| 18 | 深沟球轴承 | 每个套圈均具有横截面弧长为球周长 1/3 的连续沟道的向心球轴 |

## 四、几种特殊工况下使用的轴承

　　当设备运行在特殊环境中或具有特殊运行要求的场合时，需用配置符合要求的特殊轴承。现将常见的几种列于表 2-5 中，供参考使用。

表 2-5　几种特殊工况下使用的轴承

| 名称 | 定义和性能简介 |
|---|---|
| 高速轴承 | 通常指外圈直径与内圈转速的乘积 > $1 \times 10^6$ mm·r/min 的滚动轴承。滚动体的质量相对较小，选用特轻或超轻直径系列，有些滚子会是空心的或陶瓷的 |
| 高温轴承 | 工作温度高于 120℃ 的轴承。其零部件需经过特殊的高温回火和尺寸稳定处理，保持架通常使用黄铜或硅铁合金材料制造，160℃ 以上的轴承需用高温润滑脂 |
| 低温轴承 | 工作温度低于 -60℃ 的轴承。可以采用不锈钢制造，保持架用相同材料或聚四氯乙烯复合材料制造，应使用低温润滑脂 |
| 耐腐蚀轴承 | 可在具有腐蚀性介质中运行的轴承。一般采用不锈钢制造（承载能力较差），对于浓酸、烧碱和熔融环境，则需要使用陶瓷材料 |
| 防磁轴承 | 可在较强磁场中工作而不产生涡流损伤的轴承。由非磁性材料制成，例如铍青铜（承载能力较低）和陶瓷等 |
| 自润滑轴承 | 采用以保持架作为润滑源的转移润滑方法，维持正常运转的一种特殊轴承。一般用不锈轴承钢制造，性能要求较高时用陶瓷材料，保持架由润滑材料与基体材料（粉末状）烧结而成 |
| 陶瓷轴承 | 用陶瓷材料制成的轴承。用于高速、高温、低温、强磁场、真空、高压等很多恶劣环境中，承载能力强，摩擦系数小，寿命长，可实现自润滑 |

# 第三节　滚动轴承的基本结构、组成部件以及各部位的名称

　　一般的滚动轴承都有轴承套圈、滚动体、保持架三个最基本的组成部分。其中轴承套圈包括轴承的外圈和轴承的内圈。

　　不同设计的轴承还可能包含密封件、润滑，以及各种形式的挡圈等结构。图 2-3 为一个深沟球轴承的各个组成部分。

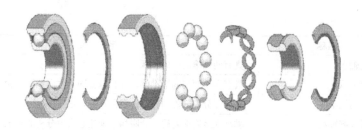

深沟球轴承　密封件　外圈　滚动体　保持架　内圈　密封

**图2-3　深沟球轴承各组成部分**

# 一、常用系列部件及各部位的名称

常用的单列向心深沟球轴承、单列圆柱滚子轴承、圆锥滚子轴承、单列向心推力球轴承和单向推力球轴承的部件及各部位的名称如图2-4所示。

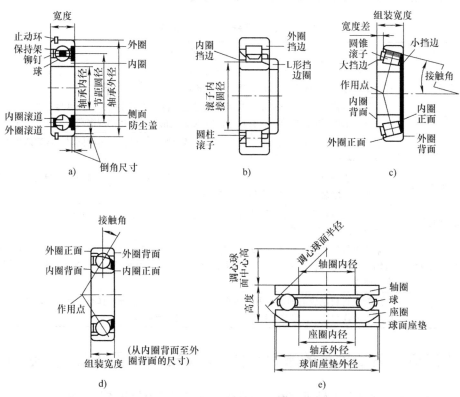

**图2-4　几种常用类型轴承各部件的名称**

a) 单列向心深沟球轴承　b) 单列圆柱滚子轴承
c) 圆锥滚子轴承　d) 单列向心推力球轴承　e) 单向推力球轴承

## 二、密封装置

很多小型球轴承以及一些调心滚子轴承等有各种密封装置，用于封住内部的油脂并防止外面的粉尘进入（所以也称为"防尘盖"），并分单边或双边两种，在我国标准 GB/T 272—2017《滚动轴承 代号方法》以及 JB/T 2974—2004《滚动轴承 代号方法的补充规定》中规定：用字母和数字标注在规格型号后面，单边的称为 Z 型，双边的称为 2Z 型，常用的有 "-Z"（轴承一面带防尘盖，例如 6210-Z ）、"-2Z"（轴承两面带防尘盖，例如 6210-2Z ）、"-RZ"（轴承一面带非接触式骨架橡胶密封圈，例如 6210-RZ ）、"-2RZ"（轴承两面带非接触式骨架橡胶密封圈，例如 6210-2RZ ）；"-RS"（轴承一面带接触式骨架橡胶密封圈，例如 6210-RS ）、"-2RS"（轴承两面带接触式骨架橡胶密封圈，例如 6210-2RS ）等符号，如图 2-5 所示。

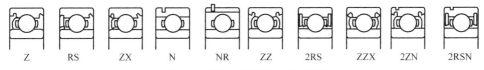

| Z | RS | ZX | N | NR | ZZ | 2RS | ZZX | 2ZN | 2RSN |

**图 2-5　深沟球轴承的密封类型**

## 三、保持架

保持架在轴承中是用于分隔引导滚动体运行的部件。它可以防止滚动体之间的金属直接接触带来的摩擦和发热，同时为润滑提供了空间。对于分离式的轴承，在安装和拆卸的过程中也起到了固定滚动体的作用。

保持架有用于球轴承的波浪式和柱式，以及用于圆锥轴承的花篮式、筐式等多种形式，波浪式的材质一般是用钢材冲压制成，花篮式的材质则有实体黄铜、工程塑料、钢或球墨铸铁、钢板冲压、铜板冲压等多种。其形状如图 2-6 所示，保持架所用材料的字母和数字代号见表 2-6。

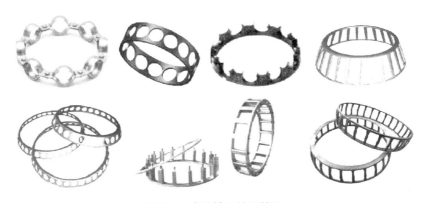

**图 2-6　滚动轴承的保持架**

表 2-6 保持架所用材料的字母和数字代号

| 代号 | 材料名称 |
|------|----------|
| F | 钢、球墨铸铁或粉末冶金实体保持架，用附加数字表示不同的材料：F1—碳钢；F2—石墨钢；F3—球墨铸铁；F4—粉末冶金 |
| M | 黄铜实体保持架 |
| T | 酚醛层压布管实体保持架 |
| TH | 玻璃纤维增强酚醛树脂保持架（筐式） |
| TN | 工程塑料模注保持架，用附加数字表示不同的材料：TN1—尼龙；TN2—聚砜；TN3—聚酰亚胺；TN4—聚碳酸酯；TN5—聚甲醛 |
| J | 钢板冲压保持架，材料有变化时附加数字区别 |
| Y | 铜板冲压保持架，材料有变化时附加数字区别 |
| V | 满装滚动体（无保持架） |

## 四、滚动体

滚动体按其形状分类，有球形、圆柱形（含短圆柱形、长圆柱形和针形）、锥形（实际为圆台形）、球面形（鼓形）和针形等几种，如图 2-7 所示。

球形滚子　　圆柱形滚子　　锥形滚子　　球面形(鼓形)滚子　　针形滚子

图 2-7 滚动体的类型

# 第四节　滚动轴承代号

## 一、代号的三个部分名称及包含的内容

国家标准 GB/T 272—2017《滚动轴承 代号方法》规定了滚动轴承代号的编制方法。其中规定滚动轴承代号由前置代号、基本代号和后置代号共 3 个部分组成，其构成见表 2-7。由于第 1 部分（前置代号）对于识别整套轴承意义不大，所以下面仅介绍第 2 和第 3 部分所包含的内容。

表 2-7 滚动轴承代号的构成

| 顺序 | 1 | 2 | | | | 3 | | | | | | | |
|------|---|---|---|---|---|---|---|---|---|---|---|---|---|
| 内容 | 前置代号 | 基本代号 | | | | 后置代号 | | | | | | | |
| | | 结构类型 | 尺寸系列 | | 内径 | 接触角 | 1 | 2 | 3 | 4 | 5 | 6 | 7 | 8 |
| | | | 宽/高度系列 | 直径系列 | | | 内部结构 | 密封与防尘套圈变形 | 保持架及其材料 | 轴承材料 | 公差等级 | 游隙 | 配置 | 其他 |
| | 成套轴承分部件 | | | | | | | | | | | | |

## 二、轴承基本代号和所包含的内容

### （一）结构类型代号

基本代号中的结构类型代号用数字或字母符号表示，各自所代表的内容见表 2-8，为滚动轴承基本代号中轴承类型所用符号，对应示例见图 2-8，为常用和特殊用途滚动轴承外形和局部剖面图。

表 2-8　滚动轴承基本代号中轴承类型所用符号

| 代号 | 轴承类型 | 图例 | 代号 | 轴承类型 | 图例 |
|---|---|---|---|---|---|
| 0 | 双列角接触球轴承 | 图 2-8a | 7 | 角接触球轴承 | 图 2-8h |
| 1 | 调心球轴承 | 图 2-8b | 8 | 推力圆柱滚子轴承 | 图 2-8i |
| 2 | 调心滚子轴承和调心推力滚子轴承 | 图 2-8c | N | 圆柱滚子轴承（双列或多列用 NN 表示） | 图 2-8j |
| 3 | 圆锥滚子轴承 | 图 2-8d | NU | 单列短圆柱轴承（内圈无挡圈） | 图 2-8k |
| 4 | 双列深沟球轴承 | 图 2-8e | NJ | 单列短圆柱轴承（内圈有一边挡圈） | 图 2-8l |
| 5 | 推力球轴承 | 图 2-8f | QJ | 四点接触球轴承 | 图 2-8m |
| 6 | 深沟球轴承 | 图 2-8g | RNA | 向心滚针轴承 | 图 2-8n |

注：表中代号后或前加字母或数字，表示该类轴承中的不同结构。

图 2-8　常用和特殊用途滚动轴承外形和局部剖面图

a）00000 型　b）10000 型　c）20000 型　d）30000 型　e）40000 型　f）50000 型　g）60000 型
h）70000 型　i）80000 型　j）N 和 NN0000 型　k）NU0000 型　l）NJ0000 型　m）QJ0000 型　n）RNA0000 型

### （二）尺寸系列代号

基本代号中的尺寸系列代号用两位数字表示，前一位是轴承的宽度（对向心轴承）或高度（对推力轴承）系列代号；后一位是轴承的直径（外径）系列代号，例如"58"表示宽度系列为 5、直径系列为 8 的向心轴承，详见表 2-9。

表 2-9　滚动轴承尺寸系列代号

| 直径系列代号 | 向心轴承 | | | | | | | | 推力轴承 | | | |
|---|---|---|---|---|---|---|---|---|---|---|---|---|
| | 宽度系列代号 | | | | | | | | 高度系列代号 | | | |
| | 8 | 0 | 1 | 2 | 3 | 4 | 5 | 6 | 7 | 9 | 1 | 2 |
| | 尺寸系列代号 | | | | | | | | 尺寸系列代号 | | | |
| 7 | — | — | 17 | — | 37 | — | — | — | — | — | — | — |
| 8 | — | 08 | 18 | 28 | 38 | 48 | 58 | 68 | — | — | — | — |
| 9 | — | 09 | 19 | 29 | 39 | 49 | 59 | 69 | — | — | — | — |
| 0 | — | 00 | 10 | 20 | 30 | 40 | 50 | 60 | 70 | 90 | 10 | — |
| 1 | — | 01 | 11 | 21 | 31 | 41 | 51 | 61 | 71 | 91 | 11 | — |
| 2 | 82 | 02 | 12 | 22 | 32 | 42 | 52 | 62 | 72 | 92 | 12 | 22 |
| 3 | 83 | 03 | 13 | 23 | 33 | — | — | — | 73 | 93 | 13 | 23 |
| 4 | — | 04 | — | 24 | — | — | — | — | 74 | 94 | 14 | 24 |
| 5 | — | — | — | — | — | — | — | — | — | 95 | — | — |

注："—"表示无该尺寸系列代号的轴承。

在和结构类型代号合写成组合代号（轴承系列代号）时，前一位是 0 的，可省略（另有其他可省略的情况，详见表 2-10）。

宽度、高度、直径（外径）的实际尺寸数值，将根据其代号从相关表中查得。

### （三）内径系列代号

基本代号中的内径尺寸系列代号用数字表示，根据尺寸大小的不同，表示方法也有所不同，详见表 2-10，其中，$d$ 为轴承内径，单位为 mm。

表 2-10 滚动轴承内径系列代号

| 公称内径 /mm | 内径系列代号 | 示例 |
|---|---|---|
| 0.6～10（非整数） | 用公称内径毫米数直接表示，在其与尺寸系列代号之间用"/"分开 | 深沟球轴承 618/2.5，d = 2.5mm |
| 1～9（整数） | 用公称内径毫米数直接表示，对深沟球轴承及角接触球轴承 7、8、9 直径系列，内径尺寸系列与尺寸系列代号之间用"/"分开 | 深沟球轴承 62/5、618/5，d = 5mm |
| 10～17　　10　　12　　15　　17 | 00　01　02　03 | 深沟球轴承 62/00，d = 10mm 深沟球轴承 619/02，d = 15mm |
| 20～480（22、28、32除外） | 公称内径毫米数除以 5 的商数，如商数为个位数，需在商数左边加"0" | 推力球轴承 591/20，d = 100mm 深沟球轴承 632/08，d = 40mm |
| ≥ 500 以及 22、28、32 | 用公称内径毫米数直接表示，在其与尺寸系列代号之间用"/"分开 | 深沟球轴承 62/22，d = 22mm 调心滚子轴 230/500，d = 500mm |

注：为了明确，表中轴承内径系列代号的数字加了下划线（例如 2.5），实际使用时不带此下划线。

**（四）常用的轴承组合代号**

轴承的结构类型代号和尺寸系列代号合在一起组成轴承的组合代号。常用的轴承组合代号见表2-11，表中用括号"（ ）"括起来的数字表示在组合代号中可以省略。

表 2-11 常用的轴承组合代号

| 轴承类型 | 简图 | 类型代号 | 尺寸系列代号 | 组合代号 |
|---|---|---|---|---|
| 深沟球轴承 | | 6　6　6　6　16　6　6 | 17　37　18　19　(0)0　(1)0　(0)2 | 617　637　618　619　160　60　62 |
| 双列深沟球轴承 | | 4 | (2)2　(2)3 | 42　43 |

21

（续）

| 轴承类型 | | 简图 | 类型代号 | 尺寸系列代号 | 组合代号 |
|---|---|---|---|---|---|
| 圆柱滚子轴承 | 外圈无挡边<br>圆柱滚子轴承 | | N | 10<br>（0）2<br>22<br>（0）3<br>23<br>（0）4<br>10 | N10<br>N2<br>N22<br>N3<br>N23<br>N4<br>N10 |
| | 内圈无挡边<br>圆柱滚子轴承 | | NU | 10<br>（0）2<br>22<br>（0）3<br>23 | NU10<br>NU2<br>NU22<br>NU3<br>NU23 |
| | 内圈单挡边<br>圆柱滚子轴承 | | NJ | 10<br>（0）2<br>22<br>（0）3<br>23 | NJ10<br>NJ2<br>NJ22<br>NJ3<br>NJ23 |
| | 外圈单挡边<br>圆柱滚子轴承 | | NF | （0）2<br>（0）3<br>23 | NF2<br>NF3<br>NF23 |
| 推力轴承 | 推力球轴承 | | 5 | 11<br>12<br>13<br>14 | 511<br>512<br>513<br>514 |
| | 双向推力球轴承 | | 5 | 22<br>23<br>24 | 522<br>523<br>524 |
| | 推力圆柱滚子轴承 | | 8 | 11<br>12 | 811<br>812 |
| | 圆锥滚子轴承 | | 3 | 02<br>03<br>13<br>20<br>22<br>23 | 302<br>303<br>313<br>320<br>322<br>323 |

### （五）向心轴承常用尺寸系列

向心滚动轴承常用尺寸系列如图 2-9 所示。

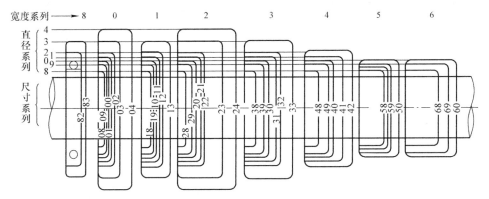

图 2-9 向心滚动轴承常用尺寸系列示意图（圆锥滚子轴承除外）

## 三、轴承后置代号及其含义

滚动轴承后置代号用于表示轴承的内部结构、密封防尘与外部形状变化、保持架结构和材料改变、轴承零部件材料改变、公差等级、游隙等方面的内容，用字母或数字加字母表示。现将与常用轴承有关的密封防尘与外部形状变化、保持架结构和材料改变等方面的内容介绍如下。

### （一）密封防尘与外部形状变化代号

密封防尘与外部形状变化代号用字母或数字加字母表示，见表 2-12。

表 2-12 密封防尘与外部形状变化代号及所包含的内容

| 代号 | 含 义 | 示例 |
|---|---|---|
| -RS | 轴承一面带骨架式橡胶密封圈（接触式） | 6210-RS |
| -2RS | 轴承两面带骨架式橡胶密封圈（接触式） | 6210-2RS |
| -RZ | 轴承一面带骨架式橡胶密封圈（非接触式） | 6210-RZ |
| -2RZ | 轴承两面带骨架式橡胶密封圈（非接触式） | 6210-2RZ |
| -Z | 轴承一面带防尘盖 | 6210-Z |
| -2Z | 轴承两面带防尘盖 | 6210-2Z |
| -RSZ | 轴承一面带骨架式橡胶密封圈（接触式）、一面带防尘盖 | 6210-RSZ |
| -RZZ | 轴承一面带骨架式橡胶密封圈（非接触式）、一面带防尘盖 | 6210-RZZ |
| N | 轴承外圈有止动槽 | 6210N |

（续）

| 代号 | 含　义 | 示例 |
|------|--------|------|
| NR | 轴承外圈有止动槽，并带止动环 | 6210NR |
| -ZN | 轴承一面带防尘盖，另一面外圈有止动槽 | 6210-ZN |
| -ZNR | 轴承一面带防尘盖，另一面外圈有止动槽，并带止动环 | 6210-ZNR |
| -ZNB | 轴承一面带防尘盖，同一面外圈有止动槽 | 6210-ZNB |
| U | 推力轴承，带调心座垫圈 | 53210U |
| -FS | 轴承一面带毡圈密封 | 6203-FS |
| -2FS | 轴承两面带毡圈密封 | 6206-2FS |
| -LS | 轴承一面带骨架式橡胶密封圈（接触式，套圈不开槽） | NU3317-LS |
| -2LS | 轴承两面带骨架式橡胶密封圈（接触式，套圈不开槽） | NNF5012-2LS |

## （二）保持架材料代号

保持架材料代号见表 2-6。但当轴承的保持架采用表 2-13 所列的结构和材料时，不编制保持架材料改变的后置代号。

表 2-13　不编制保持架材料改变后置代号的轴承保持架结构和材料

| 轴承类型 | 保持架的结构和材料 |
|----------|--------------------|
| 深沟球轴承 | （1）当轴承外径 $D \leq 400\text{mm}$ 时，采用钢板（带）或黄铜板（带）冲压保持架；<br>（2）当轴承外径 $D > 400\text{mm}$ 时，采用黄铜实体保持架 |
| 圆柱滚子轴承 | （1）圆柱滚子轴承：当轴承外径 $D \leq 400\text{mm}$ 时，采用钢板（带）冲压保持架；外径 $D > 400\text{mm}$ 时，采用钢制实体保持架；<br>（2）双列圆柱滚子轴承，采用黄铜实体保持架 |
| 滚针轴承 | 采用钢板或硬铝冲压保持架 |
| 长圆柱滚子轴承 | 采用钢板（带）冲压保持架 |
| 圆锥滚子轴承 | （1）当轴承外径 $D \leq 650\text{mm}$ 时，采用钢板冲压保持架；<br>（2）当轴承外径 $D > 650\text{mm}$ 时，采用钢制实体保持架 |
| 推力球轴承 | （1）当轴承外径 $D \leq 250\text{mm}$ 时，采用钢板（带）冲压保持架；<br>（2）当轴承外径 $D > 250\text{mm}$ 时，采用实体保持架 |
| 推力滚子轴承 | 推力圆柱或圆锥滚子轴承，采用实体保持架 |

## （三）公差等级代号

公差等级代号用字母或数字加字母表示，见表 2-14。较常用的为 N 级（普通级）、6 级、6X 级、5 级、4 级和 2 级。其中，N 级尺寸公差范围最大，称为普通级，用于普通用途的机械（例如一般用途的电动机），之后按这一前后顺序，尺寸公差范围依次减小，或者说精度等级依次提高。公差范围的具体数值见附录及相关表册。

表 2-14　公差等级代号

| 代号 | 含义 | 示例 |
|---|---|---|
| /PN | 公差等级符合标准规定的 0 级，代号中省略不表示 | 6203 |
| /P6 | 公差等级符合标准规定的 6 级 | 6203/P6 |
| /P6X | 公差等级符合标准规定的 6X 级 | 30210/P6X |
| /P5 | 公差等级符合标准规定的 5 级 | 6203/P5 |
| /P4 | 公差等级符合标准规定的 4 级 | 6203/P4 |
| /P2 | 公差等级符合标准规定的 2 级 | 6203/P2 |

### （四）游隙代号

游隙代号用字母加数字表示（N 组只用字母"N"），如不加说明，是指轴承的径向游隙（详见第三章），见表 2-15。常用深沟球轴承和圆柱滚子轴承的径向具体数值分别见附录。

表 2-15　游隙代号

| 代号 | 含义 | 示例 |
|---|---|---|
| /CN | 游隙符合标准规定的 N 组 | 6210 |
| /C1 | 游隙符合标准规定的 1 组 | NN3006K/C1 |
| /C2 | 游隙符合标准规定的 2 组 | 6210/C2 |
| /C3 | 游隙符合标准规定的 3 组 | 6210/C3 |
| /C4 | 游隙符合标准规定的 4 组 | NN3006K/C4 |
| /C5 | 游隙符合标准规定的 5 组 | NNU4920K/C5 |
| /C9 | 游隙不同于现行标准规定 | 6205-2RS/C9 |
| /CN | N 组游隙。/CN 与字母 H、M 或 L 组合，表示游隙范围减半，若与 P 组合，表示游隙范围偏移。<br>/CNH——表示 N 组游隙减半，位于上半部；<br>/CNM——表示 N 组游隙减半，位于中部；<br>/CNL——表示 N 组游隙减半，位于下半部；<br>/CNP——表示游隙范围位于 N 组上半部及 3 组的下半部 | — |

注：同时表示公差等级代号与游隙代号时，可进行简化，取公差等级代号加上游隙组号（N 组不表示）的组合。例如：某轴承的公差等级为 6 级、径向游隙为 3 组，可简化为 /P63；某轴承的公差等级为 5 级、径向游隙为 2 组，可简化为 /P52。

## 四、常用轴承代号速记图

常用轴承代号中类型和尺寸系列内容速记"关系图"如图 2-10 所示。

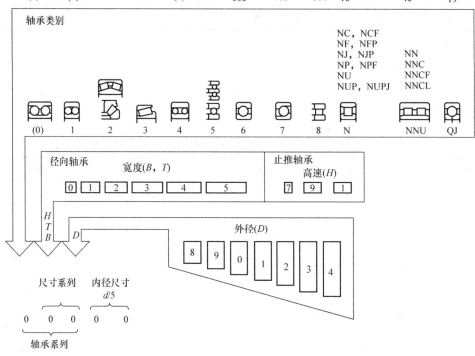

图 2-10　常用轴承代号中类型和尺寸系列内容速记"关系图"

# 第二篇　滚动轴承应用技术

滚动轴承作为通用机械零部件具有独特的结构，在应用过程中具有特有的技术特性，这是由滚动轴承自身决定的。这些通用的滚动轴承技术特性是轴承对于工况而反映出来的特性。所谓轴承应用技术就是在轴承工作工况的技术要求和条件的限制下，根据轴承的技术特性，对轴承进行合理的选型校核、图纸布置、安装、润滑设计、维护，以及故障诊断与失效分析。

对于风力发电机组而言，风力发电机组自身的特点构成了轴承的工况。工况要求已知，那么下一步进行正确轴承应用之前，需要先了解轴承的通用技术特性，即滚动轴承的一般应用技术。

对于一般的设备而言，轴承从设计到最终失效并完成失效分析的整个过程就是轴承的生命周期。在这个过程中主要包括以下几个阶段：

第一，设备的设计、选型阶段。在这个阶段中，工程技术人员对设备进行设计，并完成校核计算和图纸绘制。因此，工程技术人员需要了解轴承的基本性能、轴承的基本配置方式、轴承的校核计算、轴承的润滑设计等相关的技术知识。

第二，设备的生产阶段。在这个阶段中，工厂完成对设备的安装。对于轴承而言主要是指具体的安装工艺。这个过程也包括对轴承施加润滑。

第三，设备的使用阶段。这个阶段包括设备的储运、设备运行过程中的状态监测、设备维护等工作。对于轴承而言，就是轴承的储运、轴承的状态监测、轴承的维护（补充润滑等）。

第四，设备的失效阶段。又称设备的故障阶段，在这个阶段中，工程技术人员需要根据设备的状态进行故障诊断，并进行分析以排除故障。对于轴承而言，就是对轴承运行状态的判读，轴承故障的诊断，对失效轴承的失效分析等相关技术工作。

针对上述的设备轴承生命周期中遇到的轴承相关技术问题，本篇会按照滚动轴承基本特性、滚动轴承轴系统布置、滚动轴承校核计算、滚动轴承润滑技术、滚动轴承运行状态监测与故障诊断、滚动轴承失效分析的顺序进行介绍。这些通用的应用技术适用于滚动轴承的一般特性。

# 第三章
# 滚动轴承基本特性

## 第一节 轴承的温度

### 一、轴承内部的摩擦与发热

轴承的温度是表征轴承热量的参数。轴承在运转的时候其温度变化来源于自身的发热以及外部传导来的热量。其中轴承自身的发热是由于轴承运转时内部存在摩擦的原因而引起的。

对于滚动轴承而言，轴承在运转的时候，其内部的摩擦主要由四个部分组成：滚动摩擦、滑动摩擦、流动摩擦（流体阻力）<sup>⊖</sup>、密封摩擦。

其中滚动摩擦主要发生在滚动体与滚道之间，与轴承所承受的负荷、轴承滚道，以及滚动体表面精度和润滑有关。

滚动轴承内部的滑动摩擦在滚动轴承内部也会发生，比如滚动体与保持架之间的摩擦；带挡边的圆柱滚子轴承中挡边与滚动体端面的摩擦；圆锥滚子轴承中挡边与滚动体端面之间的摩擦等。这部分摩擦的大小与轴承所承受的负荷、轴承的转速、轴承润滑的情况，以及轴承磨合的情况有关。

一般轴承内部都会使用润滑剂，不论是润滑脂还是润滑油，当轴承滚动的时候搅动润滑剂都会产生一定的流体阻力，我们称之为流动摩擦。这部分摩擦带来的热量也是总体轴承温度升高的组成部分。流动摩擦润滑剂的类型、工作黏度、润滑流量与轴承类型、转速相关。

密封摩擦主要是轴承附带密封件中密封唇口和被密封面之间的摩擦。这个摩擦是一个滑动摩擦，它的大小与密封类型相同，同时与密封唇口和被密封面之间的接触力的大小、密封面粗糙度等因素相关。

轴承行业对轴承内部产生摩擦的研究已经比较完善了。对轴承温度的估算是将轴承内部摩擦产生的能量进行换算得到的。

---

⊖ 有的资料也称之为拖曳损失。

### （一）轴承摩擦转矩的粗略估算

关于轴承内部摩擦的计算，其中最简单的估算方法就是按照轴承负荷与轴承摩擦系数之间的关系进行计算。公式如下：

$$M = 0.5\mu Pd \qquad\qquad (3\text{-}1)$$

式中　　$M$——摩擦力矩（N·mm）；

$\mu$——摩擦系数；

$P$——当量动负荷（N）；

$d$——轴承内径（mm）。

对于一般工况，可以按照表 3-1 选取轴承摩擦系数范围。

表 3-1　轴承摩擦系数范围

| 轴承类型 | 摩擦系数 |
|---|---|
| 深沟球轴承 | 0.001 ~ 0.0015 |
| 角接触球轴承 | 0.0012 ~ 0.0018 |
| 调心球轴承 | 0.0008 ~ 0.0012 |
| 圆柱滚子轴承 | 0.00110 ~ 0.0025 |
| 调心滚子轴承 | 0.0020 ~ 0.0025 |

对于轴承负荷 $P \approx 0.1C$，且润滑良好的一般工作条件，可以从表 3-2 中选取确定值。

表 3-2　确定工况下轴承摩擦系数

| 轴承类型 | 摩擦系数 |
|---|---|
| 深沟球轴承 | 0.0015 |
| 角接触球轴承 | 0.002 |
| 调心球轴承 | 0.001 |
| 圆柱滚子轴承（带保持架，无轴向力） | 0.0011 |
| 调心滚子轴承 | 0.0018 |

### （二）轴承摩擦转矩计算

在轴承摩擦转矩的粗略估算中，将轴承摩擦的四个组成部分等效成一个粗略的摩擦系数进行估算。事实上斯凯孚集团在 2003 年推出的《轴承综合型录》中针对轴承摩擦转矩的四个组成部分给出相对准确的计算方法。由于其计算相对比较复杂，并且在计算中各个参数在不同品牌之间也存在一定的差异，因此本书不罗列具体的计算方法。有兴趣的读者可以自行查阅。

随着技术的进步和计算机应用的普及，目前也出现了很多针对轴承摩擦转矩以及发热计算的仿真工具，可以更准确、更全面地对轴承内部摩擦发热的数值及分布情况进行良好的计算。

从前面的计算中我们可以得到轴承运行时的摩擦转矩，通过轴承摩擦造成的功率损失可以通过下面公式（3-2）计算：

$$Q = 1.05 \times 10^{-4} Mn \tag{3-2}$$

式中　$Q$——摩擦产生的热量（W）；

　　　$M$——轴承的总摩擦力矩（N·mm）；

　　　$n$——轴承转速（r/min）。

如果知道轴承与环境之间每1℃温差带走的热量（冷却系数），我们就可以估计此时轴承的温升：

$$\Delta T = Q/W_s \tag{3-3}$$

式中　$\Delta T$——轴承温升（℃）；

　　　$Q$——摩擦产生的热量（W）；

　　　$W_s$——冷却系数（W/℃）。

## 二、轴承许用温度范围

轴承能够运行的温度是一个很宽泛的概念。轴承通常由轴承内圈、外圈、滚动体、保持架、润滑、密封等部件构成，如果轴承在某个温度下稳定运行，这些部件不仅需要能够承受这个温度，并且还要在这个温度下承载、运转。通常选择轴承的时候，就已经选定了轴承的这些部件，因此某个轴承能稳定运行的最高温度就已经被选定了。

轴承运行的时候，在其内圈、外圈等部位存在一定的温度差异，一般而言我们用轴承的静止圈温度作为测量的基准位置。也就是说，实际工况中应该采取轴承静止圈温度作为轴承的温度值，如果无法测量轴承静止圈的温度，应该尽量贴近轴承静止圈以采样温度值。

齿轮箱工程师在轴承选型的时候对轴承温度进行考量之前需要明确一点，齿轮箱轴承的温度与周围零部件相对比大致应该是怎样一个状态？

滚动轴承本身使用滚动替代滑动从而减小摩擦、减少阻力，也就减少了功率损失和发热。从前面的计算也不难看出，滚动轴承其自身发热是很小的。在一定的负荷状态下，滚动轴承自身的发热相比于设备外界传导而来的热量，其并不是主要部分。换言之，滚动轴承自身的温度受到外界影响比较大。对于齿轮箱而言，润滑油温度、齿轮啮合发热、密封发热等诸多外界发热对轴承温度的影响所占比例更大。

当齿轮箱运行的时候，轴承一旦成为整个机构中的主要发热体，或者是热量的主要来源的时候，就应该引起工程师的足够重视，应给予足够的关注与检查，以排除隐患。

通常而言，轴承选型的时候更多考虑的是外界环境温度对轴承的要求，以及轴承自身各个零部件是否能够在这个温度下稳定地运行。

具体到齿轮箱轴承选型的时候，齿轮箱工程师就需要考虑轴承圈（内圈、外圈）、滚动体、保持架、密封件，以及润滑剂（自带润滑的轴承）所能承受的温度范围。

### （一）轴承钢热处理稳定温度

对于轴承内圈、外圈、滚动体而言，都是由轴承钢制造而成。因此轴承这些零部件的温度承受范围就是考量所选轴承的轴承钢能够承受的温度范围。通常而言这个温度范围不是泛指轴承钢的熔点这样的物理状态改变的温度，而是考虑轴承钢能够保持其机械性能的温度范围。其中最重要的就是轴承钢的热处理稳定温度。

轴承钢经过一定的热处理可以保持一定的尺寸、强度等的稳定性。

轴承钢的热尺寸稳定性是指轴承钢在受到热作用时外形尺寸保持一定程度的稳定的性能。当然，在受热的时候，钢材质内部金属组织结构和成分也会发生变化，而对于外观最重要的变化就是尺寸和硬度的变化。

对于普通轴承钢都有一个热处理稳定温度，在这个温度以下轴承保持尺寸稳定，同时轴承钢材质的硬度等也满足使用要求。一般轴承的热处理稳定温度为150℃。在轴承上通常用SN标记，或者省略标记。除此之外，根据DIN 623-1：2020-06，轴承的热处理稳定温度及其相应后缀见表3-3。

表3-3  轴承热处理稳定温度及其相应后缀

| 后缀 | S1 | S2 | S3 | S4 |
|---|---|---|---|---|
| 热处理稳定温度 | 200℃ | 250℃ | 300℃ | 350℃ |

相应地，各个厂家对不同类型轴承的热处理稳定温度有不同的要求，因此具体的热处理稳定温度需要咨询相应厂家。

FAG轴承，外径小于240mm的轴承默认热处理稳定温度为150℃；外径大于240mm的轴承默认热处理稳定温度为200℃。其他热处理稳定温度用后缀标出。

SKF轴承，深沟球轴承默认热处理稳定温度为120℃；圆柱滚子轴承默认热处理稳定温度为150℃；球面滚子轴承默认热处理稳定温度为200℃。其他热处理稳定温度用后缀标出。

NTN轴承，默认轴承热处理稳定温度为120℃。其他热处理稳定温度用后缀标出。

对于齿轮箱工程师而言，在选用轴承的时候，应该在其热处理稳定温度范围之内，一旦超出这个范畴，轴承在工况温度下的尺寸以及硬度等性能就得不到保证，需要选用其他热处理稳定温度等级的轴承。

### （二）轴承保持架温度范围

轴承不同材质保持架能够承受的温度范围不同。通常的钢或者黄铜保持架能够承受的温度范围比较大，和轴承钢相近。但是对于尼龙保持架则不同。通常而言，普通尼龙保持架能够承受的温度范围大致是 -40~120℃。

一般不建议超出这个温度范围使用。但是对于某些短时超出温度范围（尤其是高温），依然有可能使用。因为尼龙保持架随着温度上升，其硬度变软是一个缓慢的过程，不是突然到120℃崩溃，因此在略微超过120℃的时候依然有使用的可能性。

尼龙保持架的使用寿命、轴承静止套圈的长时间工作温度和润滑剂之间的关系如图 3-1 所示。

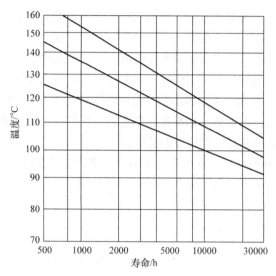

**图 3-1　尼龙保持架寿命与温度的关系**

图 3-1 中横轴为保持架寿命，纵轴为轴承静止圈温度，图 3-1 中三条曲线自上而下为：

1）滚动轴承润滑脂 K 依据 DIN 51825—2004《润滑剂、润滑脂 K. 分类和要求》中的发动机油或者机械油；

2）齿轮油；

3）准双曲面齿轮润滑油。

**（三）轴承密封件温度范围**

对于封闭轴承，在某工作温度下选择合适的轴承就需要考虑密封件可以承受的温度范围。一般地，封闭轴承的防护方式多为金属材料防尘盖以及橡胶材料密封件。

对于金属材料防尘盖，通常温度范围不需要特殊考虑。

对于橡胶材料密封件，需要根据密封件所采用橡胶材料的不同来确定密封件能工作的最高温度范围。常用的封闭轴承密封件材料是丁腈橡胶（NBR）以及氟橡胶（FKM）。对于丁腈橡胶，工作温度范围是 -40~100℃。丁腈橡胶可以稳定地工作于 100℃以内，同时也可以短时工作于 120℃；对于氟橡胶而言，其工作温度范围是 -30~200℃。氟橡胶可以稳定地工作于 200℃以内，同时可以短时工作于 230℃以内。

其他密封材质的密封件允许工作温度，需要咨询相应的厂家。

### （四）轴承润滑的温度

温度是影响润滑的一个最重要的关键因素。随着温度的升高，油脂的基础油黏度降低。在高温或者低温下运行，就需要非常特殊的油脂。并且，基于70℃计算的油脂寿命，其运行温度每升高15℃，寿命降低一半。因此，轴承能否运行于高温环境，轴承本身的材质并不是最大的障碍，而油脂的选择成为最大的瓶颈。

关于温度和轴承润滑之间的关系，属于润滑选择和设计的范畴。具体内容请参考润滑部分的内容。

# 第二节　轴承的转速能力

工程师在轴承选型的时候需要考虑轴承的转速能力。在轴承运转速度很快的情况下，其内部会产生很大的离心力，这样的离心力对轴承自身的强度是一个考验。同时，高速旋转的轴承，其内部摩擦状态使得轴承的发热变得更加剧烈，由此带来的发热变化，以及会产生的一系列影响，对轴承运转形成限制。

## 一、轴承的转速额定值

在轴承制造厂家的产品目录中都会列出轴承的转速额定值。轴承的转速额定值是轴承诸多额定值中重要的组成部分。但是不同的厂家对额定值的界定有所不同。

读者翻阅不同品牌的轴承型录的时候会发现一般轴承的额定值都会分为两类：一类是分为油润滑额定转速和脂润滑额定转速；另一类是分为机械极限转速和热参考转速。

这些转速中有的转速作为额定值，在实际工况中如果经过一些调整是可以被超越的；有些转速本身是一个极限，无论如何都不能被超越。但是总体而言，在不超越转速额定值的情况下的运行，从转速角度而言是安全的。

上述列举了轴承转速的额定值的不同标定，本节分别介绍其定义，然后梳理这些转速额定值之间的关系，这样工程师就可以明确在选型的时候如何参照。

## 二、轴承热参考转速

轴承旋转的时候会发热，并且随着转速的升高这个发热会越来越严重。因此，国际上制定了一个轴承热平衡条件，在这个条件下达到热平衡的最高转速就定义为轴承热参考转速。

根据ISO 15312—2018《滚动轴承—热转速等级—计算和系数》，给定轴承的参考条件：

1）外圈固定，内圈旋转；

2）环境温度20℃；

3）轴承外圈温度70℃；

4）对于径向轴承：轴承径向负荷 $0.05C_0$；

5）对于推力轴承：轴承轴向负荷 $0.02C_0$；

6）普通游隙，开式轴承。

对于油润滑：

1）润滑剂：矿物油，无极压添加剂。

① 对于径向轴承：ISO VG32，40℃基础油黏度 $12\text{mm}^2/\text{s}$；

② 对于推力轴承：ISO VG68，40℃基础油黏度 $24\text{mm}^2/\text{s}$。

2）润滑方法：油浴润滑。

3）润滑量：最低滚子中心线位置作为油位。

对于脂润滑：

润滑剂为锂基矿物油，基础油黏度40℃时为 $100\sim200\text{mm}^2/\text{s}$。

从这个转速的试验条件定义上就不难发现，轴承的热参考转速标志着轴承热平衡状态下的最高转速。换言之就是轴承在这样的工况条件下如果转速高于此值，则轴承的发热将更加剧烈，轴承温度会出现进一步升高（高于试验条件中的70℃）。

不难发现，实际轴承的使用工况往往与上述试验工况条件不相同，而工程师如果通过改善润滑、改善散热等方式对轴承进行降温，则轴承有可能运转于更高的转速（前提是轴承的机械强度足够）。

对于上述热参考转速的定义，如果要转换成实际工况下轴承的温度，就需要进行一些调整计算，也就是要将它折算成热安全转速。热安全转速的计算基于 DIN 732-2 《滚动轴承—热安全运行速度—计算的修正值》。这个计算主要是依据轴承热平衡的原则，也就是以速度为参数的摩擦热与以温度为参数的散热相互平衡。当轴承温度保持不变的时候，许用温度确定了轴承的热安全转速。

这个计算的前提是轴承安装正确、工作游隙正常，同时工况稳定。下面一些情况不适用这个计算。

1）具有接触式密封的轴承。这样形式的轴承最大转速主要取决于轴线与密封部分的摩擦；

2）支撑滚轮和螺栓型滚轮；

3）调心滚针轴承；

4）推力深沟球轴承和推力角接触球轴承。

轴承的热安全转速 $n_{\text{per}}$ 可以按如下公式计算：

$$n_{\text{per}} = n_{\text{B}} \times f_n \qquad (3\text{-}4)$$

式中　$n_{\text{per}}$——轴承热安全转速（r/min）；

　　　$n_{\text{B}}$——轴承热参考转速（从轴承型录数据表中查取）；

　　　$f_n$——速度比。

轴承的速度比 $f_n$ 可以由图 3-2 查取。

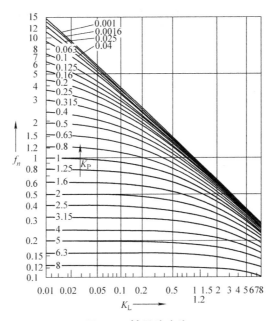

图 3-2　轴承速度比

图 3-2 中

$$K_{\mathrm{L}} = \frac{\pi}{30} n_{\mathrm{B}} \frac{10^{-7} f_0 (\nu n_{\mathrm{B}})^{\frac{2}{3}} d_{\mathrm{m}}^{3}}{Q} \times 10^{-6} \tag{3-5}$$

$$K_{\mathrm{P}} = \frac{\pi}{30} n_{\mathrm{B}} \frac{f_1 P_1 d_{\mathrm{m}}}{Q} \times 10^{-6} \tag{3-6}$$

式中　$K_{\mathrm{L}}$——润滑油膜系数；

$K_{\mathrm{P}}$——轴承转速比；

$n_{\mathrm{B}}$——轴承热参考转速（从轴承型录数据表中查取）；

$\nu$——工作温度下润滑剂的运动黏度（$mm^2/s$）；

$d_{\mathrm{m}}$——轴承平均直径（内径、外径的算术平均数）（mm）；

$Q$——散出的总热量，见式（3-7）（kW）；

$P_1$——对于向心轴承为径向负荷，对于推力轴承为轴向负荷（N）；

$f_1$——以负荷为参数的摩擦力矩轴承参数，见表 3-4；

$f_0$——以速度为参数的摩擦力矩轴承参数，见表 3-4。

表 3-4　齿轮箱常用轴承转速折算用轴承参数

| 类别 | 系列 | $f_0$ | | $f_1$ |
|---|---|---|---|---|
| | | 脂润滑、油雾润滑 | 油浴润滑、循环油润滑 | |
| 满装圆柱滚子轴承 | SL 1818 | 3 | 5 | 0.0005 |
| | SL 1829 | 4 | 6 | |
| | SL 1830 | 5 | 7 | |
| | SL 1822 | 5 | 8 | |
| | SL 0148、SL 0248 | 6 | 9 | |
| | SL 0149、SL 0249 | 7 | 11 | |
| | SL 1923 | 8 | 12 | |
| | SL 1850 | 9 | 13 | |
| 带保持架圆柱滚子轴承 | LSL 1923 | 1 | 3.7 | 0.0002 |
| | ZSL 1923 | 1 | 3.8 | 0.00025 |
| | 2…E | 1.3 | 2 | 0.0003 |
| | 3…E | | | 0.00035 |
| | 4 | | | 0.0004 |
| | 10、19 | | | 0.0002 |
| | 22…E | 2 | 3 | 0.0004 |
| | 23…E | 2.7 | 4 | |
| | 30 | 1.7 | 2.5 | |
| 圆锥滚子轴承 | 302、303、320、329、330、T4CB、T7FC | 2 | 3 | 0.0004 |
| | 313、322、323、331、332、T2FE、T2ED、T5ED | 3 | 4.5 | |
| 推力和向心调心滚子轴承 | 213 | 2.3 | 3.5 | $0.0005\,(P_0/C_0)^{0.33}$ |
| | 222 | 2.7 | 4 | |
| | 223 | 3 | 4.5 | $0.0008\,(P_0/C_0)^{0.33}$ |
| | 230、239 | | | $0.00075\,(P_0/C_0)^{0.5}$ |
| | 231 | 3.7 | 5.5 | $0.0012\,(P_0/C_0)^{0.5}$ |
| | 232 | 4 | 6 | $0.0016\,(P_0/C_0)^{0.5}$ |
| | 234 | 4.3 | 6.5 | $0.0012\,(P_0/C_0)^{0.5}$ |
| | 241 | 4.7 | 7 | $0.0022\,(P_0/C_0)^{0.5}$ |
| | 292…E | 1.7 | 2.5 | 0.00023 |
| | 291…E | 2 | 3 | 0.0003 |
| | 293…E | 2.2 | 3.3 | 0.00033 |

（续）

| 类别 | 系列 | $f_0$ | | $f_1$ |
|---|---|---|---|---|
| | | 脂润滑、油雾润滑 | 油浴润滑、循环油润滑 | |
| 深沟球轴承 | 618 | 1.1 | 1.7 | $0.0005\,(P_0/C_0)^{0.5}$ |
| | 160 | | | $0.0007\,(P_0/C_0)^{0.5}$ |
| | 60、619 | | | |
| | 622...2RSR | | — | |
| | 623...2RSR | | — | |
| | 62 | 1.3 | 2 | $0.0009\,(P_0/C_0)^{0.5}$ |
| | 63 | 1.5 | 2.3 | |
| | 64 | | | |
| | 42...B | 2.3 | 3.5 | $0.001\,(P_0/C_0)^{0.5}$ |
| | 43...B | 4 | 6 | |
| 角接触球轴承 | 70...B | 1.3 | 2 | $0.001\,(P_0/C_0)^{0.33}$ |
| | 718...B、72 | | | |
| | 73 | 2 | 3 | |
| | 30 | 2.3 | 3.5 | |
| | 32 | | | |
| | 38 | | | |
| | 33 | 4 | 6 | |
| 调心球轴承 | 12 | 1 | 2.5 | $0.0003\,(P_0/C_0)^{0.4}$ |
| | 13 | 1.3 | 3.5 | |
| | 22 | 1.7 | 3 | |
| | 23 | 2 | 4 | |
| 四点接触球轴承 | QJ2、QJ3 | 2.7 | 4 | $0.001\,(P_0/C_0)^{0.33}$ |

注：表中 $P_0$ 为当量静载荷；$C_0$ 为额定静载荷。

上述公式中散出的总热量 $Q$ 可以由式（3-7）求得：

$$Q = Q_s + Q_L - Q_E \tag{3-7}$$

式中　$Q_s$——通过配合表面散热，见式（3-8）（kW）；

　　　$Q_L$——通过润滑散热（kW）；

　　　$Q_E$——外界热源传递来的热量（kW）。

其中：

$$Q_s = K_q A_r \Delta\theta_A \tag{3-8}$$

$$Q_s = 0.0286 V_L \Delta\theta_L \tag{3-9}$$

式中　$K_q$——热传递系数，可以从图 3-3 中查取，图 3-3 中①为向心轴承参考工况，

图 3-3 中的②为推力轴承参考工况；

　　$A_r$——轴承配合面面积（mm²）；

　　$\Delta\theta_A$——轴承平均温度与环境温度差（K）；

　　$\Delta\theta_L$——进、出油口温度差（K）；

　　$V_L$——润滑油流量（L/min）。

　　由此可知，轴承的热参考转速不是一个不可以超越的转速限定，更多情况下这是一个热平衡的转速参考。

　　当轴承的润滑使用油润滑和脂润滑的时候，尤其是在轴承运转初期，相同转速的轴承，其温度不同。换言之相同温度标定下的轴承最高转速也不同，因此就出现了油润滑热参考转速和脂润滑热参考转速的标定。这就是一些厂家采用油润滑和脂润滑标定轴承额定转速的原因。

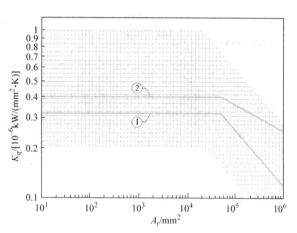

图 3-3　热传递系数与轴承配合面面积的关系

## 三、轴承机械极限转速

　　在轴承热参考转速的介绍中，我们知道如果改善散热，就可以超越此值，但是到底能够超越多少？到底轴承极限转速是多少？因此有了轴承机械极限转速的概念。

　　轴承的机械极限转速是指在轴承运行于理想状态下，轴承可以达到的机械和动力学极限转速值。

　　这个值是在假定的理想状态下，轴承自身旋转在高速情况下，由于离心力的作用，其内部结构的机械强度达到极限时的转速值，这个值是轴承的机械极限转速。

　　轴承的机械极限转速与轴承类型、轴承内部设计等诸多因素相关。因此不同类型的轴承，其机械极限转速不同；相同型号的轴承，不同厂家设计生产的轴承机械极限转速也应该不同。

　　由于轴承的机械极限转速是一个极限的定义，因此在任何情况下都不应该在超过这个转速的情况下应用轴承。我们都知道轴承设计的普遍的薄弱点是保持架，在超越机械极限转速的情况下，经常会出现保持架断裂、崩溃等情况。

## 四、轴承热参考转速与机械极限转速之间的关系

　　在各个轴承厂家的轴承型录中，我们会发现一个问题，有的轴承机械极限转速

高于热参考转速；有的轴承热参考转速高于机械极限转速。机械工程师会提出这样的问题，如果轴承的热参考转速高于轴承机械极限转速，那么也就意味着轴承还没有过热的时候，其机械强度已经达到极限，轴承已经失效。如此一来，热参考转速如何得出？

事实上，轴承的热参考转速是一个热平衡结果。当然轴承厂家根据 ISO 15312—2018《滚动轴承—热转速等级—计算和系数》进行一些轴承转速实验，但是更多的情况下此值是一个热平衡计算值。而型录上的这个额定值也多数是一个计算值。

相应地，不同类型轴承热参考转速和机械极限转速中相对高的一个揭示了轴承运行时限制转速的主要矛盾所在。比如对于深沟球轴承而言，热参考转速高于机械极限转速；而对于圆柱滚子轴承而言则相反。这说明，在转速升高的情况下，对于深沟球轴承而言，发热不是主要矛盾，而其机械强度（保持架强度）将是限制转速的主要瓶颈；对于圆柱滚子轴承而言，转速升高的时候，由于这类轴承是线接触，散热不利，因此其发热是限制转速的主要瓶颈，而其结实的保持架，不是限制轴承转速的主要因素。

所以，了解轴承结构，可以帮助我们理解轴承热参考转速和机械极限转速之间的关系。

轴承的热参考转速从发热的角度给出了轴承转速的参考；而轴承的机械极限转速从轴承自身机械强度角度给出了轴承转速能力的极限。对于热参考转速而言，通过改善散热的条件可以适度超越，而对于轴承的机械极限转速而言，一旦轴承选定，则这个值就被固定，而不允许被超越。

从发热和强度两个角度定义的轴承转速的边界共同构成了轴承的转速额定值。

## 五、影响轴承转速能力的因素及其注意事项

不同的轴承转速能力不同。轴承运行在高转速的时候，轴承各个零部件的离心力、轴承各个部件之间的相互摩擦发热等因素是影响轴承转速能力的重要因素。这些因素对应到轴承的选型上就是轴承的大小、类型，以及不同的内部设计之间带来的差异。

### （一）轴承大小与转速能力之间的关系

从离心力的角度来看，由常识可知，轴承直径越大，其零部件重量也越大，因此轴承高速旋转的时候离心力也就越大。相应的轴承的转速能力就会越差。由此我们可以得到第一个基本的规律：轴承越大，转速能力越差。

如果轴承内孔直径相同，若对于同一类型的轴承（比如深沟球轴承），重系列的轴承零部件体积和重量（主要是滚动体）大于轻系列的轴承；对于不同类型的轴承，滚子轴承的滚动体重量大于球轴承的滚动体重量。而滚动体重量越大，高速转动的时候离心力也就越大，因此其转速能力也就越差。所以我们得到第二个基本规律：相同内径轴承，重系列轴承的转速能力低于轻系列轴承；滚子轴承的转速能力低于球轴承。

通过以上两个规律，我们在为高转速设备选择轴承的时候，如果想选择转速能力

强的轴承就需要遵循以下原则：

1）尽量减小轴径；

2）尽量选择轻系列轴承；

3）尽量选择球轴承，其次是单列滚子轴承，再次是双列滚子轴承。

上述原则为一个通用的定性原则，不可以当作教条使用。具体选用的时候可以根据这个原则进行选择，最后还是以校核轴承的热参考转速和机械极限转速值为准。

**（二）轴承类型与转速能力之间的关系**

不同类型的轴承（考虑相同内径），由于其内部设计结构等的不同，具有不同的转速能力。图3-4就某一个尺寸的轴承进行了对比，工程师可以从中得到一些定性的结论。

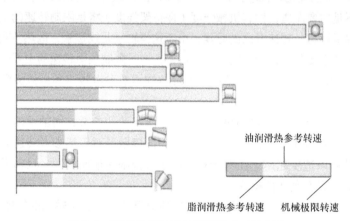

**图3-4　不同类型轴承的转速能力对比示意**

图3-4中不难发现：

1）轴承内部的接触形式不同带来了热参考转速能力的不同。点接触的轴承发热小，线接触的轴承发热大；

2）滚动体重量小的轴承机械极限转速高。这是因为滚动体重量小高速旋转时的离心力小，对保持架造成的压力小。

① 单列滚子轴承比同内径的单列球轴承的机械极限转速低；

② 双列滚子（球）轴承比同内径的单列滚子（球）轴承的机械极限转速低。

3）保持架强度高的轴承机械极限转速能力强。

**（三）轴承内部设计与转速能力之间的关系**

对于相同的轴承，有时候根据不同需要会使用不同的内部设计，这些不同的内部设计也带来了轴承转速能力的不同。其中最重要的就是密封件和保持架的设计带来的不同。

**（四）不同保持架设计的轴承转速能力**

保持架作为轴承的重要零部件，对轴承转速能力有着重要的影响。保持架相关具体内容将在后续相关部分详述，本节仅就其转速能力做介绍。

1）保持架材质方面。轴承保持架重量越轻，其自身离心力越小，轴承转速能力越强。因此通常而言，尼龙保持架转速能力最强，其次是钢保持架，最后是铜保持架。

2）保持架设计方面。保持架有引导和保持滚动体的功能。但是其自身的运动也需要一些引导。通常轴承的保持架有外圈引导、内圈引导、滚动体引导等方式（具体可以参见保持架部分）。从重量看，外圈引导最重，滚动体引导其次，内圈引导最轻。除了重量以外，不同类型的保持架结构也有不同，因此导致其机械极限转速能力不同。由于各个品牌设计不同，因此这方面的折算方法也不尽相同，以斯凯孚集团生产的圆柱滚子轴承为例，其圆柱滚子轴承不同保持架的机械极限转速折算见表3-5。

表 3-5　不同保持架机械极限转速折算系数

| 保持架类型（原后缀） | P、J、M、MR（转换后后缀） | MA、MB（转换后后缀） | ML、MP（转换后后缀） |
|---|---|---|---|
| P、J、M、MR | 1 | 1.3 | 1.5 |
| MA、MB | 0.75 | 1 | 1.2 |
| ML、MP | | | 1 |

保持架除了影响极限转速以外，其内部设计也影响保持架和周边的润滑。对于内外圈引导的保持架类型，在轴承运转的时候，保持架需要和内圈或者外圈发生碰撞摩擦，而保持架和引导的轴承圈之间的距离十分小，因此在不同润滑方式下，表现出的轴承转速能力不同。

脂润滑的时候，保持架边缘和引导的轴承圈之间的距离无法被油脂良好地润滑，因此在一定转速时会出现保持架和轴承圈之间的干摩擦（对于铜保持架经常出现的掉铜粉现象，就是这种摩擦产生的）。所以，此时内外圈引导的轴承转速能力低于滚动体引导的轴承。

油润滑的时候，由于内圈或者外圈引导的轴承，其保持架和引导的轴承圈之间有一个狭缝，这个狭缝对润滑油来说会有一个虹吸作用，因此可以将润滑油吸附到保持架端部与轴承圈之间。在轴承高速运转的时候，保持架和轴承圈之间的相对碰撞或者摩擦都是由润滑油在其中起到很好的润滑作用。因此，这种情况下，内外圈引导的轴承转速能力强于滚动体引导的轴承。

上述保持架设计因素带来的转速能力不同在圆柱滚子轴承上十分常见。机械工程师可以在相应品牌的轴承技术人员处拿到详细的技术资料。因为各个品牌的方法和系数各不相同，此处不一一列举。

**（五）不同密封设计的轴承转速能力**

齿轮箱中常用的封闭式轴承主要都是深沟球轴承。通常深沟球轴承的防护方式主要有两大类：一类是防尘盖；另一类是密封。不同防护方式的轴承如图 3-5 所示。

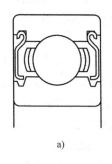 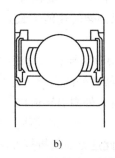 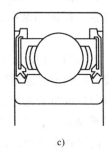

　　　　a)　　　　　　　　　　　　b)　　　　　　　　　　　　c)

**图 3-5　不同防护方式的轴承**

a）带防尘盖深沟球轴承　b）非（轻）接触式密封深沟球轴承　c）接触式密封深沟球轴承

　　带防尘盖的深沟球轴承，其防尘盖多为金属材料，且防尘盖固定于轴承外圈，和轴承内圈有一个非常小的狭缝，不与内圈接触。当轴承旋转的时候，狭缝可能会分布一些油脂。由于防尘盖和轴承内圈是非接触式的，因此防尘盖通常不会影响轴承的转速能力。所以，一方面，带防尘盖的深沟球轴承转速能力与开式轴承相当；另一方面，带防尘盖的深沟球轴承仅仅具备基本的防尘能力，并不具备密封能力，不能阻止细微尘埃以及液体污染。

　　带密封的深沟球轴承，密封件多为橡胶材质（丁腈橡胶或者氟橡胶居多）。主流品牌提供两种防护能力的密封深沟球轴承且其转速能力不同，分别为轻接触式密封（或者非接触式密封）和接触式密封。轻接触式（或者非接触式）密封轴承，有的厂家设计的密封件和内圈轻微接触，有的并不接触，但是具有一个类似迷宫的结构。接触式密封轴承密封件和内圈有接触，因此在轴承旋转的时候，接触的密封唇口和内圈之间的摩擦会引起发热。两者相比，接触式密封的深沟球轴承转速能力弱于轻接触式密封的深沟球轴承。

　　对比三种轴承防护方式，会得到一个总体结论，密封效果好的轴承，其转速能力就会弱，其运转阻转矩就会大，高速运转就会发热（由密封唇口和内圈之间的摩擦引起）。

　　各个品牌密封件设计不同，因此密封件对转速的影响程度各不相同，机械工程师需要从各个品牌的产品目录中找到对应值。

　　对于开式轴承，机械工程师有时候需要进行密封设计以保护轴承。密封件就是靠密封唇口和轴之间的压紧而起到密封作用。所以密封效果越好，其正压力越大，摩擦发热也会越大。这与密封的唇口形状设计、密封材质、轴的表面加工精度等相关。但是总体上，使用一般橡胶材料的密封件，其密封唇口和轴之间的相对线速度不建议超过 14m/s。

# 第三节 轴承的负荷能力

轴承的负荷能力是轴承重要的特性之一。轴承的不同设计导致轴承可以承受的负荷方向与大小不同。

## 一、轴承承载负荷方向

### （一）轴承接触角的概念

轴承接触角通常是指轴承承载接触点连线与垂直方向的夹角，如图 3-6 所示。轴承的负荷是从一个圈通过滚动体传递到另一个圈，那么接触角的连线也是轴承内部承载力传递的方向。由此可知，轴承接触角越大，轴承的轴向承载能力越大，反之亦然。

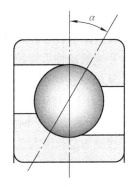

如果轴承的接触角是 0°，也就意味着轴承承载方向没有轴向分量，轴承承受纯径向负荷，我们将这种轴承叫作径向轴承或者向心轴承；相应地，如果轴承的接触角是 90°，也就是轴承的承载方向没有径向分量，轴承承受纯轴向负荷，我们把这种轴承叫作推力轴承。

**图 3-6 轴承接触角**

轴承接触角为 0°～90° 的轴承，我们统称为角接触轴承。这类轴承既具有轴向承载能力，也具有径向承载能力。

### （二）根据接触角的轴承分类

在 0°～90° 之间，以 45° 为界，根据接触角，可以对轴承进行分类，如图 3-7 所示。

接触角为 0° 的，称为向心轴承，如果滚动体是球，称为向心球轴承（也叫深沟球轴承）；如果滚动体为滚子，称为向心滚子轴承。其中径长比为 1:3 以上的，称为短圆柱轴承（也叫圆柱滚子轴承）；反之为滚针轴承。接触角为 0°～45° 的，称为向心推力轴

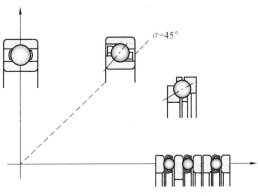

**图 3-7 按照接触角的轴承分类**

承；接触角为 45°～90° 的，称为推力向心轴承。向心推力轴承和推力向心轴承统称为角接触轴承。如果滚动体是球，就是角接触球轴承。

接触角为 90° 的，为推力轴承，根据滚动体不同形式分为推力球轴承和推力滚子轴承（同样根据径长比有推力滚针轴承）。

对于圆锥滚子轴承，由于其两个滚道之间并非平行，因此可以针对某一个滚道法

线与垂直方向夹角来计入接触角。

需要说明的是，深沟球轴承由于其内部滚道为一个圆形沟槽，因此当轴承承受轴向负荷的时候，滚动体在两个滚道上的接触点会相应地出现偏移。宏观上，深沟球轴承具有一定的轴向承载能力；微观上，此时深沟球轴承接触点连线已经与垂直方向出现夹角，处于角接触球轴承的工作状态。此时已经不是作为一个纯向心轴承承载。这就是深沟球轴承作为向心轴承却能够承载轴向负荷的原因。

## 二、轴承承载负荷大小

轴承的承载是通过滚动体和滚道之间的接触实现的，在相同压强下，承载面积越大，其整体承载的负荷就会越大。

影响滚动轴承接触面积的因素包括轴承接触形式、轴承大小、轴承宽度系列等。

从轴承接触形式角度看，对于球轴承而言，滚动体和滚道之间的接触是点接触（宏观观点）；对于圆柱滚子轴承而言，滚动体和滚道之间的接触是线接触（宏观观点）；对于调心滚子轴承而言，每次都是一对滚子和滚道接触，不仅仅是线接触，并且线接触的总长度大于单列轴承。

因此一般而言，相同直径的轴承中，球轴承的承载能力低于滚子轴承；单列轴承的承载能力低于双列轴承。仅就轴承类型不同而承载能力不同的对比可以参照图 3-8 的示意图（此图仅为对某一内径尺寸的轴承负荷能力的对比示意）。

相同类型的轴承，轴承越大，内部滚道、滚动体的尺寸就越大，相应的接触面积也越大，因此轴承负荷承载能力也越强。

相同内径尺寸的轴承，其宽度系列越大，内部的滚动体与滚道的接触面积就越大，因此轴承的负荷承载能力也越强。

## 三、轴承的额定负荷

一般的轴承型录上都会对轴承承受负荷的能力做出额定值的标定。通常都会标定出额定动负荷、额定静负荷。同时前面阐述的轴承负荷能力强弱的趋势可以参考轴承型录中的产品数据表格。

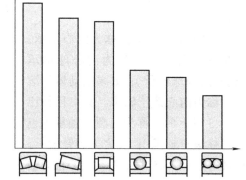

图 3-8　不同类型轴承的承载能力示意图

### （一）额定动负荷

轴承的额定动负荷适用于描述轴承动态承载能力的额定值，其依据是 DIN ISO 281：2010 相应的规定。额定动负荷的概念是指在大小相同、方向恒定的负荷状态下，一大批轴承运行所能够达到的基本额定寿命为 100 万转。

换言之，在额定动负荷状态下可以概略地理解为所选择轴承的基本额定寿命可以达到 100 万转。

需要注意的是，轴承的寿命与转速、载荷、第一次出现失效的统计概率相关。关于这些概念的详细阐述将在本书轴承寿命校核的相关部分详细介绍。

另一个十分关键的地方是轴承额定动负荷的前提条件是"负荷大小和方向恒定"。事实上，实际工况中轴承承受的负荷很少是恒定的，因此用轴承实际承受的某一个负荷与轴承额定动负荷做比较从而得出负荷能力是否足够的判断是不准确的。

真正判断轴承动态负荷能力是否满足工况的方法是进行轴承基本疲劳寿命的计算，这个计算的本质含义是将实际负荷等效成一个"大小和方向恒定"的当量负荷，然后与额定动负荷进行比较。相应的概念在本书寿命计算部分详细阐述。

**（二）额定静负荷**

滚动轴承在冲击载荷以及很高的静负荷作用下有可能在滚道和滚动体表面产生塑性变形，从而影响轴承的噪声水平、寿命，以及运行性能。

当轴承运行在极低转速下，或者静止不旋转的时候，这个塑性变形的程度取决于基本额定静载荷 $C_0$。根据 DIN ISO 76：2018 规定，对于径向轴承就是一个径向的载荷 $C_{0r}$；对于推力轴承就是一个轴向载荷 $C_{0a}$。

基本额定静负荷的定义是当在滚动体和滚道之间的最高赫兹应力使接触点处产生滚动体直径 1/10000 的永久变形时的负荷：

1）对于滚子轴承，为 $4000N/mm^2$；

2）对于球轴承，为 $4200\ N/mm^2$；

3）对于调心球轴承，为 $4600\ N/mm^2$。

额定静负荷是在对轴承静态承载以及振动情况下选型计算的一个基准。后续轴承寿命校核计算中将详细阐述。

# 第四节 轴承的保持架

保持架是滚动轴承重要的组成部分，其主要作用是分隔和引导滚动体运动。保持架在滚动体之间防止了滚动体的相互接触和摩擦发热，同时为润滑提供了空间。在分离式轴承中，保持架也起到了固定作用，使得轴承的安装和拆卸变得方便；同时滚动体在滚道内的运行轨迹也依靠滚动体和保持架之间的相互碰撞实现修正。

齿轮箱中也会用到一些没有保持架的轴承，例如满滚子轴承。与具有保持架的轴承相比，满滚子轴承在内外圈有限的空间内可以安置更多的滚动体，其承载能力相对更大。但是，满滚子轴承运行的时候，滚动体之间的相对运动引起摩擦发热较大，滚子修正运动轨迹的碰撞也会发生在滚子之间，因此这类轴承不适合用于高转速场合。同时由于这个原因，这类轴承的润滑选择也需要进行特殊考虑。

## 一、保持架的材质

轴承常用的保持架材质主要有三种：钢、尼龙和黄铜。

钢保持架具有强度高、使用温度范围宽、重量相对较轻的特点，是最常用的轴承保持架材质。由于钢保持架的这些特点，钢保持架可以运行于宽泛的温度范围和宽广的速度范围。

尼龙保持架具有重量轻、弹性强、润滑性能良好的特点。尼龙保持架的强度在所有保持架材质中是最弱的，因此在振动场合，频繁起停的工况下容易出现保持架断裂。但是尼龙保持架是所有常用保持架材质中最轻的，因此尼龙保持架经常被用于高速场合，是速度能力最强的保持架材质。尼龙保持架的应用有温度限制，通常的尼龙保持架温度范围是 −40 ~ 120℃。

黄铜保持架具有强度高、防振抗加速性能优良、油润滑下转速能力卓越的特点。通常黄铜保持架应用于振动场合、频繁起停场合、油润滑场合以发挥其特性。但是钢保持架相对价格高，同时不能在有氨的环境下工作，有时候还会和一些油脂发生化学反应。因此在选用的时候要考虑这些因素。

## 二、保持架的加工、组装方式

保持架的加工方式有冲压、机削等。具体每种轴承保持架的加工方式是不同厂家自己设计的选择，此处不一一展开。可以咨询轴承工程师了解细节。

保持架也有不同的组装方式，以深沟球轴承为例，其中包括冲压钢搭扣式保持架、冲压钢铆钉式保持架、尼龙铸模保持架、黄铜铆钉式保持架等。以深沟球轴承为例，如图 3-9 所示。

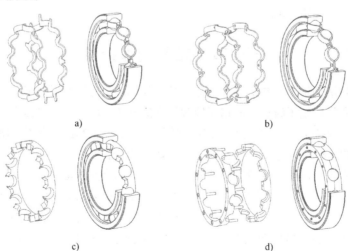

a)                            b)

c)                            d)

**图 3-9　深沟球轴承不同保持架类型**

a）冲压钢搭扣式保持架　b）冲压钢铆钉式保持架　c）尼龙铸模保持架　d）黄铜铆钉式保持架

### 三、保持架的不同引导方式

轴承运转的时候，保持架的运动轨迹受到滚动体运动和自身重力的影响，其运动轨迹会被不断修正以实现绕轴心的旋转。这种运动轨迹的修正就是通过保持架和滚动体，或者轴承圈的碰撞完成的。通常依照引导方式的不同分为滚动体引导、外圈引导和内圈引导，如图 3-10 所示。

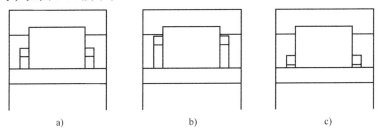

**图 3-10　圆柱滚子轴承保持架不同引导方式**

a）滚动体引导　b）外圈引导　c）内圈引导

图 3-10 为圆柱滚子轴承保持架不同引导方式的示意图。从图中可以看到，内圈、外圈的引导方式保持架距离内圈或者外圈比较近，靠和这个圈的碰撞修正运行轨迹。保持架和轴承圈之间的狭缝非常不利于脂润滑；而对于油润滑，由于虹吸作用非常容易保持润滑油。因此在使用脂润滑且 $nd_m$ 值大于 250000 的时候，不建议使用内圈或者外圈引导的轴承。

表 3-5 中也给出了采用不同引导方式保持架的轴承在转速条件下的折算系数。

常见的轴承磨铜粉现象就是由于使用了外圈或者内圈引导的轴承工作于过高的转速，保持架和套圈之间无法良好润滑而产生的。有的时候如果无法更换轴承，而又无法改变成油润滑，那么使用黏度低的油脂会有一些帮助，但仍然不能解决根本问题。

另一方面，当轴承处于高转速的时候，对内圈或者外圈引导的轴承保持架运动轨迹的修正更多地依赖于轴承圈，因此更加适用。

当轴承运行于振动工况的时候，内圈或者外圈引导保持架的轴承相对于滚动体引导保持架的轴承更加适用。

## 第五节　轴承的游隙

### 一、游隙的概念

轴承的游隙是指轴承内部一个圈固定，另一个圈相对于固定圈的最大移动距离。如果这个移动是径向的，则是径向游隙；如果这个移动是轴向的，则是轴向游隙。

轴承游隙实际上是轴承完成组装之后的剩余空间，虽然不是轴承的一个实体零部件，但是对于轴承运行的性能至关重要。

根据 ISO 5753：1991《滚动轴承　径向游隙》，DIN 620-4—2004《滚动轴承．滚动轴承公差．第 4 部分：径向内间隙》，轴承内部径向游隙的分组见表 3-6。

表 3-6　轴承内部径向游隙

| 轴承径向游隙组别 | 说明 | 标准 | 应用 |
| --- | --- | --- | --- |
| CN | 普通径向游隙，轴承代号中省略 | ISO 5753：1991；DIN 620-4—2004 | 一般轴和轴承座公差的工作状态 |
| C2 | < CN | | 带有摆动的交变重载 |
| C3 | > CN | | 内外圈温差较大，轴承套圈有紧配合 |
| C4 | > C3 | | |
| C5 | > C4 | ISO 5753 | |

一般而言，对于径向轴承（深沟球轴承、圆柱滚子轴承、球面滚子轴承等）而言，各个厂家轴承型录里使用的游隙值都是径向游隙；对于轴向轴承（角接触球轴承、圆锥滚子轴承、推力轴承）而言，各个厂家轴承型录里使用的都是轴向游隙。

上述标准中所列出的都是轴承的初始游隙，当轴承被安装到轴上并且运行于稳定工况下的时候，轴承内部游隙会发生变动，此时的游隙就是轴承的工作游隙。

## 二、工作游隙及其计算

一般而言，轴承圈和轴以及轴承室之间有一定的公差配合。通常一个圈相对较紧，另一个圈过渡配合。轴承安装之后，一方面，由于紧配合的原因，轴承圈会出现一些变形，从而尺寸发生变化，引起游隙的减少；另一方面，当齿轮箱从冷态运行到稳定工况的时候，齿轮箱轴承内外圈的温度将发生变化。此时温度的变化会带来轴承内圈、外圈的径向膨胀。当轴承内外圈存在温度差的时候，此时热膨胀量的差别将带来轴承内部游隙的变化，如图 3-11 所示。上述的变化通常带来的游隙变化都是游隙量的减少。

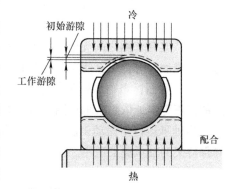

图 3-11　轴承游隙的变化

轴承在未经过安装和使用的时候，其内部游隙叫作轴承的初始游隙；轴承经过安装，并且处于工作状态下的内部游隙叫作轴承的工作游隙。

显然，轴承的工作游隙是由初始游隙减去由于公差配合带来的游隙减少量，再减去由于温度变化带来的游隙减小量而得到的。

$$C_{\text{工作}} = C_{\text{初始}} - \Delta C_{\text{配合}} - \Delta C_{\text{温度}} \qquad (3\text{-}10)$$

式中　$C_{\text{工作}}$——工作游隙（μm）；

　　　$C_{\text{初始}}$——初始游隙，参照 ISO 5753 : 1991（μm）；

　　　$\Delta C_{\text{配合}}$——由配合引起的游隙减小量（μm），见式（3-11）；

　　　$\Delta C_{\text{温度}}$——由温度差带来的游隙减小量（μm），见式（3-14）。

　　　对于径向轴承由配合引起的径向游隙减小量：

$$\Delta C_{\text{配合}} = \Delta d + \Delta D \qquad (3\text{-}11)$$

式中　$\Delta d$——由配合引起的轴承内圈膨胀量（μm），见式（3-12）；

　　　$\Delta D$——由配合引起的轴承外圈压缩量（μm），见式（3-13）。

　　　配合引起的轴承内圈膨胀量：

$$\Delta d \approx 0.9Ud/F \approx 0.8U \qquad (3\text{-}12)$$

式中　$d$——轴承内径（mm）；

　　　$F$——轴承内圈滚道直径（mm）；

　　　$U$——紧配合面的理论过盈量（μm）。

　　　通常，考虑装配时接触面间相互挤压的影响，紧配合面理论过盈量等于配合面最大实体偏差减去公差带的 1/3 之后所得的差值。

　　　此计算不适用于薄壁轴承和轻金属轴承座，这些情况下的配合影响应通过实测获得。

　　　配合引起的轴承外圈压缩量：

$$\Delta D \approx 0.8UE/D \approx 0.7U \qquad (3\text{-}13)$$

式中　$E$——外圈滚道直径（mm）；

　　　$D$——轴承外径（mm）。

　　　由于温度引起的径向游隙减小量：

$$\Delta C_{\text{温度}} = 1000\alpha d_{\text{m}}(\theta_{\text{i}} - \theta_{\text{o}}) \qquad (3\text{-}14)$$

式中　$\alpha$——钢的热膨胀系数，通常为 $0.000011 \text{K}^{-1}$；

　　　$d_{\text{m}}$——轴承平均直径（$d+D$）/2（mm）；

　　　$\theta_{\text{i}}$——轴承内圈温度（℃）；

　　　$\theta_{\text{o}}$——轴承外圈温度（℃）。

　　　对于轴向游隙计算，式（3-11）与式（3-14）需要将计算结果乘以 $\cot\alpha$（$\alpha$ 为接触角）。其他计算公式不变。

## 三、游隙选择的一般原则

　　　轴承工作性能与其工作游隙有一定的关系，选择合适的工作游隙是保证轴承正常运行的重要因素。轴承的工作游隙与轴承工作性能之间的关系如图 3-12 所示。

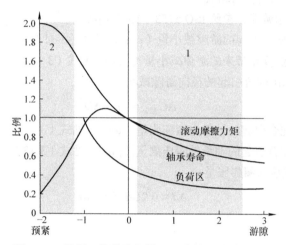

图 3-12　轴承工作游隙与轴承工作性能之间的关系

　　图 3-12 中展示了轴承滚动摩擦力矩、轴承寿命以及轴承负荷区与轴承游隙之间的关系。其中游隙如果为负值，则表示轴承内外圈压紧，轴承内部存在预紧。

　　当轴承承受径向负荷的时候，在负荷方向同侧的滚动体和滚道承受负荷；在径向负荷相反的方向上则不承受这个负荷。我们把轴承内部承受径向负荷的区域称为负荷区，其余部分称为非负荷区，如图 3-13 所示。

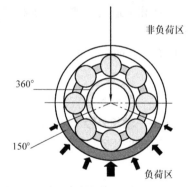

图 3-13　轴承负荷区分布

　　从图 3-12 中的负荷区曲线可以看到，在径向负荷作用下，随着工作游隙的减小，轴承负荷区比例逐步增加，到达一定值之后，负荷区分布到整个轴承圈上。

　　从图 3-12 轴承滚动摩擦力矩曲线可以看到，随着轴承游隙的增大，轴承的滚动摩擦力矩减小；反之增大。实际运行中，在 2 号区域内，轴承预紧（负游隙）达到一定值的时候，轴承滚动摩擦力矩将出现不稳定的情况。

　　从图 3-12 中轴承寿命曲线中可以看到，轴承寿命将在游隙为一个小的负游隙下达到最优。当游隙在这个值基础上进一步增大或者减小的时候，轴承的寿命表现均将出现减小，但是减小的速度不同。当游隙增大的时候，轴承寿命减小但是减小的速度较慢，反之减小的速度较快。当轴承内部工作游隙小于最佳游隙到图中 2 号区域的时候，轴承运行状态出现不稳定。实际工况中经常出现的轴承卡死往往就是运行的轴承内部游隙过小所致。因此，为安全起见，通常都会建议轴承工作在一个正的小游隙范畴内。这样一旦外界因素影响使游隙进一步减小以及增大都会保证轴承可以不至于出现极端的状态突变。

　　基于上述考虑，一般轴承工作时应使工作游隙处于 1 号区域内。此时轴承寿命可靠，而摩擦力矩也较小。不难发现，此时轴承内部的负荷区应该在整个轴承圈的三分之一左右。由此，很多资料推荐轴承工作时的负荷区应该在负荷方向的 120° ~ 150°。

■■■■■■

# 第四章
# 风力发电机组常用轴承介绍

前面章节中介绍了轴承的通用性能，这些性能特征对于滚动轴承而言是具有共性的，是作为机械工程师对轴承性能了解的基础，同时也是进行风力发电机组设计时候对轴承通用考虑的重要因素。

在轴承的分类中我们介绍了每一种不同类型的轴承都具有不同设计，同时也具有不同的个性性能。对于风力发电机组设计而言，有些轴承是经常使用的类型，因此对这些轴承特性的了解也十分重要。本节就针对常用的轴承类型的个性特征进行介绍。同时也列举出几大国际知名品牌在这些类型的轴承中的一些特性的设计以及代号，帮助机械工程师在进行风力发电机组轴承选择的时候进行参考。

## 第一节　深沟球轴承

深沟球轴承是所有轴承中最古老、最传统也最成熟的产品类型，是所有轴承中使用最广泛的一类。如图 4-1 所示，深沟球轴承的滚动体是球形，工作的时候滚动体在滚道内进行周向旋转，同时有一定的自转。深沟球轴承滚道的曲率半径和球的半径不同。通常我们把滚道弧长大于三分之一滚珠球大圆周长的径向滚动轴承叫作深沟球轴承。

深沟球轴承有单列、双列等多种设计，其中单列深沟球轴承使用最为广泛。

深沟球轴承是一体式轴承，其内圈、外圈滚动体和保持架组装之后就成为一个一体的组件，在使用的时候不可分离。也正是因为这个原因，深沟球轴承具有使用简单、安装方便的特点。

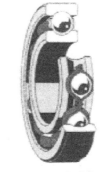

图 4-1　深沟球轴承

## 一、深沟球轴承负荷能力

深沟球轴承运转的时候，其内部滚动体和滚道之间的接触是点接触<sup>⊖</sup>。相比其他接

---

　　⊖ 从微观角度看，考虑金属弹性这些接触都是面接触。

触形式而言，深沟球轴承的承载能力不是很强。

从深沟球轴承的结构可以看出，深沟球轴承主要承受径向负荷。由于其滚道具有一定深度，因此滚动体可以在轴向相对偏离的位置承载，从而具备一定的轴向负荷承载能力。所以深沟球轴承可以承受径向负荷、轻轴向负荷以及相应的复合负荷。

深沟球轴承能够承受轻度的偏心负荷。其偏心角度应该小于 10 弧分<sup>⊖</sup>。

## 二、深沟球轴承的转速能力

深沟球轴承内部滚动体与滚道的接触是点接触，轴承滚动时候所产生的滚动摩擦相对线接触等方式较小，由此而带来的发热也相对较小。

同时，深沟球轴承滚动体质量比圆柱形或者圆锥形滚子轻，因此在高转速下轴承滚动体离心力较小。所有这些因素使得深沟球轴承具有较高的转速能力。

## 三、深沟球轴承的密封形式

深沟球轴承结构相对简单，在一定尺寸以下的深沟球轴承可以安装防尘盖、密封件，同时内部预填装润滑脂。

深沟球轴承常见的防护方式有防尘盖、轻（非）接触式密封，以及接触式密封三大类。同时不同品牌厂家的密封设计有所不同。

### （一）带防尘盖的深沟球轴承

带防尘盖的深沟球轴承，通常也被称为带铁盖的深沟球轴承。其结构就是在轴承滚动体两侧加装了一个金属的防护盖。而这个防护盖被叫作防尘盖，因为这个防尘盖和轴承内圈并无接触，仅仅缩小了灰尘进入的入口空间，从而对轴承内部起到了一定的保护作用，因此，这类轴承不具备任何的液体防护能力，仅在轻污染的场合可以保护轴承。带防尘盖的深沟球轴承一般情况在出厂之前其内部都预先填装了适当的润滑脂，有些厂家轴承内的润滑脂量可以有不同的选择，以适应不同工况。

各个品牌的设计具体结构不同，其防护能力也略有差异。图 4-2 为一些带防尘盖的深沟球轴承结构示意图。

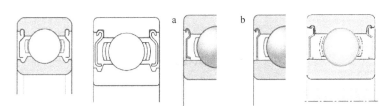

图 4-2 带防尘盖的深沟球轴承

⊖ 弧分，又称为角分，符号为 ′，1′（角分）＝（1/60）°（度）。

**（二）带轻（非）接触式密封的深沟球轴承**

一般密封轴承采用的都是骨架式密封，密封件内部有一个钢制骨架，外部涂覆着橡胶材料，密封件的唇口是橡胶材料构成的。密封件唇口和轴承内圈不接触的设计就是非接触式密封，接触力较小的就是轻接触式密封。国际主要品牌的带轻（非）接触式密封的深沟球轴承结构如图 4-3 所示。

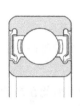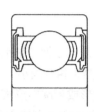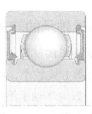

**图 4-3　带轻（非）接触式密封的深沟球轴承**

由于此类轴承密封效果较带防尘盖的轴承好，同时轴承密封件骨架外层有一层橡胶材料，且其主要密封作用的密封唇口也是橡胶材料，因此这种密封根据橡胶材料的不同，有不同的使用温度限值。请参考本章前面的介绍。

此类轴承仍然不能使用于重污染的场合，同时对液体污染的防护能力也不强。由于其接触力较小，因此在需要一定密封性能，但是转速又较高的场合经常得以使用。

**（三）接触式密封**

接触式密封的密封件和非接触式的密封件相类似，差别是密封件的唇口和轴承内圈相接触，因此叫作接触式密封。国际主要品牌的带轻接触式密封的深沟球轴承结构如图 4-4 所示。

带接触式密封的深沟球轴承其密封能力相对较好，可以具备防尘和一定程度的液体污染防护能力。和非接触式密封相同，由于密封件材料的原因，其运行条件也有一定的限制，比如温度。具体数值请参考本章相关内容。

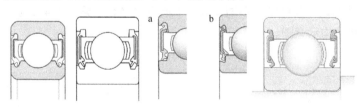

**图 4-4　带轻接触式密封的深沟球轴承**

密封能力和唇口接触力之间是一个矛盾，越大的接触力，密封性能越好，但是唇口和内圈之间的摩擦就越大，轴承转动的阻转矩就越大，从而发热和磨损也越大，轴承转速能力就受到限制。因此带接触式密封的轴承密封件的设计要在轴承转速能力、运转灵活性和轴承密封性能之间取得平衡。

对于一些污染场合，使用接触式密封的时候会出现唇口摩擦偏大，轴承发热的情况，此时需要更换接触力相对较小的带轻接触式密封的轴承。但是此时牺牲了轴承密封的防护能力。此类故障需要根据具体工况进行平衡选择。

对于不同密封方式的轴承性能对比可以参考表 4-1。

表 4-1　不同密封方式的轴承性能对比

| 性能 | 带防尘盖的深沟球轴承 | 带非接触式密封的深沟球轴承 | 带接触式密封的深沟球轴承 |
|---|---|---|---|
| 转速性能 | 高 | 较高 | 一般 |
| 发热 | 低 | 低 | 高 |
| 阻转矩 | 低 | 中 | 高 |
| 防尘能力 | 好 | 较好 | 很好 |
| 防水能力 | 差 | 较差 | 好 |

**（四）深沟球轴承常见后缀**

不同常见生产的深沟球轴承在设计上的差异一般会用一些后缀标识清楚。为了便于机械工程师参考，现摘录部分品牌的常见后缀。

深沟球轴承常见后缀——密封与防护方式见表 4-2。

表 4-2　深沟球轴承常见后缀——密封与防护方式

| | 后缀 | 密封与防护方式 |
|---|---|---|
| SKF | Z | 单侧带防尘盖 |
| | 2Z | 双侧带防尘盖 |
| | 2RZ | 双侧低摩擦密封 |
| | 2RSL | 双侧低摩擦密封（轻接触） |
| | 2RSH | 双侧接触式密封 |
| FAG | Z | 单侧唇式密封 |
| | 2Z | 两侧间隙密封 |
| | 2RSR | 两侧唇式密封 |
| | RSR | 单侧唇式密封 |
| | BSR | 迷宫式密封 |
| NTN | ZZ | 非接触式防尘盖 |
| | LLB | 非接触式密封 |
| | LLU | 接触式密封 |
| | LLH | 低摩擦力矩式密封 |
| NSK | ZZ | 双侧防尘盖 |
| | ZZS | 双侧防尘盖 |
| | DDU | 接触式密封 |
| | VV | 非接触式密封 |

常见游隙一般都按照 ISO 5753：1991 标注后缀见表 4-3。

表 4-3　深沟球轴承常见后缀——游隙

| 后缀 | 游隙 |
|------|------|
| CN | 普通游隙组 |
| C2 | 小于普通游隙组的游隙 |
| C3 | 大于普通游隙组的游隙 |
| C4 | 大于 C3 组的游隙 |

通常很多品牌缺省后缀的保持架默认为钢保持架，但是保持架安装方式（铆接、搭扣）等根据各自工艺和设计各有不同。

FAG 和 SKF 常见的深沟球轴承保持架后缀见表 4-4。

表 4-4　深沟球轴承常见保持架后缀

| | 后缀 | 保持架 |
|------|------|--------|
| SKF | J | 冲压钢保持架 |
| | M | 机削黄铜保持架 |
| | MA | 外圈引导机削黄铜保持架 |
| | MB | 内圈引导机削黄铜保持架 |
| | TN9 | 注塑玻璃纤维增强尼龙 66 保持架 |
| FAG | TVH | 玻璃纤维增强尼龙实体保持架 |
| | M | 滚动体引导实体黄铜保持架 |
| | Y | 冲压黄铜板保持架 |

# 第二节　圆柱滚子轴承

圆柱滚子轴承是齿轮箱中常用的另一类滚动轴承类型。圆柱滚子轴承内部的滚动体是圆柱形，运行时滚动体在滚道上滚动，而其间的接触是线接触，因此圆柱滚子轴承具有承载能力好，运转平稳可靠，形式多样等特点，因此可以用在很多场合。同时圆柱滚子轴承多为分体式结构，可以分开安装。

圆柱滚子轴承类型丰富，有带保持架的，也有不带保持架的；有单列的，也有双列的，或者多列的等形式。

## 一、圆柱滚子轴承的不同结构

一般，圆柱滚子轴承由内圈、外圈和滚动体组成，其滚动体为圆柱形。依照圆柱滚子轴承轴向定位能力不同，可以分为浮动型圆柱滚子轴承、半定位圆柱滚子轴承、定位圆柱滚子轴承，以及带挡圈的圆柱滚子轴承。图 4-5 所示为带保持架的单列圆柱滚子轴承。

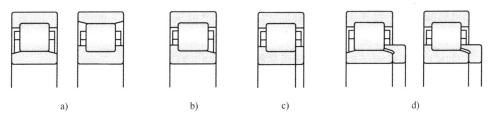

a)　　　　　　b)　　　　　　c)　　　　　　　　d)

**图 4-5　单列圆柱滚子轴承不同结构**

a）浮动型圆柱滚子轴承　b）半定位圆柱滚子轴承　c）定位圆柱滚子轴承　d）带挡圈的圆柱滚子轴承

对于不带保持架的单列满装圆柱滚子轴承如图 4-6 所示。

## 二、圆柱滚子轴承的负荷能力

从圆柱滚子的结构可以看出，轴承内部滚动体与滚道之间的接触是线接触。与球轴承相比，圆柱滚子轴承滚动接触面积更大，因此轴承径向承载力更大。

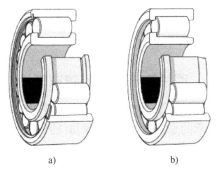

a)　　　　　　b)

**图 4-6　单列满装圆柱滚子轴承**

a）NCF 型　b）NJG 型

对于浮动型圆柱滚子轴承，在一侧的轴承圈上，其内部轴向是自由放开状态，在轴承运转的时候滚动体可以在轴向上自由移动。此类圆柱滚子轴承没有轴向负荷承载能力。也正是由于这个特性，浮动型圆柱滚子轴承是良好的浮动端轴承。

对于半定位圆柱滚子轴承，轴承外圈有两侧挡边，而轴承内圈在一侧有挡边。轴承在单侧挡边方向可以承受轴向负荷，而在另一个方向自由移动。因此半定位圆柱滚子轴承可以做单向定位轴承，承受一定的单向轴向负荷。轴承承受单向负荷的能力是通过滚动体与滚道挡边的滑动摩擦实现的，与滚动摩擦相比，这个摩擦发热较大，因此其承受轴向负荷的能力有限。

对于定位圆柱滚子轴承，其轴承外圈具有两个挡边，轴承内圈具有一个挡边加一个平挡圈。轴承除了较大的径向负荷承载能力以外，在双向可以承受一定的轴向负荷。定位圆柱滚子轴承可以作为定位轴承使用，同时其轴向承载能力是依赖于滚动体与挡边之间的滑动摩擦产生的，因此其轴向承载能力有限。

对于带挡圈的圆柱滚子轴承，其轴承外圈两侧具有挡边，轴承内圈单侧带挡边，同时具有一个挡圈。这类轴承与定位圆柱滚子轴承一样可以承受较大的径向负荷，并进行轴向定位，且轴向承载能力有限。

对于满装的圆柱滚子轴承而言，其内部没有保持架，因此可以布置更多的滚动体。与带保持架的圆柱滚子轴承相比，其径向负荷承载能力更强。

另外圆柱滚子轴承内部的接触形式决定了这类轴承对负荷偏心的敏感性。因此圆柱滚子轴承不能承受偏心负荷，其最大偏心负荷角度为 2~4 弧分。

总体上，圆柱滚子轴承的负荷承载能力具有如下特点：

1）具有较好的径向承载能力；

2）摩擦小，带保持架的圆柱滚子轴承是所有滚子轴承中摩擦力最小的一类；

3）带保持架的圆柱滚子轴承由于保持架可以正确地引导滚子运动，同时又具有较好的强度和滑动摩擦特性，因此可以运行的速度范围宽广；

4）定位圆柱滚子轴承可以承受中等程度的轴向负荷，但是由于此时会增大滚动体与挡边之间的摩擦，因此需要加强轴承润滑和散热；

5）轴承运行的时候容易出现侧面位移；

6）是理想的浮动端非定位轴承；

7）对偏心负荷敏感。

## 三、圆柱滚子轴承的转速能力

圆柱滚子轴承内部的滚动体和滚道之间的线接触在承受负荷的时候，其发热比球轴承的点接触形式大，同时轴承滚动体的质量比相同内径的球轴承的也重，因此高速运转的时候其离心力也大。因此与球轴承相比，圆柱滚子轴承的转速能力会低一些。

但是对于带保持架的圆柱滚子轴承，保持架的强度较好，以及保持架可以为润滑提供良好的空间，并且其自身也有一定的滑动摩擦特性，因此这类轴承仍然可以运行在较好的转速情况下。

对于带保持架的圆柱滚子轴承而言，不同的保持架设计以及润滑方式影响其转速能力。请参照本章前面的介绍并根据表 3-5 进行修正。

对于满装的圆柱滚子轴承，其内部没有保持架分隔滚动体，因此运转的时候滚动体的运行轨迹只能靠轴承圈以及滚动体之间的碰撞来修正。这类轴承不适用于高转速的场合。

## 四、圆柱滚子轴承常见后缀

圆柱滚子轴承除基本代号以外，不同厂家也会根据自己的设计做一些后缀标识。

圆柱滚子轴承的游隙负荷按照 ISO 5753：1991 的规定，因此其后缀形式可以参考表 4-5。需要提醒机械工程师注意的是，即便是相同的游隙组别，不同类型的轴承游隙值也不相同。例如深沟球轴承 C3 组游隙值并不等于圆柱滚子轴承 C3 组游隙值。

关于轴承材质的后缀见表 4-5。

表 4-5　圆柱滚子轴承常见后缀——材质

|  | 后缀 | 含义 |
|---|---|---|
| SKF | HA3 | 表面硬化内圈 |
|  | HB1 | 贝氏体硬化内圈和外圈 |
|  | HN1 | 表面经过特殊热处理的内外圈 |
| FAG | J30P | 褐色氧化涂层 |

关于轴承保持架见表 4-6。

表 4-6　圆柱滚子轴承常见后缀——保持架

|  | 后缀 | 含义 |
|---|---|---|
| SKF | M | 组合式机削黄铜保持架，滚动体引导 |
|  | MA | 组合式机削黄铜保持架，外圈引导 |
|  | MB | 组合式机削黄铜保持架，内圈引导 |
|  | ML | 窗式黄铜保持架，一体式车削加工，内圈或者外圈引导 |
|  | MP | 窗式黄铜保持架，一体式开口加工，内圈或者外圈引导 |
|  | MR | 窗式黄铜保持架，一体式车削加工，滚动体引导 |
|  | P | 注塑玻璃纤维增强尼龙 66 保持架，滚动体引导 |
|  | PH | 注塑聚醚醚酮保持架，滚动体引导 |
|  | PHA | 注塑聚醚醚酮保持架，外圈引导 |
| FAG | MP1A | 实体黄铜保持架，单片，外圈引导 |
|  | MP1B | 实体黄铜保持架，单片，内圈引导 |
|  | M1A | 实体黄铜保持架，双片，外圈引导 |
|  | M1B | 实体黄铜保持架，双片，内圈引导 |
|  | JP3 | 窗式冲压钢保持架，单片，滚动体引导 |
|  | TVP2 | 玻璃纤维增强尼龙 66 实体窗式保持架 |

## 第三节　角接触球轴承

角接触球轴承是另一类齿轮箱中常用的轴承。如图 4-7 所示，从其结构可以看出，轴承内部滚动体与滚道之间的接触是点接触，并且其接触点连线与法线存在一个角度，就是我们所说的接触角。

角接触球轴承有如下的设计：

1）单列、单向角接触球轴承；

2）双列、双向角接触球轴承；

3）四点接触球轴承，及单列双向角接触球轴承。

图 4-7　单列角接触球轴承

## 一、角接触球轴承的负荷能力

在角接触球轴承中，由于接触角的存在，使之可以承受比较大的轴向负荷（相对于深沟球轴承而言），以及相应的径向负荷，其受力路径如图4-8所示。

对于单列角接触球轴承而言，只能承受单向轴向负荷。如果需要承受双向轴向负荷，则需要与其他轴承配合使用，或者两个角接触球轴承配对使用。

双列角接触球轴承可以承受双向轴向负荷。其受力类似于两个单列角接触球轴承的配对使用。

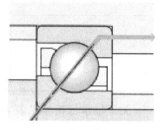

图4-8 角接触球轴承受力

一般的，在没有特别指定的情况下，角接触球轴承的接触角默认为40°。除此之外，根据不同工况需求，也有其他接触角度的角接触球轴承。接触角度越大，其承受轴向负荷的能力就越强。

四点接触球轴承只能承受双向的轴向负荷，不能承受径向负荷，因此在安装的时候应避免造成运行时的径向受力。

## 二、角接触球轴承的配对使用

当两个角接触球轴承配对使用的时候，这个组合就可以承受双向的轴向负荷或者某个单向的更大的负荷。但是并非任意两个角接触球轴承并列布置就可以变成配对的角接触球轴承使用。一般情况下两个轴承的端面需要进行特殊的加工，从而保证两个轴承并排夹紧后的轴承内部留有合适的预负荷。因此，通常如果需要使用两个角接触球轴承配对使用，则需要和轴承厂家说明，以提供可以配对使用的轴承，同时在使用的时候轴承配对表面必须相对，不可装反。

也有一些厂家提供通用配对的角接触球轴承。这类轴承两个端面都经过特殊加工，因此可以任意组合形成配对。

角接触球轴承配对使用的方式有：串联、背对背、面对面等方式，如图4-9所示。

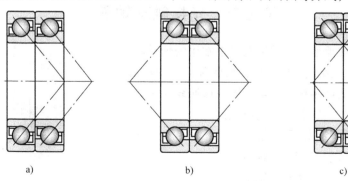

a) b) c)

图4-9 角接触球轴承的配对方式

a）串联 b）背对背 c）面对面

不同厂家通用配对的角接触球轴承加工情况不同，因此如果需要知道两个通用配对角接触球轴承配对后的内部预负荷（预游隙），必须参考相应的轴承型录或者咨询厂家。

从图 4-9 中可以看出，串联的角接触球轴承，其单向承载能力提升，但是这个组合依然不可以承受相反方向的轴向负荷。

背对背配对安装的角接触球轴承可以承受两个方向的轴向力，以及径向力。此时，两个轴承受力线相交于轴线距离较远的两个位置，因此整个支撑点的抗倾覆力矩比较大，支撑的刚性更好。

面对面配对安装的角接触球轴承可以承受两个方向的轴向力，以及相应的径向力。此时，两个轴承受力线相交于轴线距离较近的两个位置，因此整个支点的抗倾覆力矩较小。

对于双列角接触球轴承，其内部受力相当于两个背对背安装的单列角接触球轴承。因此可以承受双向的轴向负荷以及相应的径向负荷，并且其支撑刚性较好，抗倾覆力矩较大。如图 4-10 所示。

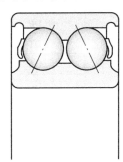

图 4-10　双列角接触球轴承

## 三、角接触球轴承的速度性能

角接触球轴承的内部滚动接触和深沟球轴承类似，因此具有较好的转速性能。又由于角接触球轴承运行的时候所有滚动体都承受负荷，系统刚性更好。角接触球轴承的转速性能甚至可以优于深沟球轴承。这是因为在有些高转速场合，我们有时候使用施加过预紧的角接触球轴承替代深沟球轴承，来获得更优的转速性能。

对于配对使用的角接触球轴承，配对之后其总体速度性能下降为单个角接触球轴承的 80% 左右。不同的品牌可能给出不同的推荐值，可以咨询厂家获得准确值。

## 四、角接触球轴承常见后缀

与接触角相关的常见后缀见表 4-7。

表 4-7　角接触球轴承常见后缀——接触角

|  | 后缀 | 含义 |
|---|---|---|
| SKF | A | 30° 接触角 |
|  | AC | 25° 接触角 |
|  | B | 40° 接触角 |
| NTN | C | 15° 接触角 |
|  | A | 30° 接触角 |
|  | B | 40° 接触角 |
| NSK | C | 15° 接触角 |
|  | A | 30° 接触角 |
|  | B | 40° 接触角 |
|  | A5 | A15° 接触角 |

与配对相关的常见后缀见表 4-8。

表 4-8　角接触球轴承常见后缀——配对相关

| | 后缀 | 含义 |
|---|---|---|
| SKF | DB | 背对背配对 |
| | DF | 面对面配对 |
| | DT | 串联配对 |
| | CA、CB、CC | 通用配对轴承，配对后预游隙可以从型录中查取 |
| | GA、GB、GC | 通用配对轴承，配对后预负荷可以从型录中查取 |
| FAG | DB | 背对背配对 |
| | DF | 面对面配对 |
| | DT | 串联配对 |
| | UA | 通用配对轴承，配对后轴承组具有很小的轴向游隙（参照型录） |
| | UL | 通用配对轴承，配对后轴承组具有很小的预负荷（参照型录） |
| | UO | 通用配对轴承，配对后轴承组具有 0 游隙 |
| NTN、NSK | DB | 背对背配对 |
| | DF | 面对面配对 |
| | DT | 串联配对 |

与保持架相关的常见后缀见表 4-9。

表 4-9　角接触球轴承常见后缀——保持架

| | 后缀 | 含义 |
|---|---|---|
| SKF | F | 机削钢保持架 |
| | M | 冲压钢保持架 |
| | J | 冲压钢保持架，滚动体引导 |
| | P | 注塑玻璃纤维增强型尼龙 66 保持架，滚动体引导 |
| | Y | 窗式冲压黄铜保持架，滚动体引导 |
| FAG | JP | 冲压钢板保持架 |
| | MP | 黄铜实体保持架 |
| | TVH、TVP | 玻璃纤维增强尼龙实体保持架 |

注：角接触球轴承如果有不同的精度等级的时候会在后缀中标注，例如 P5、P6 等。

# 第四节　圆锥滚子轴承

圆锥滚子轴承的滚动体是圆锥形状，是齿轮箱中常用的一种轴承，如图 4-11 所示。这种轴承滚道的圆锥面使其特别适用于由轴向负荷和径向负荷构成的复合负荷工况。由于可以选择接触角，因此对于特殊的复合负荷可以找到合适的圆锥滚子轴承承担。

圆锥滚子轴承有单列、双列以及多列等不同的设计。

一般使用中，圆锥滚子轴承会通过两个轴承彼此调整使用，这样可以控制和调整分布到滚子上的负荷，从而使齿轮轴的刚度以及引导得到优化，同时提高寿命。这种配合使用类似于角接触球轴承的配对使用，只不过很多时候圆锥滚子轴承不一定并列放在一起应用。

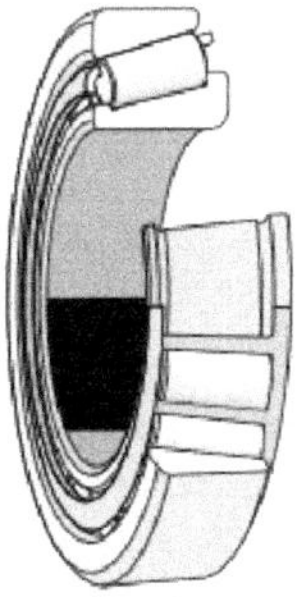

## 一、圆锥滚子轴承的负荷能力

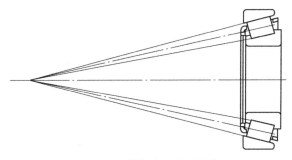

图 4-11　圆锥滚子轴承

圆锥滚子轴承内部滚动体的分布与径向平面成一定夹角，同时轴承内部的滚动体也是圆锥形状，其结构如图 4-12 所示。

图 4-12　圆锥滚子轴承结构

圆锥滚子轴承外圈滚道母线与水平线的夹角（或者其法线与垂直线的夹角）为其接触角，如图 4-13 所示。图 4-13 中 $\alpha$ 为圆锥滚子轴承的接触角，接触角越大，圆锥滚子轴承承受轴向负荷的能力就越强。

从圆锥滚子轴承的结构上不难看出，其滚动体与滚道之间是线接触，其接触面积与球轴承相比更大，因此可以承受更大的负荷。得益于其非常强的负荷承载能力，在使用深沟球轴承、角接触球轴承承受复合负荷能力不足的情况下，通常会使用圆锥滚子轴承。

当圆锥滚子轴承承受径向负荷的时候，由于其内部结构的原因，就会产生一个轴向负荷，这个轴向负

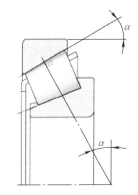

图 4-13　圆锥滚子轴承接触角

荷必须由另一个轴承承担。当两个圆锥滚子轴承配合使用的时候，就会出现类似于角接触球轴承一样的面对面安装和背对背安装。如图 4-14 所示为背对背安装的圆锥滚子轴承轴系。

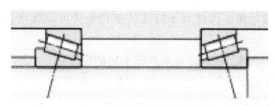

**图 4-14　背对背安装的圆锥滚子轴承轴系**

图 4-15 为面对面安装的圆锥滚子轴承轴系。

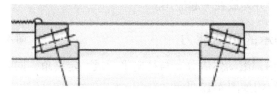

**图 4-15　面对面安装的圆锥滚子轴承轴系**

图 4-14 中可以看出，背对背使用的圆锥滚子轴承，其接触线与轴线之间的两个交点间距较远，因此整个轴系统具有很好的抗倾覆力矩性能和刚性。

圆锥滚子轴承也有配对使用的情况。在齿轮箱的应用中，对于大齿轮副（轴径大于 90mm）及性能要求很高的场合，齿轮箱壁如果刚度不足，此时应使用配对的圆锥滚子轴承。轴承内部的轴向力可以在配对轴承之间相互抵消，以适应工况需求。

对使用的单列圆锥滚子轴承面对面配置的时候，通常用于可以使用预置轴向游隙及安装时避免调整的情况。

圆锥滚子轴承对偏心负荷十分敏感。其内圈、外圈之间的允许角度误差仅为几弧分。

## 二、圆锥滚子轴承常见后缀

SKF 圆锥滚子轴承常见后缀见表 4-10。

**表 4-10　SKF 圆锥滚子轴承常见后缀**

| 后缀 | 含　义 |
|---|---|
| A | 接触角大于标准设计 |
| CLN | 缩小套圈宽度和总宽度的公差带，符合 ISO 公差等级 6 |
| CL0 | 精度符合 ABMA 公差等级 0，用于英制轴承 |
| CL3 | 精度符合 ABMA 公差等级 3，用于英制轴承 |
| CL7A | 用于小齿轮轴承设计 |
| CL7C | 用于小齿轮轴承设计 |
| HA1 | 表面硬化的内圈和外圈 |
| HA3 | 表面硬化的内圈 |
| HN1 | 表面经过特殊热处理的内圈和外圈 |

（续）

| 后缀 | 含　义 |
|---|---|
| HN3 | 表面经过特殊热处理的内圈 |
| J | 窗式冲压钢是保持架（后续数字代表不同设计） |
| P6 | 尺寸精度和旋转精度符合 ISO 等级 6 |
| Q | 优化几何接触和表面处理 |
| R | 带凸缘外圈 |
| TN9 | 窗式玻璃纤维增强尼龙 66 保持架 |
| X | 基本尺寸依据 ISO 标准 |
| W | 轴承套圈宽度公差带改为 +0.05/0mm |

FAG 圆锥滚子轴承常见后缀见表 4-11。

表 4-11　FAG 圆锥滚子轴承常见后缀

| 后缀 | 含　义 |
|---|---|
| A | 改进的内部设计 |
| N11CA.A... | 外圈之间有隔圈的两个面对面布置圆锥滚子轴承，轴向游隙（μm） |
| B | 放大的接触角 |
| X | 外部尺寸依据 ISO 标准 |
| P5 | 更高的精度 |

# 第五节　调心滚子轴承

调心滚子轴承又叫球面滚子轴承。其结构如图 4-16 所示。调心滚子轴承内部有两列鼓状滚动体，其外圈为球面滚道，因此保证了这个轴承具有自调心能力。调心滚子轴承在轴弯曲变形及轴与轴承室（箱体）之间存在对冲误差时的应用中很有优势。

调心滚子轴承在圆柱、圆锥、行星齿轮箱中应用广泛。

调心滚子也有一些不同的内部设计：有锥度内孔的调心滚子轴承，为了便于润滑，有的设计在调心滚子轴承外圈两列滚子之间开放了补充润滑孔，同时部分品牌的部分调心滚子轴承也提供带密封的轴承设计。

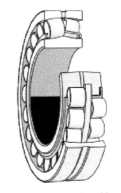

图 4-16　调心滚子轴承

## 一、调心滚子轴承的负荷能力

调心滚子轴承内部是两列可以调心的滚子运行在球面滚道之上。调心滚子轴承具备较大的径向负荷承载能力，同时具备双向的轴向负荷承载能力。

由于调心滚子轴承是两列滚子承载，所以相交于单列的圆柱滚子轴承而言，其径向负荷承载能力更强。相应的，其滚动体滚动发热更大，散热更不利，内部润滑更困难，高速下滚子离心力更大，因此其转速能力相对圆柱滚子轴承更低。

调心滚子轴承，由于其内部的滚动体和滚道的形状，导致其具有良好的调心性能，可以适应一定程度的负载不对中。

## 二、调心滚子轴承常见后缀

与游隙相关的后缀与 ISO 5753：1991 要求一致，可参考前面的表格。

调心滚子轴承常见后缀见表 4-12。

表 4-12　调心滚子轴承常见后缀

| | 后缀 | 含　义 |
|---|---|---|
| SKF | C（J），CC | 两个窗式冲压钢保持架，内圈无挡边，带一个内圈引导的导环 |
| | EC（J），ECC（J） | 两个窗式冲压钢保持架，内圈无挡边，带一个内圈引导的导环和增强型滚子组 |
| | CA，CAC | 叉型机削黄铜保持架，内圈两侧有挡边，带一个内圈引导的导环 |
| | CAF | 与 CA 型相同，材质为机削钢 |
| | ECA，ECAC | 叉型机削黄铜保持架，内圈两侧有挡边，带一个内圈引导的导环和增强型滚子组 |
| | ECAF | 与 ECAC 相同，材质为机削钢 |
| | E | 内径小于 65mm 的为两个窗式冲压钢保持架，内圈无挡边，带一个内圈引导的导环；<br>内径大于 65mm 的为两个窗式冲压钢保持架，内圈无挡边，带一个内圈引导的导环 |
| | CAFA | 由外圈引导的叉型机削钢保持架，内圈两侧带挡边和一个内圈引导的导环 |
| | CAMA | 与 CAFA 相同，材质为机削黄铜 |
| FAG | MB | 黄铜实体保持架 |
| | TVP | 玻璃纤维增强型尼龙保持架 |

带锥孔内圈的调心滚子轴承后缀一般为 K，SKF 的后缀 K 代表锥度为 1：12；K30 代表锥度为 1：30。

SKF 调心滚子轴承后缀为 W+ 数字，代表具有注油孔的调心滚子轴承。

# 第五章
# 轴系统中的轴承配置与实现

　　风力发电机组是一个由不同子设备组成的设备机组，其中以旋转设备为主，而每一个旋转设备的基本组成单元是一个单轴系统。对于相对复杂的设备，从旋转机械的角度都可以拆分成为一个或者多个旋转轴系统组成的轴系组合。因此在进行设备结构设计的时候需要对轴上的诸多零部件进行结构设计，其中包括轴承的布置。

　　旋转设备设计中经常使用的轴承在整个系统中的选型配置工作一直是整个设计结构中的重要组成部分。轴承在轴系统中的配置就是将轴承在轴上进行安排放置，并且实现整个结构所要求的功能。这个工作是设计时在图纸上进行的设备组装工作，是在做轴系统的结构设计。随着 CAD、CAE 技术的广泛应用，将轴系统中的零部件进行虚拟组装已经大量的出现在工程师的日常工作中。即便如此，对轴系统零部件的总体设计方法和考虑因素等依然需要遵循一定的规律和方法。

## 第一节　旋转机械中轴承的作用以及基本配置方式

### 一、旋转设备中轴承的基本作用

　　在轴系统中进行零部件配置工作是为了满足轴系统的一些性能需求，而轴上每一个零部件在轴系统投入工作的时候都起到一定作用，以满足这些性能需求。因此在进行配置工作以前，需要明确这些零部件在轴系统中的作用（或者是设计对零部件所能起到作用的预期）。

　　轴承是旋转轴系统中的重要零部件，在进行轴承配置之前，工程师需要知道轴承在轴系统中的作用。

　　一根轴在空间上被布置在一个机械中，需要对整个轴的空间位置进行固定；同时对轴位置固定的固定点也需要对轴上的负荷进行支撑承载的作用。

　　对于单旋转轴系统而言，典型的支撑方式是双支撑方式。这样的轴系统中两个支撑点位置通过轴承对轴系统进行和支撑定位。因此对轴承的基本要求包括：

　　1）良好的支撑精度，保证旋转轴的位置；

　　2）对轴系统提供承载，承受轴系统的传递来的轴向、径向负荷；

3）具有足够的寿命，可以满足设备寿命的总体要求；

4）运转平稳，振动小；

5）摩擦小，发热小；

6）对外界零部件要求尽量低，避免复杂的加工需求；

7）体积小，结构紧凑；

8）安装、使用简单；

9）润滑相对简单；

10）良好的可维护性。

风力发电机组中最常用的轴承就是滚动轴承，也是本书的讨论对象。滚动轴承有以下优点：

1）可以以最小的轴向、径向间隙实现良好的定位，从而轴系定位精度较高；

2）承载能力强，同时摩擦小；

3）体积小，结构简单，通常对箱体以及轴承座无额外精度要求；

4）得益于完善的理论和实践知识基础，可以根据准确的承载能力值进行计算；

5）便于使用，设计工作简单；

6）不受负荷方向以及旋转方向的影响；

7）起动力矩低；

8）润滑相对简单；

9）产品标准化程度高，经济性和供货性更好；

10）易于维护。

同样也存在一种风力发电机组里不常用的旋转轴支撑系统就是单支撑轴系统。不论双支撑系统还是单支撑系统，轴承的组合最终需要实现的基本功能就是对轴系统的两个主要方面，即定位和支撑。这些功能是通过轴承组合的方式得以实现的。这种轴承组合的选型和在轴上的布置方式就是我们所说的轴系统轴承配置。

对于风力发电机组而言，主轴、齿轮箱、发电机，以及其他轴系统中的轴承具有不同的定位、支撑要求，并且在一些地方对定位精度有更高的要求。达到这些要求，实现轴承的这些功能就需要在轴承选型和轴承配置两个方面加以选择和搭配。对于各个部分轴承在各自轴系统中的作用，将在相关章节展开介绍。

## 二、轴系统轴承配置基本方式

在双轴承支撑的一个旋转轴系统中，整个系统的支撑点是两个，这两个位置上的轴承需要对整个轴系进行空间定位。这个空间定位包括三个方向：X、Y、Z方向。对于轴系而言，我们可选择轴向作为一个方向，另两个方向分别在径向平面上。

一般的滚动轴承外形都是圆环状结构，轴承的外圈和轴承室固定，轴承内圈和轴固定。轴承室通过轴承的结构，将轴在径向平面上进行固定。这是轴承自身结构要求的结果，因此工程师设计的时候会自然而然的实现了轴系统的平面定位。只是定位的精度根据所选择轴承的不同，以及轴承公差配合等多重因素的差异而产生一定的影响。

　　一个不能通过轴承结构自身自然解决的定位就是轴系统的轴向定位。对于双支撑轴系统会有如图 5-1 的三类定位情形。

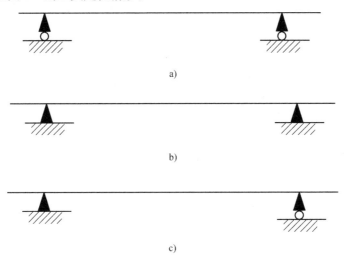

**图 5-1　双支撑轴系统定位**

a) 无定位　　b) 双定位　　c) 单定位

　　图 5-1 的轴系统中，轴向不可位移的一端是定位端；轴向上可以位移的一端是非定位端，也叫浮动端。相应的轴承就是定位端轴承和非定位端轴承（浮动端轴承）。

　　图 5-1a 是无定位的方式，虽然轴通过轴承进行了径向固定（水平和垂直方向），但是整个轴系统在底座上并无轴向定位，因此轴是可以沿着轴向移动的。这种方式的轴系统属于欠定位系统，在一般的设备轴系统中较少单独采用。当一根轴与另一根轴连接组合的时候，有可能采用这种轴系定位方式与另一个轴系统进行搭配。

　　图 5-1b 是双定位的方式，这种定位方式在径向上依然通过轴承对轴进行位置固定，同时两个轴承分别进行了轴向定位，因此整个轴也在轴向上完成了定位。这种定位方式的两个轴承如果分别在相对的方向进行了定位，就是设备中常用的交叉定位方式。当轴系统运转的时候，在轴温度升高的情况下，由于热膨胀，轴会出现一个轴向尺寸增加，而两端的定位设置使得轴无法实现轴向移动，因此会产生一个施加在两个轴承上的轴向力，这个轴向力影响了两个轴承的内部游隙（预负荷），需要对此进行相应的校核计算，以确保这个轴向负荷不至于影响轴承寿命。但是另一方面，适当的轴向负荷，对于一些轴承的噪声性能改善也可能起到积极的作用。在这种双定位的轴系统中的交叉定位方式在特定的系统中会有采用，但是对两个轴承进行全定位（每个轴承均进行轴向双方向定位）的方式使用甚少。

图 5-1c 是单定位方式，这种定位方式的径向通过两个轴承进行固定，同时在两个支撑点中有一个是定位端，另一个是浮动端。定位端对整个轴系统进行轴向定位，保证轴系统在轴向上的位置固定，同时承受轴系统的轴向力。非定位端在轴向上放开，允许轴在轴向上产生移动。当设备轴系统运行的时候，如果轴温度升高，那么由于热膨胀而带来的轴向尺寸增加会在非定位端得以移动，因此轴系统中不会出现由于热膨胀而带来的轴向负荷。这种定位方式是旋转设备中最常见的轴承布置方式。

## 第二节　轴承定位与非定位的实现

在了解轴承在轴系统中的基本作用以及轴承配置基本方式之后，工程技术人员就需要按照这样的方式进行设计。实现轴系统定位与非定位首先就是选择合适的轴承，然后是将这些轴承进行合理的结构安置。

### 一、定位轴承与非定位轴承的选择

轴系统中轴承对整个系统的定位包括三个方向：轴向和径向平面内的两个方向。轴承径向平面的定位是轴承自身结构决定的，因此我们在这里说的轴承的定位与非定位都是指轴的轴向定位与非定位。

不难发现定位端轴承与非定位端轴承的选择主要是根据轴承本身是否可以允许内部的轴向移动而言的。

对于定位端轴承，这个轴承需要固定轴系统的轴向移动，因此当轴系统受到轴向负荷的时候，这个轴承需要具有相应的承担能力。因此定位端轴承必须选择具有轴向负荷承载能力的轴承。对于需要实现双向轴向定位的定位端轴承，需要选择具备双向轴向负荷承载能力的轴承；对于需要实现单向轴向定位的定位端轴承，需要选择至少具备单向轴向负荷承载能力的轴承（具备双向轴向负荷承载能力的轴承亦可）。

适合做双向定位的轴承包括：

1）深沟球轴承；

2）定位型圆柱滚子轴承；

3）双列角接触球轴承；

4）背对背（DB）、面对面（DF）的配对角接触球轴承（配对于一端使用）；

5）双列圆锥滚子轴承；

6）背对背（DB）、面对面（DF）的配对圆锥滚子轴承（配对于一端使用）；

7）调心滚子轴承；

8）其他具有双向轴向负荷承载能力的轴承。

具备双向轴承承载能力的轴承同时也可以用作单向定位轴承。因此，上述轴承也可以用作单向定位轴承。同时一些轴承仅具备单向轴向负荷承载能力，适合用作单向定位轴承：

　　1）半定位型圆柱滚子轴承；

　　2）单列角接触球轴承；

　　3）单列圆锥滚子轴承；

　　4）调心滚子推力轴承。

　　这些轴承只能在一个方向对轴系统进行轴向定位，当轴系统承受相反方向的轴向力的时候，这些轴承会出现脱开、发热等问题。

　　对于另一些轴承，由于无法承受轴向负荷，因此也无法在轴向上对轴系统进行定位，因此可以用作非定位轴承，主要承受径向负荷以及对轴系统进行径向定位。其中，一个典型的例子就是 NU 系列或者 N 系列的圆柱滚子轴承。从轴承介绍的相关章节我们可以了解到，这类轴承有一个轴承圈没有轴向挡边，因此滚子可以在轴向上实现滑动。在具备润滑的条件下，轴承运转的时候，滚动体实现轴向滚动，此时的微小轴向移动可以在油膜的保护下几乎无摩擦的实现。因此，这类轴承是良好的非固定端轴承。

　　当然，上述具备轴向负荷承载能力的轴承自身内部无法实现轴向的相对位置移动，但是如果通过调整公差配合的手段，是这种移动发生在轴承与轴承室或者轴之间，那么这些轴承依然可以用作非定位端轴承。事实上这样的应用十分广泛。

## 二、轴承定位与非定位的实现

　　在轴系统布置上，对轴承的轴向定位就是指将轴承的内圈和外圈轴向卡住，防止其沿着轴向出现移动，如图 5-2 所示。在轴承室上是通过轴承室的设计，或者轴承端盖的设计实现的轴向固定；在轴上是通过轴肩，弹性卡圈，锁紧螺母等一些装置进行轴向固定。

　　对于具备轴向负荷承载能力的轴承，在轴系中对轴承的轴向非定位，或者说是浮动，通常是在轴承非转动圈部分实现的。一般对于轴承外圈固定，内圈随转轴旋转的轴承而言，是将轴承内圈进行固定，而在轴承外圈部分通过选择适当的公差配合允许轴承有轴向移动的，如图 5-3 所示。此时轴承外圈轴向位置应该预留出一定的间隙，保证轴承外圈可以移动的空间，而不应顶死。NU 型圆柱滚子轴承轴向浮动如图 5-4 所示。

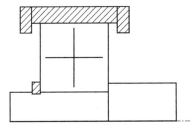

图 5-2　具备轴向负荷承载能力的轴承的轴向浮动

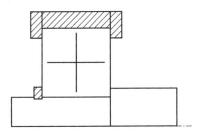

图 5-3　轴承的轴向定位

对于不具有轴向承载能力的轴承而言，例如NU系列或者N系列的圆柱滚子轴承，轴承内圈和外圈可以在轴承内部实现轴向移动。因此，将轴承的内圈和外圈轴向都进行固定即可，当轴出现轴向移动的时候，通过轴承内部即可实现。此时，轴承内圈的固定是通过轴肩、挡圈、锁紧螺母等装置实现固定，轴承外圈通过轴承室、轴承端盖等设计进行固定。

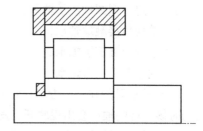

图 5-4　NU 型圆柱滚子轴承轴向浮动

## 三、交叉定位方式的实现

前面提及，旋转设备轴系有时候采用一种双定位的定位方式——交叉定位。交叉定位是指双支点轴系中，通过两端轴承各自对某一个方向进行轴向定位来实现轴系统双向轴向定位的结构布置方式，如图 5-5 所示。

图 5-5 中，每一个轴承都在一个方向上对轴系进行固定；轴承外圈和轴承室之间通过配合的选择可以实现单向轴向移动；轴承内圈通过轴肩进行单向轴向定位。轴系统油路自上而下，通过轴承，实现润滑。

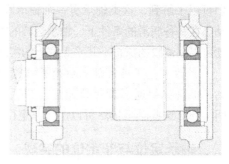

图 5-5　交叉定位结构

图 5-5 是深沟球轴承实现的交叉定位布置，当两个轴承轴向存在轴向预紧力的时候，深沟球轴承滚动体和滚道之间的接触点位置发生偏移，工作状态类似于背对背配置的角接触球轴承。

对于角接触球轴承和圆锥滚子轴承也可以作上述的交叉定位布置。此时轴系中通过预负荷的调整，使两个轴承有一定的轴向负荷。而轴向预负荷需要进行相应的计算方可确定。请参照本书相应章节。

当单列角接触球轴承或者单列圆锥滚子轴承通过轴系进行交叉定位的时候，有两种配置方式，面对面配置和背对背配置，如图 5-6 所示。

我们用角接触球轴承为例说明面对面配置与背对背配置的特点。

图 5-6a 为面对面配置的受力图；图 5-6b 为背对背配置的受力图。当角接触球轴承承受轴向和径向力组成的复合负荷的时候，其接触点连线就是其受力方向。由于接触角的存在，其一整圈受力的方向在轴线上汇聚为一个点，这个点是两个受力支点。图 5-6 中可见，面对面配置的轴系中受力支点间距为 $a$，$a$ 小于两个轴承间距；背对背配置的轴系中受力点间距为 $A$，$A$ 大于轴承间距。对于相同轴承间距的系统，面对面配置的方式比背对背配置的方式具有更小的受力点间距。因此，背对背配置的交叉定位系统具有更好的抗倾覆力矩的特点。对于两个支点间距之外的受力而言，具有

更好的刚性；背对背的轴承对于受力点间距之内的受力而言，具有更好的刚性。当然，系统刚性也与其他因素相关（轴的粗细、材料等），因此机械工程师在决定配置方式的时候，要根据实际需求进行考虑。

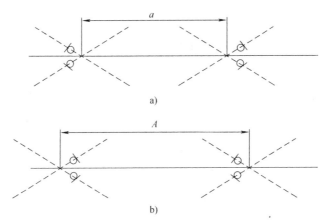

**图 5-6　角接触球轴承交叉定位方式**

a）面对面　b）背对背

后续章节中的风力发电机组不同子设备系统轴承配置都是通过选择不同类型的轴承，然后根据轴系统的要求从本节阐述的定位、非定位方式中进行重新组合而成。这也是对轴承特性知识、定位与非定位知识的综合实践应用。

# 第三节　轴系统的公差与配合选择

机械设计过程中对轴承选型、配置，以及相应的计算之后需要对轴承相关零部件（轴、轴承室）的公差进行选择。轴、以及轴承室共同形成了轴承的运行硬环境，它们为轴承的运行提供支撑。对轴、轴承室的公差选择就是对轴承相关零部件的制造精度提出的要求，通过合理的选择使轴承可以得到更加坚实、准确的支撑。

当轴承安装在轴、轴承室上之后，轴承与相关零部件的尺寸形成了配合，在轴承游隙计算中我们知道轴承与相关零部件的配合影响轴承的工作游隙，由此也对轴承的寿命和运行表现产生重大的影响。这就是在轴承系统公差、配合选择的时候对于尺寸公差的考量。

除了尺寸公差以外，轴、轴承室的形状位置公差也会对轴承内部的负荷分布、润滑等产生影响，从而影响轴承的运行表现。因此也需要对轴、轴承室的形状位置公差进行合理的要求。

上述的公差、配合的选择中包含两个因素：一个是程度选择；另一个是精度选择。

程度选择主要是指公差绝对值的大或者小，配合得松或者紧；精度选择是指公差带的宽或者窄；众多零部件配合松紧程度的一致性。前者影响批量零部件的平均尺寸，后者影响批量零部件尺寸的离散度。当然理论上讲，精度越高越有利，但是实际上过高的精度要求也会影响零部件以及设备的经济性。工程师都是在经济性和适用性上取得良好的平衡。

## 一、轴承公差配合选择的机理分析

轴系统中的轴、轴承室公差配合的选择在很多手册和资料中提出了具体的参数参考，在介绍这些推荐值之前，有必要介绍公差配合对轴承运行影响的机理。这样机械工程师在对公差配合进行选择的时候，便可以做到知其然，亦知其所以然。

为便于说明，我们用一般的轴旋转式应用工况进行说明。这种工况下轴承内圈旋转，外圈固定不动。当轴系统运行的时候，轴受到负荷发生旋转，此致轴承内圈通过配合与轴连接从而发生旋转。此时轴承内圈在轴承内部"捻动"滚动体沿着滚道发生滚动。此时轴承内圈与轴之间不应发生相对移动。如果发生了相对的移动就是常说的内圈跑圈现象。

此时，安置在轴承室内的外圈在滚道上承受滚动体的滚动摩擦；同时在外表面承受通过自身与轴承室的配合产生的滑动摩擦，宏观而言，与轴承室不发生相对运动。如果轴承外圈与轴承室发生了相对运动，就是常说的轴承外圈跑圈现象。

### （一）轴承内圈配合选择分析

对于轴承内圈而言，在运转过程中相对轴来说是被动旋转，同时轴承内圈还需要捻动滚动体滚动使之受到滚动体的阻转矩。轴的主动"拉动"是通过轴与轴承内圈之间的摩擦力实现的。这个摩擦力受到摩擦系数与正压力的影响。由于轴、轴承材质确定，因此摩擦系数已定，那么正压力就是由轴承内圈与轴之间的配合以及轴承承受的径向负荷带来的。由于轴需要主动拉动轴承内圈，因此此处的配合多数选用紧配合（过盈配合）。如果轴与轴承内圈之间的摩擦力突破最大静摩擦力范围，则轴承内圈和轴之间就发生相对滑动，此时发生轴承内圈跑圈现象。由此，选择轴承内圈配合时，至少要使轴承内圈与轴的配合摩擦阻力足够大，但不至于使轴承内圈跑圈的程度。

考虑到轴承所承受的负荷状态，在轴承的径向负荷方向，轴承内圈和轴承的配合力以及径向负荷一同构成了轴与轴承内圈之间的正压力，此处静摩擦力很大；相反地，在径向负荷反向，此时轴承内圈和轴之间的配合力与径向负荷方向相反，此处正压力变小，最大静摩擦力最小。为避免轴承内圈跑圈，必须增加配合带来的正压力（加紧配合），使之不产生相对滑动。这种在径向负荷同向与反向之间的差异对于越大的径向负荷就会越明显。因此在推荐轴与轴承内圈配合时，负荷越大，推荐的配合就会越紧。

更深入地，如果考虑径向负荷同向与反向的正压力差异，也就会了解轴在正压力在径向负荷同向和反向两个方向上存在差值，此差值会带来静摩擦力的不同。试想，如果轴承内圈径向负荷反向的正压力无法产生阻止轴承内圈跑圈的最大静摩擦力，那么此时这部分轴承内圈就会产生沿运动方向的滑动趋势。如果此时正压力同向并未发生轴承内圈跑圈趋势（正压力足以产生阻碍相对运动的摩擦力），那么考虑挠性，作为一个整体的轴承内圈，会产生内部的推拉张力，此张力的累积，就会使轴承内圈发生蠕动。以此类推，读者可以深入思考轴承内圈在轴上蠕动时的工作状态。

对于严重的配合不足（过松）的情况，即便是径向负荷同向上，其摩擦力依然不足。此时，轴承内圈和轴之间便会直接发生相对滑动，从而对轴和轴承造成磨损。

对于设备轴承内圈跑圈的情况，常见的现象是轻则"蠕动腐蚀"重则"滑动磨损"。通过前面的分析，工程师可以知道出现这两种状态的原因。

另外，当设备运行出现变速状态（起动、停机、改变转动方向）的时候，轴与轴承内圈之间的摩擦力拖动轴承内圈与轴同步旋转、变速，因此需要更大的正压力以实现更大的静摩擦力，这需要更紧的配合，以保证轴承内圈和轴之间不出现相对滑动（跑圈）。另外，对于振动较大的场合，轴承内圈与轴之间的径向负荷处于不稳定状态，同样需要更紧的配合，以避免配合力与负荷方向反向时轴承内圈跑圈。因此，在对轴与轴承进行配合选择的时候，在振动、频繁变速、变转向的工况下所需要的配合应该更紧。

**（二）轴承外圈配合选择分析**

对于轴承外圈而言，滚动体在滚道上的滚动使轴承外圈受到一个沿着转动方向的滚动摩擦力；同时轴承外圈和轴承室之间的摩擦力提供阻力，使轴承外圈静止在轴承室内不旋转。由于滚动摩擦力很小，因此轴承外圈和轴承室之间需要能够保持不发生相对滑动的最大静摩擦力，与轴承内圈和轴之间相对静止所需的静摩擦力相比而言是一个较小值。所以，通常而言，轴承外圈和轴承室的配合选择相比于轴承内圈与轴配合松一些的配合。

轴承承载时，轴承滚动体仅在负荷区的轴承外圈上滚动。负荷区轴承外圈与轴承室之间的正压力来源于径向负荷以及配合所产生的径向力。轴承外圈外表面的滑动摩擦抵抗轴承外圈滚道上的滚动摩擦所需要的正压力不会很大，一般而言，径向负荷的正压力已经足以提供这个静摩擦力；非负荷区轴承滚动体和轴承滚道之间并不会产生负载，也不会产生沿滚动方向的滚动摩擦力，所以轴承外圈也不需要与轴承室发生静摩擦（配合）阻碍轴承外圈跑圈。而在这种情况下，负荷越大，负荷区就越大，负荷区正压力也越大，负荷区轴承外圈提供的静摩擦也越大。这样，径向负荷本身就自动地调节了防止轴承外圈跑圈的阻力。因此不需要考虑调整轴承外圈和轴承室之间的配合来保证轴承外圈不跑圈。换言之，负荷的大小不应该成为影响轴承外圈配合选择主要因素。这一点从一般推荐的轴承公差配合表中可以看到。

更深入地考虑，当轴承外圈和轴承室之间的摩擦力足以阻碍轴承外圈跑圈时，如果加入对轴承刚性的思考，情况会有微妙的变化。在轴承滚动体和轴承滚道接触的地方，轴承滚道受到的向前的滚动摩擦大，在不接触的地方没有力。微观地看轴承外圈，其受到了局部的向前推动的滚动摩擦。而组成外圈本身在这些力的影响下发生微观的压缩和伸张。在这些力的影响下，轴承外圈和轴承室之间会出现微观的蠕动（像蠕虫一样伸张、收缩着前行）。这也是我们见到运行良好的轴承有时其外圈依然有颜色变深和小幅度蠕动腐蚀趋势的原因。

### 1. 振动冲击负荷下的外圈配合

在振动冲击负荷下，轴承外圈和轴承室的接触不是一个恒定的接触。其接触力也不是一个相对接触表面稳定的正压力。因此不能依赖径向负荷本身为轴承外圈提供足够的正压力来产生防止轴承外圈跑圈所需的最大静摩擦力。在这种情况下，就需要加紧配合，从而通过配合的正压力防止轴承外圈跑圈。所以在选择轴承外圈配合时，如果负荷振动，那么所需要的配合就会越紧。

### 2. 不同轴承类型轴承的外圈配合

对于球轴承而言，使轴承外圈产生滚动方向运动趋势的滚动摩擦是由点接触滚动实现的；对于圆柱滚子轴承而言，这个圆柱滚动摩擦是通过线接触实现的。显然，圆柱滚子轴承的滚动摩擦力比球轴承更大，同时使轴承外圈产生滑动的力也更大。因此，通常圆柱滚子轴承的外圈配合比球轴承更紧。

### 3. 对于铝制机座

小型设备中会使用到铝制机座。此时经常使用的是深沟球轴承或者角接触球轴承。当设备运行于稳定温度时，铝壳轴承室内径的热膨胀比轴承外圈直径的热膨胀大 1 倍。此时防止轴承外圈跑圈的静摩擦力多半都由径向负荷带来的正压力产生。往往这种齿轮上的径向负荷又很小，因此经常会出现轴承外圈跑圈现象。设备厂家有时会选紧一级的配合，但是，这样又给安装带来了不便。因此，这里建议使用 O 型圈。

### 4. 立式轴系统

前已述及，轴承外圈和轴承室之间的摩擦是阻碍轴承外圈跑圈的重要因素。但是对于立式轴系统而言，齿轮轴上的重力不再是轴承上的径向负荷，因此轴承更容易跑圈。通常在公差配合选择的时候选择更紧一级或者使用 O 型圈的方式防止轴承外圈跑圈。

## 二、轴承系统公差配合选择的原则

在前面设备轴承公差配合选择机理部分以内圈旋转轴承为例，介绍了配合选择的机理和原因。但是实际工况中，在设备不同位置的轴承其运转和承载是不同的。机械工程师可以根据相同的机理思考方式类推原因。

事实上，机械工程师在进行配合选择的时候不需要每一次都进行上述类推。轴承配合选择的原则可以参考表 5-1。

表 5-1　轴承配合选择原则

| 图例 | 工况 | 负载性质 | 配合选择 |
|---|---|---|---|
| 负荷静止 | 轴承内圈旋转、外圈静止 | 负荷相对于轴承内圈旋转 | 内圈：过盈配合 |
| | | 负荷相对于轴承外圈静止 | 外圈：间隙配合 |
| 负荷旋转 | 轴承内圈静止，外圈旋转 | 负荷相对于轴承内圈旋转 | 内圈：过盈配合 |
| | | 负荷相对于轴承外圈静止 | 外圈：间隙配合 |
| 负荷静止 | 轴承内圈静止，外圈旋转 | 负荷相对于轴承内圈静止 | 内圈：间隙配合 |
| | | 负荷相对于轴承外圈旋转 | 外圈：过盈配合 |
| 负荷旋转 | 轴承内圈旋转，外圈静止 | 负荷相对于轴承内圈静止 | 内圈：间隙配合 |
| | | 负荷相对于轴承外圈旋转 | 外圈：过盈配合 |

表 5-1 中的 "旋转" 与 "静止" 是相对于大地而言的。上述的原则是绝大多数轴承厂家推荐的总体原则。

如果将参照系统变成轴承圈而言,则可以得到进一步的简化。具体而言就是,如果负荷相对于所选择的轴承圈是旋转的,则相应的配合选择紧配合;如果负荷相对于所选择的轴承圈是固定的,则相应的配合应选择间隙配合。

根据轴承以及相关零部件公差配合选择的原则,机械工程师为自己设计的轴系统轴承相关部分选择公差配合。经过多年经验积累,风力发电机组不同子设备相关的公差配合选择都有一些推荐值,可从后面相关章节中查寻。

# 第六章
# 轴承选型基本校核计算

## 第一节 轴承校核计算基本概念

为了满足设计要求，工程师在进行机械设计的时候，需要对所选用轴承的一些性能和参数进行校核计算。轴承在不同因素影响下校核计算的最终总体表现是电机轴承的运行寿命，这也是设计者对轴承的最终运行性能的要求。

在工程实际中，工程技术人员往往采用将"设备运行寿命"的要求细化成与之相关的不同参数，然后进行校核计算。这些参数可能包括：轴承受力（负荷）因素、轴承摩擦因素（润滑），以及达成这些因素的其他因素（强度、硬度等）。

在对诸多因素进行校核计算的时候，基本过程大致是这样的：在轴承大致选型完成之后，根据轴系统对轴承的各种性能要求，核算轴承理论上应有的性能表现。如果计算结果符合预期，则校核计算通过；如果计算结果不符合预期，则需要进行选型调整，然后对调整过的选型进行重新校核计算，直至计算结果符合预期为止。

在对轴承进行校核计算之前，首先需要明确对于一台设备的轴承选型而言，需要进行哪些方面的校核，同时明确哪个因素是最重要的因素；然后对这些不同方面的参数或者指标分别根据相应的校核计算方法实施校核计算。

需要说明的是，轴承的校核计算一般是对正常工况下轴承运行表现的估算，这里无法涵盖正常操作以外的情况，例如，野蛮操作，环境突然的变化，污染的进入等。

本章将就轴承选型校核计算的主要内容进行详细阐述，关于风力发电机组主轴、齿轮箱、发电机本体等相关子设备的计算将在后续相关章节中展开。

### 一、电机轴承选型校核计算应包含的内容

轴承在设备中运行，设计者的最终期望是轴承可以达到一定的运行寿命。这样的期望实质上是要求轴承在一定时间长度（预期寿命）内的运行表现稳定可靠不失效。

我们知道，轴承是由诸多零部件组成的，其中包括轴承内圈、外圈、滚动体、保持架、润滑脂、密封件等。这些零部件作为轴承的组成部分，如果其中任何一个出现了失效，那么轴承作为一个整体也就失效了。因此，我们说，轴承的寿命等于各个组

成零部件寿命中的最短值，如式（6-1）所示：

$$L_{轴承} = \mathrm{Min}\left(L_{滚道}、\ L_{滚动体}、\ L_{保持架}、\ L_{润滑剂}、\ L_{密封件}\right) \tag{6-1}$$

式中　$L_{轴承}$——轴承总体寿命（h）；

　　　$L_{滚道}$——轴承滚道寿命（h）；

　　　$L_{滚动体}$——轴承滚动体寿命（h）；

　　　$L_{保持架}$——轴承保持架寿命（h）；

　　　$L_{润滑剂}$——轴承润滑剂寿命（h）；

　　　$L_{密封件}$——轴承密封件寿命（h）。

上面公式使用了小时（h）作为单位，这是因为工程实际的要求经常是以小时为单位的。具体到各个因子的寿命校核结果，一般也可以转化为小时单位。

从上面公式不难看出，在对轴承进行校核计算的时候需要对上述诸多参数进行校核，因此这也构成了电机轴承校核计算所应该涵盖的内容。

其中，轴承的滚道、滚动体往往是轴承运行时候承载负荷的零部件，因此这些零部件的寿命与轴承的负荷情况相关，并且在轴承校核计算中一并进行考虑。在这部分校核计算中，通常使用轴承基本额定寿命校核计算的方法，以及轴承最小负荷校核计算的方法进行。

在这些零部件中，轴承的保持架、润滑剂、密封件等的寿命除了与轴承的运行状态有关系，同时也与其他因素相关，比如材质、温度等。因此这些部分的寿命校核与一般所说的轴承寿命校核计算有些差异。

综上所述，对轴承进行校核计算的时候应该包含：轴承基本额定寿命计算、轴承最小负荷计算、轴承性能参数校核、轴承润滑计算、密封件性能参数校核等。

## 二、轴承的疲劳与轴承寿命

轴承受负荷运行的时候，负荷从一个轴承圈通过滚动体传到另一个轴承圈。在金属材料内部会出现相应的应力分布，大致的示意如图6-1所示。

图6-1中，$P_0$为接触应力；$z$为表面下深度；$a$为接触宽度；$\sigma$为剪应力。从图中可以看到，在滚动体与滚道接触表面金属材料之下的某一个深度$z_0$处出现最大的剪切应力$\sigma_{max}$。通常这个最大深度为0.1～0.5mm。每次滚动体滚过滚道，这个剪应力就会反复出现。当出现次数达

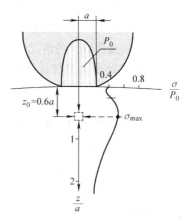

**图6-1　轴承滚道内剪应力分布示意图**

到一定数量的时候，金属便会出现疲劳，由此开始失效。

不论材质如何，这种剪应力的往复总会出现。只不过出现的时间与滚动体滚过的次数，以及正压力成正相关的关系（后面的寿命计算公式中反映了这个关系）。当初始疲劳点出现之后，疲劳会沿着一定的方向向金属表面蔓延，最终出现轴承金属的表面剥落。这就是轴承失效模式中非常典型的一种——表面下疲劳剥落（次表面疲劳）。

上述的轴承失效过程描述的就是轴承的疲劳失效。而在给定的工况下（见 ISO 281—2010《滚动轴承 额定动载荷和额定寿命》），轴承疲劳失效的时间（转动圈数）就是我们所说的疲劳寿命。

事实上，每个轴承都有其疲劳极限。但即便在相同的工况下，由于轴承内部金属材料的均匀性等原因，对于一大批轴承也不可能具有完全一样的疲劳寿命。因此我们引入可靠性系数的概念。

## 三、$L_{10}$ 寿命的概念

每个轴承都有其疲劳极限。但即便在相同的工况下，由于轴承内部金属材料的均匀性等原因，对于一大批轴承也不可能具有完全一样的疲劳寿命。因此我们引入可靠性系数的概念。

在一定负荷情况下，对大量轴承进行相同的寿命试验时，当其中 90% 的轴承能运转到因转动疲劳而引起材料损伤之前的总转数（或在给定恒速下的总运转小时数）时，我们把这个转数称为轴承的基本额定寿命（即为 $L_{10}$ 寿命）。

$L_{10}$ 寿命一个更加准确的称呼应该是，可靠性为 90% 的轴承疲劳寿命。滚动轴承的疲劳失效服从一定的离散分布，而在这样的离散中可以拟合出一定的规律，这就是经常说到的韦氏分布。

通常由于轴承的寿命存在离散性，因此人们且概率曲线上选取一个或两个点来描述轴承的耐久性，这两点就是：

1）$L_{10}$，即一批轴承中，90% 可达到的疲劳寿命；

2）$L_{50}$ 平均寿命，即一批轴承中，50% 可达到的疲劳寿命。

在一般的机械行业中我们通常使用 $L_{10}$ 寿命最为一个衡量的标准。它的可靠性是90%。也就是对于大批量轴承，在这个数值达到的时候，有 90% 的轴承没有出现疲劳失效。这是一个概率结果。

ISO 281—2010 中的 $L_{10}$ 寿命是在规定的润滑等环境下进行的试验及计算。由于现代轴承的质量提高，在某些应用中，轴承的实际工作寿命可能远远高于其基本的额定寿命。同时，在轴承的具体运行中受到润滑、污染程度、偏心负荷、安装不当等因素的影响。为此，ISO 281—2010 中加入了一些寿命修正公式以补充基本额定寿命的不足。

从前面的介绍可以知道，根据 ISO 281—2010，常用的轴承基本额定寿命计算是 $L_{10}$ 寿命，这个计算与实际轴承寿命往往不一样的原因包括：

第一，轴承基本额定寿命是大批量轴承经过给定工况的寿命试验后，至少有 90% 的轴承在这个寿命值下不出现疲劳失效的情况下的寿命值。这个计算有一个可靠性前提，其中 $L_{10}$ 就是指可靠性为 90%。10% 是在这个工况运行下的最大失效比例。而 90% 是幸存概率。这个实验是一个统计概念，对于大量轴承，在给定工况下是适用的，但是对于个体而言，往往存在着误差。

第二，轴承基本额定寿命计算只是针对轴承的"疲劳寿命"进行的计算和统计。这个计算并不包含轴承除了"疲劳"以外的其他失效情况，也不包含轴承除了滚动体和滚道之外的其他零部件的失效情况。

从上面分析不难看出，轴承基本额定寿命计算不能涵盖轴承寿命所有方面的因素，这也就实际解答了为什么轴承基本额定寿命与轴承实际寿命不符的原因。工程实际中为了使这个寿命接近真实寿命，会有一些修正计算。但这些修正也有一定限制，在轴承寿命修正部分做详细展开。

## 四、滚动轴承疲劳寿命应用的限制及原则

### （一）滚动轴承疲劳寿命应用的限制

如前所述，滚动轴承的疲劳寿命（不考虑修正时），仅仅对轴承材质本身在一定负荷情况下的疲劳失效进行了估算。这种估算和实际轴承的应用工况有很大的差别。下面列举几个难以计入计算的方面：

#### 1. 负荷波动

轴承疲劳试验是在一些给定的负荷状态下，由试验台进行的。因此，实验结果和计算结果有非常好的一致性。但是实际应用中，机械设备的实际负荷随工况而变，同时这种变化在计算中根本不可能做到百分之百的模拟。这样，即使计入了工作制的影响，依然只能概略的近似，而无法像试验台一样做到计算和实际一致。

#### 2. 润滑的情况和温度的波动

在 $L_{10}$ 寿命中没有考虑润滑的影响，但是实际的工作状况不可能不添加润滑。这样容易使计算值趋于保守。即使计入了润滑的修正系数，也只能将有限种润滑的特性（在不同温度下）计入考虑。而实际上机械设备的运行温度的波动对润滑影响很大，因此也没有办法来模拟实际状况下温度、润滑的变化对寿命的影响。

#### 3. 操作不当

在安装和拆卸轴承的过程中，如果稍有不当，对轴承会造成损伤，那么损伤点就会成为轴承失效的源头，这一点也无法计入考虑。

#### 4. 公差配合的影响

实际上公差配合对轴承的运行寿命有很大的影响，而在 $L_{10}$ 寿命计算中，仅估计

公差配合恰当时候的轴承寿命情况。

以上仅仅列举了几个方面，并不能涵盖所有的影响轴承寿命的因素（比如，还有轴的挠性、不对中、倾覆力矩、污染等）。因此，我们建议在使用轴承时，一方面要使用轴承的疲劳寿命作为考核轴承寿命的辅助工具；另一方面也要知道其限制范围。这样才能正确理解书面计算和实际运行情况之间的差距。

**（二）滚动轴承疲劳寿命计算的应用原则**

如前所述，滚动轴承的疲劳寿命计算仅可作为参考性的估算。也就是说，不要把疲劳寿命计算当作准确的计算。寿命计算的校核作用在某种程度上要强于它的估计作用。

通常，在选用轴承时，首先受到限制的就是轴径，轴径影响到扭矩的传送，因此轴径的最小值是确定的。而最小的轴径也就是最小的轴承内径。这个时候，可以根据轴承的负荷方式选择出适当的类型。而轴承的寿命计算就是在轴承类型、大小已经大约选定之后进行校核。在寿命计算中，如果计算的疲劳寿命过长，说明轴承的选择有可能过大；相反，如果轴承的计算疲劳寿命过短，有可能是轴承选择过小。换言之，就是通过疲劳寿命计算来校核轴承选型的准确性。

对于不同设备，轴承疲劳寿命的推荐值见表6-1，为常用设备轴承寿命推荐值（不同机械设备的约定寿命参考）。

表6-1　常用设备轴承寿命推荐值（不同机械设备的约定寿命参考）

| 机械类型 | 寿命参考值/h |
|---|---|
| 家用电器、农业机械、仪器、医疗设备 | 300~2000 |
| 短时间或间歇使用的机械：电动工具、车间起重设备、建筑机械 | 3000~8000 |
| 短时间或间歇使用的机械，但要求较高的运行可靠性：电梯、用于包装货物的起重机、吊索鼓轮等 | 8000~12000 |
| 每天工作8h，但并非全部时间运行的机械：一般的齿轮传动结构、工业用电机、转式碎石机 | 10000~25000 |
| 每天工作8h，且全部时间运行的机械：机床、木工机械、连续生产机械、重型起重机、通风设备、输送带、印刷设备、分离机、离心机 | 20000~30000 |
| 24h运行的机械：轧钢厂用齿轮箱、中型电机、压缩机、采矿用起重机、泵、纺织机械 | 40000~50000 |
| 风电设备：主轴、摆动结构、齿轮箱、发电机轴承 | 30000~100000 |
| 自来水厂用机械、转炉、电缆绞股机、远洋轮的推进机械 | 60000~100000 |
| 大型电机、发电厂设备、矿井水泵、矿场用通风设备、远洋轮主轴轴承 | >100000 |

这里值得强调的是，很多人把轴承疲劳寿命计算当作准确的程序，而质疑实际寿命和计算寿命的差异，这种忽略了寿命计算的校核作用的想法缺乏客观性。

## 五、滚动轴承寿命校核的流程和本质含义

工程上有很多方法计算滚动轴承的寿命，例如：最基本的疲劳寿命计算，考虑各种修正系数的修正寿命计算；考虑系统刚度的更加微观的有限元分析计算等。

本文中主要介绍基本的轴承疲劳寿命计算（以下简称轴承寿命计算）。各个轴承厂家采用的基本轴承疲劳寿命的计算方法多数依照 ISO 281—2010 中的轴承疲劳寿命计算规定。但是在关于调整系数方面各自有些差别。

轴承寿命计算定额基本过程包括：轴承型号的基本初定；轴承负荷的计算；轴承当量动负荷的计算；轴承基本额定动负荷的查取；$L_{10}$ 寿命的计算；修正系数的查取；修正寿命的计算。其基本流程如图 6-2 所示。

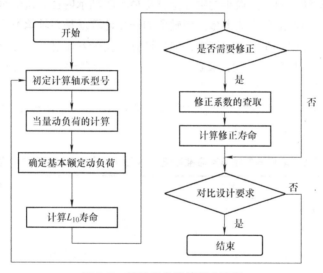

图 6-2　轴承寿命计算基本流程

不论从名称还是从计算流程来看，似乎工程师在进行轴承寿命计算的时候目标都是寿命，而仔细思考会发现事实并非如此。前已述及，我们对轴承进行寿命校核计算的本质是一个校核计算，是通过计算来校核所选轴承是否合适。

我们在整个计算过程完成后，即便寿命无法达到要求，我们依然无法在不改变轴承的情况下通过人为的方法改变寿命结果。并且，在这个时候，由于工况既定，我们也不能调整工况。此时唯一可以调整的是轴承。更确切地说，是挑选一个负荷能力满足条件的轴承。

请读者注意，我们是通过寿命计算的结果进行调整，挑选满足负荷能力的轴承。也就是说，这个计算的本质是校核轴承的负荷能力。

因此，轴承寿命校核计算实际上是对所选轴承负荷能力进行衡量，校核其是否可以承担既定负荷并满足预期寿命。

所以，轴承基本额定寿命的校核本质是对轴承负荷能力的校核计算，是帮助工程师找到至少可以满足这个负荷能力的轴承，换言之就是所选轴承负荷能力的下限。

# 第二节　轴承受力与当量负荷计算

## 一、轴系统中轴承的受力计算

轴承受力计算是寿命校核计算的第一步。轴承作为轴系统的定位支撑部件，承受着轴系统的自身以及外界施加的负荷，将这些轴系统承受的负荷折算到每一个轴承上，才能对这个轴承进行后续的一系列计算。

随着现代计算工具的发展，工程师有了更多的工具进行设备内部的仿真和计算，其中也包括对轴承受力的计算。使用计算工具进行的电机内部受力计算通常会考虑材质的挠性等诸多因素。

对于中小型设备或者是刚性很强的设备而言，材质和结构挠性对轴承受力的影响几乎可以忽略，因此，一般传统的手工计算方法就可以满足实际工况计算要求。本节也主要介绍这种计算方法，不考虑零部件结构以及材质带来的挠性的影响。

对于一些大型设备，材质和结构挠性等带来的影响有时候会比较大，甚至直接影响轴承受力和寿命，因此需要采用相应的计算工具。

本书主要采用常用的手工计算方法。

对于每一个轴系统，进行受力分析之前必须知道这个系统总体而言受到的负荷有哪些。轴承的受力主要是径向负荷和轴向负荷，因此我们将轴系统的受力分解为轴向和径向两个分量，这也是为了后续轴承当量负荷计算的需求。这里面我们指的轴系统是一个单轴系统。风力发电机组是由多个单轴系统组成的。以普通带齿轮箱的双馈风力发电机组为例，整个主系统由主轴、增速齿轮箱系统和发电机系统组成。对于主轴和发电机而言，都是单轴系统，因此可以单独考虑。对于齿轮箱而言，齿轮箱内部又可以分别分解为对每一个轴的子系统，对其进行受力分析。

对每一个轴系统（单一的轴）而言，在空间上的轴向和径向处于平衡状态，我们可以由此得到受力平衡的方程，进而进行轴系统的受力分析。

图 6-3 为某一单轴系统受力示意。图中两个支撑点位置分别布置有轴承，两轴承间的轴系统受力为 $G$，轴伸外侧径向力为 $F_r$，轴伸外侧轴向力为 $F_a$。$G$ 与两侧轴承的距离分别为 $b$ 和 $c$，$F_r$ 与轴伸端的距离为 $a$。图中右侧轴承为浮动端，此轴承承受的径向力为 $F_{1r}$；轴向负荷为 $F_{1a}$；左侧轴承为固定端，此轴承承受的径向力为 $F_{2r}$；轴向负荷为 $F_{2a}$。

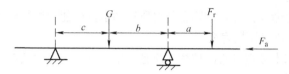

**图 6-3　单轴系统受力**

对于浮动端轴承而言，其径向负荷为 $F_{1r}$：

$$F_{1r} = \frac{G \times c + F_r \times (a+b+c)}{c+b}$$　　　　（6-2）

由于浮动端轴承不承受轴向负荷，因此：

$$F_{1a} = 0$$　　　　（6-3）

对于固定端轴承而言，其径向负荷 $F_{2r}$：

$$F_{2r} = \frac{G \times b + F_r \times a}{c+b}$$　　　　（6-4）

固定端轴承承受轴向负荷，因此：

$$F_{1a} = F_a$$　　　　（6-5）

至此，我们得到固定端轴承的径向负荷 $F_{2r}$，轴向负荷 $F_{2a}$；浮动端轴承的径向负荷 $F_{1r}$，轴向负荷 $F_{1a}$。这些结果用以求得两端轴承的当量负荷等后续计算。

在工程实际中，有可能固定端和浮动端轴承的位置与上面的例子不同，但是不论如何布置，两端轴承的径向负荷均与上例一致。电机轴端的轴向力应该由固定端轴承承受。

对于交叉定位结构的轴系统，径向负荷的计算仍然与上例一样。在这种结构的电机中，轴伸端的轴向负荷应由与之方向相对的轴承承受。如果考虑预负荷的大小，对于承受轴伸端轴向负荷的轴承而言，其承受的轴向负荷为轴伸端轴向负荷与预负荷之和；另一侧轴承所承受的轴向负荷为两者之差。

上述例子是对于单一轴系统的简单计算方法，对于风力发电机组中的齿轮箱、发电机和主轴的计算将在后续章节中进一步详细介绍。

## 二、轴承当量负荷的计算

### （一）当量负荷的概念

对轴承进行寿命计算之前，必须对轴承的当量负荷进行计算。这是因为寿命计算的实质是将轴承承受的负荷与某一个参考值（即基本额定负荷）进行比较的计算。而其中的轴承承受的负荷必须与那个参考值具有相同的属性，也就是必须是具有恒定的大小和方向。从受力的方向上看，对于向心轴承而言，这个负荷应该是径向负荷；对于推力轴承而言，这个负荷方向应该是轴向负荷；从负荷的变化角度而言，这个负荷必须是恒定的。

但是现实工况中，轴承承受的负荷性质不一定满足上述要求，因此必须将轴承承受的实际负荷折算成负荷要求的等效负荷才能进行计算。这个等效负荷就是当量负荷的概念。

将轴承实际承受的负荷折算成当量负荷主要包括两个方面的工作：第一，将实际负荷折算成与基本额定负荷方向一致的等效负荷；第二，将轴承实际承受的变动负荷折算成一个恒定负荷。

### （二）当量负荷的计算方法

我们知道轴承工作的时候会承受轴向负荷和径向负荷，如图 6-4 所示。

轴承本身作为减少轴系统旋转时候产生的周向阻力的零部件，在出现周向负荷的时候就产生旋转，仅仅有轴承内部的摩擦阻力构成周向负荷的反力。而这个力十分小，在对轴承进行负荷计算的时候几乎可以忽略。轴承不承受外界的周向负荷。需要注意的是，这里说的周向负荷指的是对于轴承的周向。对于整个轴系而言，在齿轮箱里，由于齿轮啮合产生的周向力在其平面上对于轴系而言是一个径向负荷，因此对于轴承而言产生的是一个径向负荷，而非周向负荷。

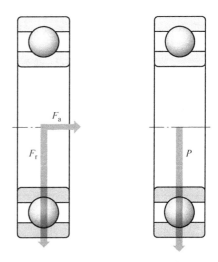

图 6-4　轴承负荷方向与当量负荷

轴承本身主要承受轴系统传递来的轴向负荷和径向负荷，这个轴指的是轴承中心线的轴，如图 6-4 所示。在当量负荷计算的时候，需要把这个由轴向、径向负荷构成的复合负荷折算成一个与基本额定负荷方向相同的负荷。对于径向轴承而言，就是折算成径向负荷；对于推力轴承而言，就是折算成一个轴向负荷。

当量负荷的折算包括当量动负荷的折算和当量静负荷的折算。

当量动负荷的计算主要用于后续对轴承寿命计算；而轴承当量静负荷的计算主要用于对轴承静承载能力进行计算。

在一些工况下考虑轴承额定寿命计算即可，也就是说计算当量动负荷即可。但是对于大型设备，以及在低速运行、振动、冲击负荷的工况下就需要考核轴承的静承载能力，此时则需要对轴承当量静负荷以及安全系数进行相应的校核。

#### 1. 当量动负荷的折算

将复合负荷折算成当量动负荷时可以使用下列通用公式：

$$P = XF_r + YF_a \qquad (6\text{-}6)$$

式中　$P$——当量动负荷（N）；

　　　$F_r$——实际径向负荷（N）；

　　　$F_a$——实际轴向负荷（N）；

　　　$X$——径向负荷系数；

　　　$Y$——轴向负荷系数。

　　一般而言，当轴承的轴向负荷与径向负荷的比值大于某一个值 $e$ 的时候，轴承的当量动负荷才会受到这个轴向负荷的影响。反之，直接使用轴承的实际径向负荷作为轴承的当量负荷，即此时 $Y=0$，$X=1$。但是对于双列轴承而言，轴向负荷对轴承的影响相对较大。

　　需要注意的是，这种计算方法不能适用于向心滚针轴承、推力滚子轴承和推力圆柱滚子轴承，因为这些轴承不能承受复合负荷。

**（1）单列深沟球轴承当量动负荷计算系数**

　　式（6-6）中轴承负荷系数如表 6-2 所示。

表 6-2　单列深沟球轴承当量动负荷计算系数

| $f_0F_a/C_0$ | 普通游隙 | | | C3 游隙 | | | C4 游隙 | | |
|---|---|---|---|---|---|---|---|---|---|
| | $e$ | $X$ | $Y$ | $e$ | $X$ | $Y$ | $e$ | $X$ | $Y$ |
| 0.172 | 0.19 | 0.56 | 2.30 | 0.29 | 0.46 | 1.88 | 0.38 | 0.44 | 1.47 |
| 0.345 | 0.22 | 0.56 | 1.99 | 0.32 | 0.46 | 1.71 | 0.40 | 0.44 | 1.40 |
| 0.689 | 0.26 | 0.56 | 1.71 | 0.36 | 0.46 | 1.52 | 0.43 | 0.44 | 1.30 |
| 1.03 | 0.28 | 0.56 | 1.55 | 0.38 | 0.46 | 1.41 | 0.46 | 0.44 | 1.23 |
| 1.38 | 0.30 | 0.56 | 1.45 | 0.4 | 0.46 | 1.34 | 0.47 | 0.44 | 1.19 |
| 2.07 | 0.34 | 0.56 | 1.31 | 0.44 | 0.46 | 1.23 | 0.50 | 0.44 | 1.12 |
| 3.45 | 0.38 | 0.56 | 1.15 | 0.49 | 0.46 | 1.10 | 0.55 | 0.44 | 1.02 |
| 5.17 | 0.42 | 0.56 | 1.04 | 0.54 | 0.46 | 1.01 | 0.56 | 0.44 | 1.00 |
| 6.89 | 0.44 | 0.56 | 1.00 | 0.54 | 0.46 | 1.00 | 0.56 | 0.44 | 1.00 |

　　上述表格中，$F_a$ 为实际轴向负荷；$C_0$ 为额定静负荷；$f_0$ 为系数，需要在相应的轴承型录中对应的型号处查找。

　　查询的时候计算 $f_0F_a/C_0$，之后计算 $F_a/F_r$，并与 $e$ 值进行比较。当 $F_a/F_r \leqslant e$ 的时候，$X=1$，$Y=0$。

　　当 $F_a/F_r > e$ 的时候，从表格中查取 $X$、$Y$ 值。

　　另外在实际计算的时候，如果实际值位于表中数值之间的时候，可以采用插值法进行相应的选取。

**（2）角接触球轴承当量动负荷计算系数**

　　角接触球轴承当量动负荷计算系数与轴承的使用方式（单列或者是配对）以及

轴承轴向负荷与径向负荷之比相关。使用式（6-6）进行计算，其相应的计算系数如表 6-3 所示。

表 6-3　角接触球轴承当量动负荷计算系数

| 角接触球轴承 | $e$ | $F_a/F_r$ | $X$ | $Y$ |
|---|---|---|---|---|
| 单个使用或者串联配对 | 1.14 | $\leq e$ | 1 | 0 |
| | | $> e$ | 0.35 | 0.57 |
| 面对面或者背对背配对 | | $\leq e$ | 1 | 0.55 |
| | | $> e$ | 0.57 | 0.93 |

**（3）单列圆柱滚子轴承当量动负荷计算系数**

单列圆柱滚子轴承当量动负荷计算系数与轴承结构、轴承系列等因素有关。使用式（6-7）进行当量动负荷计算的时候，其相应的计算系数可如表 6-4 所示。

表 6-4　单列圆柱滚子轴承当量动负荷计算系数

| 单列圆柱滚子轴承 | 系列 | $e$ | $F_a/F_r$ | $X$ | $Y$ |
|---|---|---|---|---|---|
| 不带挡边 | — | — | — | 1 | 0 |
| 带挡边 | 10、2、3、4系列 | 0.2 | $\leq e$ | 1 | 0 |
| | | | $> e$ | 0.92 | 0.6 |
| | 其他 | 0.3 | $\leq e$ | 1 | 0 |
| | | | $> e$ | 0.92 | 0.4 |

对于单列圆柱滚子轴承，$e$ 值不可大于 0.5。

以上仅仅列出一些常用滚动轴承类型的当量动负荷计算系数，工程师如需计算其他类型轴承的当量负荷计算系数，可以查询相应的厂商的轴承综合型录。

**2. 当量静负荷的计算**

轴承当量静负荷的计算与当量动负荷的方法类似，可以使用如下通用公式进行计算：

$$P_0 = X_0 F_r + Y_0 F_a \tag{6-7}$$

式中　$P_0$——当量静负荷（N）；

　　　$F_r$——实际径向负荷（N）；

　　　$F_a$——实际轴向负荷（N）；

　　　$X_0$——径向负荷系数；

　　　$Y_0$——轴向负荷系数。

轴承工作的时候，实际承受的轴向、径向负荷可能是变动的。在对静负荷进行校核的时候，应该取实际变动负荷中的最大值进行校验，从而校核安全系数。

在式（6-7）中，轴承的负荷系数与轴承类型、结构、使用等相关，可以参照表6-5进行选取。

表 6-5　轴承当量静负荷计算系数

| 轴承类型 | 条件 | $X_0$ | $Y_0$ |
|---|---|---|---|
| 深沟球轴承[①] | | 0.6 | 0.5 |
| 角接触球轴承[②] | 单个或者串联 | 0.5 | 0.26 |
| | 背对背或者面对面 | 1 | 0.52 |
| 圆柱滚子轴承 | | 1 | 0 |
| 满装圆柱滚子轴承 | | 1 | 0 |
| 圆锥滚子轴承 | 单列 | 0.5 | 参照轴承型录具体型号的标定值 |
| | 串联 | 0.5 | |
| | 面对面或者背对背 | 1 | |
| 调心滚子轴承 | | 1 | |

① 如果计算所得 $P_0$ 小于 $F_r$，则取 $P_0 = F_r$；
② 计算的 $F_r$ 与 $F_a$ 应该为作用在配对轴承上的负荷。

**（三）载荷谱折算**

上面介绍了对轴承承受的复合负荷如何折算成与额定负荷方向一致的计算方法。在前面介绍中可以知道，除了将轴承受力的方向进行转化以外，轴承的寿命计算要求把轴承实际负荷也要折算成一个大小恒定的负荷。这样通过与轴承额定负荷进行对比，才可以进行寿命估计。

现实工况中，轴承的受力往往是变动的，而轴承受力的变动就是我们常说的载荷谱。针对变动负荷的轴承寿命校核计算，通常使用两种方法：

1）先将轴承承受的实际变动负荷根据载荷谱转化折算成一个恒定的当量负荷，然后进行寿命计算。

2）先将轴承载荷谱中每一个载荷进行寿命计算，然后再将各个阶段的轴承寿命计算结果折算成一个负荷载荷谱的最终轴承寿命。

这里我们首先介绍第一种方法，将轴承在变动负荷下的当量负荷折算成一个等效的恒定负荷。第二种方法我们将在轴承寿命计算调整中进行介绍。

需要注意的是，两种方法理论上是等效的，实际工作中选取其中一个即可。

轴承运行的时候，在不同工况下，除了载荷存在一个载荷谱以外，其润滑条件也有可能在每一个阶段出现不同。如果进行更详细的计算，则需要在每一阶段寿命调整的时候加以考虑。

轴承运行的载荷谱中最主要的两个因素就是负荷和转速。为后续计算方便，我们将转速与负荷的变化一同介绍。

首先轴承运行的时候，其转速和负荷可能是连续变化的，也可能是阶梯型变化的。对于连续变化的转速和当量负荷可以通过下式进行计算：

$$n = \frac{1}{T} \int_0^T n(t) \, \mathrm{d}t \tag{6-8}$$

$$P = \sqrt[p]{\frac{\int_0^T \frac{1}{a(t)} n(t) F^p(t) \mathrm{d}t}{\int_0^T n(t) \mathrm{d}t}} \tag{6-9}$$

对于转速和负荷呈阶梯状变化的情况，可以通过下式进行计算：

$$n = \frac{q_1 n_1 + q_2 n_2 + \cdots + q_z n_z}{100} \tag{6-10}$$

$$P = \sqrt[p]{\frac{\frac{1}{a_i} q_i n_i F_i^p + \cdots + \frac{1}{a_z} q_z n_z F_z^p}{q_i n_i + \cdots + q_z n_z}} \tag{6-11}$$

式中　　$n$——平均转速（r/min）；

$\quad\quad\quad T$——时间段（min）；

$\quad\quad\quad P$——轴承当量负荷（N）；

$\quad\quad\quad p$——轴承系数，球轴承取 3，滚子轴承取 10/3；

$a_i, a(t)$——当前工况下的寿命修正系数 $a_{\mathrm{ISO}}$；

$n_i, n(t)$——当前转速（r/min）；

$\quad\quad\quad q_i$——当前转速占比，$q_i = 100 \times (\Delta t/T)$；

$F_i, F^p(t)$——当前工况下轴承的负荷（N）；

当轴承转速恒定而负荷呈现变化的时候，其负荷的等效计算如下：

对于连续的负荷变化：

$$P = \sqrt[p]{\frac{1}{T} \int_0^T \frac{1}{a(t)} F^p(t) \mathrm{d}t} \tag{6-12}$$

对于阶梯状的负荷变化：

$$P = \sqrt[p]{\frac{\frac{1}{a_i} q_i F_i^p + \cdots + \frac{1}{a_z} q_z F_z^p}{100}} \tag{6-13}$$

当轴承负荷恒定而转速变化的时候，其转速的等效结算如下：

对于连续变化的转速：

$$n = \frac{1}{T} \int_0^T \frac{1}{a(t)} n(t) \, dt \qquad (6\text{-}14)$$

对于阶梯变化的转速：

$$n = \frac{\dfrac{1}{a_i} q_i n_i + \cdots + \dfrac{1}{a_z} q_z n_z}{100} \qquad (6\text{-}15)$$

# 第三节　轴承基本额定寿命校核计算与调整寿命

## 一、轴承基本额定寿命计算

轴承基本额定寿命就是使用当量负荷与轴承的额定动负荷进行比较得出的比较结论。这样的对比与轴承基本额定动负荷的定义有关。根据 ISO 281—2010 的定义，轴承的基本额定动负荷是指轴承达到 1000000 转时轴承的负荷。用这个能达到轴承寿命 1000000 转的负荷作为比较基准，通过对比得到实际当量负荷下轴承能够达到的寿命数值，这种方法就是轴承基本额定寿命计算的方法。

依据 ISO 281—2010 标准，轴承的基本额定寿命计算公式如下：

$$L_{10} = \left( \frac{C}{P} \right)^p \qquad (6\text{-}16)$$

式中　$L_{10}$——可靠性为 90% 的基本额定寿命（百万转）；

　　　$C$——额定动负荷（N）；

　　　$P$——当量动负荷（N）；

　　　$p$——寿命计算指数，对于球轴承取 3，对于滚子轴承取 10/3。

轴承基本额定寿命的单位是百万转，其含义是轴承转动时滚动体滚过的次数。因为金属的疲劳是在金属内部剪应力处经过往复运行而出现的，当负荷一定的时候，滚动体滚过的次数就用以标志金属内产生疲劳的度量，也就是疲劳寿命。对于轴承而言就是轴承的基本额定寿命。

工程实际中，经常使用时间单位来计量轴承的疲劳寿命，因此将轴承的基本额定寿命折算成时间单位，可以如下式进行：

$$L_{10h} = \frac{10^6}{60n} L_{10}$$ （6-17）

式中　$L_{10h}$——可靠性为 90% 的基本额定寿命（h）；

$\quad\quad n$——转速（r/min）。

这个折算中，折算的结果与轴承的转速有很大关系。换言之，相同基本额定寿命的轴承，转速越高，其时间单位的寿命值就越低。因此当使用时间单位作为寿命计算参考的时候，需要注意转速的影响。

## 二、轴承基本额定寿命的调整

轴承基本疲劳寿命的校核是一种校核对比工具，在计算过程中很因素都没有加入考虑，因此这个计算值和轴承实际寿命之间存在着差异。随着轴承技术的发展，一些更贴近轴承实际运行寿命的寿命计算方法已经相对成熟，并纳入国际标准。2007 年以来，修正额定寿命 $L_{nm}$ 的计算在 DIN ISO 281 附录 1 中已经标准化。对应于 DIN ISO 281 附录 4 的计算机辅助计算，2008 年以来在 ISO/TS 16 281 中也有了说明。这些寿命计算方法给予基本轴承疲劳寿命计算，同时加入了对轴承载荷、润滑条件（润滑剂的类型、转速、轴承尺寸、添加剂等）、材料疲劳极限、轴承类型、材料残余应力、环境条件以及润滑剂中的污染状况等的考虑。因此机械工程师也可以根据这些计算方法估计轴承的实际运行寿命。根据 ISO 281—2010：

$$L_{nm} = a_1 a_{ISO} L_{10}$$ （6-18）

式中　$L_{nm}$——扩展的修正额定寿命，ISO 281（百万转）；

$\quad\quad a_1$——寿命修正系数，根据可靠性要求调整，见表 6-6；

$\quad\quad a_{ISO}$——考虑工况的修正系数；

$\quad\quad L_{10}$——基本额定寿命（百万转）。

在 ISO 281—2010 中，对 $a_1$ 进行了修正，见表 6-6。

表 6-6　寿命修正系数

| 可靠性（%） | 额定寿命 $L_{nm}$ | 寿命修正系数 $a_1$ |
| --- | --- | --- |
| 90 | $L_{10m}$ | 1 |
| 95 | $L_{5m}$ | 0.64 |
| 96 | $L_{4m}$ | 0.55 |
| 97 | $L_{3m}$ | 0.47 |
| 98 | $L_{2m}$ | 0.37 |
| 99 | $L_{1m}$ | 0.25 |

公式中的 $a_{ISO}$ 可以从图 6-5、图 6-6 中查取。

图 6-5、图 6-6 中 $\kappa$ 为黏度比，在本书润滑部分将进行介绍。

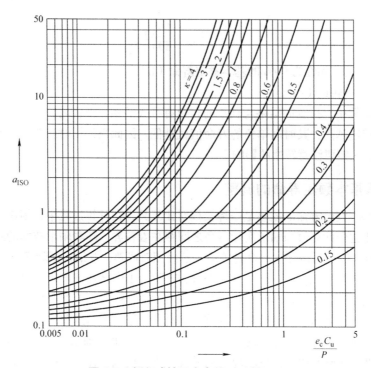

图 6-5　径向球轴承寿命修正系数 $a_{ISO}$

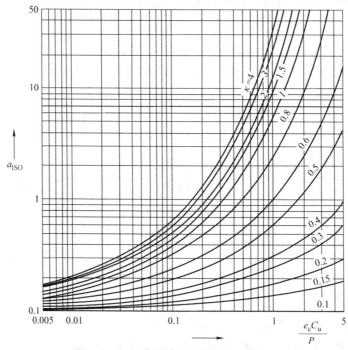

图 6-6　径向滚子轴承寿命修正系数 $a_{ISO}$

当 $\kappa>4$ 的时候，取 4；当 $\kappa<0.1$ 的时候，这种计算方法不适用。

若 $\kappa<1$，且污染系数 $e_c \geqslant 0.2$ 的时候，使用含有极压添加剂是有效的，此时可以取 $\kappa=1$。其他情况需要根据 DIN 51819-1 的规定进行试验，若印证有效则 $\kappa$ 取 1。

图 6-5、图 6-6 中 $C_u$ 是疲劳符合极限。可以在轴承型录中查取。

图中的 $e_c$ 为污染系数，一个比较简单的方法是可以通过表 6-7 查取。

表 6-7　污染系数

| 工况 | 污染系数 $e_c$ [①] | |
|---|---|---|
| | $d_m<100mm$ | $d_m \geqslant 100mm$ |
| 极度清洁：颗粒尺寸和油膜厚度相当于实验室条件 | 1 | 1 |
| 非常清洁：润滑油经过极细的过滤器，带密封圈轴承的一般情况（终身润滑） | 0.6～0.8 | 0.8～0.9 |
| 一般清洁：润滑油经过较细的过滤器，带防尘盖轴承的一般情况（终身润滑） | 0.5～0.6 | 0.6～0.8 |
| 轻度污染：微量污染物在润滑剂内 | 0.3～0.5 | 0.4～0.6 |
| 常见污染：不带任何密封件的轴承一般情况，润滑油只经过一般过滤，可能有磨损颗粒从周边进入 | 0.1～0.3 | 0.2～0.4 |
| 严重污染：轴承环境高度污染，密封不良的轴承配置 | 0～0.1 | 0～0.1 |
| 极严重污染，污染系数已经超过计算范围的程度远大于寿命计算公式的预测 | 0 | 0 |

① 以上表格参考值仅适用于一般固体污染物。液体或者水对轴承造成的污染不涵盖其中。

通过上述表格的查取通常得到的是一个近似的估值。但是对于具备润滑系统的齿轮箱而言，可以使用更加量化的标准方法进行污染系数的计算。

根据 ISO 4406：2017，通常使用显微镜计数法对润滑剂的污染程度进行标定。这种方法是通过观察，对尺寸大于等于 5μm 以及大于等于 15μm 的颗粒进行分级，从而标定污染程度。对于具有过滤装置的润滑系统而言，经过过滤后和过滤之前单位体积污染颗粒数量的比值就是过滤比 $\beta_x$：

$$\beta_x = \frac{n_1}{n_2} \tag{6-19}$$

式中　$\beta_x$——对指定尺寸 $x$ 的过滤比；

　　　$x$——污染颗粒尺寸（μm）；

　　　$n_1$——过滤器上游每单位体积（100ml）大于 $x$μm 的污染颗粒数量；

　　　$n_2$——过滤器下游每单位体积（100ml）大于 $x$μm 的污染颗粒数量。

对于循环油润滑，根据 ISO 4406：2017 固体污染程度 -/15/12，当过滤比 $\beta_{12}=200$ 时，可以从图 6-7 查找污染系数 $e_c$。图中 $\kappa$ 为黏度比；$d_m$ 为轴承内外径的算术平均数。

脂润滑的污染系数在极度清洁的情况下，可以参照图 6-8、图 6-9 查找。图中 $\kappa$ 为黏度比；$d_m$ 为轴承内外径的算术平均数。

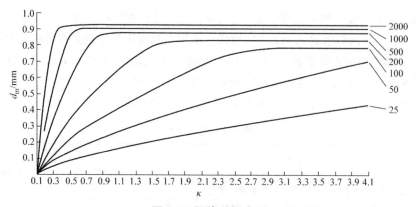

图 6-7 污染系数（1）

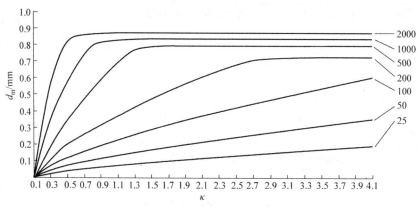

图 6-8 污染系数（2）

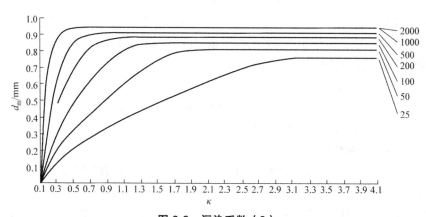

图 6-9 污染系数（3）

脂润滑的污染系数在一般清洁情况下，可以参照图 6-10 查找，其中 $\kappa$ 为黏度比；$d_m$ 为轴承内外径的算术平均数。

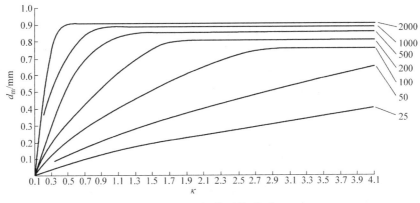

**图 6-10　污染系数（4）**

## 三、变化工作条件下的寿命计算

在负荷变动的情况下对轴承进行寿命计算可以通过将不同负荷状态下的当量负荷进行折算，从而得到统一的当量负荷之后再进行寿命计算的方法。这种方法在当量负荷计算的部分已经阐述过了。

另一种方法是针对每一个工况条件进行寿命计算，然后将各个工况寿命计算的结果折算成总结果。

首先，将轴承的不同工况的负荷按照百分比等效成若干持续负荷的情况。然后在这个分段的持续工况中进行轴承寿命计算，从而得到一系列轴承的调整寿命 $L_{10m1}$，$L_{10m2}$，$\cdots$，$L_{10mn}$，然后通过下面公式进行折算：

$$L_{10m} = \cfrac{1}{\cfrac{U_1}{L_{10m1}} + \cfrac{U_2}{L_{10m2}} + \cdots + \cfrac{U_n}{L_{10mn}}} \tag{6-20}$$

式中　　　　　　　 $L_{10m}$——额定寿命（百万转）；

　$L_{10m1}$，$L_{10m2}$，$\cdots$，$L_{10mn}$——分段工况 1，2，$\cdots$，$n$ 下的额定寿命；

　　　　 $U_1$，$U_2$，$\cdots$，$U_n$——分段工况占比。$U_1 + U_2 + \cdots + U_n = 1$。

# 第四节　轴承静态安全系数计算

基本额定寿命的计算帮助工程师对轴承选型大小进行列校核，同时根据修正系数考虑了更多的因素式计算结果更加接近于实际工况。但是在一些场合下，轴承的基本额定寿命及其修正计算对轴承实际的运行校核还不足够，这些工况主要包括：

1）当轴承内外圈相对速度为 0 的时候，例如换挡齿轮的轴承配置中；

2）当轴承运转时可能承受除了正常负荷以外的冲击负荷的情况，例如轧机驱动部分；

3）当轴承低速运行于持续负荷情况的时候；

4）轴承静止，且承受持续负荷或者冲击（短期）负荷的情况。例如汽车齿轮箱。

这些情况下，如果仅通过轴承基本额定寿命计算的时候，会发现其计算结果很长。但是另一方面，这些情况下轴承运行的时候往往润滑油膜的形成十分困难，运行表现及其寿命会出现问题。此时则需要考虑引入静态安全系数的校核。

轴承选型校核的时候，润滑可以根据润滑黏度比的情况，决定采用基本额定寿命计算校核还是静态安全系数校核，或者是两者均需要考虑，可参照表6-8。

表6-8  基本额定寿命计算校核与静态安全系数校核的选择

| 黏度比 $\kappa$ | 使用基本额定寿命计算校核 | | | 静态安全系数校核 |
|---|---|---|---|---|
| | $L_{10h}$ | $L_{10ah}$ | $L_{10aah}$ | |
| $\kappa \leq 0.1$ | 不合适 | 不合适 | 不合适 | 推荐 |
| $0.1 < \kappa \leq 0.5$ | 不合适 | 可以 | 推荐 | 推荐 |
| $0.5 < \kappa \leq 1$ | 推荐 | 推荐 | 推荐 | 可以 |
| $1 < \kappa$ | 推荐 | 推荐 | 推荐 | 可以 |

与轴承的寿命计算相似，轴承的静态安全系数校核也是一个当量负荷与额定负荷的对比。因此在进行轴承静态安全系数校核之前先要计算轴承的当量静负荷。可参照本书前面的介绍进行相应的计算。

轴承的静态安全系数可以从式（6-21）计算：

$$S_0 = \frac{C_0}{P_0}$$ （6-21）

式中  $S_0$——静态安全系数；

$C_0$——轴承额定静负荷（N）；

$P_0$——轴承的当量静负荷（N）。

与轴承基本额定寿命计算的方法相似，轴承静态安全系数计算完之后与相应的参考值进行比较，从而校核选型是否得当。如果计算结果不能满足相应的参考值，则需要调整轴承或者润滑。

轴承静态安全系数的参考值见表6-9。

表6-9  轴承静态安全系数参考值

| 轴承类型 | 轴承运行条件 | | | | |
|---|---|---|---|---|---|
| | 静态负荷旋转 | 冲击负荷旋转 | 低速承载 $\kappa < 0.1$ | 低速承载 $0.1 \leq \kappa \leq 0.5$ | 静止 |
| 球轴承 | 2 | 2 | 10 | 5 | 0.5 |
| 滚子轴承 | 3.5 | 3 | 10 | 5 | 1 |
| 满装圆柱滚子轴承 | — | 3 | 20 | 10 | 1 |

# 第五节 轴承最小负荷计算

## 一、轴承最小负荷计算的概念和意义

滚动轴承的运转是靠滚动体在滚道之间的滚动而实现的，而轴承实现滚动则需要有一定的负荷。如果轴承所承受的负荷小于形成滚动所需要的最小负荷，则轴承内部会出现滑动摩擦等不良状态，进而出现发热等问题，严重影响轴承运行和寿命。这个最小的负荷就是轴承运行所需要的最小负荷。

在寿命计算的介绍中，我们知道，寿命计算是校核算选择的轴承的负荷能力是否满足工况需求。也就是所选择轴承要达到寿命要求的时候，其负荷能力不得小于某个值，也就是在这个工况下的轴承负荷能力下限（轴承负荷能力不能再小了）。否则就是"轴承选小"了，不能达到寿命要求。也就是所选择轴承的负荷能力低于寿命要求的下限了。

相类似，轴承的最小负荷要求实际上是要求所选择的负荷在这个工况条件下可以形成滚动，也就是说这个轴承形成滚动所需要的最小负荷应该小于工况能提供的最小负荷。一般地，轴承负荷能力越强，其形成滚动所需要的最小负荷就越大，因此，此时是要求所选择轴承负荷能力不应该大于工况能给出的负荷条件。这是一个所选择轴承负荷能力的上限要求（轴承不能再大了）。一旦出现最小负荷不足，轴承内会出现滑动摩擦、发热或者磨损。此时就是"轴承选大"了，不能形成纯滚动。也就是轴承的负荷能力以及所需的最小负荷大于实际工况负荷所能提供的上限了。

从上面介绍我们知道了轴承最小负荷计算和轴承寿命计算界定了轴承选型的上下限，因此在进行校核的时候都需要有所考量。

## 二、轴承最小负荷计算方法

滚动轴承形成滚动所需要的最小负荷可以由下面公式进行计算：

对于球轴承：

$$P = 0.01C \tag{6-22}$$

对于滚子轴承：

$$P = 0.02C \tag{6-23}$$

对于满装圆柱滚子轴承：

$$P = 0.04C \tag{6-24}$$

式中 $P$——当量负荷（计算方法见轴承寿命计算部分）（N）；
$C$——轴承额定动负荷（N）。

有些厂家也给出了更详细的轴承最小负荷计算方法：

对于深沟球轴承：

$$F_m = k_r \left( \frac{\nu n}{1000} \right)^{\frac{2}{3}} \left( \frac{d_m}{100} \right)^2 \tag{6-25}$$

式中　$F_m$——轴承的最小负荷（kN）；

　　　$k_r$——最小负荷系数（轴承型录可查）；

　　　$\nu$——润滑在工作温度下的黏度（mm²/s）；

　　　$n$——转速（r/min）；

　　　$d_m$——轴承平均直径等于 $0.5(d+D)$（mm）。

对于圆柱滚子轴承：

$$F_m = k_r \left( 6 + \frac{4n}{n_r} \right) \left( \frac{d_m}{100} \right)^2 \tag{6-26}$$

式中　$F_m$——轴承的最小负荷（kN）；

　　　$k_r$——最小负荷系数（轴承型录可查）；

　　　$n$——转速（r/min）；

　　　$n_r$——参考转速（轴承型录可查）（r/min）；

　　　$d_m$——轴承平均直径等于 $0.5(d+D)$（mm）。

从上面轴承运行所需最小负荷的计算公式可以看出，轴承的最小负荷与如下因素有关：

1）轴承的额定动负荷；

2）轴承的类型；

3）轴承的转速；

4）轴承的大小；

5）润滑的黏度。

综合上面诸多因素可以看出，轴承的负荷能力越强，所需的最小负荷也越大；轴承的内外径越大，所需的最小负荷越大；轴承滚动体与滚道的接触越大，所需最小负荷越大。

因此，当对轴承进行选型校核计算的时候，如果发现最小负荷不足的情况，可以考虑进行如下调整：

1）在满足寿命要求的前提下，选择滚动体与滚道接触少一些的轴承，比如：用球轴承替代滚子轴承；用单列轴承替代双列轴承；用带保持架的轴承替代满装滚子轴承等。

2）在满足寿命要求的前提下，选择尺寸小一点的轴承，比如：用窄系列代替宽系列的轴承；相同内径下选择外径较小的轴承；在允许的条件下减少内径等。

3）选择较小工作游隙的轴承，或者对轴承施加预负荷以满足最小负荷要求；

4）选择合适的润滑，保证轴承滚动体和滚道可以被润滑剂良好地分隔开；

5）使用特殊热处理的轴承，比如表面氧化发黑的轴承。这种轴承具有更好的抗磨损性能；

6）使用高精度轴承，保证相关零部件的良好形状和位置精度；

7）尽量避免振动；

8）尽量避免最小负荷不足的负荷占比。

在齿轮箱的实际载荷谱中，最小负荷不足的时间占比很难降低为 0，这种情况对于大型的圆柱滚子轴承（内径大于 150mm）而言会造成一定的伤害。有时候轴承在测试运行的时候就已经因为负荷不足或者空负荷运行而出现问题。机械工程师应该进行相应的负荷控制以及润滑调整以尽量避免这种伤害。如果这种负荷工况在载荷谱中有一定的占比，甚至可以考虑使用更加抗磨损的轴承，比如特殊热处理的轴承等。

## 第六节　轴承的摩擦及冷却计算

轴承在运转的时候会产生摩擦，因而会产生热量。轴承内部的摩擦取决于以下几个因素：

1）负荷；

2）转速；

3）轴承类型；

4）润滑剂工作黏度；

5）润滑剂的量。

在本书轴承基础知识介绍中，我们介绍了轴承内部的摩擦主要来自于四大部分：

1）轴承内部的滚动摩擦：由于滚动体与滚道之间的滚动动而产生的摩擦；

2）轴承内部的滑动摩擦：滚动体与挡边、滚动体与保持架、滚动体与滚道之间发生相对滑动而产生的摩擦；

3）润滑剂中的摩擦：轴承运行时对润滑剂的搅拌、润滑剂内部的摩擦；

4）密封件的摩擦：密封件唇口等部分发生的滑动摩擦。

轴承运转的这些摩擦产生热量，从而影响着轴承的温度；另一方面，设备中其他零部件的发热也会影响轴承的温度，比如在齿轮箱中，齿轮啮合也会产生热量，通常由此产生的摩擦力比轴承产生的摩擦力更大，因此发热也更大。由于这些摩擦热源的存在，齿轮箱在运行的时候自身也会发热，因此需要齿轮箱设计的时候往往采用一些冷却和润滑设计，同时对齿轮箱进行冷却的时候需要考虑齿轮箱内部所有的摩擦发热情况。对于发电机而言，发电机的绕组在运行的时候也会发热，与齿轮箱类似，电机本体的发热量通常比轴承大很多。这些热量会影响轴承温度，因此在对轴承进行发热计算的时候需要考虑环境温度的影响。

在第三章中我们介绍了轴承工作的许用温度，因此在进行轴承选择的时候需要考虑轴承的许用温度是否满足要求。对轴承而言，发热带来的润滑性能的变化对轴承运行表现影响最大。

随着温度的升高，润滑油膜形成能力降低；润滑的老化速度越快；由轴承金属组织变化产生的滚道、滚动体尺寸变化更大；预置的预负荷或者预游隙变化更大。这些因素都对轴承的运行有一定的负面影响。

一般的，设备内部的工作温度最好不宜超过 100℃。即便在极限情况下，内部的工作温度也不应该超过 150℃。

在对轴承部分进行散热设计的时候，需要先计算轴承运转所产生的热量，请参照本书第三章，第一节中式（3-2）进行轴承功率损失 $Q$ 的计算。

发热是通过传导、对流、辐射等方式将这些热量散发出去。除了轴承本身的传导、对流和辐射以外，在采用循环油润滑的系统中，循环油也会带走相当部分的热量。根据经验，一般轴承发热的三分之一是通过润滑油带走，三分之二是通过热传导，对流及辐射的方式带走。

在循环油润滑系统中，对于进油口和出油口温度差进行一个设定，那么这样的方式散热所需的润滑油量可由下式求得：

$$F = 0.039 \frac{Q}{T_o - T_i} \tag{6-27}$$

式中　$F$——所需要的润滑油量（l/min）；

　　　$Q$——发热功率（W）；

　　　$T_o$——出油口温度（℃）；

　　　$T_i$——进油口温度（℃）。

一般而言，通常设定进油口和出油口的温度差为 10℃ 左右。

另外一个对润滑油量的估计方法如式（6-28）所示：

$$F = fDB \tag{6-28}$$

式中　$F$——所需要的润滑油量（l/min）；

　　　$D$——轴承外径（mm）；

　　　$B$——轴承宽度（mm）；

　　　$f$——散热油量系数，见表6-10。

表 6-10　散热油量系数

| 轴承 | 散热油量系数 $f$ |
|---|---|
| 径向球轴承及中等工况径向滚子轴承 | 0.00003 |
| 普通径向滚子轴承 | 0.00005 |
| 推力轴承、外圈旋转的径向滚子轴承、行星轮轴承 | 0.00001 |

一般而言，上述润滑油量都会在安全值之上。对于小型轴承，散热所需油量很小，通常油槽里的油就已经足够了。

使用强制润滑的系统中，为防止油路堵塞，建议对每一个轴承的流速至少为 0.25L/min，或者使用更粗的油管。

# 第七节　轴承的工作游隙计算

在第三章中的轴承游隙相关的章节中我们介绍了轴承游隙的基本概念，对于轴承选型而言，正确的工作游隙是轴承获得满意运行效果的关键。

对于设备中的径向滚子轴承而言，由于这些轴承具有较高的径向刚度，因此小的径向游隙有利于轴承的运行。但是轴承的径向预负荷、轴承的外形变形、轴承内外圈的温度差等等因素可能会使轴承径向游隙进一步减小，造成轴承过载的风险。

对于齿轮箱中的单列圆锥滚子轴承而言，轴承具有较高的径向刚度，但是轴承在承受预负荷的时候，齿轮箱箱体的变形会引起轴承轴向预负荷（负预游隙）的变化。

对于球轴承而言，能运行于接近 0 游隙是最好的状态。与径向刚度更大的滚子轴承相比，球轴承轻微的预负荷是可以接受的状态。

轴承工作游隙的计算可以参照本书第三章，轴承游隙计算中式（3-10）～式（3-14）进行。为便于工程师使用，本书给出如下计算程序表 6-11，仅供参考。

表 6-11　轴承工作游隙计算程序

| 序号 | 参数 | 计算公式 | 最大值（上偏差） | 最小值（下偏差） |
|---|---|---|---|---|
| 1 | 轴承初始游隙 $C_{初始}$（μm） | 查取 | | |
| 2 | 轴径偏差 $\Delta d1$（μm） | 查取 | | |
| 3 | 轴承内孔偏差 $\Delta d2$（μm） | 查取 | | |
| 4 | 理论配合 $U$（μm）[①] | $\Delta d1_{max} - \Delta d2_{min}$<br>$\Delta d1_{min} - \Delta d2_{max}$ | | |
| 5 | 内圈滚道直径 $F$（mm） | 查取 | | |
| 6 | 配合引起的内圈膨胀量 $\Delta d$（μm） | $\Delta d \approx 0.9Ud/F$ | | |
| 7 | 轴承室偏差 $\Delta D1$（μm） | 查取 | | |
| 8 | 轴承外径偏差 $\Delta D2$（μm） | 查取 | | |

（续）

| 序号 | 参数 | 计算公式 | 最大值<br>（上偏差） | 最小值<br>（下偏差） |
|---|---|---|---|---|
| 9 | 理论配合 $U(\mu m)$ [2] | $\Delta D1_{max} - \Delta D2_{min}$<br>$\Delta D1_{min} - \Delta D2_{max}$ | | |
| 10 | 外圈滚道直径 $E(mm)$ | 查取 | | |
| 11 | 配合引起的内圈膨胀量 $\Delta D(\mu m)$ | $\Delta D \approx 0.8UE/D$ | | |
| 12 | 配合引起的径向游隙减小量 $\Delta C_{配合}$ $(\mu m)$ | $\Delta C_{配合} = \Delta d + \Delta D$ | | |
| 12a | 配合引起的轴向游隙减小量 $\Delta C_{配合}$ $(\mu m)$ | $\Delta C_{配合} = (\Delta d + \Delta D)\cot\alpha$ | | |
| 13 | 轴承热膨胀系数 | $0.000011K^{-1}$ | — | — |
| 14 | 轴承平均直径 $d_m(mm)$ | $(d+D)/2$ | | |
| 15 | 轴承内圈温度 $\theta_i(℃)$ | 测得，或者取值 | | |
| 16 | 轴承外圈温度 $\theta_o(℃)$ | 测得，或者取值 | | |
| 17 | 温度引起的径向游隙减小量 $\Delta C_{温度}$ $(\mu m)$ | $\Delta C_{温度} = 1000\alpha\, d_m\,(\theta_i - \theta_o)$ | | |
| 17a | 温度引起的径向游隙减小量 $\Delta C_{温度}$ $(\mu m)$ | $\Delta C_{温度} = [1000\alpha\, d_m\,(\theta_i - \theta_o)]\cot\alpha$ | | |
| 18 | 轴承工作游隙 $C_{工作}(\mu m)$ | $C_{工作} = C_{初始} - \Delta C_{配合} - \Delta C_{温度}$ | | |

①② 此处未考虑表面粗糙度的影响，如果需要考虑的时候，扣除即可。

# 第七章
# 轴承润滑技术

## 第一节 轴承润滑基本知识

### 一、轴承润滑设计概述

对于机械结构而言，控制系统是大脑，传感器是神经，机械装置是骨骼肌肉、轴承是心脏，而润滑是血液。执行机构执行各种动作，轴承从物理角度减少摩擦，那么润滑剂就是从化学角度减少摩擦。

**（一）轴承润滑设计的基本步骤**

一台机械设备会经历从设计、生产制造、运输、存储、使用维护、维修等各个过程，它们共同组成了设备的整个生命周期。对轴承的润滑考量会贯穿于整个生命周期。

1）生产设计制造阶段：机械设计人员需要根据设备轴承的工况选择合适的润滑，有时候还需要对轴承润滑的寿命进行计算；机械设计人员需要计算初次润滑的注入量，设备生产人员需要按照规定的量采用正确的方法将润滑剂加入机械或者轴承之中。

2）在设备的使用维护阶段：使用和维护人员需要正确地选择补充润滑，他们需要了解补充润滑的剂量，同时还需要采用正确的方法将润滑剂补充到轴承内部。

总结起来，两个阶段的润滑工作都会面临"用什么？""怎么用？""用多少？"等几个问题，如图 7-1 所示。

**图 7-1 轴承润滑设计的基本问题**

在讨论这几个具体步骤的之前，先简单地介绍一些润滑的基本知识，包括：①润滑剂及润滑基本原理；②润滑剂（润滑脂、润滑油）的性能指标。

风力发电中通常使用的润滑介质主要是润滑油和润滑脂。当然，个别领域也有使用固体润滑的，由于实际使用不多，本书不予介绍。

### （二）润滑油和润滑脂简介

润滑油是复杂碳氢化合物的混合物，通常的润滑油由基础油和添加剂两个部分组成，其中起润滑作用的主要是基础油。

润滑脂（也被称作油脂）是半固体状润滑介质，通常由基础油、增稠剂和添加剂组成。基础油主要承担润滑作用，增稠剂除了保持基础油以外也起到一定的润滑作用。

润滑油和润滑脂中的添加剂（抗氧化润滑剂和极压添加剂等）会使两种润滑介质具有更好的性能。

关于润滑脂和润滑油的特性对比如下。

1）润滑脂：具有良好的附着性能、油路设计简单、便于安装维护；附着在轴承上，防止轴承受到污染；立式安装使用方便；由于黏度原因有一定的发热，因此在某些高速领域无法胜任。

2）润滑油：具有很好的而流动性；需要专门的油路设计，以及相应的附属设备；由于黏度较低，在高速场合可以适用；可以用于油气润滑，以达到超高转速的润滑；使用循环润滑可以起到冷却作用；发热少。

一般中小型设备中最经常使用的是润滑脂。在齿轮箱或者一些中大型设备中，如果使用油润滑，那么相应的润滑油路、密封、过滤、油站等设计就不可或缺。

## 二、润滑脂的主要性能指标和检测方法

### （一）主要性能指标

了解润滑的一些主要性能指标及其含义，有助于后续对润滑的选择。

对于润滑脂而言，主要的性能指标有色别（外观）、黏度（或称为稠度、锥入度，锥入度曾用名为"针入度"、基础油黏度等）、耐热性能（滴点、蒸发量、高温锥入度、钢网分油、漏失量）、耐水性能、机械安定性、耐压性能、氧化安定性、机械杂质、防蚀防锈性、分油、寿命、硬化、水分等多项，其中主要的质量指标有滴点、锥入度、机械杂质、机械安定性、氧化安定性、防蚀防锈性等。

对于润滑油而言，主要性能指标包括黏度（动力黏度、运动黏度、相对黏度等）、油性（润滑油的吸附能力）、极压性、闪点、燃点、凝固点等指标。同时还应该关注润滑油的抗腐蚀性、抗老化性能，以及在有气泡时的抗起泡性能。

下面着重介绍其中的黏度和滴点。

#### 1. 黏度

黏度是一种测量流体不同层之间摩擦力大小的度量。

润滑脂以及润滑油中所含有的基础油的黏度就是指基础油不同层之间的摩擦力大小。这是一个润滑选择重要的指标。通常用厘泊（cSt）表示，单位用 $m^2/s$。基础油的黏度是一个随温度变化而变化的值。一般地，随着温度的升高，基础油的黏度将变

小。在计量时，一般都用 40℃作为一个温度基准。因此一般润滑油和润滑脂都会提供40℃时的基础油黏度值。

### 2. 黏度指数

润滑剂的黏度随着温度变化而变化的大小程度，用黏度指数表示。有的润滑剂厂商给出黏度指数的指标，有的则给出两个温度值（40℃和100℃）时的基础油黏度，用以标识基础油黏度随温度的变化。

### 3. 锥入度

对于润滑脂而言，其黏度通常用锥入度试验进行计量。润滑脂的黏度在很大程度上取决于使用增稠剂的种类和浓度。锥入度的单位是 mm/10。

### 4. NLGI 黏度代码

根据润滑脂不同的针入度，将润滑脂的黏度进行编码，称为 NLGI 黏度代码，具体内容如表 7-1 所示。

表 7-1　润滑脂的 NLGI 黏度

| NLGI 值 | 锥入度 /（mm/10） | 外观 |
| --- | --- | --- |
| 000 | 445 ~ 475 | 流动性极强 |
| 00 | 400 ~ 430 | 流体 |
| 0 | 355 ~ 385 | 半流体 |
| 1 | 310 ~ 340 | 极软 |
| 2 | 265 ~ 295 | 软 |
| 3 | 220 ~ 250 | 中等硬度 |
| 4 | 175 ~ 205 | 硬 |
| 5 | 130 ~ 160 | 很硬 |
| 6 | 85 ~ 115 | 极硬 |

我们经常所说润滑脂中最常用的 2 号脂和 3 号脂，指的就是所用润滑脂的 NLGI 数值为 2 或 3。从表 7-1 中可以看到，2 号脂的锥入度大于 3 号脂，也就是说 2 号脂润滑比 3 号润滑脂"软"，或者叫"稀"。

低黏度（高针入度）具有更好的泵送性；高黏度（低针入度）的润滑脂更容易保持在轴承位置。低温下可以使用较软的润滑脂，0 或者 1 号脂，但是此时必须采用相应的润滑脂供应系统。而对于有震动或者竖直轴放置的情况，优先使用具有更高黏度的 3 号润滑脂。

当齿轮润滑脂用于小齿轮箱的时候，可以选用 0 号或者 00 号润滑脂。

### 5. 润滑脂的滴点

滴点是在规定条件下达到一定流动性的最低温度，通常用摄氏度（℃）表示。对润滑脂而言，就是对润滑脂进行加热，润滑脂将随着温度上升而变得越来越软，待润滑脂在容器中滴第一滴，或者柱状触及试管底部时的温度，就是润滑脂由半固态变为液态的温度，基本可以称为该润滑脂的滴点。它标志着润滑脂保持半固状态的能力。滴点温度并不是润滑脂可以工作的最高温度。润滑脂工作的最高温度最终还要看基础油黏度等其他指标。把滴点作为润滑脂最高温度的衡量方法实不可取。

也有经验之谈，认为润滑脂滴点温度降低 3 ~ 5℃即可认为是润滑脂的最高工作温度。这个经验之谈的结论有一定依据，但是依然要校核此温度下的基础油黏度方可定论。

**（二）润滑脂的滴点、锥入度和机械杂质含量的简单定义和检测方法**

**1. 简单定义、说明和正规的检测方法**

润滑脂的滴点、锥入度、机械杂质含量 3 个主要指标的简单定义、说明和正规的检测方法见表 7-2。

表 7-2　润滑脂主要质量指标滴点、锥入度、机械杂质含量的简单定义、说明和检测方法

| 指标名称 | 定　义 | 说　明 | 检测方法 |
|---|---|---|---|
| 滴点 | 润滑脂从不流动向流动转变时的温度值 | 本指标是衡量润滑脂耐温程度的参考指标。一般润滑脂的最高使用温度应比其滴点低 20 ~ 30℃，以保证其不流失 | 将润滑脂放入滴点仪中，在规定的条件下加热，润滑脂滴下第一点时的温度即为滴点温度 |
| 锥入度 | 表明润滑脂稀稠程度的鉴定指标 | 锥入度较小时，润滑脂的塑性大，滚动性差；锥入度较大时结果相反。此外，润滑脂经剪切后稠度会改变，测定润滑脂经剪切前后的锥入度差值，可知其机械稳定性 | 用重 150g 的标准锥形针放入 25℃的润滑脂试样中，测量 5s 后进入的深度。按 1/10mm 计算其数值 |
| 机械杂质含量 | 润滑脂中不溶于乙醇 - 苯混合液及热蒸馏水中物质的含量 | 润滑脂中混有机械杂质会使滚动体及沟道产生不正常的磨损，产生噪声，使轴承过早的损坏 | 可用酸分解法进行试验。将试样用酸分解后过滤，计算剩余物质的重量。现场可使用简易的方法测量 |

**2. 简易鉴别方法**

1）皂基的鉴别。把润滑脂涂抹在铜片上，然后放入热水中，如果润滑脂和水不起作用，水不变色，说明是钙基脂、锂基脂或钡基脂；若润滑脂很快溶于水，变成牛奶状半透明的乳白色溶液，则是钠基脂；润滑脂虽然能溶于水，但溶解速度很缓慢，说明是钙钠基脂。

2）纤维网络结构破坏性的鉴别。把涂有润滑脂的铜片放入装有水的试管中并不断转动，若没有油质分离出来，表明润滑脂的组织结构正常，如果有油珠浮上水面，说明该润滑脂的纤维网络结构已破坏，失去了附着性，不能继续使用。究其原因主要是保管不善、经受振动、存放过久等。

3）机械杂质的检查。用手指取少量润滑脂进行捻压，通过感觉判断有无杂质；把润滑脂涂在透明的玻璃板上，涂层厚度约为 0.5mm，在光亮处观察有无机械杂质。

# 第二节 润滑的基本原理

## 一、润滑的基本状态与油膜的形成机理

轴承的润滑剂分布在滚动体和滚道之间，将两者分隔开来，避免金属之间的直接接触，同时减少摩擦。通常而言，润滑大致有边界润滑、混合边界油膜润滑和流体动力润滑 3 种基本状态，如图 7-2 所示。

1）在边界润滑状态，油膜厚度约为分子级大小，因此，此时的润滑几乎是金属之间的直接接触；

2）在混合边界油膜润滑状态，运动表面分离，油膜达到厚膜状态，但存在部分金属直接接触；

3）在流体动力润滑状态，较厚的油膜受负荷呈现弹性流体特性，金属被油膜分隔。

使用润滑剂的目的就是避免金属和金属之间的直接接触而减小摩擦，因此在实际润滑过程中期望达到不出现边界润滑的状态。

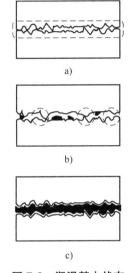

**图 7-2 润滑基本状态**
a）边界润滑 b）混合边界油膜润滑
c）流体动力润滑

1902 年，德国人斯特里贝克（Stribeck）通过研究，揭示了润滑剂黏度、速度、负荷与摩擦系数之间的关系，成为奠定润滑研究的最重要理论。这就是如图 7-3 所示的著名的斯特里贝克曲线（Stribeck Curve）。

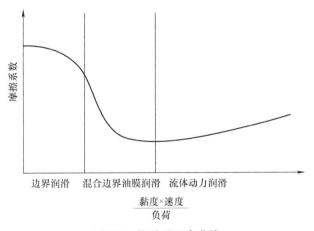

**图 7-3 斯特里贝克曲线**

这个曲线清楚地揭示了黏度、速度、负荷和摩擦的关系。这里所说的摩擦副（面）是指广泛意义的摩擦表面，关于具体理论分析可以参阅相关资料，在此不做过

多介绍。

对于轴承这种特殊的摩擦副，我们不妨用划水运动员的一个很简单的例子来说明其润滑基本原理以及相关因素。

图7-4展示的是滑水运动的场景，在这个场景中，我们对滑水运动员的运动状态进行分析（滑水运动员的受力状态参见图7-5）。

图 7-4　滑水运动

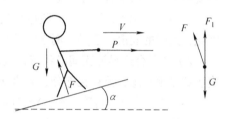

图 7-5　滑水运动员受力状态

滑水运动员受到重力 $G$、绳子拉力 $P$ 和浮力 $F$，同时滑水板和水平面有夹角 $\alpha$。其中水面对滑板浮力向上的分量 $F_1 = F\cos\alpha$。当 $F_1 = G$ 时，人就可以在水面上浮起来。从式 $F_1 = F\cos\alpha$ 可以看出，要使浮力向上的分量达到人体重力时，必须要有倾斜角 $\alpha$ 以及足够的浮力 $F$。

这个例子可以直接类比为润滑状态。人浮在水面上，可以类比成轴承滚动体浮在油膜上。因此，要形成润滑就必须有一个仰角 $\alpha$。这就是通常所说的润滑形成的一个必要条件——就是要有一个楔形空间。

对于一套轴承，给定了滚动体和滚道的形状，当滚动体和滚道接触时，其接触面楔形空间的楔形角就已经固定。

当轴承在某给定工况运行时，其负荷已定，也就相当于滑水运动员的重力已确定。

由此可见，确定"浮力"的3个因素：重力（轴承的负荷）、楔形角（滚道和滚动体尺寸）和浮力，其中前两个因素已经确定。因此，我们想"浮起"滚动体，只能在"浮力"上想办法。

下面，让我们来看看影响"浮力"的几个因素。

## 二、润滑剂工作条件与油膜形成的关系

我们知道润滑剂的黏度受到温度的影响，随着温度的上升润滑剂的黏度下降。因此润滑及工作环境的温度与黏度直接相关，影响着润滑油膜的形成。因此温度指标是润滑剂工作条件的一个重要指标。轴承润滑剂的工作温度、轴承的转速，以及轴承所承受的负荷是影响润滑油膜形成的最重要指标，它们共同构成了轴承润滑选择的主要

考虑因素。

**（一）温度与油膜形成的关系**

试想，两个场景：①人在水面使用相同速度的快艇拉着滑行；②人在一池蜂蜜上使用相同速度的快艇拉着滑行。显然处在蜂蜜上的人，更容易浮出水面。但是相应的，拉在蜂蜜上滑行的人要比拉在水上滑行的人需要花更大的力气。两个场景最大的区别就在于蜂蜜和水的黏度不同。

相同的类比到轴承润滑场景。形成油膜相当于把人浮起来，黏度越大的润滑剂，就越容易实现这个目标。而相应的，在相同的速度下，黏度越大的润滑剂形成润滑所产生的阻力就越大。这些阻力在润滑里以发热的方式表现出来。

我们都知道，润滑剂基础油黏度随着温度上升而降低。因此温度越高，基础油黏度就越低，反之亦然。

由此可以得到结论：温度越高，越不容易形成油膜。因此，在温度高的情况下必须选择基础油黏度大的润滑剂，以保证在高温度时有足够的黏度。

相应的，温度越低，越容易形成油膜，同时也带来较多的发热。因此，温度越低时必须选择基础油黏度较小的润滑剂，以避免过多的发热。

**（二）转速和油膜形成的关系**

小孩子经常会好奇，为什么滑水的人可以站在水面上，而我们平时无法站在水面上。如果仔细观察滑水运动员也会发现，在最开始时，运动员并不是站在水面上的，随着快艇速度的提高，运动员开始浮出水面。也就是说，即便滑水板楔形空间已定，若需要产生浮力，还是需要一定的相对速度。只有当速度足够快，人才能浮出水面，速度越快，滑水板受到向上的浮力就越大。当速度达到一定值时，滑水运动员甚至可飞离水面直至降速后落回。

类比到轴承润滑，在相同黏度、相同负荷时，转速高的容易形成油膜，反之亦然。

另一方面，转速越高，润滑发热就越多。因此在高转速的情况下，会选择基础油黏度低的润滑，以减少发热。

对于低转速的工况，形成油膜的因素不利，因此选择基础油稠度高的润滑脂进行补偿，以形成油膜。

对于极低转速，即使使用基础油稠度很高的润滑脂，依然不能形成油膜，因此需要考虑在润滑脂内部添加极压添加剂的方式来达成润滑效果。

二硫化钼是生产厂经常使用的一种极压添加剂，在极低转速时，二硫化钼通过分子间的特殊结构为滚动体和滚道之间形成一道润滑屏障。但是二硫化钼也有其应用限制。首先在温度高于 80℃ 的场合，不适用二硫化钼添加剂；其次，在转速比较高的场合下，二硫化钼不仅无法发挥作用，反倒充当了磨料的作用，对滚动体和滚道造成表面损伤（表面疲劳）。

由上述论述可知，如果轴承转速因素或者润滑脂基础油黏度因素足够形成油膜，那么使用极压添加剂不但不会发挥其应有作用，而且还造成了材料的浪费，并有可能造成类似于二硫化钼磨损轴承的损伤。

**（三）负荷和油膜形成的关系**

还是用滑水运动员的例子来看，假设水池不变、快艇速度不变、滑水板倾角一样。一个体重大的人和一个体重小的人在滑行，很显然，体重小的人更容易浮出水面。

类比于轴承润滑，在给定轴承转速和所用基础油黏度时，负荷轻的情况相较于负荷重的情况更容易形成油膜。

由此可知，在负荷较重的情况下，需要提高润滑脂的基础油黏度，以补偿负荷较重不利于形成油膜的因素来建立油膜。

在负荷较轻的情况下，可以采用基础油黏度低的润滑脂，这样既可以保证油膜的形成，也可降低由于基础油黏度过高而产生的发热问题。

## 三、轴承润滑与温度、转速、负荷的关系

通过上面分析，我们可以知道温度、转速和负荷对润滑油膜造成影响的原因。工程师在各种轴承资料以及润滑资料里经常看到"高转速""高温"等描述，因此除了定性了解这些因素之间与润滑油膜形成的影响以外，工程师也需要定量地了解通常在轴承领域所说的这些因素大小的划分。换言之就是对轴承的温度、转速、负荷的"高"或者"低"的定量划分。

前面我们提及的轴承温度、转速、负荷的高中低的定义如下。

**（一）温度**

对于轴承温度高低的定义见表7-3。

表7-3 轴承温度的高低划分

| 分档名称 | 低温 | 中温 | 高温 | 极高温 |
|---|---|---|---|---|
| 温度值 /℃ | < 50 | 50 ~ 100 | 100 ~ 150 | > 150 |

**（二）转速**

通常考量轴承转速用的指标是 $nd_m$ 值，即轴承内外直径的平均值 $[(d+D)/2]$ 与轴承运行转速 $n$ 的乘积，即

$$nd_m = n\left(\frac{d+D}{2}\right) \tag{7-1}$$

式中　$n$——轴承转速（r/min）；

　　　$d$——轴承内径（mm）；

　　　$D$——轴承外径（mm）。

对轴承转速高中低的定义见表 7-4。

表 7-4　轴承应用转速的高低划分

| 分档名称 | 速度范围（$nd_m$ 值） | | |
| --- | --- | --- | --- |
| | 球轴承 | 调心滚子轴承 | 圆柱滚子轴承 |
| 超低速 | — | < 30000 | < 30000 |
| 低速 | < 100000 | < 75000 | < 75000 |
| 中速 | < 300000 | < 210000 | < 270000 |
| 高速 | < 500000 | ≥ 210000 | ≥ 270000 |
| 超高速 | < 700000 | — | — |
| 极高速 | ≥ 700000 | — | — |

### （三）负荷

衡量负荷轻重通常用负荷比 $C/P$ 值（其中，$C$ 代表额定动负荷，单位用 kN；$P$ 代表当量负荷，单位用 kN）来区分。轻重的划分规定见表 7-5。

表 7-5　轴承负荷轻重划分

| 分档名称 | 轻负荷 | 中负荷 | 重负荷 | 极重负荷 |
| --- | --- | --- | --- | --- |
| 负荷（$C/P$ 值） | > 15 | 8～15 | 2～4 | < 2 |

用上面的划分可以对工程实际中的工况做大致分类。在前面的分析中可以看出，温度、转速、负荷是轴承润滑建立的最关键因素。对于齿轮箱而言，轴承、负荷、转速、温度等诸多因素都是已经给定的，因此设计人员只能在选择油脂基础油黏度上动脑筋，以平衡各方面关系，在达成良好润滑的同时不至于过热。

综合诸多因素，我们可以归纳轴承润滑选择的基本原则如表 7-6 所示。

表 7-6　基础油黏度选择的参考因素

| 选择参考因素 | 温度 | | 转速 | | 负荷 | |
| --- | --- | --- | --- | --- | --- | --- |
| | 高 | 低 | 高 | 低 | 重 | 轻 |
| 对基础油黏度的要求 | 低 | 高 | 低 | 高 | 高 | 低 |

在这个基础原则之上，我们需要平衡温度、转速、负荷三者之间的关系。所有的润滑选择都是一个平衡，甚至有时需要一部分的妥协。

这种妥协在齿轮箱行业尤为突出，设计工程师既要照顾高速轴的高速轻负荷，又需要估计低速轴的低速重负荷。两者之间本身就是相互矛盾的，而在齿轮箱中又都是使用同一个齿轮油进行润滑。这就要考验设计人员的平衡能力。

## 四、不同润滑脂的兼容性

原则上讲，不同成分的润滑脂是不许混用的。这一点在第一次对轴承注脂时是很容易做到的。但在机械运行过程中，补充或更换润滑脂时，则往往会因为一时找不到原用品种或其他客观和主观原因而使用另一品种的润滑脂，从而造成不同组分混用的结果。

不同成分混用后，有时没有出现异常，有时则会出现润滑脂稀释或板结、变色等现象，降低润滑作用，最终导致轴承损坏的严重后果。之所以出现上述不同的结果，涉及不同成分的润滑脂之间的兼容性问题。混用后作用正常的，说明两者是兼容的，否则是不兼容的。

表 7-7 和表 7-8 分别给出了常用润滑脂基础油和增稠剂是否兼容的情况，供使用时参考。表中"+"为兼容；"×"为不兼容；"？"为需要测试后根据反映情况决定。对表中所列不兼容的品种应格外加以注意。

表 7-7　常用润滑脂基础油兼容性

| 基础油＼基础油 | 矿物油／PAO | 酯 | 聚乙二醇 | 聚硅酮（甲烷基） | 聚硅酮（苯基） | 聚苯醚 | PFPE |
|---|---|---|---|---|---|---|---|
| 矿物油／PAO | + | + | × | × | + | ？ | × |
| 酯 | + | + | + | × | + | ？ | × |
| 聚乙二醇 | × | + | + | × | × | × | × |
| 聚硅酮（甲烷基） | × | × | × | + | + | × | × |
| 聚硅酮（苯基） | + | + | × | + | + | + | × |
| 聚苯醚 | ？ | ？ | × | × | + | + | × |
| PFPE | × | × | × | × | × | × | + |

表 7-8　常用润滑脂增稠剂兼容性

| 增稠剂＼增稠剂 | 锂基 | 钙基 | 钠基 | 锂复合基 | 钙复合基 | 钠复合基 | 钡复合基 | 铝复合基 | 粘土基 | 聚脲基 | 磺酸钙复合基 |
|---|---|---|---|---|---|---|---|---|---|---|---|
| 锂基 | + | ？ | × | + | × | ？ | ？ | × | ？ | ？ | + |
| 钙基 | ？ | + | ？ | + | × | ？ | ？ | × | ？ | ？ | + |
| 钠基 | × | ？ | + | ？ | ？ | + | + | × | ？ | ？ | × |
| 锂复合基 | + | + | ？ | + | + | ？ | ？ | + | × | × | + |
| 钙复合基 | × | × | ？ | + | + | ？ | × | ？ | ？ | + | + |
| 钠复合基 | ？ | ？ | + | ？ | ？ | + | + | × | ？ | ？ | ？ |
| 钡复合基 | ？ | ？ | + | ？ | × | + | + | ？ | ？ | ？ | ？ |
| 铝复合基 | × | × | × | + | ？ | × | + | + | × | ？ | × |
| 粘土基 | ？ | ？ | ？ | × | ？ | × | ？ | × | + | ？ | × |
| 聚脲基 | ？ | ？ | ？ | × | + | ？ | ？ | ？ | ？ | + | + |
| 磺酸钙复合基 | + | + | × | + | + | ？ | ？ | × | × | + | + |

## 第三节　轴承润滑的选择

### 一、轴承润滑脂的选择

润滑脂的特点使之更加适合应用于小型齿轮箱、电机等设备中。同时，润滑脂也可以用于一些齿轮的润滑。小齿轮的安装位置如果经常发生变化（水平、垂直、倾斜等位置）的时候，也适合使用润滑脂。风力发电机组中的发电机轴承，变桨偏航系统，主轴系统中经常使用润滑脂实现润滑。

使用润滑脂进行轴承润滑的时候，相应的密封件设计比较简单。对于小型电机等设备而言，通常对寿命是中等要求，如果这个寿命要求比润滑寿命短，则不需要补充润滑，也无须相应的润滑维护。但是对于更多的中大型设备或者是设备寿命要求很长的情况而言，润滑的补充和维护是不可避免的。风力发电机组中的各个零部件多数属于这种情况。

另外，对于立式轴中，位于上部的轴承很难通过飞溅获得足够的润滑，因此在这个位置部装相应的润滑脂，并采用阻挡板的方法对润滑脂进行保持。

当确定使用润滑脂的时候，就需要在众多型号的润滑脂中进行选择。润滑脂的选择主要是对增稠剂、基础油以及添加剂的选择。

增稠剂的黏度选择可以参照前面黏度介绍中的一些建议。

对于润滑脂基础油的选择方法与润滑油黏度选择一致，可参照后面相应介绍。

一般而言，润滑脂供应商通常会提供润滑脂牌号及应用温度范围等数据。很多时候，设计人员会根据这些数据，即润滑脂的适用温度范围、轴承的预计工作温度以及一些经验进行润滑脂的选择。本章第一节所述的润滑脂相关知识可以给大家在这种定性选择时提供一定的参考依据。请注意，前面讲述的润滑脂相关内容（涉及选择润滑脂的部分）不是经验结论，而是基于一定的理论、实践以及计算得出的。

### 二、轴承润滑油黏度（润滑脂基础油黏度）的选择

前已述及，齿轮箱轴承润滑选择的关键是油脂基础油黏度的选择。通过油脂黏度的选择而使轴承在运行状态下避免工作于边界润滑状态（见本章第一节中的"润滑的基本状态与油膜的形成机理"）。通常，齿轮箱轴承在确定的转速、温度、负荷下运行达成润滑状态有一个所需要的最小基础油黏度 $\nu_1$；同时我们选择的润滑脂基础油在这个温度、转速、负荷下有一个实际黏度 $\nu$。则定义黏度比为

$$\kappa = \frac{\nu}{\nu_1} \tag{7-2}$$

式中　$\kappa$——黏度比（卡帕系数）；

$\nu$——所选择润滑在工况下的实际黏度（cst）；

$\nu_1$——相应工况下形成润滑所需要的最小基础油黏度（cst）。

给定工况下的基础油实际黏度可以从图 7-6 和图 7-7 中根据温度、所选润滑脂基础油黏度（通常供应商提供基于 40℃ 的润滑脂基础油黏度）查出 $\nu$。

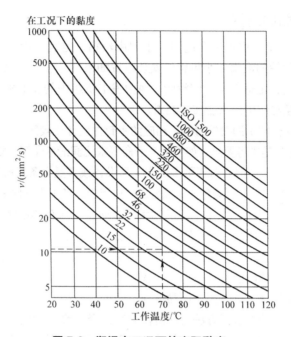

**图 7-6　润滑在工况下的实际黏度 $\nu$**

给定工况下，所需的最小基础油黏度可以根据以上 $nd_m$ 值、转速在图表中查出 $\nu_1$；由实际黏度和最小所需黏度之比得到黏度比 $\kappa$。

黏度比 $\kappa$ 与润滑状态的关系如图 7-8 所示。下面对图 7-8 中给出的各阶段进行分析。

**1. 边界润滑阶段**

当 $\kappa < 1$ 时，轴承滚动体和滚道之间无法有效分隔，不能形成良好的油膜。滚动体和滚道之间的负荷主要靠金属之间的直接接触来承担。此时需要使用极压添加剂以避免轴承润滑不良。当 $\kappa < 0.5$ 的时候，必须使用带保持架的轴承（不建议使用满装滚子轴承）；当 $\kappa < 0.1$ 时，在计算轴承寿命时该考虑额定静负荷，尽量使 $S_0 > 10$。

**2. 混合油膜润滑阶段**

当 $\kappa \geqslant 1$ 时，轴承滚动体和滚道之间形成油膜，此时处于混合油膜润滑状态。滚动体和滚道被分隔，但是偶尔会出现金属之间的接触。

**3. 流体动力润滑阶段**

当 $\kappa \geqslant 2$ 时，轴承滚动体和滚道之间形成良好的油膜，此时处于流体动力润滑状态，滚动体和滚道完全被分隔。

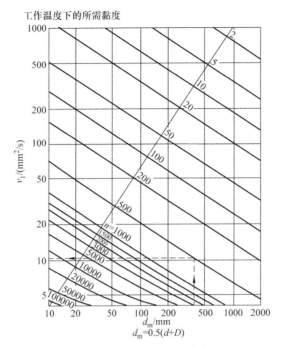

图 7-7 工作温度下所需黏度 $\nu_1$

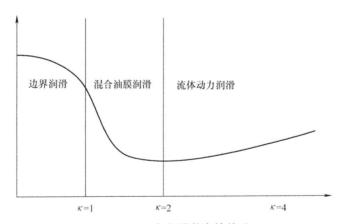

图 7-8 $\kappa$ 与润滑状态的关系

当 $\kappa \geqslant 4$ 时，轴承滚动体和滚道之间行成流体动力油膜，滚动体和滚道被完全分隔，轴承承载主要由油膜承担。但是过大的基础油黏度会造成轴承温度过高，尤其当转速较高时更为明显。

在斯特里贝克曲线中，我们如果固定转速和负荷，那么黏度就变成影响润滑的变量。因此上述状况可以通过曲线进行描述。

### 三、极压添加剂的使用

设计人员在进行齿轮箱润滑设计时经常会使用极压添加剂，或者抗磨损添加剂。但是也存在极压添加剂滥用的情况，也有可能带来相应的故障。

一般而言，通常在如下情况下使用轴承润滑极压添加剂：

1）润滑油膜难以形成的情况：此时 $\kappa < 1$。这种情况下滚动体和滚道之间处于边界润滑状态，有很多的金属直接接触，需要添加极压添加剂以避免金属之间的磨损（表面疲劳）。

2）极低转速的情况：如果轴承的 $nd_m < 10000$，那么此时轴承处于低速运行状态。如果需要形成油膜就需要很高的基础油黏度。此时推荐使用极压添加剂以辅助润滑。

3）极高转速的情况：轴承极高转速是指：①对于中径 $d_m \leq 200mm$ 的轴承，当 $nd_m > 5 \times 10^5 mm$ 时；②对于中径 $d_m > 200mm$ 的轴承，当 $nd_m > 4 \times 10^5 mm$ 时。在轴承处于这个转速下的时候，形成油膜所需的润滑剂基础油黏度很低，在齿轮箱起动的时候，轴承转速不高，而此时较低的基础油黏度使润滑膜很难形成。因此在达到高转速时 $\kappa$ 值合理，但是起动的时候就会润滑困难。此时建议使用极压添加剂避免转速未达到极高的时候出现干摩擦。

极压添加剂的使用也受到温度的影响，在温度低于80℃时，当 $\kappa < 1$，使用极压添加剂可以延长轴承寿命；但当温度高于80℃时，有些极压添加剂可能会降低轴承寿命。比较常见的二硫化钼极压添加剂在温度高于80℃时就会出现影响轴承寿命的效果。

综上所述，建议在选用极压添加剂时，要根据实际工况的需求进行选用，不可滥用，更要注意极压添加剂的使用限制。

## 第四节　轴承润滑寿命及润滑基本方法

在完成轴承润滑选择之后，就需要使用相应的润滑剂对轴承施加润滑。本节就是介绍对轴承施加润滑的方法，以确保轴承可靠运行。

### 一、润滑脂润滑

润滑脂润滑的方法中，润滑脂寿命计算（再润滑时间间隔计算）是一个重要的考虑因素。当设备运行一段时间之后，原来填装的润滑脂随着时间的延长其润滑作用逐渐减弱，此时需要补充添加新的润滑脂，或者更换润滑脂。这就是常说的再润滑工作。

进行再润滑的时机选择就涉及再润滑时间间隔的计算。当再润滑时间间隔大于轴承预期寿命的时候，通常一次填装润滑脂即可，此时无须进行再润滑。这种情况我们称之为终身润滑。一般而言，终身润滑只有在中小型尺寸的轴承轴中有可能实现（轴承外径小于240mm）的情况下。

### （一）润滑脂寿命的基本概念

润滑脂本身有寿命期限。通常，润滑脂的寿命会受到外界氧化等化学影响，因此即使是储藏而并未使用的润滑脂也有一定的寿命。不同润滑脂的储藏寿命需要咨询润滑脂生产厂家或查阅相关资料。

当润滑脂在轴承内运行时会承受负荷。增稠剂（皂基）的纤维会在负荷下不停地被剪切。当纤维长度被剪切到一定程度时，基础油在增稠剂里的析出和回析就会出现问题。宏观表现就是润滑脂的黏度降低。此时，润滑脂的润滑性能就无法满足工况需求。在润滑领域通常通过润滑脂剪切实验来测量润滑脂的稳定性。

由上面描述可知，润滑脂在运行一段时间之后其物理和化学性能都可能发生改变，而无法满足润滑要求，此时润滑脂就达到了它的寿命。

对于轴承而言，维护保养人员会要在油脂达到寿命之前进行再润滑。所以，我们会选择油脂的再润滑时间间隔。而油脂的再润滑时间间隔是 $L_{01}$ 寿命，也就是可靠性为 99% 的油脂寿命。可靠性 99% 的意思是，在这个时间内至多允许 1% 的失效。而轴承疲劳寿命通常为 $L_{10}$ 寿命，也就是可靠性为 90% 的轴承疲劳寿命。两者之间是 2.7倍的关系。显然，再润滑时间间隔从寿命角度留下了十分大的可靠性空间，这也是每次再润滑不需要将老油脂全部更换的原因（油脂替换情况除外）。

### （二）再润滑时间间隔（润滑脂寿命）的计算

润滑脂的预计寿命是受多种因素影响的。例如润滑脂的种类、轴承的转速和温度、工作环境中粉尘和腐蚀性气体的多少、密封装置的设计和实际作用发挥的情况等。

对于密封式或较小的轴承，轴承本身和其中的润滑脂两者之一都决定了一套轴承的寿命。无须也不可能在中途添加或更换润滑脂。

开启式轴承再润滑的时间间隔计算有如下两种方法，可参考采用。

### 1. 方法 1

根据经验，温度对补充油脂时间间隔的影响是：当温度（在轴承外环测得的温度）达到 40℃以上时，每增加 15℃，补充油脂时间间隔将缩短一半。

对于开启式轴承，补充润滑脂的间隔时间可参考图 7-9。

图 7-9 给出的是以含氧化剂的锂基脂为准，普通工作条件下的固定机械中水平轴的轴承内，润滑脂的补充时间间隔（其中纵坐标 $Y$ 轴为补充时间间隔 $t_f$，单位为工作小时；横坐标 $X$ 轴为运行转速 $n$，单位为 r/min；$d$ 为轴承内径，单位为 mm）。其中 a 坐标为径向轴承；b 坐标为圆柱滚子和滚针轴承；c 坐标为球面滚子、圆锥滚子和止推滚珠轴承。若为满装圆柱滚子轴承，则间隔为 b 坐标对应值的 1/5；若为圆柱滚子止推轴承、滚针止推轴承、球面滚子止推轴承，则间隔为 c 坐标对应值的 1/2。

现举例如下：

某深沟球轴承，其内径 $d$ = 100mm、运行转速 $n$ = 1000r/min、工作温度范围为60~70℃。请确定补充润滑脂的时间间隔为多长。

在图 7-9 的横轴上 $n = 1000\text{r/min}$ 处做一条平行于纵轴的直线，与内径 $d = 100\text{mm}$ 的曲线的交点所对应的纵轴 a 坐标（适用于径向轴承——深沟球轴承）的数值约为 $1.2 \times 10^4$。则本例补充润滑脂的时间间隔为 12000 个工作小时。

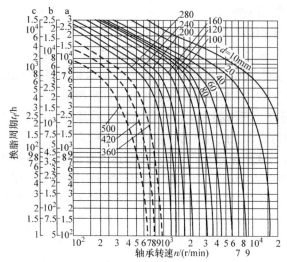

**图 7-9　补充润滑脂时间间隔与轴承内径、运行转速的关系**

### 2. 方法 2

图 7-10 是确定轴承运行温度为 70℃时补充润滑的时间间隔坐标图。

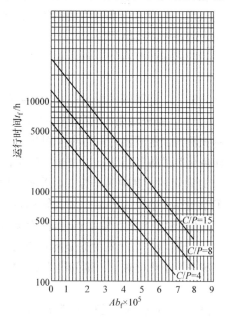

**图 7-10　轴承再润滑时间间隔**

图 7-10 中横坐标是轴承转速因数 $A$（即 $nd_m$ 值）与轴承系数 $b_f$ 的乘机。$b_f$ 的数值与轴承的类型有关，可从表 7-9 中查取。

表 7-9　轴承系数 $b_f$

| 轴承类型 | 相关条件 | | 轴承系数 $b_f$ |
|---|---|---|---|
| 深沟球轴承 | | | 1 |
| 角接触球轴承 | | | 1 |
| 圆柱滚子轴承 | 非定位端 | | 1.5 |
| | 定位端，无外部轴向负荷或轻轴向变化负荷 | | 2 |
| | 定位端，有恒定的轴向负荷 | | 4 |
| | 无保持架，满装滚子轴承 | | 4 |
| 自调心球轴承 | $F_a/F_r < e$ 且 $d_m \leqslant 800mm$ 时 | 213，222，238，239 系列 | 2 |
| | | 223，230，231，240，248，249 系列 | 2 |
| | | 241 系列 | 2 |
| | $F_a/F_r < e$ 且 $d_m > 800mm$ 时 | 238，239 系列 | 2 |
| | | 230，231，232，240，249 系列 | 2 |
| | | 241 系列 | 2 |
| | $F_a/F_r > e$ 时 | 所有系列 | 6 |

注：表中 $F_a$ 为径向负荷；$F_r$ 为轴向负荷；$d_m$ 为轴承平均直径；$e$ 为轴承负荷系数。

查询方法：首先计算 $A$（$nd_m$）值，在表 7-9 中查到轴承系数 $b_f$，两者相乘找到图 7-10 中的横坐标点；然后计算轴承的 $C/P$ 值，在图线参考的 3 条线之间取出计算的 $C/P$ 值，然后查纵坐标得到再润滑时间间隔小时数。

**（三）润滑脂再润滑注意事项**

在进行再润滑油路设计的时候，应该保证润滑油路的进口和出口位于轴承两侧，这样可以使新补充的润滑脂进入轴承，起到补充的作用。

如果使用的是双列轴承，再润滑油路入口最好位于两列轴承之间，这样更有利于两列轴承得到良好的补偿用润滑。对于双列调心滚子轴承，可以选择具中间注油孔的类型；对于配对使用的角接触球轴承或者是圆锥滚子轴承，可以通过在隔圈上设置注油孔的方式来供应油脂。

再润滑时间间隔计算有一定的限制，在这些限制之内，还要根据实际工况进行调整，方可得到正确的计算结果。

补充润滑时间是一个估算值，上述计算方法是基于优质锂基增稠剂、矿物油的情况进行的。再润滑时间间隔还会随着油脂的不同有所调整。

上述计算方法（见图 7-10）是基于 70℃下油脂的情况进行估算的。在实际工况中温度每升高 15℃，油脂的再润滑时间间隔减半；实际工况中温度每降低 15℃，再润滑时间间隔加倍。

再润滑时间间隔是在油脂可工作范围内有效，若超出油脂工作温度范围，不能用这个方法进行估算。

对于立式轴和在振动较大的工况中使用的轴承，用图7-10查询的再润滑时间间隔应该减半。

对于外圈旋转的轴承，用图7-10查询的再润滑时间间隔也应该减半（另一个方法是计算 $nd_m$ 时用轴承外径 $D$ 代替轴承中径 $d_m$）。

对于污染严重的场合，应该根据实际情况缩短再润滑时间间隔。

对于圆柱滚子轴承，图7-10给出的值只适用于滚动体引导的尼龙保持架或者黄铜保持架的产品。对于滚动体引导的钢保持架（后缀为J）以及内圈或者外圈引导的铜保持架圆柱滚子轴承，再润滑时间间隔减半。

上述再润滑时间间隔计算是针对需要进行再润滑的开启式轴承而言。对于封闭轴承（带密封盖或者防尘盖的轴承）而言，如果需要了解润滑寿命的话，只需要根据图7-10中的方法查询再润滑时间间隔，乘以2.7即可。这是因为，再润滑时间间隔是 $L_{01}$ 的寿命，如果折算成和轴承寿命相同的可靠性，就应该转换成 $L_{10}$。这是一个概率换算的过程：$L_{10} = 2.7L_{01}$。

当再润滑时间间隔在1周到60个月之间的时候，如果要求润滑剂的量达到500g，使用油脂润滑加油枪补充润滑的方式可以用于外部直径达到420mm的轴承。

对于大型轴承（外径大于420mm）的时候，需要更多的润滑脂进行润滑，通常大于500g。此时使用连续注油系统具有更好的经济性。同时如果需要进行补充润滑的轴承很多的时候，连续自动注油系统是一个很好的选择。

## 二、油润滑

当选择使用润滑油对齿轮箱轴承进行润滑的时候，设计齿轮箱箱体及其相关结构的时候就应该首先考虑润滑剂可以被可靠的供应给轴承。齿轮箱的轴承通常承受重负荷，齿轮箱内部如果供油不足就会导致轴承出现提早失效。因此使用油润滑的润滑方式时，除了对润滑油选择得当以外，对于机械工程师而言，油路的设计至关重要。

目前最常使用的油润滑方法包括油浴润滑、循环油润滑以及喷油润滑。

### （一）油浴润滑

油浴润滑一般是在箱体内注入一定的润滑油，在齿轮箱工作的时候，依靠齿轮或者轴承自身的转动和搅拌将润滑油代入轴承。

通常情况下，油浴润滑适用于齿轮工作圆周转速小于15m/s的时候。此时要求润滑油油位至少可以达到滚动体中心位置的高度。当轴承运转的时候，由于轴承和齿轮的转动会带动润滑油淋溅分布。油位过浅则会导致淋溅油量不足；如果油位过深，那么齿轮以及轴承搅动润滑油所产生的损失会增大。

油浴润滑通常适用于小型及中型垂直放置的齿轮结构，这种结构中轴承可能被完全浸入润滑油中。

对于轴承未浸入润滑油或者部分浸入润滑油的情况，应该通过一定的油路设计确保润滑油可以进入并且流经轴承。良好的油路设计不仅可以为轴承提供恰到好处的润滑，同时也有助于通过润滑油的循环带走一定的热量。

在油路设计上，通常是在轴承上方设计油槽，收集齿轮箱箱体内壁上的润滑油，然后通过油路导入到轴承相应的部位。同时，在轴承室设计排油口以及排油油路，保证润滑油可以回流到齿轮箱中。需要注意的是，排油口与轴承底部有足够高度，这样可以保证轴承内润滑油位，如图 7-11 所示。如果排油口与进油口位于轴承两侧将会有利于润滑油经过轴承。

在使用油浴润滑的时候，轴承靠近箱体内侧的一面有可能受到箱体内润滑油淋溅的影响得到一定的润滑。但是，轴承靠近箱体外侧的一面如果不通过油路设计的方式则很难得到淋溅的润滑（即便有从另一侧带入的润滑油，其

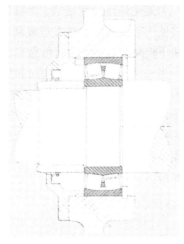

**图 7-11　油浴润滑的油路设计举例**

量也不足够）。因此通常会将轴承室内油路进口设置在轴承靠近箱体外侧的一面，而将排油口设置在轴承靠近箱体内侧的一面。

另一方面，轴承室内排油口的位置应该适当升高，以保证轴承室内有足够的润滑油对轴承进行润滑。同时，如果排油口位置过高，过剩的润滑油可能会影响密封。因此机械工程师在排油口位置设置的时候需要进行权衡。

如果轴承室上方油槽通过自然淋溅收集的润滑油的油量不足以满足润滑的时候，可以通过导流板或者刮油器等装置增加润滑油的收集。

**（二）循环油润滑**

油浴润滑是在自然淋溅的情况下通过油路的设计对轴承提供润滑的方式，但是如果这种方式所收集的润滑油依然无法满足轴承润滑以及散热需求，则需要采取更主动的措施——循环油润滑。循环油润滑通常在以下情况下被采用：

1）齿轮本身的润滑采用的是循环油润滑方式；

2）设备自身发热大，需要通过循环油润滑的方式提升冷却性能；

3）设备转速高，润滑油老化速度快；

4）对于一些结构而言，油浴润滑无法满足润滑需求，比如竖直或者倾斜轴的应用；

5）由于齿轮箱体本身尺寸原因，使用油浴润滑需要的油量很大（实际润滑需求量不大，而由于箱体容积很大，形成油浴所需要的油量大，增加设备重量，而润滑剂本身的使用率并不高的时候）。

6）需要通过过滤、离心泵等装置保持润滑油的新鲜和洁净。

使用循环油润滑的时候，需要对油路油管直径进行正确的选择，以提供足够的润滑油量。同时需要确保在齿轮箱起动的时候，轴承也是在具备足够润滑的条件下的起动，尤其是齿轮箱的第一次起动。

为避免油路油嘴堵塞，油嘴的开口直径应至少为1.5mm。当油压高的时候，可以通过使用节流阀对油量进行限制。节流阀应该位于每一个轴承的前面，这样可以保证在油压较高时对轴承进行可靠和足够的供油。

当轴承运行于较高转速的时候，轴承的旋转引起的润滑油扰动会阻止其他润滑油的进入。此时，需要对给油侧的润滑油是否可以有效地进入轴承给予足够的关注。对于双列轴承而言（比如调心滚子轴承），如果轴承外圈在两列滚子中间存在注油孔，则更加有利于避免上述情况的发生。同样地，对于配对单列轴承的应用，将油路注油孔设置在两列轴承之间的位置，也将有利于润滑油进入两个配对轴承内部进行润滑。

### （三）喷油润滑

当轴承转速很高（$nd_m > 10^6$）的时候，由于轴承的高速旋转会使润滑油难以进入轴承内部。此时，使用一般的淋溅以及循环油润滑的方式将无法满足轴承良好的润滑供给的需求。这种情况下需要使用喷油润滑的方式，将润滑油以一定速度（$v \approx 15\text{m/s}$）喷射在轴承内圈和保持架的间隙里，如图 7-12 所示。喷油润滑是一种将润滑油强制加入轴承的方式，确保在轴承高转速下依然可以有足够润滑。在油路设计上，除了对喷油部分进行考虑，也要设置相应的排油口，保证多余的润滑油可以顺畅地排出。这样一方面可以避免过量润滑油带来的搅拌发热，同时流出的润滑油也可以带走一定的热量，有利于轴承散热。

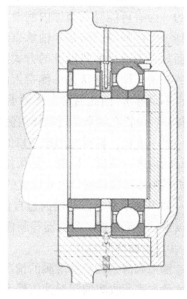

图 7-12　喷油润滑示意图

# 第五节　轴承的润滑维护

风力发电机组在出厂投入运行之后，润滑的维护是日常工作中一个重要的组成部分。设备中轴承润滑的维护主要包括两个大的方面，一是润滑供给是否正常；二是润滑质量是否良好。

## 一、轴承润滑供给的检查

### （一）脂润滑供给量

对于脂润滑而言，润滑的供给包括初次填装量以及补充润滑量的保证。

一般而言，对于润滑脂的初次填装量建议是：轴承内部剩余空间全部填满；轴承室内扣除轴承以外的空间填满 30% ~ 50%，可参照表 7-10 进行选取。

表 7-10　不同转速下的润滑脂注脂量比例

| 转速 /（r/min） | < 1500 | 1500 ~ 3000 | > 3000 |
|---|---|---|---|
| 润滑脂注入体积与轴承室容积比例 $a$ | 2/3 | 1/2 | 1/3 |

上面表格中轴承室内空腔的体积：

$$V_{轴承室空腔} = V_{轴承内空腔} + a V_{轴承外} \qquad (7\text{-}3)$$

其中：

$$V_{轴承外} = V_{轴承室} - V_{轴承等效钢环} \qquad (7\text{-}4)$$

$$V_{轴承内空腔} = \frac{G_{轴承等效钢环} - G_{轴承}}{\rho_{轴承钢}} \qquad (7\text{-}5)$$

$$G_{轴承等效钢环} = \rho_{轴承钢} \pi \frac{D^2 - d^2}{4} B \qquad (7\text{-}6)$$

式中　$V_{轴承室空腔}$——轴承室安装完轴承后内部的空腔体积（mm³）；

$V_{轴承内空腔}$——轴承内空腔体积（mm³）；

$V_{轴承外}$——轴承室内，扣除轴承等效钢环体积后的剩余空间体积（mm³）；

$V_{轴承等效钢环}$——将轴承等效成一个实心钢环的体积（mm³）；

$G_{轴承等效钢环}$——将轴承等效成一个实心轴承钢钢环的重量（g）；

$D$——轴承外径（mm）；

$d$——轴承内径（mm）；

$B$——轴承宽度（mm）；

$\rho_{轴承钢}$——轴承钢密度（g/mm³）；

$G_{轴承}$——轴承重量（g）。

通过以上计算可以得到轴承内部在初次注入油脂时候的注脂量，如果现场计算体积不方便，还可以通过油脂密度折算成油脂的重量，便于现场的管理和检查。

进行再润滑时需要控制油脂的添加量，油脂添加过少，无法起到补充润滑的作用；油脂补充过多，会导致轴承室内油脂过量从而带来轴承发热等问题。对于普通不具有注油孔的轴承，正确的润滑量可以由式（7-7）计算：

$$G_p = 0.005DB \qquad (7\text{-}7)$$

式中　$G_p$——再润滑填脂量（g）；

　　　$D$——轴承外径（mm）；

　　　$B$——轴承厚度（mm）。

有些调心滚子轴承在两列滚子之间有补充润滑孔的设计，这一类轴承的再润滑填脂量为

$$G_p = 0.002DB \qquad (7\text{-}8)$$

### （二）油润滑供给量

使用油润滑的时候，对于可以浸入润滑油的轴承而言，应保证润滑油液面到达轴承最下端滚子中心的高度。通常在维护的时候是通过检查润滑油液位计或者油标尺的方法进行检查的。

对于相对复杂的润滑系统，仅仅检查润滑油油位是不足以保证系统可靠性的。此时，要确保润滑油供应正常，就需要检查润滑油量是否正常，以及润滑油路是否通畅等几个方面。一般需要对每一个润滑位置的油压、流量、油温进行检查，必要的时候还需要设置一个报警系统。

对于监测位置的选取则需要考虑监测目标的关键性，故障频率以及故障危害性等因素。

## 二、运行中轴承润滑剂质量劣化检查

这里所描述的轴承润滑质量检查不是对润滑剂供应商的质量检查，而是对经过一段时间使用的润滑剂本身质量的劣化程度的检查，用以确定此时轴承内的润滑剂是否还可以继续满足轴承的运行需求。

对于轴承内润滑剂质量劣化的检查首先要提取润滑剂式样，然后对油液式样进行检查，并与新润滑剂的相应指标进行比对，从而估计劣化程度。一般可以用如表 7-11 进行记录和检查。

表 7-11　轴承润滑剂质量劣化检查记录单

| 轴承润滑剂质量劣化检查记录单 | | | | |
|---|---|---|---|---|
| 设备信息 | | | | |
| 设备名称 | | 润滑牌号 | | |
| 设备类型 | | 系统中油量 | | |
| 设备编号 | | 取样日期 | | |
| 设备位置 | | 取样人 | | |
| 试验信息 | | | | |
| 指标 | 试验方法（标准） | 单位 | 式样数据 | 新润滑剂数据 |
| 颜色、外观 | 视觉检查 | — | | |

（续）

**轴承润滑剂质量劣化检查记录单**

**试验信息**

| 指标 | 试验方法（标准） | 单位 | 式样数据 | 新润滑剂数据 |
|---|---|---|---|---|
| 气味 | — | — | | |
| 15℃时密度 | DIN 51757：2012 | kg/m³ | | |
| 运动黏度 @40℃ | DIN 51562—1：1999 | mm²/s | | |
| 运动黏度 @80℃ | DIN 51562—1：1999 | mm²/s | | |
| 运动黏度 @40℃ | DIN 51562—1：1999 | mm²/s | | |
| 酸值 | DIN 51588（1） | mg KOH/g | | |
| 含水量 | ISO 3733：2013 | %wt/wt | | |
| 固体杂质（> 3μm） | DIN 51451：2019 | %wt/wt | | |
| 四球试验 | DIN 51350：2015 | N | | |
| 其他试验 | | | | |
| 备注 | | | | |

**评价及措施**

| 特性 | 差异（与新油） | | | | |
|---|---|---|---|---|---|
| | 一样 | 小 | 中 | 大 | 非常大 |
| 老化 | | | | | |
| 污染 | | | | | |
| 措施 | | | | | |
| 日期 | | 地点 | | 实验人 | |

# 第八章
# 轴承储运、安装与拆卸

风力发电机组、发电机、齿轮箱厂家等通常会在生产之前对轴承进行采购,采购来的轴承在投入使用之前先运抵仓库并进行相应的存储。正确的运输和存储轴承是保证轴承后续使用正常的前提。所以本章首先介绍轴承存储和运输。

另外,在完成设备设计过程中的各种校核计算和图样绘制之后,当所有零部件完成加工,就进入到整体结构的装配过程。轴承的安装是整个旋转设备装配过程中重要的一环。不恰当的轴承安装方法将对轴承造成伤害或者为轴承未来的运行表现埋下隐患。经验表明,轴承的提早失效中接近三分之一都与不恰当的装配有关。因此,轴承的安装是选型与校核技术中非常值得重视的环节。

相应地,当设备投入运行一段时间之后,在运行维护过程中有可能需要将轴承拆卸下来进行相应的维护或者更换。同时,如果发现轴承出现了失效,工程师需要根据轴承的情况进行进一步的根本原因分析,此时也需要将轴承拆卸下来。使用恰当的轴承拆卸方法会将拆卸过程中对轴承的影响减小到最低。对于维护过程中的拆卸而言,良好的拆卸方法可以使很多轴承可以得到充分的再利用。而对于失效轴承的正确拆卸也可以尽量减小轴承的次生伤害,减少对后续分析造成的干扰,有助于提高后续分析的准确性。

## 第一节  轴承的存储和运输

### 一、轴承的存储

轴承入库之后通常不会全部马上被使用,因此需要进行妥当的存储。一般地,轴承从轴承厂出厂之前都会做处理和妥当的包装。但是这些处理和包装都有其一定的时间和条件限制。轴承的存储必须保持在一定的温度和湿度范围以内。

一些厂家给出的理想的轴承存储温度湿度条件是:

温度:理想存储温度为20℃,且48h内最大温度波动不超过3℃。可接受存储温度为35℃以下,48h以内温度波动不超过10℃。

湿度：60%以下。仓库中空气干净、干燥，不含有酸和腐蚀性气体及水蒸气。

除了保持一定的温度和湿度以外，轴承仓库也需要保持环境的清洁以避免造成轴承的污染。一般地，轴承应该置于专用的存储货架内，存储轴承的最底层托盘距离地面至少20～30cm。不建议将轴承直接放置于地面上。同时不同大小轴承的堆高有自身限制，要根据包装上的注明严格遵守，以免产生危险。对于大型轴承，只能平放，不能竖立存放，且需要对轴承的全部端面提供有力支撑。

## 二、轴承的防锈

为了防止轴承生锈，在轴承出厂之前会被涂装防锈剂。防锈剂的防锈效果有其时间限制，未经使用的轴承原厂的防锈剂一般在1～3年内会有效（不同品牌具体的时间可以咨询厂家）。在这个时间内不需要对轴承进行额外的防锈处理。对于一般轴承，基本可以在这个时间内被使用，但是如果有些轴承需要长期存储，就需要采取特殊的方法，比如NSK的建议就是，将轴承浸在蜗轮机油内以达到防锈的目的。超过防锈保质期的轴承，很有可能在轴承某个表面出现生锈的现象，有的锈迹出现在肉眼可见的地方，有的锈迹很难被察觉，比较妥当的处理方式就是送去专门机构进行相应的检测，以检查轴承是否可以继续被使用，或者是需要经过某些处理后方可使用。

## 三、轴承的运输

一般轴承厂家都会对轴承进行包装以确保搬运过程中不至于对其造成损伤。即便如此，当轴承使用者对轴承进行搬运的时候依然要避免野蛮操作。轴承是精密机械部件，尤其是滚动体和滚道，其表面加工精度非常高（至少μm级别），因此不当的野蛮操作非常容易造成滚道或者滚动体表面的损伤。这样的损伤轻则使轴承运行的时候出现噪声，重则会从损伤点开始出现轴承的提早疲劳失效，所以在运输过程中要遵循轻拿轻放原则。

对于风力发电机组中的发电机和齿轮箱，在成品运输过程中经常会造成一定的轴承损伤，在后续相应章节将会对此进行具体介绍。

# 第二节　常用轴承的安装准备

## 一、轴承装配的环境要求

轴承是精密机械元件，其加工精度较高，因此在安装、使用过程中对环境的要求也较高。在安装轴承的时候，往往对环境的清洁度有较高的要求。这是因为，轴承在运行的时候，滚动体和滚道之间是通过润滑剂油膜分割的，而油膜的厚度远远小于外界尘埃等污染颗粒的直径。因此，一旦有污染物进入轴承内部，则有可能在轴承运行的时候造成相应的油膜刺穿等问题，从而可能带来发热、噪声的不良状况。

轴承安装时的环境要求包含环境硬件要求和一定的操作方法要求。

第一，轴承安装工位应该保持洁净，不应有粉尘、铁屑、液体等污染物。

第二，轴承安装工序部分的工具应当保持洁净。同时安装工具尽量选用非硬质，不易掉屑的材质。例如，操作人员的手套不应有油污，不应使用棉质等容易有棉质纤维脱落的材质，润滑脂填装工具不应使用竹、木等容易掉屑的材质，同时保持洁净。

第三，在轴承安装过程中尽量避免轴承过长时间暴露于环境之中。在轴承安装之前，操作人员完成轴承的出库，此时应尽量避免大量地拆开轴承包装导致其长时间暴露在环境里。轴承应该在进行安装之前打开轴承包装，迅速地完成装配。如果条件不允许（比如一些很大的轴承不可能很快完成安装），则需要对轴承采取相应的遮蔽措施。比如使用一些干净的塑料布进行遮盖等，避免环境污染物的进入。

第四，在轴承安装工艺过程中需要注意保证润滑的清洁。如果使用润滑脂润滑，平时应该将润滑脂容器密闭，在添加润滑脂的时候打开。待完成润滑工作，需要将润滑脂容器重新封闭盖紧，避免污染物进入。在使用制动注脂设备的时候，保证注油嘴的清洁。

当使用润滑油润滑的时候，在填装润滑油之前，需要对箱体内部做好清理工作。保证润滑油的清洁。

## 二、装配前的检查

轴承在装配之前，首先要核对规格牌号（刻在轴承外圈端面或防尘盖上），应与要求的完全相符，再检查其生产日期，计算已存放的时间，该时间应在规定的期限之内（例如两年），超过规定期限的不应使用或经过必要的处理后方可使用。

一般而言，轴承在入场之前应该已经完成入库检验。因此，轴承安装之前，操作人员可以做一些简单的检查。

完成轴承型号确认之后，操作人员可以逐个对轴承进行外观检查，不应有破损、锈蚀等现象；对内、外圈组合为一体的小型轴承（例如深沟向心球轴承，俗称"死套轴承"），可以检查其运转的灵活性。

如果必要，并且条件允许，则可以进行进一步的游隙检查、振动检查等。通常这些检查需要借助一定的设备和检查方法，在安装现场往往不做这方面的检查，或者仅仅做粗略的核查。

## 三、轴承的清洗

轴承在出厂时，为了防锈，会在轴承表面涂一层防锈油。通常轴承防锈油可以和大多数润滑剂兼容，此种情况下不建议对轴承进行清洗。但是在使用某些特殊润滑剂的时候，如果发现润滑剂和轴承防锈油不兼容，那么就需要进行清洗。

在对使用过的轴承全部更换新润滑脂时，需将原有残留的润滑脂清洗干净。

不论何种情况，轴承的清洗必须保证其清洁度。

**（一）轴承清洗溶剂**

清洗滚动轴承的材料有汽油和煤油为主的石油系溶剂（较常用）、碱性水系溶剂以及氯化碳为主的有机溶剂。市场有销售的清洗剂成品，例如 TS-127 型。

1）对汽油和煤油的要求。对清洗轴承所用的汽油和煤油的要求见表 8-1。其中的质量指标需要通过目测或相关标准规定的试验方法进行鉴定。

表 8-1　轴承清洗溶剂所用汽油和煤油的要求

| 序号 | 项目 | 质量指标 | |
|---|---|---|---|
| | | 汽油 | 煤油 |
| 1 | 外观 | 无色透明 | 无色透明 |
| 2 | 气味 | 无刺激臭味 | 无刺激臭味 |
| 3 | 馏程 | 略 | — |
| 4 | 闪点（闭口） | — | ≥ 60℃ |
| 5 | 腐蚀（铜片 50℃，3h） | 合格 | 合格 |
| 6 | 含硫量 | ≤ 0.05% | ≤ 0.05% |
| 7 | 水溶性酸或碱 | 无 | 无 |
| 8 | 机械杂质 | 无 | 无 |
| 9 | 水分 | 无 | 无 |
| 10 | 清洗性能 | 不低于 120 号汽油 | — |
| 11 | 酸度 | ≤ 1 mgKOH/100mL | ≤ 0.1 mgKOH/100mL |
| 12 | 胶质 | ≤ 2 mgKOH/100mL | — |

2）碱性清洗液的配方。碱性清洗溶剂的配方见表 8-2。

表 8-2　轴承碱性清洗溶剂配方

| 成分名称 | 配方（任选一种）（%） | | | |
|---|---|---|---|---|
| | 1 | 2 | 3 | 4 |
| 氢氧化钠（NaOH） | 3 ~ 4 | — | 2 | 1 |
| 无水碳酸钠（$Na_2CO_3$） | 5 ~ 10 | 10 | 5 | 2 |
| 磷酸钠（$Na_2PO_4$） | — | 5 | — | 3 |
| 硅酸钠（$Na_3SiO_3$） | — | 0.2 ~ 0.3 | 10 | 0.2 ~ 0.3 |
| 水 | 余量 | | | |

### （二）轴承清洗方法

对于大量使用的小型轴承，一般利用专用的清洗机（见图 8-1）进行清洗，其工艺过程应根据所用清洗剂、清洗设备和要清洗的轴承规格进行编制和实施。

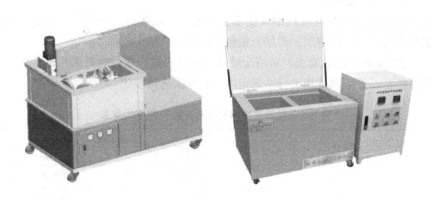

图 8-1　专用轴承清洗机

较少使用的轴承或者较大型的轴承，特别是对使用过的轴承，则一般采用人工清洗的办法，其步骤如图 8-2 所示。其中清洗轴承的清洗溶剂，有溶剂汽油（常用的有 120 号、160 号和 200 号）、三氯乙烯专用清洗溶剂（工业用，加入 0.1% ~ 0.2% 稳定剂，如二乙胺、三乙胺、吡啶、四氢呋喃等）等。整个过程中应注意做好防火和防毒工作，为了防止溶剂对皮肤的损伤，应戴胶皮手套或塑料手套进行操作。

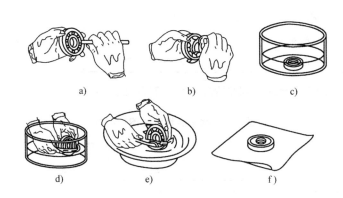

图 8-2　滚动轴承的手动清洗

a）用竹签或木签将轴承中的废油脂刮出
b）用洁净不脱毛的布巾将轴承中的防锈油擦干净
c）将轴承投入清洗溶剂中浸泡一定时间　d）用毛刷刷洗轴承
e）用干净的清洗溶剂再将轴承刷洗一到两次　f）用不脱毛的布巾将轴承擦干后晾干

# 第三节　常用轴承的安装方法

## 一、冷安装

对于外径小于 100mm 的轴承，可以使用冷安装的方法。就是将紧配合的轴承圈压入轴或轴承室内。一般冷安装可以使用锤子，或者压机。无论使用锤子还是压机，都需要使用专门的工具，以确保安装力施加在紧配合轴承圈的端面上，如图 8-3 所示，否则会造成轴承滚动体和滚道表面的压伤。

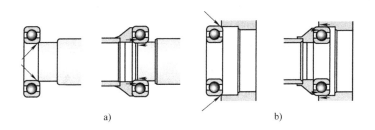

a)　　　　　　　　　　　　　　b)

**图 8-3　轴承的冷安装**

a）内圈过盈配合轴承的安装　b）外圈过盈配合轴承的安装

对于内径小于 50mm 的轴承，通常使用锤子等安装工具进行冷安装。这种轴承通常用于配合不是很紧的小型齿轮箱。在使用的时候不能用锤子直接敲击轴承端面。在轴承和锤子之间必须使用相应的安装工具，以确保轴承端面不是局部受力，避免损伤轴承套圈。

对于内径大于 50mm 的轴承，通常使用压机对轴承进行冷安装。这种情况一般是配合较紧的位置。压机施力均匀，安装可靠，只需要注意施力于紧配合套圈的端面，就可以完成冷安装。

## 二、热安装

对于一些轴承配合太近或者需要的冷安装力太大，就可以使用加热的方式对轴承进行安装。轴承热安装需要注意以下几点：

1）不可以使用明火对轴承进行加热；

2）轴承加热至比轴高 80 ~ 90℃的时候即可以安装，加热温度不要超过 120℃；

3）带油脂的封闭轴承加热温度不得超过 80℃；

4）使用油浴加热的时候要注意保持油槽及加热油清洁；同时不可以将轴承直接置于容器底部，应该将轴承悬置于油槽中间。

通常加热过的轴承安装之后，随着温度的下降，轴承尺寸会出现回缩。为避免由此带来的轴承安装不到位，轴承热安装完毕之后需要推紧轴承，使之靠紧轴肩，直至形成配合。

市面上有一些轴承加热工具，是热安装经常用到的。这些工具各有利弊。

对于烘箱等轴承加热工具，烘箱易于获得，操作简便。但是，其加热温度难以控制，往往容易造成轴承温度过高的现象，尤其容易使轴承表面的防锈油碳化。碳化的防锈油会在轴承滚动体和滚道之间成为污染物，给轴承的运行带来潜在威胁。

对于感应加热器，加热可靠，无污染，加热速度快。相应地，由于感应加热器的加热原理是磁场感应加热，因此当加热完毕之后必须有去磁动作，否则轴承残留磁性，会吸引周遭杂质，影响轴承的运行。

对于轴承加热盘，通常用于批量加热的小型轴承。这种加热方式可以同时加热很多轴承，提高工作效率。但是加热盘上不同位置轴承的加热均匀性需要得到保证。并且，加热完不用的轴承会经历反复加热，会加速轴承内油脂及密封件的老化。

对于一些较大型的轴承，有时候需要采用油浴加热的方法对轴承进行加热。油浴加热就是将轴承浸入加热油（通常会是变压器油），如图 8-4 所示，然后对油进行加热，从而间接地加热轴承。油浴加热需要保证加热容器以及加热油的清洁度，以避免污染轴承。同时，在加热过程中，应该在加热容器内放置网架，使轴承位于油液当中，避免轴承与加热容器的

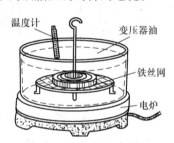

图 8-4　轴承的油浴加热

直接接触。然后通过控制加热油的温度，控制轴承的加热温度。如果轴承与加热容器直接接触，则可能导致轴承的过高温度。另外，在进行油浴加热的时候，应该尽量使轴承平放在容器内，因为油液内部由于对流的影响，上下层的温度出现差异，如果轴承竖直放入加热油中，加热后的轴承圆度受到温度差异的影响将会发生改变，不利于安装。

## 三、圆锥内孔轴承的安装

圆锥内孔轴承可以直接装在有相同锥度的轴颈上。

若安装在圆柱轴颈上，则需要通过一个内为圆柱孔外为圆锥面的紧定套，并通过锁紧螺母和防松垫圈将轴承锁定，上述部件如图 8-5 所示。

其配合的松紧程度可用轴承径向游隙减小量来衡量，因此，安装前应测量轴承径向游隙，安装过程中应经常测量游隙直到其达到所需的游隙减小量为止，安装时一般采用锁紧螺母，也可采用加热安装的方法。

单列圆锥滚子轴承安装最后应进行游隙的调整。游隙值应根据不同的使用工况和配合的过盈量大小而具体确定。必要时，应进行试验确定。双列圆锥滚子轴承和配对圆锥滚子轴承在出厂时已调整好游隙，安装时不必再调整。

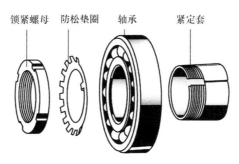

锁紧螺母　防松垫圈　轴承　紧定套

图 8-5　圆锥内孔轴承安装零件

将圆锥内孔轴承安装于圆柱轴上的步骤如下：

1）一个紧靠轴肩安装的紧定套需要一个间隔套，其设计要使紧定套能在其内凹空间活动，以使轴承与间隔套有良好的接触。若使用无轴肩的平直轴，紧定套要安置在事先确定的位置（包括设计位置和拆卸前记录的位置），或测量以配合轴承在轴承室中的位置；

2）用清洁不脱毛的白布将待用的轴承和紧定套内外擦干净。之后在配合面上薄薄涂一层机油。如图 8-6a 和图 8-6b 所示；

3）将轴擦拭干净后，在其配合面上点少许机油，套上紧定套。用工具（例如一字口螺丝刀）将紧定套的开口微微撬开，则可使紧定套在轴上沿轴向移动，如图 8-6c 所示；

4）将轴承套在紧定套上后，放好防松垫圈，再用锁紧螺母将轴承锁定，如图 8-6d 和图 8-6e 所示；

5）用手转动轴承外圈，应转动灵活，如图 8-6f 所示。

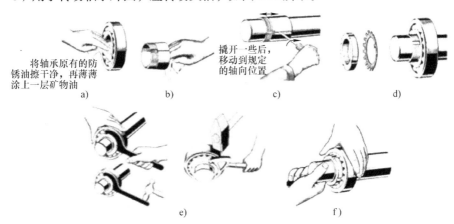

将轴承原有的防锈油擦干净，再薄薄涂上一层矿物油

撬开一些后，移动到规定的轴向位置

a)　　　b)　　　c)　　　d)

e)　　　f)

图 8-6　圆锥内孔轴承安装步骤

a）清洁轴承　b）清洁紧定套　c）安装紧定套　d）安装轴承、防松垫圈和锁紧螺母
e）用钩形扳手旋紧锁紧螺母　f）检查是否灵活

## 四、推力轴承的安装

安装推力轴承时，应检验轴圈和轴中心线的垂直度。方法是将千分表固定于箱壳端面，使表的测头顶在轴承轴圈滚道上边，转动轴承，观察千分表指针，若指针偏摆，说明轴圈和轴中心线不垂直。

推力轴承安装正确时，其座圈能自动适应滚动体的滚动，确保滚动体位于上下圈滚道。如果装反了，不仅轴承工作不正常，且各配合面会遭到严重磨损。由于轴圈与座圈的区别不很明显，装配中应格外小心，切勿搞错。此外，推力轴承的座圈与轴承座孔之间还应留有 0.2～0.5mm 的间隙，用以补偿零件加工、安装不精确造成的误差，当运转中轴承套圈中心偏移时，此间隙可确保其自动调整，避免碰触摩擦，使其正常运转。否则，将引起轴承剧烈损伤。

## 五、分体式径向轴承的安装与检查

齿轮箱里常用的分体式径向轴承就是圆柱滚子轴承。其中最常用的是 N 及 NU 系列。分体式轴承其内圈、外圈及滚动体组件是可以分离的，通常装配时也是分别安装。

以 NU 系列圆柱滚子轴承为例。此轴承是由一套轴承内圈和一套轴承外圈组件组成（滚动体、保持架和外圈的组合）。在装配时，先将轴承内圈安装到轴上（可以使用热安装或者冷安装）。通常会把外圈组件先置于轴承室内，然后将连带轴承外圈组件的端盖进行组装。

在端盖的组装过程中，轴承外圈组件上的滚动体通常会压在轴承内圈之上。通常此时会有如图 8-7 所示的接触状态。

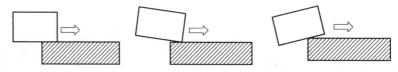

**图 8-7　圆柱滚子轴承安装时滚动体与滚道的接触**

此时，滚动体和滚道之间承载着端盖的重量。安装时，操作人员为了提高工作速度，快速向前推动端盖，会使滚动体在内圈上产生滑动，并在滚道或者滚动体上留下划痕，这些划痕会在齿轮箱运转时造成轴承发出噪声（参考后文轴承噪声部分的相关案例），或者在滚道表面造成疲劳失效。图 8-8 所示就是圆柱滚子轴承滚道安装时候划伤的照片。

为避免圆柱滚子轴承安装时对滚道表面造成划伤的情况，可以制作一个圆柱滚子轴承安装导入套。这个导入套是一个内径与轴承内径相同（松配合）、外径呈一定锥度的导入装置，导入套锥度高处和轴承内圈滚道齐平，如图 8-9 所示。

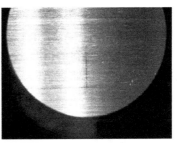

图 8-8　圆柱滚子轴承安装时对滚道造成的损伤

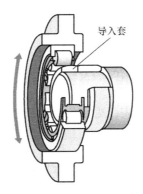

图 8-9　使用导入套安装圆柱滚子轴承

## 第四节　轴承安装后的检查

当完成轴承安装之后，需要对轴承进行润滑。此后，在设备投入试验和运行之前，需要对安装后轴承的情况做一个现场的检查，避免潜在的一些风险。

轴承安装之后检查的第一步就是在可能的情况下，观察轴承内部的运转情况。首先，将安装后的轴承进行低速转动，同时观察轴承内部滚动体的运行状态是否顺畅均匀。

对于没有轴向负荷的轴承而言，检查时候的低速运转情况下，处在负荷区的滚动体将会出现自转速度相近或者相同的自转，同时在滚道表面出现公转。对于有剩余游隙的轴承，在非负荷区的滚动体也会出现自转和公转。只是此处由于剩余游隙的存在，其自转速度有可能不同，甚至有时有部分滚子丢转。这并非故障。

对于有轴向负荷的轴承而言，轴承滚动体和滚道之间在整圈被压紧，因此当轴承运转的时候，所有的滚动体均处于负荷区。所有的滚子均应该呈现速度一致的自转以及公转。如果存在一些滚动体一直处于不旋转状态，或者运转不顺畅状态，则应该迅速查找原因，避免投入运行。

除了在可能的情况下观察轴承的滚动体运动，一般在装机之后也会对轴承的安装进行检查。比如对圆柱滚子轴承对种情况的检查。

圆柱滚子轴承对于偏心负荷的情况比较敏感，而轴承室的加工精度等影响着安装后轴承的负载的偏心状态。因此对于较大型的圆柱滚子轴承安装，需要对其偏心程度进行检查。其检查方法如图 8-10 所示。

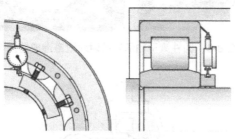

图 8-10  圆柱滚子轴承安装后对中情况检查

在轴承内圈上安装一个千分表，然后将轴承旋转 180°，测量此过程中的最大尺寸偏离值 $d_x$，由式（8-8）计算偏心：

$$\beta = \frac{3438 d_x}{D_0} \tag{8-1}$$

式中　$\beta$——不对中角度（′）；

$d_x$——最大偏离值（μm）；

$D_0$——轴承外径（mm）。

一般地，圆柱滚子轴承能容忍的最大偏心角度为 2～4 弧分（′）。因此测量结果大于此值的时候，需要进行纠正，以避免影响圆柱滚子轴承寿命。

除了上述检查之外，在齿轮箱轴承安装之后会对设备进行试运转，此时工程师也会检查轴承的运转振动、噪声等情况。

对于轴承振动的检查可以通过适应专门的振动测试仪，测试轴承部分轴向、径向（水平和竖直两个方向）的振动值。首先可以将振动值与相应的国家标准以及国际标准进行对比，以确定其振动是否超标。根据 ISO 2372（ISO 10816）机械振动分级见表 8-3。

表 8-3 中机器分类如下：Ⅰ类机器——在正常运行条件下连成一体的发动机或者机器的单独部件（15kW 及以下的电动机是这类机器的典型例子）；Ⅱ类机器——无专用基础的中型机器；刚性安装的发动机以及安装在专用基础上的机器（功率可达 100kW）；Ⅲ类机器——振动测量方向上相对刚度较大的中型基础上安装的大型原动机和其他大型旋转机械；Ⅳ类机器——振动测量方向上相对刚度较小的基础上安装的大型原动机和其他大型旋转机械（如透平发电机组，特别是轻结构上的透平机组）。

上述标准对于往复运动的原动机和被驱动机不适用。

表 8-3 机械振动分级表

| 振动烈度 /（mm/s） | Ⅰ类 | Ⅱ类 | Ⅲ类 | Ⅳ类 |
|---|---|---|---|---|
| 0.28 | 好 | 好 | 好 | 好 |
| 0.45 | | | | |
| 0.71 | | | | |
| 1.12 | 满意 | | | |
| 1.8 | | 满意 | | |
| 2.8 | 不满意 | | 满意 | |
| 4.5 | | 不满意 | | 满意 |
| 7.1 | | | 不满意 | |
| 11.2 | 不允许 | | | 不满意 |
| 18 | | 不允许 | | |
| 28 | | | 不允许 | 不允许 |
| 45 | | | | |

针对具体的齿轮箱也可以参照 GB/T 6404.2—2005《齿轮装置的验收规范 第 2 部分：验收试验中齿轮装置机械振动的测定》所规定的方法进行测试。

如果试验现场可以采集频域振动信息，也可以针对振动的频域信息做频谱分析，从而检查轴承相应的特征频率是否存在异常。

# 第五节 轴承的拆卸

在一些情况下，需要对轴承进行拆卸。一般而言轴承的拆卸以减少对轴、轴承以及轴承室的伤害为重要原则。拆卸过程中对轴承造成伤害的风险很大，因此多数厂家都建议重新使用已经拆卸过的轴承。但是对于失效分析而言，减少对轴承的拆卸，可以大大减少失效分析中的干扰因素，有利于查找造成问题的原因。

## 一、冷拆卸

一般情况下轴承的冷拆卸是指不加热轴承及轴承相关零部件的前提下对轴承进行拆卸。通常对于小型轴承而言，这种方式可以实现。

拆卸滚动轴承用的拉拔器有手动和液压两大类，另外还可分为两爪、三爪、可换（调）拉爪、一体液压和分体液压等多种，拉拔器如图 8-11 所示。

安装拉拔器时，应事先在轴伸中心孔内应事先涂一些润滑脂，可减少对该孔的磨损。若需拆下的轴承还要使用，则钩子应钩在轴承内环上，可减少对轴承的损坏程度，配用图 8-11e 所示的专用轴承卡盘可保证这一点。使用中，拉拔器要稳住，其轴线与轴承的轴线要重合，旋紧螺杆时用力要均匀。当使用很大的力还不能拉动时，则不要再强行用力，以免造成拉拔器螺杆异扣、断爪等损坏。

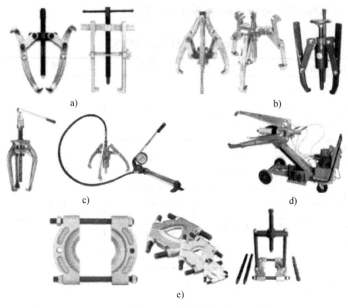

**图 8-11　拉拔器**

a）两爪手动拉拔器　b）三爪手动拉拔器　c）油压拉拔器
d）带移动底座的电动拉拔器　e）专用轴承卡盘和两爪手动拉拔器组合

## 二、加热拆卸

对于使用冷拆卸方法无法拆卸的轴承，有可能需要使用加热拆卸的方法。加热拆卸的方法是利用热胀冷缩的原理将轴承圈加热，配合力变松，然后对轴承进行拆卸。有时候，对于一些轴承，热胀冷缩带来的配合力变化依然无法将轴承拆下来，就需要使用破坏轴承等的方法（比如将轴承进行切割）对轴承进行拆卸。

使用加热的方法对轴承进行拆卸都会对轴承造成一定的破坏，因此凡是经过加热拆卸方法拆卸的轴承都无法再次投入使用。

另外，使用加热拆卸的时候，加热地方是最容易对轴承造成破坏的地方，因此为避免给后续失效分析造成更多的干扰，应尽量使加热点避开轴承的失效部位。

现场经常使用的加热拆卸工具是喷灯。喷灯用于加热轴承内圈，使轴承内圈受热膨胀后，便于轴承从轴上拆下。一般在使用拉拔器拆卸比较困难时使用。按使用的燃料来分，有煤油喷灯、汽油喷灯和液化气喷灯三种，如图 8-12 所示。

对燃油喷灯，使用时，加入的燃油应不超过筒容积的 3/4 为宜（不可使用煤油和汽油混合的燃油），即保留一部分空间储存压缩空气，以维持必要的空气压力。点火前应事先在其预热燃烧盘（杯）中倒入少许汽油，用火柴点燃，预热火焰喷头。待火焰喷头烧热、预热燃烧盘（杯）中的汽油烧完之前，打气 3～5 次，将放油阀旋松，使阀杆开启，喷出雾状燃油，喷灯即点燃喷火。之后继续打气，至火焰由黄变蓝即可使用。应注意气压不可过高，打完气后，应将打气手柄卡牢在泵盖上。

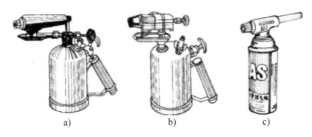

图 8-12　喷灯

a）煤油喷灯　b）汽油喷灯　c）液化气喷灯

应注意控制火焰的大小，使用环境中应无易燃易爆物品（含固体、气体和粉尘），防止燃料外漏引起火灾，按要求控制加热部位和温度。

使用过程中，还应注意检查筒中的燃油存量，应不少于筒容积的 1/4。过少将有可能使喷灯过热而出现意外事故。

如需熄灭喷灯，则应先关闭放油调节阀，待火焰完全熄灭后，再慢慢地松加油口螺栓，放出筒体中的压缩空气。旋松调节开关，完全冷却后再旋松孔盖。

# 第九章
# 轴承振动监测与分析

振动信号是齿轮箱和轴承运行过程中反应运行状态的一个重要运行参数信号，通过轴承振动信号的监测与分析可以掌握设备以及内部轴承的运行状态，并且可以对故障进行判断、分析。

随着状态监测设备的应用越来越普及和完善，工程师们可以方便地获得可靠的分析工具，通过一定的分析方法可以对运行中的轴承运行状态进行评估。从而确定此时轴承所处的运行状态，并且发现潜在的问题，同时对可能出现的故障提出预警，或者对已经出现的异常状况进行诊断。

运用振动监测技术对轴承进行故障诊断与分析需要对振动监测技术有一定的了解，同时在应用的时候也需要结合轴承其他相关的技术知识。

本章首先对轴承本身固有的振动进行介绍，然后引出设备振动监测与分析的基本概念，之后对轴承振动分析的基本方法进行介绍。

## 第一节　轴承的振动

通过轴承振动信号的监测与分析是对轴承故障诊断的一个重要手段，这个手段主要是针对工况以及振动频谱的解读为基础的。轴承作为一个多零部件组合而成的旋转零部件，在自身旋转过程中也存在一些固有的振动。与故障引发的振动不同，这些振动是轴承固有的正常的振动。这些振动的出现，不代表轴承内部有某些故障或者瑕疵，应该与故障引发的振动区别开来。

### 一、负荷区滚动体交替带来的振动

受到径向负荷的滚动轴承在运转的时候，观察轴承内部滚动体的位置，会有如图 9-1 滚动轴承运行时滚动体的两种情况位置排列。

可以注意到，轴承最下端滚动体在时刻 a 有一个滚动体，而在时刻 b 有两个滚动体。这两个时刻内圈和外圈的间距关系如图 9-2 不同滚动体位置时轴承内外圈的间距变化所示。

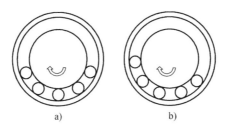

**图 9-1 滚动轴承运行时滚动体的位置变换**

a）时刻 a 的轴承滚动体位置排列 b）时刻 b 的轴承滚动体位置排列

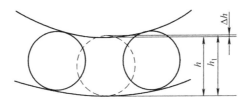

**图 9-2 不同滚动体位置时轴承内外圈的间距变化**

图 9-1 和图 9-2 中可以看到，在时刻 a，滚动体 1 在轴承的最下端，轴承内圈和外圈之间的间距 $h$ 等于轴承滚动体直径（忽略弹性）；在时刻 b，轴承内圈最下边没有滚动体，此时轴承内圈最低点处于滚动体 1 和滚动体 2 之间，轴承内外圈最下沿间距为 $h_1$。显然 $h$ 和 $h_1$ 之间存在一个差异 $\Delta h$。随着轴承的滚动，轴承内圈与外圈中心线之间的间距将一直出现一个幅值为 $\Delta h$ 的变动。同样地，齿轮箱轴的中心线与轴承室的中心线也将存在一个幅值为 $\Delta h$ 的振动。

这个振动是轴承内部在运转的时候，由于滚动体排列变化的原因固有的一个振动。这个振动不可消除，同时也不意味着轴承存在故障。

当然这种固有的振动随着轴承尺寸的不同，也会显现出不同的程度。比如，轴承直径越大，滚动体数量越多，这种振动的幅度就越小；相反地，轴承越小、滚动体数量越少，这个振动的幅值就越大。同时轴承的转速越高，这个振动的频率将会越大。

## 二、滚动体与保持架碰撞引发的振动

轴承在运行的时候，对于具有保持架的轴承而言，滚动体和保持架之间会持续发生一些碰撞。

### （一）负荷区滚动体与保持架的碰撞

对于内圈旋转的轴承而言，当轴承受纯径向负荷的时候，处于负荷方向的大约 120° 的范围内是一个合理的负荷区，在这个区域内的滚动体承受着轴承的径向力。在这个区域内，滚动体受到内圈滚道和外圈滚道的"捻动"出现自转和公转，其公转速度与轴承内圈转速相同。此时，保持架处于一个被动自转的状态，因此在负荷区内部，轴承的滚动体推动保持架以维持与轴承转速一样的保持架自转速度。此时是滚动

143

体在转速相同方向推动保持架自转。这个推动是通过滚动体与保持架的碰撞实现的。对于保持兜孔而言，这个碰撞发生在兜孔偏向运转方向一侧。这样的碰撞就会产生振动。而这个振动是轴承内部滚动体、保持架和滚道之间运动状态决定的，不可避免。

以上是以内圈旋转轴承为例，读者如有兴趣可以用相同的思路推导外圈旋转轴承相似工况下滚动体滚道在负荷区的运动和碰撞状态。

### （二）非负荷区滚动体与保持架的碰撞

对于内圈旋转的轴承，承受纯径向负荷的滚动轴承在运行的时候，部分滚动体处于非负荷区，此时滚动体与滚道之间存在着径向剩余游隙，此时滚动体如果不与周围零部件发生碰撞，其公转速度应该下降。保持架受到负荷区滚动体的推动，维持与轴承内圈转速一致的自转速度，因此保持架会推动滚动体，维持其公转速度。这时候保持架与滚动体之间发生的碰撞时保持架兜孔内部与自转方向相对的一侧。对于滚动体而言，保持架的碰撞发生在推向轴承转向的方向上。这样的碰撞是一定振动的激励源，并且这个振动也是由轴承内部滚动体、保持架和滚道运动状态决定的，同样不可避免。

相类似地，工程师可以推导外圈旋转轴承以及其他工况非负荷区滚动体与保持架之间发生的相对运动状态和碰撞。

### （三）滚动体与保持架的其他碰撞

在轴承旋转的时候，滚动体由于离心力的作用有一个向外离心运动的趋势。保持架兜孔会对这个运动趋势有一定的限制，因此在高速运转的时候，可能会有一个保持架在径向上修正滚动体运行的相对碰撞，从而会引发一类振动。

另外由于其他原因，滚动体出现的轴向运动趋势也会被保持架修正，因此也会出现轴向相对碰撞的振动。

## 三、滚动体与滚道碰撞引发的振动

滚动体由于离心力的作用存在径向上的运动趋势，除了与保持架发生碰撞意外，更主要的是和滚道发生碰撞，以修正其运动轨迹，保持在圆周方向的运动。这种碰撞主要发生在非负荷区，如图 9-3 所示。

图 9-3　滚动体与滚道的碰撞

## 四、轴承内部加工偏差带来的振动

轴承在加工过程中，滚动体、滚道表面都会有一定的加工误差。这些误差会在轴承旋转的时候带来轴承的振动，其中轴承滚道、滚动体的径向波纹度影响较明显。如图 9-4 所示。

加工过程中产生的误差是生产过程中不可避免的，对于已经加工完成的轴承，其加工误差在一定的范围内，因此轴承由此而产生的固有振动也应该处于一定的合理范围以内。

　　轴承生产厂家在轴承出厂时候进行的轴承振动测试，实际上就是检查这个指标是否合格。这个检查与轴承装机后的振动噪声表现并没有强烈的一致性，因此轴承使用者加不应以轴承振动测试仪监测的结果对轴承装机后的噪声进行推断。

## 五、润滑引起的振动

　　轴承在滚动的时候，在滚动体与滚道之间形成润滑膜。润滑膜在进入滚动体与滚道的接触区域之前和进入之后，其内部由于液体动力学原因也会产生相应的振动。

**图 9-4　滚动轴承内部波纹度的影响**

# 第二节　轴承振动监测与分析概述

## 一、振动基本概念

### （一）振动定义

　　一个物体（或者物体的一部分）在平衡位置附近所做的往复运动就是我们说的机械振动。机械振动按照产生的原因分可以分为自由振动、受迫振动和自激振动；按照振动规律可以分为简谐振动、非周期振动和随机振动；按照振动位移特征可分为直线振动、扭转振动等。

　　轴承作为旋转设备零部件在运行的时候存在一定的振动，这些振动中有些是设备固有的振动，有些则反映了设备以及设备零部件存在的某些潜在故障。

　　对于设备本身运转时候固有的振动，设计人员在进行设计的时候努力将其控制在合理的范围内。一旦投入使用，这个振动就变成一个不可改变的固有存在。对于使用者而言，很难减小这个振动，同时这个振动也不意味着设备有什么故障。对于轴承而言，在设计选型的时候，轴承形式，轴承布置方式等一经确定，其正常的振动就会存在。

　　但是对于反应潜在故障的振动，是设备使用者十分关注的振动现象，也是振动监测与分析的重点。对于轴承而言，不论是滚道、滚动体、还是保持架受到伤害，亦或是轴承运行状态不恰当都会在振动上有所反应。

### （二）振动的描述

　　在进行设备振动状态监测与应用的时候，对于一个机械振动可以从不同角度进行描述。

时域描述：从时间序列描述振动的变化状态，显示振动随时间变化而变化的情况。

频域描述：将振动中不同频率振动的幅值、相位、能量等情况进行排序排列。描述同一时间点振动不同频率的分布。

幅域描述：对振动幅值的大小进行分类描述。主要采用峰值、峰峰值、有效值等概念描述振动的烈度。

其他描述方式：振型、瀑布图、极坐标图、全息图谱等。

对于旋转机械及其零部件，尤其是轴承而言最常用的振动描述方式是频域、时域、幅域方法。

### （三）振动的烈度

振动的烈度是表征振动强烈程度的指标。前已述及，振动的幅域描述是对振动水平的反应。振动水平的强烈程度，就可以用来描述振动烈度。因此，振动烈度的表征参数就是振动水平参数（位移、速度、加速度）的最大值、平均值或者方均根值等。

位移：反应质点的位能信息，通常用于监测振动的位能对设备零部件的破坏。其单位是长度单位，一般使用峰峰值作为表征参数。

速度：反应质点的动能信息，表明了系统变化率，通常用于监测振动动能对设备零部件的破坏程度。其单位是 m/s，一般使用有效值作为表征参数。

加速度：用于反映质点受力情况，通常用于监测振源冲击力对设备零部件的破坏程度。其单位是 $m/s^2$，一般使用峰值作为表征参数。

### （四）振动监测烈度水平参数的选取

如果振动的速度在全频段内保持一致，则我们可以看到振动的位移、加速度信号将如图 9-5 所示。

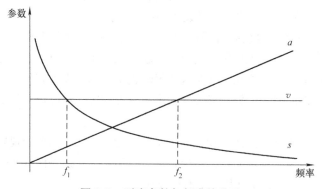

图 9-5　烈度参数与频率的关系

图 9-5 中可以看到，随着频率的增加，加速度测量的敏感性提高，而位移的敏感性降低。一般地，我们把轴承运行的频段分为低频带、中频带和高频带（图中用 $f_1$、

$f_2$ 标记分界点）。依据 GB/T 24610.2—2019 及 ISO 15242-2：2015，对于轴承测试频谱中 50 ~ 300Hz 为低频带；300 ~ 1800Hz 为中频带；1800 ~ 10000Hz 为高频带。

在设备振动监测与分析中，加速度用以监测设备运行状态变化的速度，通常设备进入生命周期末期时，其加速度提示设备劣化速度。速度则用于监测设备的变化，尤其在轴承进入失效晚期的时候，速度信号可以对其进行有效的提示和区分。位移信号已经在状态监测中较少使用，一般仅用于低速设备，或者对于低频信号（对于速度和加速度都无法给出可用输出的信号）进行监测与分析。

一般认为在低频时振动的强度与位移成正相关；中频时振动的强度与速度成正相关；高频时振动的强度与加速度成正相关。位移表征振动的位能；速度表征振动的动能；而加速度表征振动的力。因此在低速（<10Hz）的设备中，使用位移信号进行故障诊断；在中速（10Hz ~ 1kHz）的设备中，使用速度信号进行故障诊断；在高速（>1kHz）的设备中使用加速度信号进行故障诊断。

## 二、振动信号分析中的傅里叶变换

前已述及，描述振动主要通过时域、频域与幅域的角度。幅域分析往往较少单独使用，一般都是在时域角度下的幅域分析与频域角度下的幅域分析。从时域的角度，有时候我们根据振动、速度、加速度等信息得知设备在时间序列范围内的状态判断异常，此时这些分析仅仅能够显示异常，却无法进一步深入揭示出更细节的原因。因此，我们需要对"异常"的某一时刻的振动信号进行分解，从而了解某些特征频率下的振动幅值情况。

频谱分析的前提是要对振动信号按照不同频率进行分解，而傅里叶变换让这样的分解成为可能。

从傅里叶变换可知，任意周期性函数都可以表示为无限个幅值不同的正弦和余弦函数的叠加：

$$f(t) = \sum_{k=0}^{\infty} a_k \cos(\omega_k t) + \sum_{k=1}^{\infty} b_k \sin(\omega_k t)$$

这其中"周期性"是十分重要的。理论上说这就意味着 $f(t)$ 必须在无限长时间存在，这是瞬态响应的要求。在现实中，并不一定要求这个信号无限长，只要相对于观测长度而言是一个足够长的时间就可以了。

可以用一个简单的例子来说明傅里叶变换的应用。如图 9-6 所示，我们用 $i_1 \sim i_9$ 的正弦信号叠加得到了 $i_m$，这个信号接近于方波信号。当我们增加正弦信号的数量，$i_m$ 将趋于逼近方波信号。将若干正弦信号进行叠加可以做傅里叶合成，同时将任意信号按照相同规则分解为不同频率和幅值的正弦信号就是傅里叶分解，合称傅里叶变换。当然傅里叶变换有一定的数学要求以及分解的方法，并且现代利用计算机对信号进行的快速傅里叶分析使其变得简单迅速，工程师往往可以很快得到分解的结果。关于数学过程的讨论，此处我们不做展开，有兴趣的工程师可以参阅相关资料。

## 三、振动频谱分析方法

前面已经讲过，通过傅里叶变换，我们对一个时域信号按照不同频率展开成不同频段的正弦信号，就出现了不同频段上不同幅值的正弦信号图像，如图9-7所示。

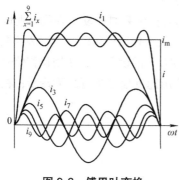

图 9-6　傅里叶变换

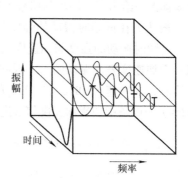

图 9-7　信号的傅里叶展开

图 9-7 中可以看到，纵轴为振幅，就是我们说的幅值；水平上按照时间的展开就是信号总值随时间的变化，此时的图像是一个时域的图像；水平上按照不同频率分解为不同频率的正弦信号，就呈现为一个频域的图像。

在振动分析过程中，通常我们从振动传感器传递来的是一个振动幅值随着时间而变化的信号，我们叫时域信号。同时我们对振动幅值进行傅里叶分解，得到不同频率的振动幅值信号，我们称之为频域信号。

时域信号和频域信号按照时间和频率呈现一个分布的图景，我们称之为振动谱。针对时域谱和频域谱趋势、特征的分析就是我们常说的频谱分析。对于齿轮箱轴承故障诊断与分析而言，最常用的频谱分析就是振动的时域分析与频域分析。有时候会加入一些瀑布图作为辅助。

工程实际中，当工程师对齿轮箱轴承安装振动测试传感器之后，对齿轮箱轴承振动的主要检测和分析方法也就是上面提及的振动时域分析方法和振动频域分析方法。

## 第三节　轴承振动的时域分析

前已述及，在工程实际中轴承振动分析主要包括时域分析和频域分析。

轴承振动的时域分析主要是针对轴承振动信号在时间轴上的分布特征进行分析，从而对轴承的运行状态进行判断、诊断的过程。

轴承时域分析总体上是一个对比的方法，具体而言就是讲设备在被检测时的状态与基准状态进行参照对比，从而得到相应结论。因此，在进行轴承振动时域分析之前需要明确被测对象的振动对比基准，也就是设备"正常状态"的振动基准是什么。因此，本节从设备"浴盆曲线"开始阐述，进而确定轴承的振动基准状态，然后介绍具体的参照和对比研究方法。

## 一、设备运行的"浴盆曲线"

设备运行时，其振动随时间变化呈现一定的规律。振动状态监测仪器对设备的状态监测（人工或者自动方式）可能是固定时间点的监测，也可能是连续的信号监测。不论怎样，这些状态监测信号在时间轴上如果排列开来，就呈现一个时序的信号图像。对于设备而言，最著名的状态监测时域图形就是著名的"浴盆曲线"，如图9-8所示。

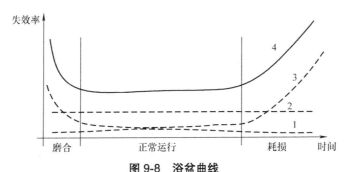

**图9-8　浴盆曲线**

图9-8中所示为曲线4为"浴盆曲线"，随着时间的推移，这条曲线呈现出中间平滑，两头翘起的形态。这条曲线由三个部分组成：

1）设备投入运行之后的早期失效（Infant Mortality）。这段曲线中失效率一开始很高，随后持续下降。

2）设备运行时候的随机失效（Constant Mortality/Random Mortality）。这段曲线中失效率是一个平均持续存在的。对于稳定的设计，这个阶段设备的失效率低并且稳定。

3）耗损失效。随着设备的运行，设备势必出现一定的性能劣化，此时的失效就是耗损失效，它随时间的推移呈现上升趋势。

三部分失效的总和，就组成了"浴盆曲线"，浴盆曲线由其形态可以大致划分为三个阶段：

1）磨合期：设备初装，各种原因引起的失效率偏高，但是随着时间的推移，设备的失效率明显下降。设备的磨合阶段是各个零部件在磨合期更好地相互协同达到最终稳定的状态，此时设备的维护成本比正常运行的时候高。

2）稳定运行（稳定）期：经过磨合期，设备各个零部件达到一定的协同，设备稳定于一个低失效率的运行阶段。这就是设备的稳定运行期，在这个阶段里，设备贡献出最大的效能，维护成本最低，是设备用户最重要的使用时期。

3）设备耗损期：进入设备耗损期，设备性能劣化带来的失效率上升，逐渐占据主流趋势。设备的维护成本明显增加。此时需要进行设备的维修甚至更换。

对于齿轮箱轴承而言，其投入运行直至失效同样会经历上述三个阶段。这就是齿轮箱轴承运行状态的"浴盆曲线"。

当齿轮箱轴承安装了振动监测装置之后，一般的振动信号就可以对实时的振动总值进行记录，由此展开的时序图景就是轴承的运行状态的振动时序记录。然后，针对这个时域数据的变化呈现的趋势与"浴盆曲线"进行对比分析。

从数据角度，振动是瞬息变化的，因此如果做振动实时信号的记录和存储，其数据量是相对较大的。当使用大数据的方法对振动信号进行分析的时候，数据的采集密度相对较大，记录时间相对较长，因此数据量也十分巨大。因此消耗的数据接收、管理、存储的资源相对也较大。

## 二、轴承运行时振动的时域表现

### （一）轴承时域振动分析的参照基准——稳定运行期

前已述及，轴承在运行的时候，由于运动状态、位置排列，以及加工误差等原因，存在一个固有的振动。这个振动不代表轴承的故障状态。换言之，也就是说这个状态是轴承"正常运行"的一个表现。当轴承运行振动状态与"正常状态"出现偏差的时候，就可以认为轴承内部存在这样或者那样的异常或者故障。因此，轴承装机后的固有振动水平就是轴承振动时域分析的参照基准。

需要指出的是，轴承内部固有振动受到运动状态、位置关系，以及加工误差的影响，同时也会受到承受负荷、转速、运行工况等其他因素的影响。实际工况中对于一个给定轴承型号的运动状态、位置关系、加工误差即使是可以给出大致水平，但是其应用条件又存在一定的差别，因此每台设备的轴承在工况里的"正常状态"很难在出厂前被准确计算出来。更实用的一个方法是，设备投入使用之后，在稳定运行期内，对其轴承的振动水平进行一段时间的记录。这个记录既然是稳态下的记录，而此时设备又处于一个正常的工作水平，那么这个记录就可以作为这个轴承的"正常状态"被记录并用作故障诊断与分析的参考。

值得工程技术人员注意的是，轴承的振动的"正常状态"会随着工况的变化和时间的变化发生一定程度的漂移。因此在对轴承进行振动分析的时候，除了需要参照以往采集的"正常状态"的振动信号，同时也要参照故障发生之前一端时间的振动信号作为参考对比。有的时候，一些轴承振动信号的漂移与轴承所承受的外界负荷等工况条件的变化紧密相关。往往在振动信号变化的同时找到对应的工况变动，可以很大程度上有助于故障诊断与分析。

### （二）轴承进入失效期的振动表现

在前面介绍了设备运行的浴盆曲线。齿轮箱轴承振动表现的浴盆曲线就是振动信号在时域上的表现。

在对齿轮箱轴承进行振动状态监测与分析的时候，通常针对的是已经投入运行的轴承。此时，轴承经过了磨合期进入稳定运行期，并且实际上当故障出现的时候轴承已经处在耗损期。对于设备运维人员来说，轴承从稳定期到耗损期再到轴承出现故障的阶段是最受到关注的。在这个过程中，轴承失效时振动从出现到发展大致如图 9-9所示。

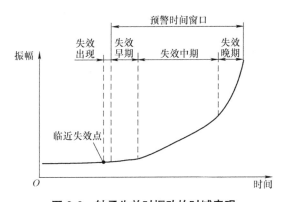

**图 9-9　轴承失效时振动的时域表现**

图 9-9 中将轴承失效的振动表现沿着时间轴分为四个阶段：

轴承失效的出现：轴承在稳定运行期的末期，出现第一个失效的时候，此时轴承失效非常轻微，由此而引发的异常振动也非常小，一般的测试手段很难察觉。只有到达一定程度的时候，才能通过诸如振波辐射等方式被发现。这个时候轴承虽然已经出现第一个失效点，但是此时设备运行并没有受到影响。这个阶段是轴承失效出现的第一个阶段。

轴承失效早期阶段：随着轴承的持续运行，轴承失效从第一个失效点开始发展。随着失效的发展和扩大，轴承的振动幅值开始变大。此时轴承的振动幅值变化可以通过振动监测仪器发现，但是此时的设备振动差异很难被现场操作人员察觉。在轴承的早期失效阶段，轴承运行看起来依然没有什么问题，但是失效已经发生，潜在风险在扩大。此时轴承运行进入预警期。

轴承失效的中期阶段：轴承在出现早期失效的基础上继续运行，失效点继续发展，失效点继续扩大，同时开始出现次生失效。这个时候轴承的振动幅值继续增大，有可能伴随着轴承温度的异常。在这种情况下，轴承的振动信号在振动监测仪上十分显著，现场操作人员可以通过宏观的观察发现轴承出现异常。此时齿轮箱依然可以运行，但是运行时轴承的表现已经不正常，轴承处于故障运行阶段。此时应该对齿轮箱轴承进行相应的检修工作。

轴承失效的晚期阶段：轴承在中期失效阶段仍然未得到及时的更换和检修，轴承继续带病运行。轴承内部失效点进一步扩大，次生失效扩大，并且失效越来越严重，有可能出现多重失效重叠的恶性发展。此时齿轮箱轴承的振动幅值越来越大，温度出现异常、操作人员在现场可以轻易地发现这些异常表现。在这个阶段有可能出现轴承无法继续运行的情况（卡死等现象）。此时各种原生、次生失效在轴承上掺杂在一起，为后续轴承失效分析带来困难。并且一旦出现轴承无法继续运行的情况，将带来非计划停机的损失。在齿轮箱的运维过程中应该尽量避免轴承进入失效晚期阶段。

## 三、轴承时域分析基本方法

通常而言，在普通的振动监测与维护中，只需要根据实际设备振动值并参照相应的标准对振动是否超标进行判定即可。但是这种简单的报警判断远不足以满足工程实际中的需要。尤其是如果希望对设备进行"预测性维护"，这种被动报警的方法显然不够。此时，振动的时域分析方法可以在设备预测性维护方面提供相当的支持。

前已述及，对轴承振动状态进行监测，将测试时的振动幅值置于"浴盆曲线"之中，此时便可以了解轴承目前所处的状态。

对于轴承的维护保养而言，从图9-9中不难发现，从轴承进入第二阶段到轴承最终彻底失效的时间就是对这台设备的轴承进行维护修理的时间窗口，工程师可以在这个时间窗口进行对轴承进行维护更换的工作，这也是轴承运行的预警时间窗口。设备运行的时候，应尽量避免轴承出现不能运行而导致的非计划停机，因此必须在预警时间窗口消失之前完成轴承的更换。

工程实际中也经常有工程师会询问"这台设备的轴承还能运行多久？""这台轴承的残余寿命还有多久？"之类的问题。事实上，如果基于前面对轴承失效过程的振动时域表现的了解，设备的使用者可以将一个工况位置的设备的振动历史数据记录下来。从而得到很多这个工况位置轴承从开始失效到失效晚期的振动幅值曲线。通过这个曲线就可以得到这个工况位置轴承从监测到失效到彻底失效的时间。这个时间就是这个工况位置轴承的失效报警时间窗口。

另一方面，将这个工况位置此时此刻轴承振动的幅值放在历史曲线里，就可以得到当前轴承所处的失效阶段，同时也可以从曲线中根据现有轴承振动水平到轴承最终失效的时间差，这样就可以大致得到轴承的"残余寿命"估计值。

由此我们知道，基于同一轴承振动的时域记录，可以为将来此工况位置轴承的维护提供十分有用的分析：

1）状态评估：对当前轴承运行的状态进行评估，得到当前轴承处在轴承失效周期中的第几阶段的判断，从而评估当前轴承运行表现的劣化程度。

2）维护窗口确定：得出当前轴承需要进行维护的时间窗口建议，以便于在最小损失的时间内对轴承进行更换。

3）残余寿命估计：通过经验振动幅值曲线与当前所处状态点之间的时间进行轴承残余寿命评估。

## 第四节　轴承振动的频域分析

轴承振动的频域分析是对采集到的轴承振动信号在频域进行解耦，从而分离出不同频段的振动幅值和相位，由此得到被试轴承振动的频谱。在此之后，工程师可以根据轴承故障的特征频谱与采集到的被试轴承的频谱进行对比，从而发现可能的振动故障原因的过程。通常振动的频域分析也被叫作频谱分析。

要做上述的分析，工程技术人员就需要了解轴承失效过程中的频域表现、频谱分析的实施方法、轴承缺陷的频谱特征，以及相应的一些常见的轴承故障频谱。本节就此展开介绍。

### 一、轴承振动的频域表现

前面我们介绍了轴承振动的时域表现分为四个阶段。在轴承失效的四个阶段中，轴承的频域信号也会发生一些变化，如图 9-10 所示。

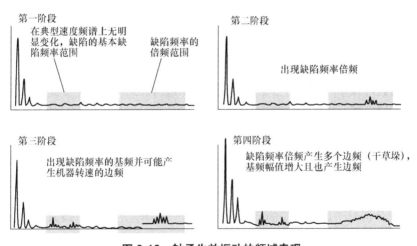

图 9-10　轴承失效振动的频域表现

第一阶段——轴承出现失效。此阶段轴承出现的失效非常小。其振动表现在超声频率范围，用速度振动检测仪，不论在缺陷基频还是在缺陷频率的倍频上，都难以发现此时的异常。此时如果将振动信号进行相应的处理，或者使用加速度振动测试仪，可以发现轴承在初期失效阶段的振动信号。

第二阶段——轴承初期失效阶段。随着轴承失效点的扩展，振动频率下降至

500Hz～2kHz。此时使用速度频谱可以发现轴承初期失效阶段基于轴承部件基频的谐波峰值。在本阶段末期，伴随着这些基频谐波峰值的出现，一些边频也随之产生。

第三阶段——轴承中期失效阶段。轴承失效继续恶化。在缺陷基频范围内出现缺陷基频和基频倍频信号显著。通常，出现越多的倍频信号就意味着情况越糟。与此同时，在基频和倍频部分出现大量的边频信号。此时需要更换轴承。

第四阶段——轴承晚期失效阶段。此时轴承内部失效进一步恶化，轴承振动出现了更多的谐波，轴承振动信号的噪声基础提高。如果使用速度频谱，可以看到出现"干草堆"效应。通常在这个阶段，轴承振动已经十分大，轴承的基频及其倍频信号的幅值增大。由于轴承内部失效已经大幅度扩展，此时轴承的整体振动甚至会出现下降的趋势。但是这并不意味着轴承状态变好。原来离散的轴承缺陷频率和固有频率开始"消失"，轴承出现宽带高频的噪声和振动。

前已述及，时域信号分析的方法通过对轴承时域信号历史记录的对比可以确定轴承的运行状态。而此处轴承频域型号的特征给出了轴承运行状态的另一种评估方法。

在这里，频域方法判断的目的性很准确，其频率直接指向轴承，因此在确定故障原因位置方面比时域方法更加精准；但是频域的方法与时域的方法对比，如果没有时域记录，凭借单独某一时刻的频谱图很难准确判断轴承所处的失效阶段，同时在确定维护时间窗口以及报警值等方面，显得比较困难；另一方面，对齿轮箱轴承运行每一时刻的振动频域信号都进行记录和存储，其占用的资源也相对较大（不排除关键设备需要采取这样的措施）。

## 二、轴承振动频域分析的实施方法（频谱分析方法）

在现场通过振动频域分析方法对齿轮箱轴承进行诊断与分析主要是依据轴承失效过程中的频域表现，并将相应零部件的特征频率进行对比的方法实施的。其主要步骤就是采集—初期研判—信号分离—特性比对。

### （一）故障振动信号的采集

一般而言，在设备健康管理日常操作中都会使用速度信号进行振动状态监测。速度信号可以涵盖更广泛的频率段，具有较好的宏观视角。对于故障诊断而言，速度信号的监测和分析对于低频相关的问题十分有效。通常会用于判断诸如不平衡、不对中、地脚松动、轴弯曲等故障。

另一方面，不论是由于什么原因，当齿轮箱轴承出现故障的时候，都会在振动上出现反应。并且轴承失效的频率往往比轴的基频高出许多。而越是在早期，信号发生的频率会越高（参见轴承失效频域表现部分的内容）。此时使用振动信号进行分析的时候，对于轴承的早期失效十分不易察觉，因此在对轴承的分析中需要引入加速度包络信号对轴承振动的频谱进行呈现。加速度包络的方法有助于对轴承早期失效进行识别。

在对齿轮箱进行振动监测的时候，如果使用的是速度信号，那么可以通过

ISO 2372 判断振动的严重程度。

但是相比于不平衡、不对中等故障而言，轴承的振动率具有更高的频率和更低的幅值。此时如果使用 ISO 2372 等标准对此进行判断，轴承的故障则非常容易被忽略。因此 ISO 2372 的振动烈度评估并不适用于轴承早期故障诊断。

需要说明的是，在后续初期研判阶段，有可能提出数据采集的调整方案。如果初期数据采集的信息不能满足后续数据研判的要求，则需要调整手段，重新采集。

**（二）振动频域信号的初期研判**

通过振动信号的采集，工程技术人员可以看到频谱图上存在很多尖峰值，这些尖峰值中有的提示某种故障特征，有的则不然。拿到一个振动频谱的时候，工程师需要对频谱的尖峰值分布等情况做一个整体的判读和识别。初期研判的目的首先是根据齿轮箱振动的频域表现判断齿轮箱以及轴承的健康状况、所处阶段。同时判断振动分布在哪些频段，这些频段的分布说明设备大致哪里需要进一步的分析。作为频谱分析的第一步，这样做的目的是明确后面分析的方向，以及使用的信号和手段。

从齿轮箱轴承失效的频域表现部分我们可以知道，一般而言轴的振动会在基频以及低次基频倍频的地方分布，当轴承存在失效（或者缺陷）的时候会在高频的位置出现某种变化。

图 9-11 是某台设备的振动速度频谱。图中可以看到，转轴的振动主要分布在低频部分，其中包括基频以及基频的低次倍频；同时，在设备基频大约 9 倍（高频）的地方出现了一个聚集性的小幅度峰值群（干草堆）。依据前面设备轴承失效过程的频域表现不难判断，此时设备的轴承应该已经出现失效，并且处于中晚期失效的状态。

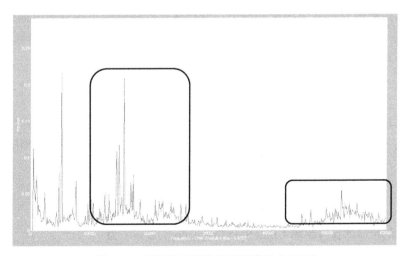

**图 9-11　轴承失效振动的频域表现（实例）**

面对这样的频谱，工程技术人员估计了设备的整体状态，同时明确下一步分析关注的目标就是低次倍频信号以及高频小幅度峰值群的信号。

**（三）轴承振动频谱中相关振动信号的分离**

经过对振动频谱的初步研判，工程师可以针对轴承振动频谱的高频以及低频信号展开分析。在展开分析之前，需要收集一些与轴承连接相关的附属设备的信息，通过一定的观察和分析，将这些设备的振动信号与轴承自身的振动分离开来，从而避免干扰。例如：

1）判断振动的尖峰值是否出现在风机或者叶轮的通过频率处；

2）判断振动的尖峰值是否与轴上齿轮的齿数存在关联。甚至可以由此对齿轮的问题进行一些判断；

3）判断是否与泵叶轮盘的频率存在某些关联；

4）观察周围连接机械的特征频率，同时判断所得到的频谱的尖峰值是否与周围设备的特征频率有关联。

如果这些振动与齿轮箱、风机叶轮、带轮等周围设备有关，就需要根据这些设备相应的特征信号进行对比和确认。剩下的信号，可以与轴承的特征频率进行对比，以确认是否存在轴承特征频率段的振动。

**（四）轴承振动频域信号的特性比对**

在完成振动频域信号的采集以及与轴承无关的其他频率信号的分离工作之后，可以使用傅里叶分解的方法对振动信号进行时域分解，从而得到不同频率下振动的信号。然后通过各个零部件的特征频率进行对比分析。对于轴承而言就是各个部分的特征频率的对比分析。

当轴承内部的零部件存在缺陷的时候，其相应的特征频率下的振动就会增加。

轴承运转的时候如果内圈有缺陷，就会在转动的时候出现轴承内圈缺陷频率（Ball Pass Frequency Inner，BPFI）。轴承内圈有一个缺陷的时候，其冲击频率（内圈缺陷频率）BPFI 为

$$BPFI = \frac{Zn}{120}\left(1 + \frac{d}{D}\cos\alpha\right) \tag{9-1}$$

如果轴承外圈有缺陷，在轴承转动的时候会出现轴承外圈缺陷频率（Ball Pass Frequency Outer，BPFO）。轴承外圈有一个缺陷的时候，其冲击频率（外圈缺陷频率）BPFO 为

$$BPFO = \frac{Zn}{120}\left(1 - \frac{d}{D}\cos\alpha\right) \tag{9-2}$$

轴承的滚动体自转频率（Ball Spin Frequency，BSF）为

$$BSF = \frac{Dn}{120d}\left[1 - \left(\frac{d}{D}\cos\alpha\right)^2\right] \tag{9-3}$$

轴承保持架转动频率（Fundamental Train Frequency，FTF），也是轴承滚动体公转频率为

$$FTF = \frac{n}{120}\left(1 - \frac{d}{D}\cos\alpha\right) \qquad (9\text{-}4)$$

式中　$n$ ——轴承转速（r/min）；

　　　$d$ ——滚动体直径（mm）；

　　　$D$ ——滚动体节径，即滚动体中心所在圆的直径（mm）；

　　　$\alpha$ ——轴承接触角（°）。

## 三、振动频域分析的其他应用

对一台设备进行振动状态监测的时候往往不是仅仅针对轴承的监测与检查。前面阐述的特征对比方法同样也适用于除了轴承以外的其他零部件。比如，齿轮的缺陷检查等。

另一方面，除了对设备中零部件特征频率的对比检查之外，在设备组装过程中的组装偏差等也会引发具有某些特征的振动频率分布。比较常见的有不对中、不平衡、连接松动等。

在工程实际中，有时候在对轴承振动信号进行频谱分析时，考虑轴承运行状态随时间的变化，将频域分析与时域分析结合起来观察，就是所谓的时频域分析。通过时频域分析可以观察轴承某个特征频率或者所有特征频率的振动幅值随着时间变化的过程。对轴承振动信号进行持续测频域分析需要的计算量较大，但是随着近年来工业大数据、人工智能技术的发展，以及计算机性能的提升，这种分析已经变得比较常见。在本书智能监测与诊断技术一章将进一步介绍。

需要说明的是，振动监测与分析方法在设备故障诊断，预测性维护等方面具有十分重要的意义。但是针对设备故障诊断方面，振动分析可以确定到某一个零部件出现了失效，却无法再进一步明确具体原因。比如对于轴承而言，通过振动的监测与分析，工程师可以得知轴承内圈、外圈、保持架或者滚动体等位置出现了失效，但是无法明确导致失效的原因，这是振动分析的局限。在工程实际中，工程师往往通过将振动分析方法与轴承失效分析方法结合使用的方式，找到导致故障的根本原因并予以排除。

# 第十章
# 轴承失效分析技术

设备在投入试验以及使用过程中，一旦出现轴承相关的故障，就需要对故障原因进行分析。在轴承故障分析的过程中，通常先确定故障位置，然后查找故障原因。这就是故障"定位"与"定责"。

工程中对设备故障分析的手段很多，其中包括振动分析、温度监控与分析、噪声分析等。其中振动监测的方法应用非常广泛，并且也相对完善。但是这些分析的方法，对于轴承而言，最多可以找到是某一个轴承零部件损伤的程度。对于轴承故障分析而言，依然是"定位"的层面。因为这些分析方法无法找到针对轴承失效的根本原因，所以"轴承失效分析"成为轴承故障诊断中的"根本原因失效分析"（Root Cause Failure Analysis，RCFA）方法。

## 第一节　轴承失效分析概述

### 一、轴承失效分析的概念

轴承失效分析是通过对失效的轴承进行鉴别与鉴定，进而通过分析推理找到导致轴承失效的根本原因的技术。首先失效分析的对象是失效的轴承，或者怀疑有失效的轴承。实际上，故障不一定等于失效，因此对与轴承的失效分析仅仅是轴承存在失效的分析方法，是整个故障诊断与分析方法的一个重要组成部分，两者之间并非对等关系。

轴承周围零部件或者设备发生某些故障时，其运行状态会出现异常表现，但是如果这种异常表现并未导致轴承失效，此时设备处在故障初期，对轴承影响甚少，对这个故障的诊断就不一定进入轴承失效分析的范畴。例如，设备初始安装时的对中不良，试运行的时候就会发现振动异常，此时及时停机调整，故障就可以排除。这其中的轴承不一定出现失效（视运行状态而定），因此也就不需要进行失效分析。

另一方面，轴承失效分析往往需要对轴承进行细节痕迹的鉴定与判断，很多情况下需要对轴承进行拆解。多数情况下，对于设备的生产和使用者而言，轴承一旦经过拆解就难以复原，无法再重复利用。此时轴承失效分析就是一个破坏性分析方法。并且，在拆解轴承的同时也会造成轴承周围的一些因素产生改变，一些故障的线索可能因此而消失。因此在决定对轴承进行拆解之前，需要先对周围信息进行仔细收集和分析，谨慎地决定对轴承的拆解动作。

轴承失效分析的目的是找到导致轴承失效的根本原因，并予以排除，避免失效的重复出现。因此即便是破坏性分析手段，其对后续轴承的可靠运行也具有重大意义。轴承失效分析在表面上看，就是对轴承进行拆卸，然后做一些小的纠正，之后重新安装轴承。

在一些制造厂家，有时候设备出现了与轴承相关的故障表现时最先采取的手段是更换轴承。事实上更换轴承是一种概略的排除法。有时候更换轴承会使故障消失，有时候则不尽然。但是无论如何，单纯更换轴承并不是真正找到与轴承相关故障原因的方法。在工程实际中也有很多时候出现更换轴承之后故障消失，但是检查轴承后发现轴承一切正常的情况。造成这种情况的原因有可能是在轴承的拆卸和重新安装过程中，某些导致故障的因素被改变，从而故障消失。如果导致故障的因素依然存在，那么在未来的使用中，这种故障依然无法排除。

轴承失效分析其本质上和单纯更换轴承有非常大的区别，不论从目的、方法，以及关注重点上都有不同。表 10-1 对此进行了总结。

表 10-1　轴承失效分析与更换轴承

| | 轴承失效分析 | 更换轴承 |
|---|---|---|
| 目的 | 找到导致轴承失效的根本原因，避免失效再次发生 | 对轴承进行更新 |
| 前序工作 | 搜集周围设备以及轴承的相关信息 | 准备更换的轴承和工具 |
| 主体工作 | 对轴承进行拆解，对失效痕迹进行分析判断，通过前序工作收集的信息一同对轴承失效根本原因进行合理推断，必要的时候做相关的验证工作 | 使用正确的方法将轴承进行拆卸 |
| 后续工作 | 提出轴承失效分析报告，给出改进建议 | 检查安装后的轴承是否运转正常 |
| 关注重点 | 失效原因的鉴别、分析、判断 | 完好拆卸，对周围零部件影响最小。安装后轴承运转正常 |

轴承失效分析通常也会与其他的齿轮箱轴承故障诊断技术和手段配合使用，并且相互印证。就对失效分析的深度而言，轴承失效分析又被称作根本原因失效分析（Root Cause Failure Analysis，RCFA），顾名思义，轴承失效分析往往是最接近反映根本原因的分析手段。

## 二、齿轮箱轴承失效分析的基础和依据（标准）

轴承失效分析，是一个通过观察、分析，将线索与理论体系相互联系和印证的过程。所以最初的轴承失效分析是一个非常经验化的工作，并且轴承失效分析对轴承表面形貌的判断往往在图像上呈现，很难对其进行量化说明。

轴承失效分析技术发展之初，连这些失效的轴承表面形貌的归类都不清晰，所以经常出现的情况就是：同一套轴承，在不同人的眼睛里观察到的结果可能不同，得到的结论也可能不同。有时，甚至出现因为对相同失效点的不同叫法而带来的误会。这种因人而异的判断很多时候会使分析陷入混乱。

但是另一方面，千差万别的轴承失效也确实有其相类似的地方。这些类似不仅形貌类似，导致的原因也可以分类。这种科学的归类，在很大程度上统一了判断的一些标准，同时对失效分析的判别提供了依据。人们根据这样的归类，明确了相应的分类规则，描述了各个分类之间的共性和可能被诱发的原因，并发布了相应的图谱。目前最广泛使用的是 ISO 15243：2017《滚动轴承损伤和失效术语、特征及原因》。我国在 2020 年也参照这个国际标准颁布了 GB/T 24611—2020《滚动轴承损伤和失效术语、特征及原因》。这些标准就是进行轴承失效分析最主要的依据。

需要指出的是，目前对轴承失效分析的各种资料中，很多并没有遵守既定规则的分析及命名原则。这样给轴承失效分析技术的应用带来了一定的难度。甚至有些大家耳熟能详的叫法，其实并不规范（标准中并未使用的命名）。造成这种情况有时候是由于对外语翻译的偏差，有时候是个人喜好的叫法不同。

不规范的叫法会导致技术人员在进行技术沟通的时候产生很大误解，这些误解最终会造成大家判断的不一致，甚至最终分析结论与实际原因相去甚远。这也使轴承失效分析在某些情况下被认为是"经验学问""不准确""玄学"。而事实并非如此，轴承失效分析作为一门技术，其严格的定义和严格的描述是科学、周密并且符合逻辑的，人为地修改、乱用或者对概念掌握的不准确才是导致分析失真的根本原因。

此处希望工程师尽量使用标准中的归类和命名，以便于轴承失效分析技术发挥真正的科学作用，从而避免成为"因人而异"的"玄学"。

## 三、轴承失效分析的限制

轴承失效分析作为一门科学，有其规范和适用条件。对于经验丰富的工程技术人员，通过对轴承失效分析概念的准确把握和对现场的敏锐察觉，可以很精准、迅速地找到轴承失效的原因，但是如果失效分析的边界条件被打破，即使是有经验的专家，其判断速度和准确度也会大打折扣。

### （一）轴承失效分析的时机

首先，轴承的失效最终状态往往是多重因素多发、并发的。这种多发可能是由一个失效引起的次生失效，而失效之间相互交杂。同时，各种交杂、并发的失效之间发展速度也有可能不一样，有时候次生失效发展的比原发失效速度快，宏观上占据主导。

实际工作中，对轴承进行失效分析的一个重要工作就是界定失效之间的关系，其中包括时间先后关系和因果关系等。对失效关系分析的目的是找到原发失效，从而找到导致原发失效的根本原因。对于失效晚期的轴承，轴承的各种原发、次生失效已经严重相互叠加，轴承各个分析表面已经斑驳不堪，甚至轴承烧作一团。此时几乎无法对轴承的失效展开有效的分析和鉴别。由此可见，失效分析的时机对于失效分析工作的准确性非常重要。失效分析在轴承失效的越早期进行，其次生失效发生的次数就越少，越有利于找到原发失效。

图10-1是一个已经完全烧毁的轴承，轴承各种痕迹相互糅杂在一起，对于这样的失效轴承已经失去了分析的意义。

**图10-1　轴承失效晚期**

### （二）轴承失效分析标准分类的局限

前已述及，经过多年的努力，轴承失效分析的国际标准和国家标准已经建立起来，并且相对完备。这些标准中定义的轴承失效的类型已经涵盖了大多数轴承失效的类型。但是面对千差万别的工程实际，依然有一些轴承的失效模式并没有被涵盖进来。工程技术人员在齿轮箱轴承诊断中使用失效分析的手段时，主要是依据国际标准进行失效判别，但是一旦发现某种失效确实不属于标准分类中的任何一种的时候，也不一定非要强行纳入到标准分类之中。

另一方面，工程师也不应该过于草率地定义非标准的失效类型。国际标准是经过长时间工程技术实践的总结，能够超出这些分类的轴承失效并不多。在做"非标准轴承失效类型"判定的时候必须谨慎。

不论是否是标准轴承失效类型，对轴承失效表面的鉴别与鉴定都是通过观察实现的。虽然工程技术人员可以通过放大镜、显微镜等各种辅助工具，但是最终判断的依据还是从图片信息到主观判断的一个过程。这样的主观判断方法使得其结果受到分析人员经验、知识等方面背景的影响，因此总体上是一个概率的判断，存在一定的偏差可能性。

轴承失效这样的非量化主观判断过程非常难于实现数据化。即便使用相应的图像识别技术，其实现的难度和准确性等在技术上都有待于进一步的改进和提升。目前大数据和人工智能技术在轴承失效分析领域的应用还处于起步阶段。

# 第二节　轴承接触轨迹分析

## 一、轴承接触轨迹（旋转轨迹、负荷痕迹）的定义

一套全新的轴承，在生产过程中要经过车削和磨削等机械加工，生产完成之后，宏观上来看滚道和滚动体表面具有合格的表面精度；但是如果用显微镜进行微观观察，就可以清楚地看到所有的加工表面都有加工痕迹，就是我们所说的刀痕或磨痕。这些加工刀痕或磨痕就是微观上金属表面的高低不平。

轴承在承受负荷运转时，滚动体和滚道之间接触并承压。轴承滚动体在滚道表面反复承压滚动，就会将滚道和滚动体表面刀痕或磨痕压得略微平坦些。其实这个过程在任何新加工后投入运行的机械设备中都会存在，我们称之为"磨合"。轴承接触表面的磨合是接触表面退化的一个环节。接触表面从承载就开始退化，直至失效。其中初期的磨合过程是有益的，经过初期磨合，轴承的运行表现会更佳，滚动体和滚道的接触达到最优的状态，此时轴承的摩擦转矩和旋转状态也进入最佳。经过磨合的滚动体和滚道表面较之全新加工的表面而言，其粗糙度会产生变化。这种变化宏观上就可以看得出来，被滚过的滚道位置比旁边未承载的位置看起来有些许灰暗，其反光程度的差异只能通过观察被发现，而用手接触并无触感差异。

我们把轴承滚动体和滚道表面经过磨合而粗糙度发生变化的痕迹叫作接触轨迹或旋转轨迹（此定义源自 GB/T 24611—2020）。由上述接触轨迹产生的原因可以知道，接触轨迹的位置就是滚道和滚动体承受负荷的位置。也就是哪里承受负荷，哪里就会有接触轨迹。所以，接触轨迹是轴承承受负荷后在内部所留下的"线索"。

## 二、轴承接触轨迹分析的意义

在前面对轴承分类介绍的部分中，阐述了轴承的承载能力。轴承的承载能力就是这个轴承对应该承受负荷的承受水平以及方向。轴承一旦承受了某个负荷，那么在对应的滚道和滚动体位置就会留下接触轨迹。在观察对比轴承的接触轨迹时，如果在轴承承载能力的范畴以外（承载方向和偏心等）发现了接触轨迹，就说明工况超出了设计预期。轴承承受了本来不应该承受的负荷。这样就提示了值得关注的地方。

我们将对接触轨迹的检查和分析叫作接触轨迹分析。事实上，很多轴承失效分析都会在接触轨迹分析阶段就已经找到对应的原因。只不过一些人过分地迷恋轴承失效模式的界定，直接跳过了此步骤。这样做，一方面忽略了重大承载线索；另一方面经常使失效分析结论脱离实际改进的需求。例如，现实中，我们总是看到一些轴承失效分析报告直接给出"表面疲劳"等分类性结论，可是这个结论对于齿轮箱使用维护人员意味着什么呢？应该如何改进呢？没有这些进一步的推论，这样的失效分析报告并无很大的指导意义。出现这种情况的原因很多时候就是就是忽略了接触轨迹分析，忽

略了将轴承失效模式界定与轴承运行状态推断之间建立联系的过程。

由此可见，轴承接触轨迹分析对于轴承失效分析而言十分重要，不可忽略。

## 三、轴承正常的接触轨迹

轴承在外界以及自身处于正常工况时，轴承滚动体和滚道经过一段运行（磨合）也会留下接触轨迹。我们按照正常工况下轴承承受不同负荷状态的接触轨迹分类介绍如下。

### （一）轴承承受纯径向负荷的接触轨迹

轴承承受纯径向负荷内圈旋转时（卧式内转式轴系，无轴向负荷时），深沟球轴承及圆柱滚子轴承承载状态以及滚道接触轨迹如图 10-2 所示。

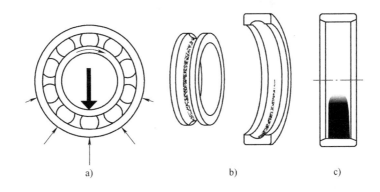

**图 10-2 内圈旋转轴承承受径向负荷的接触轨迹**

a）轴承径向受力情况 b）点接触轨迹（球轴承） c）线接触轨迹（柱轴承）

轴承运转时，轴承内圈转动，内圈的所有位置都会经过负荷区，因此轴承内圈宽度范围的中央位置出现宽度一致并且布满一整圈的接触轨迹。

轴承外圈只有负荷区承受负荷，所以外圈在负荷区范围内宽度方向的中央位置留下接触轨迹。正常的深沟球轴承负荷区应该在 $120° \sim 150°$，因此，在负荷区边缘随着负荷的减少，接触轨迹变窄，直至离开负荷区，接触轨迹消失。

当轴承工作游隙正常时，轴承负荷区为 $120° \sim 150°$；而当轴承工作游隙过小时，轴承接触轨迹如图 10-3 所示。此时负荷区范围会扩大，甚至拓展到整个外圈。由于依然是纯径向负荷，因此此时接触轨迹依然位于外圈沿宽度方向的中央位置，且与轴承径向负荷相对应的地方接触轨迹最宽，并向两边延展变窄。

这种情况下，由于负荷是纯径向的，并且内圈旋转，因此内圈接触轨迹布满内圈一周的等宽度轨迹，并出现在内圈沿宽度方向的中央位置。

工程实际中，若出现此种接触轨迹，就提示我们需要对轴承工作游隙进行调整。我们知道，造成轴承工作游隙过小的原因是轴的径向配合过紧，因此此时我们应该检查轴的径向尺寸，同时检查图样径向尺寸公差设置。并根据本书轴承公差配合的建议进行调整。

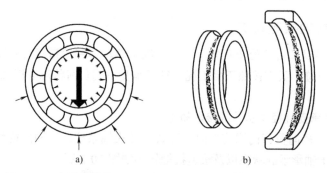

图 10-3  内圈旋转轴承承受径向负荷工作游隙偏小的接触轨迹

a）轴承径向受力情况  b）接触轨迹

外圈旋转轴承承受纯径向负荷外圈旋转时，轴承承载状态以及滚道接触轨迹如图 10-4 所示。

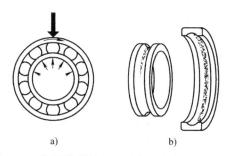

图 10-4  外圈旋转轴承承受径向负荷的接触轨迹

a）轴承径向受力情况  b）接触轨迹

此时，轴承内圈固定、外圈旋转，负荷区位于轴承上半部分。轴承外圈旋转通过负荷区，因此呈现外圈等宽度整圈接触轨迹。轴承无轴向负荷，因此外圈接触轨迹位于轴承宽度方向的中央位置。

轴承内圈在负荷区宽度方向中央位置的地方出现中间宽、两边窄的接触轨迹。

关于工作游隙的判断，和内圈旋转的情况类似，请读者自行推断，此处不赘述。

**（二）轴承承受轴向负荷的情况**

轴承承受轴向负荷时，负荷由一个圈通过滚动体传递到另一个圈，也就是从轴承一侧传递到另一侧。因此接触轨迹将出现在滚动体的两边。图 10-5 为轴承承受轴向负荷时候的接触轨迹。

轴向负荷通过轴承圈将滚动体压在中间，因此轴承内部没有剩余游隙。对于纯轴向负荷的情况，轴承内圈和外圈呈现对称方向等宽度的布满整圈的接触轨迹。

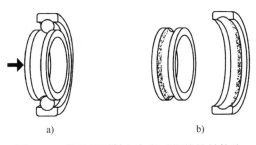

**图 10-5 轴承承受轴向负荷时候的接触轨迹**

a）轴承轴向受力情况 b）接触轨迹

纯轴向负荷将轴承内外圈压紧，因此不论内圈旋转还是外圈旋转，轴承两个轴套圈呈现的负荷痕迹呈现对称的分布。

在一般负荷下，滚道和滚动体的接触应该发生在滚道两个边缘以内，此时接触轨迹位于滚道之内的某个位置。但是当接触轨迹已经接触或者跨越轴承滚道边缘时，就说明此时轴承承受的轴向力过大，超出了轴承的承受范围。轴承会出现提早失效。

由此可以想到角接触球轴承就是偏移滚道的深沟球轴承，它将滚道沿着轴向负荷方向偏转，使轴承可以承受更大的轴向负荷。但是相应地，如果角接触球轴承承受了反向的轴向负荷，那么接触轨迹很容易就会跨越滚道边缘，这是不允许的。

**（三）轴承承受联合负荷的情况**

如果轴承既承受轴向负荷又承受径向负荷（或者一个负荷如果可分解为轴向和径向两个分量），那么我们将这种负荷成为联合负荷。轴承在承受联合负荷时具有轴向负荷接触轨迹和径向负荷接触轨迹的联合特征。如图 10-6 所示。

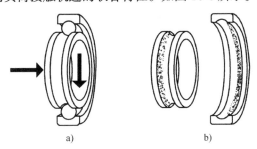

**图 10-6 轴承承受联合负荷的接触轨迹**

a）轴承受力情况 b）接触轨迹

首先，联合负荷的轴向分量，将滚动体通过轴承套圈压紧，因此轴承接触轨迹布满整个套圈一周，并沿着负荷传递方向分布在滚动体两侧。

另一方面，联合负荷的径向分量是轴承在径向方向产生负荷区，因此轴承接触轨迹在负荷方向宽，在反方向窄。这就说明径向负荷方向的轴承承载大，反方向的轴承承载小。

前面章节已经阐述，在常用的卧式内转式轴系统中，经常使用深沟球轴承结构布置，有时候会对轴承施加轴向预负荷。这时候深沟球轴承所承受的负荷就是一个联合负荷，其中包括了轴系本身的径向负荷以及轴向预负荷。此时经过一段时间运行，深沟球轴承内部的接触轨迹应该和图 10-6 相类似。

上述情况下，轴承滚道上的接触轨迹居于滚道正中，并且可以观察到非负荷区，那就说明此时施加预负荷失败。在运行时，深沟球轴承实际上并未受到预负荷的作用。此时需要检查预负荷的施加是否出现问题。

## 四、轴承的非正常接触轨迹

轴承非正常运行工况包含很多种。由于不恰当负荷随工况变化而变化，对于轴承承受不恰当负荷状况无法一一列举。但我们只要将实际的接触轨迹和前面讲述的轴承正常运行状态下的接触轨迹对比，便可以找到差异，从而查找到一些线索。

下面对因外界条件不良所引起的非正常接触轨迹进行一些说明，其中包括轴承对中不良、轴承室圆度不合格等造成的轴承负荷异常等情况。

### （一）轴承承受偏心负荷（对中不良）的情况

轴承承受偏心负荷，也就是轴系对中不良的情况分为两种：一种是轴承室偏心（轴承室和转轴同心度较差）；另一种是轴偏心（轴承和转轴同心度较差）。

#### 1. 轴承室偏心

轴承室偏心是指轴对中良好，而轴承室的中心出现偏心的状态。轴承内圈旋转外圈固定时，轴承状态及接触轨迹情况如图 10-7 所示。

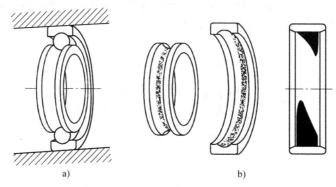

a) b)

图 10-7 轴承室偏心时轴承的接触轨迹

a）轴承位置 b）接触轨迹

由于内圈旋转，滚动体滚过内圈整周，内圈在可能承受负荷的宽度内普遍承载。内圈出现等宽度且布满整圈的接触轨迹。

轴承外圈一直处于偏心状态运行，因此接触轨迹呈现宽度不一致，位于两个完全相反的方向且斜向相对。

图 10-7b 中左边为深沟球轴承在轴承室偏心负荷下的接触轨迹，右边为圆柱滚子

轴承此时的接触轨迹。与球轴承接触轨迹类似，此时圆柱滚子轴承沿套圈轴向中心线分布两个相对的接触轨迹。

**2. 轴偏心**

轴偏心是指轴承中心线对中良好，但轴出现偏心的状态。对于内圈固定外圈旋转的情况，轴承状态及接触轨迹如图 10-8 所示。

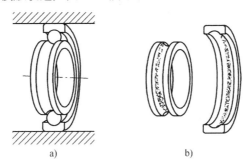

图 10-8　轴偏心时轴承的接触轨迹

a）轴承位置　b）接触轨迹

此时轴承内圈旋转，由于轴处于偏心状态，所以轴承内圈偏斜运行，产生宽度不一致的接触轨迹，同时接触轨迹位于相反方向斜向相对。

轴承运行时，由于内圈偏斜，所有的滚动体都会被压在两个轴承圈之间，因此轴承运行没有剩余的工作游隙。此时，轴承外圈出现宽度一致、遍布整圈的接触轨迹，且接触轨迹宽度相同。

对于非调心轴承而言，偏心负荷会造成比较严重的后果。尤其是对于圆柱滚子轴承等对偏心负荷敏感的轴承而言，偏心负荷会造成滚动体与滚道接触的应力集中，因此会大大降低轴承寿命。

**（二）轴承室圆度不良产生的接触轨迹**

如果轴承室圆度不良，在轴承滚道上产生的接触轨迹（内圈旋转的情况）如图 10-9 所示。

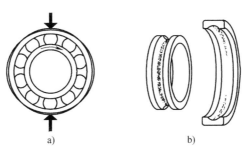

图 10-9　轴承室圆度不良时轴承的接触轨迹

a）轴承室圆度不良　b）接触轨迹

由图 10-9a 看到，轴承室呈现竖向窄、横向宽的椭圆形态。此时内圈旋转，内圈滚道轴向中央位置出现宽度一致、遍布整圈的接触轨迹。

轴承外圈因受压于轴承室，竖直方向偏窄，通过滚动体与内圈承载；横向偏宽，分布有剩余游隙。因此轴承在上下端出现接触轨迹，在横向没有负荷轨迹，且负荷轨迹位于轴承圈轴向中央位置。

处于这种状态下的轴承会出现噪声不良的状态，最终影响轴承寿命，应予以纠正。

### （三）其他不良负荷状态的接触轨迹

了解了轴承滚道接触轨迹产生的原因，就可以推断其他负荷状态下的接触轨迹样貌。举如下几个例子：

1）轴承室如果圆柱度不良（假设圆度等其他因素正常）而呈现锥度，此时内外圈成楔形空间分布，显然楔形空间窄的地方承载会大，因此接触轨迹明显；而相对方向负荷轻，接触轨迹不明显；或者在极端状态下会没有接触轨迹；

2）普通内圈旋转的轴承在振动负荷下运行。此时如果振动比较剧烈，则轴承原本静止运行时应该处于非负荷区的地方也会出现接触轨迹。此时轴承内圈和外圈同时出现遍布整圈的接触轨迹；

3）振动负荷轴同步旋转时，此时负荷相对于轴承内圈的方向不变，虽然是内圈旋转的轴承，但是轴承外圈也会出现整圈的接触轨迹，而轴承内圈只在某些方向出现接触轨迹。

各种情况不胜枚举，读者可以使用上述分析方法，基于实际工况加以分析，从而得到接触轨迹的合理解释。

# 第三节　轴承失效类型及其机理

## 一、概述

轴承失效类型分析是失效分析的核心内容。轴承周围的信息，以及轴承内部的接触轨迹等信息，都属于轴承失效点的周边信息。这些周边信息十分有用，但是最核心的部分依然是对失效点本身的解读。在解读失效点信息的时候，通常会使用相应的国际标准进行分类，而除了分类以外，对失效机理的理解结合失效点周围信息的收集，工程技术人员才能将整个逻辑线条捋顺，从而得到维修的故障诊断失效分析结论。

本节对轴承失效的标准类型以及机理进行相应的介绍。

按照 ISO 15243:2017 和 GB/T 24611—2020《滚动轴承损伤和失效术语、特征及原因》，轴承失效类型总共有 6 大类，参见图 10-10。

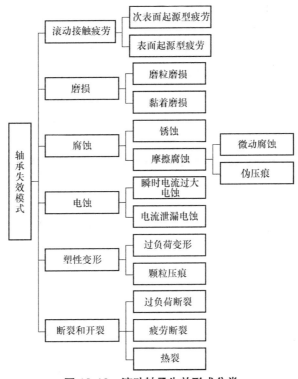

**图 10-10　滚动轴承失效形式分类**

ISO 规定的轴承失效形式是将轴承失效形式进行标准化，因此被归类的失效模式具有以下 3 个特点：

1）失效原因具有可识别的特点。虽然有很多种失效原因，但是每一种都可以被唯一地识别。

2）失效机制具有可识别的失效模型。失效机制可以进行逻辑分组，这些分组可用于快速确定失效的根本原因。

3）观察到的轴承损伤可以确定失效原因。通过对失效部件及附属部件的仔细观察，可以排除周边干扰因素，从而得出真正的失效根本原因。

## 二、疲劳

疲劳是指滚动体和滚道接触处产生的重复应力引起的组织变化。宏观上就是轴承滚道及滚动体表面的小片剥落。

轴承在承载运转时，滚道表面以及表面下出现的剪应力分布存在两个峰值。这两个峰值一个在表面处，一个在表面下。两个剪应力随着轴承的滚动往复出现，从而导致了轴承金属出现疲劳。因此这两个位置成为轴承疲劳的两个关键点。在这两个地方出现的疲劳被定义为次表面起源型疲劳和表面起源型疲劳。

### （一）次表面起源型疲劳（表面下疲劳）

#### 1. 次表面起源型疲劳的机理（原因）、表现及对策

当轴承滚道承载时，如果表面润滑良好，表面剪应力峰值将会降低。因此次表面（表面下）的剪应力峰值成为剪应力最大值。当剪应力出现次数达到一定值时，金属内部组织结构就会发生变化，进而出现微裂纹。轴承继续运转，微裂纹将向表面扩展，最后形成金属剥落。图 10-11 为某润滑良好的轴承滚道表面下结构在经历不同运转时间后的变化。

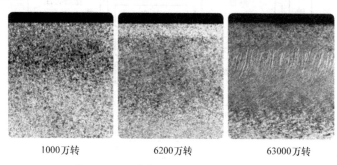

| 1000万转 | 6200万转 | 63000万转 |

**图 10-11  次表面起源型疲劳的形成**

次表面起源型疲劳最初生成时无法被察觉，这是因为它发生在轴承表面以下，此时轴承运行依然正常。当微裂纹扩展到表面时，轴承滚道表面就会出现缺陷。此时通过状态监测可发觉轴承相关部件的特征频率异常。随着疲劳的继续发展，疲劳剥落将进一步扩大，此时轴承运转会出现异常噪声，通过宏观观察可以察觉。如果此时不采取措施，剥落下来的金属颗粒会变成滚道的污染颗粒，此时会造成其他次生轴承失效。各种轴承失效形式叠加，会使轴承最终出现严重问题，甚至危及设备安全。次表面起源型疲劳如图 10-12 所示。

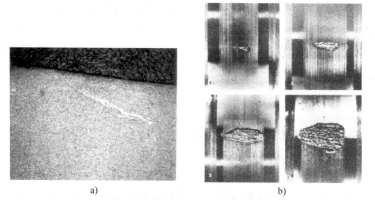

a)                                b)

**图 10-12  次表面起源型疲劳**

a）滚道承载后次表面微裂纹  b）次表面起源型疲劳的发展

次表面起源型疲劳是一个逐步发展的过程，其发展的速度与轴承的转速和负荷的大小有关。在轴承失效初期和前期，次表面起源型疲劳可以被察觉。齿轮箱维护人员应该在发现轴承问题时及时处理，避免造成不可控的后果。

因轴承次表面起源型疲劳与轴承承受的负荷有关，所以通常经过轴承尺寸选择的负荷校验，使轴承工作在可以承受的负荷工况下。但是由于其他一些生产、工艺和使用的原因，一旦某些不应该承受的负荷施加到轴承之上，就会对轴承造成伤害。因此，检查并排除这些"非计划内"负荷，是应对轴承次表面起源型疲劳的重要手段。

### 2. 次表面起源型疲劳举例

如果轴承内部负荷正常，则在轴承转数达到一定值时（剪应力出现到一定次数），轴承负荷区的滚道或者滚动体会将出现正常的次表面起源型疲劳。这就是所谓的轴承寿命的概念。但是当轴承承受不正常负荷时，往往在轴承运行不长时间之后就会出现次表面起源型疲劳。

圆柱滚子轴承偏载引起的次表面起源型疲劳情况如下。

图 10-13 所示是一套圆柱滚子轴承次表面起源型疲劳的图片。首先，我们通过接触轨迹分析可以看到滚道表面一侧有接触轨迹，说明轴承承受了偏载。图 10-13 中仅显示了部分滚道，因此要结合整个滚道进行观察，来判断偏载是偏心还是轴承室锥度等引起的。在轴承承受偏载时，滚子一端和滚道之间的接触力很大，另一侧较小。导致滚子一侧下面的滚道次表面应力大于正常情况，因此轴承运行一段时间（短于正常的疲劳寿命）就会出现次表面起源型疲劳。

图 10-13　圆柱滚子轴承次表面起源型疲劳

### （二）表面起源型疲劳

一般情况下，表面疲劳是在润滑状况不良的情况下，由于滚动体和滚道产生一定的滑动，而造成的金属表面微凸体损伤所引起的。

### 1. 表面起源型疲劳的机理（原因）、表现及对策

当轴承润滑不良时，滚动体和滚道直接接触。如果发生相对滑动，就会造成金属表面微凸体裂纹，进而微凸体裂纹扩展而出现微片剥落，最后会出现暗灰色微片剥落区域。

表面疲劳的宏观可见发展第一阶段是滚道表面粗糙度和波纹度的变化。此时微片

剥落发生，如果不能及时散热，摩擦部分的热量就可能使轴承钢表面变色并且变软。这样很多轴承滚道表面呈现出非常光亮的表观形态（有资料用镜面状光亮来形容）。此时如果依然没有足够的润滑，并且散热不良，滚道表面的失效会继续发展，微片剥落继续发生，同时滚道表明会呈现类似于结霜的形态。这个时候，被拉伤的滚道表面甚至会出现沿着滚动方向的微毛刺。在这个区域，沿一个方向的表面非常光滑，而相反方向则十分粗糙。金属从滚道表面被拉开，最终剥落，如图 10-14 所示。

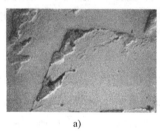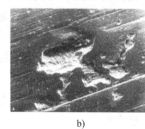

a）                  b）                  c）

**图 10-14 表面起源型疲劳**

a）滚道表面微裂纹 b）滚道表面微片剥落 c）表面起源型疲劳的发展

轴承润滑不良诱发表面起源型疲劳，而当表面起源型疲劳开始之后，接触表面粗糙度变得更差，接触产生更多热量，从而进一步降低润滑黏度。润滑黏度降低，再进一步削弱润滑效果，如此形成恶性循环。因此，轴承润滑不良导致的表面起源型疲劳发展十分迅速，轴承从开始出现失效到失效后期的时间很短，轴承迅速发热。往往要求一旦发现（通过振动监测和温度检测）异常，就立即停机检查，避免造成严重后果。

由于轴承表面起源型疲劳的原因多数与润滑相关，因此选择正确的润滑是防止轴承表面源起型疲劳的重要手段。

**2. 表面起源型疲劳举例**

表面起源型疲劳的主要原因是润滑不良。这种润滑不良可能出现在轴承滚动体和滚道之间，也可能出现在其他滚动零部件之间。下面举例说明轴承滚道与滚动体之间表面起源型疲劳。

图 10-15 所示为一个圆柱滚子轴承外圈滚道失效的例子。下面分析此例。

首先从接触轨迹角度判断，轴承的

**图 10-15 滚动体和滚道之间表面起源型疲劳**

承载在轴承内部沿轴向均布,且位于轴向中央部分。这说明圆柱滚子轴承承受纯径向负荷,无偏心等其他不良负荷,轴承滚道损伤部位位于轴承承载区。

仔细观察轴承滚道表面,发现表面粗糙度异常,且表面材料有方向性观感。轴承滚道呈现表面疲劳指征。观察轴承失效痕迹周围,可以判断此轴承处于失效初期。

表面源起型疲劳与润滑和最小负荷相关。

润滑不足或者油脂黏度过低时,金属直接接触,如果轴承内部是纯滚动,这表明疲劳初期会出现表面抛光。但是这个实例中,表面失效呈现方向性粗糙的表面起源型痕迹,不符合这一指征。

润滑过量、油脂黏度过高或者最小负荷不足的时候,轴承滚动体和滚道之间有可能出现无法形成纯滚动的情况,因而会在滚道表面直接拉伤,观感就是粗糙的拉伤,图 10-16 所示与此相符。

通过以上分析,可以判断这个轴承表面疲劳与最小负荷、油脂填充量,以及黏度(温度)有关。

由此,建议检查轴承最小负荷、油脂牌号、运行和起动温度,以及油脂填充量。

上述案例中,继续观察滚道失效痕迹旁边有滚道变色,这是由于表面疲劳润滑不良带来的高温所引起的。

仔细观察还可以看到圆柱滚子轴承挡边部分有摩擦痕迹。这证明这套轴承可能是外圈引导的圆柱滚子轴承,且轴承保持架和挡边端面出现了摩擦。从前面介绍的内容可知,当油脂黏度过高时,对于外圈引导的圆柱滚子轴承,其保持架和端面之间很难实现良好的润滑。这从另一个角度印证了前面对表面观察的判断。

圆柱滚子轴承安装不当,在前面轴承安装拆卸和轴承噪声部分都提及圆柱滚子轴承安装时造成滚动体或者滚道表面的拉伤会引起轴承噪声等现象。下面我们从轴承失效分析角度再看看这个问题。

图 10-16 为一套圆柱滚子轴承安装不当造成的滚动体表面拉伤照片。

**图 10-16 安装不当引起的圆柱滚子轴承表面起源型疲劳**

从接触轨迹角度来看,图 10-16 所示的滚动体和滚道表面呈现轴向痕迹。这种接触和相对运动在轴承正常旋转时是不可能出现的，唯一的可能性就是轴承安装时，如果直接将滚动体组件连同端盖直接推入轴承，滚动体组件在滚道表面是滑动摩擦，此时滚动体和滚道表面没有润滑，滚道和滚动体表面会被拉伤，从而留下接触轨迹。

从轴承失效分类角度看，如果这种滑动摩擦不严重，仅仅是造成滚动表面微凸点被拉伤，则此时肉眼难以察觉。但经过长时间运行，表面剪应力反复作用，就产生了表面起源型疲劳。这些疲劳部位从被拉伤的微凸点开始向周围扩展，宏观上就呈现出和滚子间距相等的失效痕迹。

如果这种安装引起的滑动摩擦比较严重，将可能直接造成滚道或者滚子表面的擦伤。这种擦伤未经轴承运行便已经可以被察觉到，待轴承运行时，轴承失效会开始恶化。从轴承失效分析角度来讲，这属于轴承的磨损一类（详见后续内容）。

通过上述分析，我们从轴承失效分析角度解释了为什么在安装拆卸推荐中，建议安装之前在滚道表面涂一层油脂，同时安装时尽量左右旋转着旋入端盖组件，而不是直接推入。

## 三、磨损

轴承的磨损是指在轴承运转中，滚动体和滚道之间表面相互接触（实质上是微凸体接触）而产生的材料转移和损失。

严格意义上讲，轴承的磨损也是发生在表面的，是与表面疲劳类似，属于表面损伤的一种。但是它与表面起源型疲劳有区别。表面起源型疲劳是在轴承表面产生微凸体裂纹，从而随着负荷的往复开始发展的轴承失效。而磨损是指在表面直接造成材料的挪移和损失。可以理解为磨损更严重，不需要往复的表面剪应力就已经成为一种损伤，同时磨损伴随着材料的减少或者转移。

### （一）磨粒磨损

轴承的磨粒磨损指的是由内部污染颗粒等充当的磨粒而造成的轴承磨损。

轴承内部的污染颗粒可能来自轴承安装过程中对轴承或油脂的污染，也可能来自密封件失效后轴承内部进入的污染。

另外，当轴承出现疲劳剥落时的剥落颗粒也可能成为次生磨粒磨损的磨粒来源。

在前面轴承润滑部分中曾经提及，二硫化钼作为极压添加剂使用时，如果轴承转速很高，则二硫化钼添加剂在这个时候也会充当磨粒的作用而损伤轴承。

### 1.磨粒磨损的机理（原因）、表现及对策

磨粒磨损的发生是和磨粒不可分割的。若接触表面之间存在其他微小颗粒，在接触表面承载并相对运动时，这些小颗粒就会被带动并在接触表面间承载移动，充当摩擦颗粒的作用对接触表面造成损伤。轴承的磨粒磨损都会伴随着轴承材料的遗失，初期宏观表现为轴承滚道及滚动体表面的灰暗。进而，原本进入的污染颗粒和刚刚被磨下来的金属材料一起成为磨粒，使磨粒磨损进一步恶化。图10-17为某调心滚子轴

承滚道表面轻微的磨粒磨损，图中可以观察到磨损部分与其他部分的滚道表面的差异。

对于轴承而言，磨粒磨损可能发生在滚动体和滚道之间，也可能发生在滚动体和保持架之间，甚至保持架与轴承圈之间。轴承发生磨粒磨损的发展是过程性的失效，失效出现时，轴承内部剩余游隙会变大，有时轴承的保持架兜孔与滚动体的间隙也会变大。随着磨粒磨损的发展，轴承会出现过快发热和异常噪声等现象。

图 10-17　调心滚子轴承滚道表面轻微的磨粒磨损

轴承磨粒磨损严重程度以及发展速度与轴承内部污染程度、轴承转速、负荷的情况相关。

通过上述内容可知，轴承的磨粒磨损多数与污染颗粒有关，因此注意轴承使用过程中的清洁度以及对轴承使用正确的密封，是防止轴承磨粒磨损的重要措施。

**2. 磨粒磨损举例**

图 10-18 所示为一个深沟球轴承磨粒磨损失效的保持架。从图中可以看出保持架有很多材料的损失。这时拆开轴承，会发现轴承油脂里有大量的金属碎屑夹杂其他污染颗粒，轴承保持架兜孔变大，保持架材料被磨损。

图 10-18　保持架磨粒磨损

通常这样的轴承保持架磨粒磨损会伴随着对轴承滚道的磨粒磨损。磨粒磨损发生时应该及时检查轴承密封、润滑等部分，查找污染进入的原因。

从图 10-19 中不难发现原本光亮的轴承滚道变得灰暗，仔细观察会发现上面布满微小的坑。这就是轴承运行时候由于污染进入轴承内部引发磨粒磨损而造成的。轴承的这种状态继续发展下去就会使滚道表面出现大量的材料损失。

图 10-19 中可以见到，轴承滚道表面颜色灰暗，内圈严重变形，变形的原因是轴承圈有一些部分被磨薄。轴承油脂内部含有大量轴承钢的金属材料以及其他污染颗粒。此时建议检查轴承密封和润滑的清洁性。

图 10-19　滚道磨粒磨损

### （二）黏着磨损

轴承黏着磨损也被称作涂抹磨损、划伤磨损、黏合磨损。通常是指轴承运转时，由于滚动部件之间的直接摩擦而使材料同一个表面向另一个表面转移的失效模式。

#### 1.黏着磨损的机理（原因）、表现及对策

轴承滚动体和滚道直接接触时，如果有比较大的力并有足够的相对运动，就会发生两个表面在一定压力下的滑动摩擦。通常这种摩擦伴随着较多的发热，甚至使轴承材质出现"回火"或者"重新淬火"的效果，并且在这个过程中还有可能出现负荷区的应力集中，从而导致表面开裂或者剥落。而此时温度又很高，剥落下来的材料会被黏着到另一个接触表面之上。这样的结果就是我们所说的黏着磨损。

由上可见，黏着磨损产生的基本条件（特点）是：表面相对滑动；摩擦产生较大热量；金属材质被"回火"或者"重新淬火"，从而出现剥落；材料的转移。

轴承发生黏着磨损可能的原因包括：①轴承过快的加速度运行；②轴承最小负荷不足；③轴承圈和轴承室相关部件之间的蠕动等。要避免这些情况的发生，可以采取如下措施：①保证油膜处于流体动力润滑状态，避免接触表面出现退化；②选择合适的添加剂，防止滚动表面的滑动；③保证润滑的洁净度，避免滚动表面磨损。

黏着磨损的宏观表现是轴承的温度升高同时发出尖锐噪声。其中温度升高会十分显著。伴随着温度升高，润滑恶化，出现恶性循环，最终导致轴承损坏。这样的轴承高温除了恶化润滑，还会对轴承本身带来恶劣影响。一般地，轴承可以在热处理稳定温度以下运行（请参考本书轴承基础知识部分）。当轴承温度高于此温度时，轴承材料的硬度等会受到影响而降低。轴承材料硬度每降低 2～4 个洛氏硬度，轴承寿命就会降低一半。

为避免轴承发生黏着磨损，应该改善轴承的润滑，在根据实际工况选择合适的润滑黏度的同时，还要综合考虑轴承的频繁起动问题、过快的加速度起动问题，以及轴承内部不可避免的滑动问题（诸如滚动体与挡边的滑动摩擦）等。

#### 2.黏着磨损举例

滚道负荷区位置的黏着磨损是在轴承运转时，滚动体进出负荷区时会出现相对滑动。如果轴承运行于过快的加速度时，滚动体和滚道表面就会出现"涂抹"现象，也就是我们说的黏着磨损。图 10-20 所示就是一个圆柱滚子轴承内圈上的痕迹。图中轴承内圈上有比较明显的沿滚动方向的摩擦痕迹，并且表面有材料损失的状况发生。

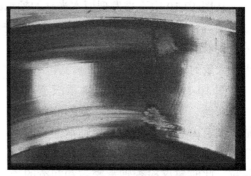

图 10-20　滚道负荷区黏着磨损

当轴承所承受的负荷无法达到最小负荷时（请参考轴承大小选择部分），滚动体在滚道内无法形成纯滚动，也就是出现了打滑。这样的承载打滑也会使接触表面出现黏着磨损。

另外，滚动体和滚道之间在相对转速过小时，也有可能发生黏着磨损。

我们知道圆柱滚子轴承中除了 NU 和 N 系列以外，其他内外圈均带挡边的圆柱滚子轴承可以承载一定的轴向负荷。同时圆锥滚子轴承也可以承载一些轴向负荷。但是这些滚动体轴承承载轴承负荷都是通过滚动体端面和挡边之间的滑动摩擦实现的。

由于这些轴承轴向负荷承载能力是通过滑动摩擦实现的，因此对承载就有一定限制。承载不能过大（可以根据相关资料进行计算）；速度不能过快（可计算）。超过这些限制就会出现如图 10-21 中所示轴承失效。

图 10-21 是一套圆柱滚子轴承（双侧带挡边）承受轴向负荷时，其滚动体端面的照片。

从接触轨迹角度来看，正常的圆柱滚子轴承不应该承受轴向负荷，即便带挡边的圆柱滚子轴承通常也仅仅适用于轴向定位。但是在图 10-21 给出的这套轴承中发现了滚动体端面的接触轨迹，说明该轴承曾经承受了轴向负荷。

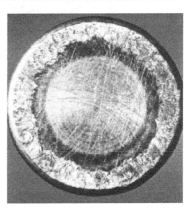

**图 10-21　滚动体端面黏着磨损**

从失效归类的角度可以看出图 10-20 给出的滚动体端面有多余的材质黏着。如果观察轴承圈挡边会发现材料的遗失。由此可以判定为轴承滚动体端面和挡边之间发生了黏着磨损。此时应该检查轴承是否承受了轴向负荷，并予以适当调整。

## 四、腐蚀

轴承钢材质在一定条件下发生化学反应而被氧化，从而引起的轴承失效即轴承的腐蚀。从腐蚀的过程和机理上划分，有锈蚀和摩擦腐蚀两种类型。

### （一）锈蚀

轴承是由轴承钢加工出来的，当轴承钢与水、酸等介质接触时，会被其氧化生成氧化物。而被氧化的材质与未被氧化的材质一起，其强度发生变化，并有可能产生腐蚀凹坑。如果轴承继续运行，就会在腐蚀凹坑的位置出现应力集中，进而产生小片剥落。

潮湿的工作环境会使轴承的润滑剂中含有水分。这些水分会成为轴承发生锈蚀的重要诱因。除此之外，润滑剂中的水分对润滑影响很大。通常润滑剂中含有 0.1% 的水分就会使润滑的有效黏度降低 50%。图 10-22 为轴承的滚道受水分影响而出现腐蚀的示例。

a)                                                    b)

**图 10-22  滚道锈蚀**

a）示例 1  b）示例 2

另一方面，有些润滑剂含有可以使轴承某个部件氧化的成分，这些成分会造成轴承锈蚀。因此在选用新润滑剂时除了选择合适的黏度，还需要考虑润滑剂成分对轴承材质的影响（曾有风力发电机轴承铜保持架与所选用润滑剂发生化学反应变黑的案例）。

通常，轴承生产完成之后都会进行防锈处理。因此出厂的新轴承表面都有一层防锈油，一般而言，轴承的防锈油的防锈功能都会有一定的期限（具体期限可咨询轴承生产厂家会查阅相关资料）。因此，请在防锈油失效之前将轴承投入使用或者进行再次防锈处理。另外，一般轴承生产厂家使用的防锈油可以和大部分润滑剂兼容，因此在使用之前，请不要将轴承的防锈油清洗掉，这样一方面可以保护轴承，另一方面避免在清洗过程中对轴承的污染。

轴承锈蚀是由污染带来，那么，注意轴承的防护就成为了应对轴承锈蚀的主要措施，例如加强轴承的密封、储存，以及组装环境的清洁等。

**（二）摩擦腐蚀（摩擦氧化）**

在接触表面出现相对微小运动时，接触金属表面微凸体被磨去，这些微小的金属颗粒很容易发生氧化而变黑形成粉末状锈蚀（氧化铁）。在接触应力的作用下，这些氧化的锈蚀附着在金属表面形成摩擦腐蚀（摩擦氧化）。由此可见，摩擦腐蚀是由于摩擦和腐蚀两个过程组成，总体上是一个化学氧化的过程，属于腐蚀一类的轴承失效模式。

在不同接触摩擦状态下，摩擦腐蚀产生的表观和内在机理有所不同，因此我们又将摩擦腐蚀分为微动腐蚀和伪压痕（振动腐蚀、伪布氏压痕）。

**1. 微动腐蚀（摩擦锈蚀）**

**（1）微动腐蚀的机理（原因）、表现及对策**

轴承通过配合安装在轴上和轴承室内，在轴旋转时，轴和轴承内圈之间、轴承室和轴承外圈之间有相对运动的趋势。当配合选择较松的时候，金属接触表面会发生微小的相对运动。这种微小的相对运动会将接触表面的微凸体研磨下来形成微小金属颗粒，这些微小金属颗粒氧化后形成金属氧化物（氧化铁颗粒），它们在微动中被压附在轴承金属表面上，呈现出生锈的样貌。这就是我们所说的微动腐蚀。图 10-23 是一套有微动腐蚀的轴承内圈照片。

**图 10-23　微动腐蚀的轴承内圈**

由此可见，微动腐蚀的特点是其发生在相对微动的接触表面之间（通常是相对配合面）；呈现氧化的表观；有时有生锈粉末；伴随部分金属材料损失。

微动腐蚀初期宏观上的表象是配合面呈现类似生锈的样貌。随着材料的遗失，配合面的配合进一步被破坏，微动腐蚀更加严重甚至出现配合面大幅度的相对移动，就是我们俗称的跑圈现象。

我们在观察轴承配合面"生锈"痕迹时，切不可当作生锈进行处理。此处"锈迹"也不是一般生锈原因造成的。也有人提问：配合面没有氧气，何来生锈？微动腐蚀的机理可以帮助我们解答这个问题。

微动腐蚀有时不仅发生在轴承内圈上，还会发生在轴承室与轴承接触的地方，造成轴承室内部的凹凸、锥度，以及过度磨损等情况。此时，轴承室不能为轴承提供良好的支撑。轴承内圈在不良支撑下承载运行会造成断裂，通常这种断裂都是在滚道上沿轴向方向的，如图 10-24 所示。

防止微动腐蚀的对策主要就是选择正确的轴与轴承内圈、轴承室与轴承外圈的配合尺寸。有时采取其他防止轴承外圈"跑圈"的措施，比如 O 形环和带卡槽的轴承等。

**（2）微动腐蚀举例**

1）轴承外圈微动腐蚀。图 10-25 所示为一个球面滚子轴承外圈微动腐蚀。从接触轨迹的角度可以看到，轴承外圈和轴承室接触的外表面呈现类似生锈的现象。"锈迹"点分布在滚道对应的外面。从失效分析的角度来讲，轴承外圈外表面"锈迹"不可擦除，其他无异常，这是微动腐蚀所致。建议检查轴承外圈和轴承室的配合尺寸，避免外圈蠕动继续发展破坏轴承运转状态。

图 10-24　微动腐蚀引起的轴承内圈断裂

图 10-25　轴承外圈的微动腐蚀

在本书轴承公差配合部分我们谈及了正常的轴承配合，考虑轴承圈的挠性，轴承外圈总会有相对于轴承室的蠕动趋势。这种蠕动趋势无法避免，因此会导致微动腐蚀。因此，在进行齿轮箱维护时，如果发现轴承外圈有轻微的微动腐蚀迹象，在通过检查轴承室尺寸，配合正常的情况下，可以不用做特殊处理。此时考虑的重点是，这个微动腐蚀是否严重，以及是否有继续扩大发展的趋势。如果有，则需要进行相对纠正。

2）轴承内圈微动腐蚀。图 10-26 所示为轴承内圈微动腐蚀。对于内转式设备，一般轴承内圈和轴之间配合相对较紧，即不希望轴承内圈和轴发生相对运动，若出现相对运动，则会严重影响轴承滚动体的运转状态。

当轴承内圈和轴配合不良时，轴承内圈和轴之间会发生蠕动，从而产生如图 10-26 所示的微动腐蚀。轴和轴承内圈之间的配合不良包

图 10-26　轴承内圈的微动腐蚀

括尺寸配合过松，或者几何公差不当。图 10-26 所示为轴承内圈均匀分布微动腐蚀的痕迹。从接触轨迹的角度观察，应该是内圈配合过松所致。

相比于外圈微动腐蚀，内圈微动腐蚀发生时产生的影响更容易产生恶性循环。内圈一旦有微动腐蚀，将造成配合进一步变松，则轴在旋转时其配合力更难以带动轴承内圈，从而滑动加剧，情况更趋恶劣。另外，与外圈相比，轴靠与轴承内圈之间的滑动摩擦带动轴承内圈旋转，而轴承外圈本来不需要旋转，因此轴承内圈和轴之间的摩擦趋势更明显，更容易出现微动腐蚀现象。因此，一旦发现轴承内圈微动腐蚀，应尽快进行纠正。

**2. 伪压痕（振动腐蚀，伪布氏压痕）**

**（1）伪压痕产生的机理（原因）、表现及对策**

当滚动表面出现往复性相对运动时，在轴承滚动体和滚道表面接触的材料会出现

微小运动。如果滚动体在滚道表面是纯滚动，那么这种微小运动可能是由于挠性原因而出现的回弹运动；如果滚动体和滚道之间产生了微小的相对运动，那么这种微小运动可能是滚动体和滚道表面的相对滑动。

不论是回弹运动还是相对滑动，金属表面的微凸体都会由于疲劳而脱落。这些微小的金属颗粒有可能被环境氧化。由于轴承内部润滑脂的存在，润滑剂覆盖了接触表面，这些微动痕迹和金属颗粒的氧化发生较少。但是这样的微动持续进行，会在滚道及滚动体表面形成凹坑，且凹坑的痕迹和滚动体相关。对于滚子轴承，多数为直线形状；对于球轴承，多数为点状。

出现这些后续变化的前提是"往复性"相对运动，这经常发生在振动的工况中。当轴承处于静止不转的场合时，形成的凹坑间距与轴承滚动体间距相当；当轴承处于运转的振动场合时，滚道表面留下的凹坑间距比滚动体间距小。

图 10-27　圆柱滚子
轴承伪压痕

上述现象如图 10-27 所示。

**（2）伪压痕举例**

1）运输过程中产生的伪压痕。设备从生产厂发送到用户必经运输。在运输过程中轴承处于静止状态，但是运输过程中的路途颠簸和车辆的起、停、转弯，都会使轴承滚动体在内圈上出现相对的蠕动。由微动腐蚀的机理可知，此时轴承滚道上很容易就会产生伪压痕类型的轴承失效。所以很多设备都会遇到这样的问题：生产制造测试环节噪声合格，但是运抵客户现场试车时就出现异常噪声问题。这就是由于运输过程中轴承内部出现伪压痕的情况。

2）船舶上使用的设备在停用较长时间产生的伪压痕。有时候会出现设备正常运行时轴承噪声正常，一旦停机一段时间再启用时，轴承出现了异常噪声。这种情况下，设备运转时振动负荷不会在齿轮箱轴承滚道固定部分往复运动，因此不会出问题。但是设备停止工作时，就构成了生成伪压痕的条件。要避免这种情况的出现，可以在轴承选择油脂时适当选用含有极压添加剂的油脂，防止轴承不运转时滚动体和滚道的直接接触，以削弱伪压痕的形成。

## 五、电蚀

电蚀是指当电流通过轴承时对轴承造成的损伤失效模式。由于机理不同，我们把轴承电蚀分为由于电压过高造成的电蚀和由于电流泄漏造成的电蚀。

**（一）瞬时电流过大（电压过高）造成的电蚀**

轴承内圈、外圈和滚动体都是轴承钢制成的，它们都是良好的导体。轴承运行之前需要施加润滑，则在从轴承的一个圈到滚动体再到另一个圈的路径中，润滑剂相当于放入它们三者之间的绝缘介质。在轴承外圈和滚动体之间的润滑一起构成了一个电容，相同的在轴承内圈和滚动体之间也构成电容，我们可称之为接触点电容。当由于外界原因，接触点电容两端有电动势（或者说电压）时，油脂起阻隔作用，或者说是绝缘介质作用。当该电动势（电压）达到一定值时，就会击穿电容。

击穿的过程是以火花放电的形式出现的。在击穿时，局部火花温度很高。这个温度一方面会使油脂碳化；另一方面会使轴承表面在高温下出现熔融，从而呈现微小凹坑。这些凹坑的直径可达100μm，如图10-28所示。

轴承运行时滚动体是转动的，滚动体和滚道的接触点是移动的。随着滚动体的滚动，接触点的两个接触面会被分离开，出现类似"拉电弧"的效应。这种情况加剧了放电效应。

当轴承滚道上出现了这样的电蚀凹坑，滚动体滚过时，就会在凹坑边

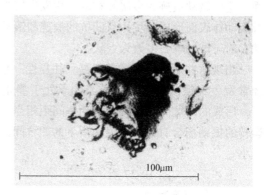

图 10-28　过电压产生的电蚀坑

缘产生应力集中。而凹坑形成时，由于高温使凹坑处轴承钢结构发生变化，在凹坑附近形成变脆的一层，在应力集中的情况下更加容易剥落。由此开始，轴承的次生失效发生。

对于电压过高而出现电蚀的轴承，首先是油脂退化，在油脂中可以找到碳化的痕迹，在轴承滚道上也可以见到明显的电蚀凹坑。轴承运行的宏观表现，初期是噪声，随着失效的发展，轴承噪声变大、温度升高。

### （二）由于电流泄漏造成的电蚀

实验表明，即便很小的电流通过轴承，而且并未形成上述电压过高时形成的大电蚀凹坑的情况下，轴承滚道表面依然会出现微小的电蚀凹坑，随着轴承的旋转，凹坑将逐步发展为波纹状凹槽。当凹坑刚刚出现时，均布于滚道表面，使滚道呈现灰暗状。通常，在一定转速下旋转，微小的电压积累会通过润滑膜的电流呈现一定频率的脉动性。所以，经过一段时间后，滚道上面的微小电蚀凹坑会呈现一定的聚集。聚集的结果就是形成了间距相等的电蚀凹坑槽，有时我们将这种纹路称作"搓板纹"（ISO标准中用词为 Fluting，意为衣料上的细纹；国标中翻译为"电蚀波纹状凹槽"；本书称之为"搓板纹"，这是行业内的习惯称谓）。而对于球形滚动体（滚珠）而言，由于存在自旋和公转，所以微小凹坑的发生不具备可以聚集的因素，因此均匀分布于滚动体表面，没有特征的分布，但柱状滚动体会有"搓板纹"。上述现象如图10-29所示。

搓板纹和伪压痕经常容易被混淆，可根据如下差异加以区别：

**图 10-29　轴承通过电流产生的电蚀"搓板纹"**

1）出现搓板纹的轴承滚动体表面发污、光洁度下降、条纹间隔均匀。这是由于布满凹坑的原因。用显微镜观察滚动体和滚道，会发现上面布满了微小的电蚀凹坑。

2）出现伪压痕的轴承，滚道上呈现压痕，同时滚动体上也有可能出现压伤的痕迹。通常滚动体硬度比套圈大，即便滚动体上不出现压伤痕迹，其整体光洁度也不应该变暗。通过显微镜观察，伪压痕处呈现机械磨损特征，没有电蚀凹坑。

## 六、塑性变形

当轴承受到的外界负荷在轴承零部件上产生超过材料的屈服极限时，轴承零部件就会发生不可恢复的变形，这种失效模式被定义为塑性变形。

ISO 标准中把塑性变形分为如下两种不同类别：

1）宏观：滚动体和滚道之间接触载荷造成在接触轨迹范围内的塑性变形。

2）微观：外界物体在滚道和滚动体之间被滚辗，在接触轨迹内留下的小范围塑性压痕。

其实这种分类的实质都是一样的，都是指轴承零部件发生不可逆的塑性变形。

### （一）过负荷（真实压痕）

轴承在静止时所承受的载荷超过轴承材料的疲劳负荷极限时，在轴承零部件上就会产生塑性变形；轴承在运转时，如果承受了强烈的冲击负荷，也有可能超过轴承零部件的疲劳负荷极限而发生塑性变形。这两种情形都归类于过负荷塑性变形。

从过负荷塑性变形的定义可以看到，过负荷需要有如下特点：

1）轴承承受很大的静态负荷或者振动冲击负荷。

2）轴承零部件在负荷下出现不可逆变形。

3）等滚动体间距的表面退化（塑性变形痕迹间距与滚动体间距相等）。

4）轴承操作处理不当。

在轴承选择时，如果已知轴承处于低速运转状态，当速度很低时需要对轴承的额定静负荷进行校核，以避免轴承出现过负荷引起的塑性变形。同时，如果轴承可能经历巨大的冲击振动负荷，则也要在轴承选型上进行斟酌。在这些情况下，除了考虑过负荷会引起塑性变形之外，还需要注意改善润滑。

轴承操作不当引起的过负荷塑性变形，需要对操作中的错误进行纠正。

### （二）颗粒压痕

#### 1.颗粒压痕的机理（原因）、表现及对策

理想状态的轴承运转下，轴承滚动体和滚道之间只有油膜承压。当有其他颗粒进入承载区域时，这些颗粒将在滚道上被碾压，滚道和滚动体上会出现压痕。不同的颗粒在滚道上的压痕也不尽相同。

#### 2.颗粒压痕举例

如果轴承内部出现软质颗粒（木屑、纤维、机加工铁屑），则软质颗粒会被压扁，同时在滚道上留下类似扁平的压痕，这些压痕边缘并不尖锐，呈现平滑的趋势，如图 10-30 所示。软质颗粒会造成润滑失效，相应地，在滚道和滚动体表面留下的压痕也会造成应力集中。这些都会引发轴承次生失效。其宏观表现包括轴承的发热和异常噪声。污染颗粒引起的轴承振动会出现不规则的峰峰值。

如果轴承内部出现硬质颗粒（硬淬钢、硬矿物质颗粒等），那么硬质颗粒会在负荷区被碾压，首先在滚道上产生压痕，同时硬质颗粒可能会被压碎，碎屑在旋转方向扩散，同时被继续碾压，进而发生次生颗粒压痕，如图 10-31 所示。

图 10-30　软质颗粒压痕

图 10-31　硬质颗粒压痕局部

在显微镜下可以观察到硬质颗粒产生的颗粒压痕边缘呈现相对尖锐的状态，并且沿着轴承旋转方向扩散。往往一个压痕后面跟着若干偏小的压痕。同时压痕下面呈现类似于图 10-32 中所示的扩展性。

硬质颗粒导致的颗粒压痕也会引起轴承表面起源型疲劳。轴承出现异常噪声和发热，同时在振动监测时会出现偶发性不规则的峰峰值。

轴承出厂时进行的振动测试中，有的生产厂家进行了振动的峰峰值测试，其目的就

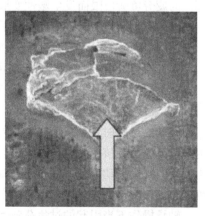

图 10-32　硬质颗粒压痕

是检查轴承生产制造过程中的污染情况，查看轴承内部是否存在未清洗干净的污染颗粒。

GB/T 6391—2010《滚动轴承　额定动载荷和额定寿命》描述了颗粒压痕对轴承寿命的影响。可以参考。

不论是软质颗粒还是硬质颗粒，都是轴承运行时不允许出现的。究其来源，多数与污染有关。因此要严格控制轴承安装使用时的清洁度。比如，不用木板添加油脂、不用棉质手套搬运轴承、保持油脂清洁、保持安装场所清洁等，都可以在很大程度上改善由于污染带来的轴承颗粒压痕失效。

### （三）不当装配压痕

#### 1. 不当装配的机理（原因）、表现及对策

在对轴承进行安装等操作时，轴承滚动体等部件在受到冲击负荷的情况下也会在滚道表面挤压出塑性变形的痕迹。

齿轮箱生产过程中用锤子敲击轴承的错误做法，除了敲击本身会损坏轴承以外，敲击力通过滚动体在滚道之间传递，也会在滚道上产生塑性变形。

改善轴承安装工艺，使用正确的工装以及安装手法，可以避免此类问题的发生。此内容在轴承安装部分已有详述，此处不再重复。

#### 2. 不当装配举例

图 10-33 所示为轴承在安装时出现的不当装配。从图中可见，轴承内圈侧面有一处为安装时直接敲击产生的损坏，而轴承滚道一侧，留下了滚动体在冲击安装力下挤压滚道而产生的压痕。

图 10-33　不当装配的轴承损伤

## 七、断裂和开裂

当轴承所承受的负荷在轴承零件上产生的应力超过其材料的拉伸强度极限时，轴承材料会出现裂纹，裂纹扩展后，轴承零件的一部分会和其他部分出现分离而造成轴承失效，这种轴承失效被称为轴承断裂和开裂失效。

根据轴承断裂和开裂的原因，大致分为过负荷断裂、疲劳断裂和热裂。

### （一）过负荷断裂

轴承由于应力集中或者局部应力过大，超过材料本身的拉伸强度时，轴承圈就会出现过负荷断裂。

导致过负荷断裂的应力集中可能来自负荷的冲击、配合过紧、外界敲击等因素。

在对轴承进行拆卸时，所用拉拔器部分的应力集中也是造成过负荷断裂的原因之一。

图 10-34 所示为轴与轴承配合过紧而导致的轴承内圈过负荷断裂。

**（二）疲劳断裂**

疲劳断裂是材料在弯曲、拉伸、扭转的情况下，内部应力不断超过疲劳强度极限，往复出现多次之后，材料内部出现的裂纹。内部裂纹首先出现在应力较高的地方，随着轴承的运转，裂纹不断扩展，直至整个界面出现断裂。

轴承的疲劳断裂经常呈现大面积的滚道疲劳破坏，同时在断裂区域内呈现台阶状，也是呈现线状。图 10-35 为一个深沟球轴承疲劳断裂图片。

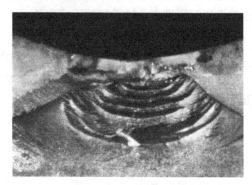

图 10-34　过负荷断裂的轴承内圈　　　　图 10-35　深沟球轴承疲劳断裂

疲劳断裂出现在轴承圈和保持架之上。当轴承室支撑不足时，也会使轴承圈出现不断弯曲，最终断裂。

**（三）热裂**

零部件之间发生相对滑动而产生高摩擦热量时，在滑动表面经常会出现垂直方向的断裂，这种断裂被称为热裂。

发生热断裂时，摩擦表面由于高温而出现颜色变化。

一般而言，热裂往往与不正确的配合以及安装操作造成的轴承圈"跑圈"相关。

# 第三篇
# 风力发电机组齿轮箱轴承应用

组成风力发电机组的主要机械设备包括齿轮箱、发电机、主轴和变桨偏航及其他系统等。这些子设备（群）的内部结构、工作原理、功能等均有较大差异，因此对轴承的应用要求不同，本篇起，将对这些子设备（群）中的轴承应用技术进行针对性的介绍。

风力发电机组中使用的齿轮箱的基本工作机理与一般工业齿轮箱相似，但是由于风力发电机组自身的特殊性，风力发电机组中的齿轮箱工作负荷状态和工作环境状态等因素与一般的工业齿轮箱存在着较大的差异。经过长时间的应用和经验积累，风力发电机组齿轮箱已经逐渐成为相对独立的齿轮箱种类。因此，风力发电机组齿轮箱对轴承的要求也与一般工业齿轮箱存在一定差异。

风力发电机组齿轮箱轴承的一般通用知识可以参照第一、二篇相关内容。除了通用的轴承应用技术以外，本篇以风力发电机组齿轮箱为轴承应用的基本场景，介绍风力发电机组齿轮箱轴承的相关应用技术。

# 第十一章
# 风力发电机组齿轮箱作用及特点

风力发电机组中的齿轮箱的最主要功能就是增速，这也是为什么把他叫作增速箱的最直接的原因。不难发现，风力发电机组里的齿轮箱与工业齿轮箱的作用是一样的，都是改变齿轮箱两端的速度，只不过工业齿轮箱多数是用作减速，而风力发电机组中的齿轮箱适用于增速。由于风力发电机设计的原因，轮毂将风能传递至传动链后段时的转速是无法满足后续发电机的正常运行的。因此我们需要一个能将轮毂处的低转速升高至发电机可用的转速的装置。

当然，这样的设计是对传统式的风力发电机的要求，以下内容所有的关于齿轮箱的特点的介绍也只针对传统式或者混合式的风力发电机而言，对于直驱式的风力发电机，不在本书的讨论范围内。

因此，风力发电机中的齿轮箱最主要的功能就是增速，这也是为什么把他叫作增速箱的最直接的原因。看到这里，我们就会发现，风力发电机里的齿轮箱与工业齿轮箱的作用是一样的，都是改变齿轮箱两端的速度，只不过一个是减速，一个是增速。

## 第一节　风力发电机组齿轮箱的设计

在第一章的图 1-5 里我们给大家看了一个 600kW 的齿轮箱的简单设计，并且给大家简单地介绍了整个齿轮箱的传递过程。本节我们给大家介绍一下风电齿轮箱的设计。

图 1-5 中齿轮箱结构相对复杂，一般来说，风力发电机里面用的齿轮箱的增速比（输入转速与输出转速的比）都比较高，图 11-1 所示的齿轮箱的增速比大约在 1：45 左右，也就是说。如果轮毂处由于风能所带来的转速（齿轮箱的输入转速）在 15r/min 时，在传动链后端的发动机这里的输入转速（齿轮箱的输出转速）可以达到 675r/min。

从转速看，这是一个功率较小的风力发电机。如果以目前的海上风电的大兆瓦级的功率发电机的齿轮箱来看的话，设计更加复杂。

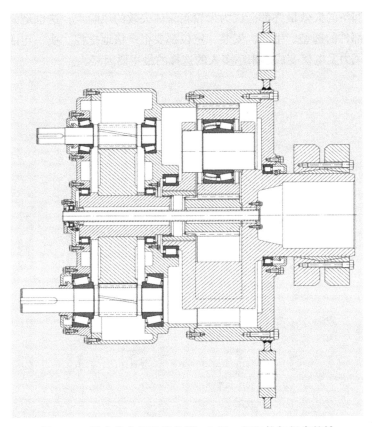

**图 11-1　风力发电机组齿轮箱，2 级，行星轮与斜齿轮轴**

　　这里我们暂且不详细介绍图 11-2 的设计，只是给出一个大致的概念，风力发电机的齿轮箱虽然说起来就是一个反转的工业齿轮箱，但是它内部的设计往往来得更复杂。涉及齿轮箱的设计，甚至是安装的考虑，以及日后维修保养都要在设计初期考虑进去。

　　风力发电机的设计是一个非常复杂的过程。因为我们在这个阶段不仅要满足最基本的齿轮箱功能，同时要满足齿轮箱在风力发电机里的作用。再者，我们又要求齿轮箱的重量更轻，结构更紧凑。

　　由于风力发电机安装位置的特殊性，我们还需要风力发电机的齿轮箱在长时间内不要进行太复杂或者太频繁的保养。这也就意味着，拥有复杂结构的风力发电机齿轮箱还需要保证长时间、高效、正常且不出现失效的运转。

　　这对齿轮箱的整机设计，以及齿轮箱的零部件设计，包括齿轮、轴承、轴、壳体、连接件、润滑、润滑系统都是非常大的考验。从图 11-2 我们可以看出，风力发电机组齿轮箱内部是一个零部件互相影响，同时错综复杂的机械设备。齿轮的啮合，轴承的失效，润滑的失效最终都会成为齿轮箱箱体失效的风险点，这也是为什么我们需要对各个零部件的选型、生产、安装、定位都要很严格地把控。换一句话说，这也就是直驱式的风力发电机变成越来越多人的选择的最主要因素。

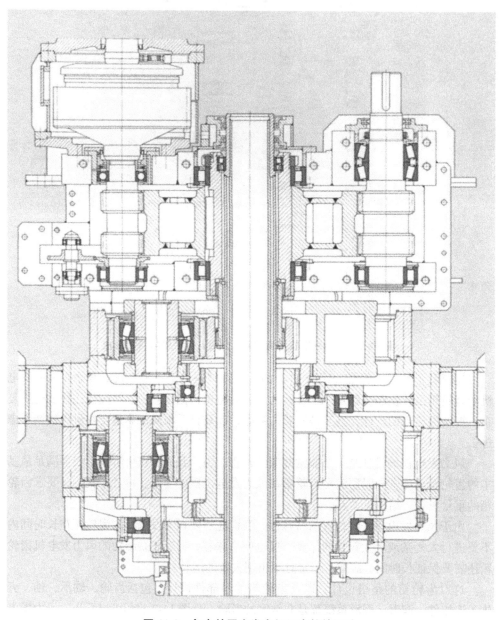

图 11-2　复杂的风力发电机组齿轮箱设计

## 第二节 风力发电机组齿轮箱的作用及特点

### 一、风力发电机组中齿轮箱的作用

风力发电机中齿轮箱的主要功能是将轮毂处在风力作用下所产生的转动惯量传递给发电机并使其得到相应的转速。

通常来说，风力发电机轮毂的转速很低，远达不到发电机发电所需要的转速要求，需要通过齿轮箱齿轮的增速作用来实现。直驱式风力发电机由于发电机的尺寸设计不同，因此不在此考虑范围之内。

### 二、风力发电机组中齿轮箱的特点

#### （一）运行环境恶劣

由于风力发电机需要安装在风能资源丰富的地理环境中，而风能资源丰富的环境一般来说都是人烟稀少、环境比较恶劣的地方，例如高山、荒野、滩涂、海面等风口处。而且风力发电机所受的风载荷方向无规律、载荷大小也不确定，同时还要面临着强阵风或者是极端恶劣天气的冲击，同时，风力发电机安装的环境还会受到极端温差的影响，例如严寒、酷暑等，加之所处自然环境交通不便，齿轮箱安装在狭小的机舱内，机舱的基础处在高空，通过塔筒与地基连接，比起固定在陆地上的其他普通设备，系统的刚性差很多。这使得整个传动系的动力匹配和扭转振动的因素集中反映在某个薄弱环节上。大量的实践证明，这个薄弱环节常常就是机组中的齿轮箱。

齿轮箱部分的技术挑战使得在长时间内，直驱式风力发电机的发展进入快车道。

#### （二）功率大

大功率是风力发电机齿轮箱的第二个特点。目前，主流机组已达到兆瓦级，2.5~3MW 的风力发电机是国内各风场的主流机型，随着风力发电机组的更新换代以及海上风力发电的快速发展，更大的兆瓦级风力发电机组正在不断地被研发出来。5MW 的风力发电机组现在已经进入商用时代，而且 8MW 及 10MW 的超大型风力发电机组已经被国内多家风力发电机主机厂商研发出来，甚至样机试制已经完成。

#### （三）速差大

通常叶轮的输入转速很低，远达不到发电机转子所要求的转速，必须通过齿轮多级增速传动来实现。而且由于风力发电机本身设计的空间就很小，需要在紧凑的空间内达到更高的转速比，因此风力发电机的齿轮箱设计一个很大的特点就是结构紧凑，速差大。

#### （四）对齿轮的精度要求更高

齿轮箱内用作主传动的齿轮精度，外齿轮一般不低于 5 级，内齿轮不低于 6 级。齿部的最终加工是采用磨齿工艺，尤其内齿轮磨齿难度甚高，这也是目前风力发电机齿轮箱制造遇到的一个比较严重的问题。在国内，能够设计生产风力发电机齿轮箱的厂商屈指可数，而且都集中在比较大型的制造商之中。对于中小型或者民营企业来说，风力发电机的设计以及加工制造成本甚高，再进一步说，风力发电机齿轮箱对设计人员的综合素质要求也非常高，因此，国内目前能自主研发风力发电机齿轮箱的研究机构或者齿轮箱厂商也比较少。

**（五）使用寿命要求长**

根据相关标准的要求，风力发电机的齿轮箱同风力发电机一起，要求使用寿命达到 20 年，甚至更长。但是。风力发电机运行的自然环境恶劣，因此，要满足这么长的使用寿命要求，对设计和制造来说都存在不小的难度。

**（六）维护困难、维护成本高**

风力发电机一般安装在交通不方便的地理环境中，并且齿轮箱安装在数十米高的塔顶部，同时空间狭小，即使可以在机舱内做维护的操作，也比较困难。另外，由于安装在高空，齿轮箱的安装和维护都需要特定的设备，比如大型吊车（起重机）等，这也给安装和维修带来了更多的问题。

**（七）可靠性要求高**

实际应用中，不仅对整机，甚至对齿轮箱内部的零部件都提出了更高的使用寿命和运行可靠性的要求。对结构件材料，除了常规状态下力学性能外，可能还需要具有低温状态下抗冷脆性等特性，对齿轮箱，要求工作要平稳，防止振动和冲击等。设计中要根据载荷谱进行疲劳分析，对齿轮箱整机及其零部件的设计极限状态和使用极限状态进行动力学分析、极限强度分析，疲劳分析，以及稳定性和变形极限分析。

**（八）对零部件的热处理要求也相应提高**

强调材料热处理的重要性就是要保证齿轮的疲劳强度和加工精度。一方面，由于风力发电机所受风载频繁变化，而且带有冲击，所以齿轮表面常产生微动点蚀而导致早期失效。这种失效与接触精度和硬化层物理冶金因素有关；另一方面，由于齿轮箱变速比大，所以采用平行传动加行星传动方式。而在行星齿轮中，为了提高齿轮强度、传动平稳性及可靠性，同时为了减小尺寸和重量，内齿圈也要求采用渗碳淬火及磨齿工艺。

**（九）噪声要求高**

风力发电机齿轮箱的噪声标准为 85dB 左右，而噪声主要来自于各传动部件，包括齿轮和轴承。因此，要满足良好的噪声标准，就需要提高齿轮的精度，增加啮合重合度，提高轴承系统的刚度，合理布置轴系和轮系的传动，避免共振的发生，必要时还需要采取减振措施，将齿轮箱的机械振动控制在标准规定的范围之内。

# 第十二章
# 风力发电机组齿轮箱常用轴承及轴承配置

前面，我们大概介绍了风力发电机组齿轮箱的功能和作用，与工业齿轮箱相比其自身的特点，以及基于这些特点，风力发电机的齿轮箱在设计上的差异。

由于风力发电机组齿轮箱设计的特殊性，应用工况较恶劣，而且对维护的要求较高，因此在对风力发电机的齿轮箱进行设计时，最主要需要考虑就是各个零部件的安全性、寿命和维护的方便。

在风力发电机组齿轮箱中，主要的部件与传统的工业齿轮箱相同，包括轴、轴承和齿轮。本章我们会跟大家详细介绍风力发电机组齿轮箱中的轴承以及轴承配置。

在上一章中曾经介绍过，由于风力发电机组齿轮箱需要很高的传动比，因此风力发电机组齿轮箱中多使用的是行星轮。在现代大兆瓦级的风力发电机里，两级甚至三级行星轮是使用的非常多的设计。由于行星轮的使用，就会导致整体齿轮箱的设计复杂程度有所上升。在传统的工业齿轮箱里，由于应用的需要，一般采用平行轴和垂直轴的设计比较多。但是在风力发电机组齿轮箱里，我们基本上不会看到垂直轴的齿轮啮合，因为在整个传动链里，我们不希望传动方向发生改变。因此行星轮和平行轴设计是我们在风力发电机齿轮箱最常见到的两种齿轮啮合方式。

这两种齿轮啮合方式虽然与传统工业齿轮箱的设计是一致的，但是由于应用场合的不同，我们对它们的要求也不一样，因此也会导致在轴承的选择上会有少许的不同。

## 第一节　风力发电机组齿轮箱里的行星轮

首先我们介绍一下风力发电机组齿轮箱设计中的行星轮。

### 一、行星轮简介

我们在前面的章节里跟大家简单地介绍过行星轮。由于在现代的风力发电机组齿轮箱里，行星轮是非常常用的齿轮啮合的配置，因此我们会在这里跟大家再做一个详细的介绍。

图 12-1 所示是一个简单的行星齿轮啮合的设计，也是在工业齿轮箱和风力发电机齿轮箱中最常用的设计。

一般情况下，行星齿轮的转动轴线是不固定的。行星齿轮安装在转动支架上，一般称之为行星架，行星齿轮与中间大齿轮啮合，我们把这个固定的齿轮叫作太阳轮。行星齿轮出了围绕自己的旋转轴旋转以外，行星齿轮自身的旋转轴和随着行星架围绕着太阳轮的轴向转动。如图 12-2 所示。

围绕着自己的旋转轴的转动称之为"自转"，围绕着太阳轮轴线的转动称之为"公转"，就像太阳系中的行星围绕着太阳旋转是一个道理，这也是为什么这个设计被称之为"行星轮"的主要原因。

图 12-1　行星齿轮啮合的设计

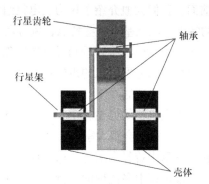

图 12-2　行星齿轮的旋转示意

行星齿轮传动与普通齿轮相比，有较多特点。

第一，行星齿轮在传动动力是可以进行功率分流，并且输入和输出轴可以设计在同一水平线上。这也是为什么行星轮传动现在被广泛地应用在各种机械传动系统的减速机中；第二，行星轮传动具有负荷重、传动比大的特点。因此在风力发电机的齿轮箱设计中，绝大多数都会使用行星轮传动，在有限的空间，或者说在更短的传动链设计中，可以得到同样尺寸下更大的传动比。

同时，由于行星齿轮的结构和工作状态的复杂性，行星齿轮较多会出现振动的问题，直观的感官上，我们在行星轮里会听到更多的噪声。而且，由于负荷重、传动比大的特点，行星轮的齿轮也比较容易出现翅根断裂等问题，从而会影响到整体齿轮箱的传动效率和使用寿命。

这是行星齿轮通用的一些特点和问题，如果我们把行星轮用在风力发电机里。除了上述的特点和问题以外，它还具有一些自身的原因。

第一，与传统式的齿轮箱相比，风力发电机齿轮箱是一个增速箱，也就意味着行星轮所有的传递过程与传统的工业齿轮箱相比就是相反的。基于这样一个设计情况，也就意味着对于风力发电机的齿轮箱来说，行星轮是作为输入端出现的。也就是说行星架或者外齿圈是整个载荷传递的第一个阶段，由于风力发电机载荷的特殊性，我们也就知道，在这个情况下，齿轮箱需要在很低的转速下输出极高的扭矩。

第二，作为整个齿轮箱的输入端，这里接收的是由主轴或者主轴系统传递过来的风载荷，这个载荷的大小、方向都是时刻变化的。而且变化是延续的。也就是说对于风力发电机的齿轮箱来说，稳定的工作状态就是一个载荷变化的状态。与我们之前了解的工业设备不同，之前我们在研究大多数工业设备的时候，我们都知道，变化状态在整个设备的生命周期里面只占其中很小的一部分，只有起停阶段或者故障阶段我们会遇到一些状态的变化，当然也有一些特殊的工业设备，例如振动筛之类的，载荷也是在发生变化的。绝大多数的传统工业设备，我们在定义它的"正常工作状态"时，一般都会理解成稳定的载荷，或者有规律变化，并且变化程度不大，包括转速。但是对于风力发电机来说，这种工作状态反而成了特例。

第三，由于风力发电机主机的安装位置一般都在地面以上几十米的距离。温度相对而言较低，因此所有的起停都是在我们一般意义理解的低温下进行的。

第四，其他风力发电机的齿轮箱还有一些特点以及面临的问题，例如低速、小转矩的工况，也就是我们通常意义上的空载运行。对于风力发电机来说，只有当风速达到设备的工作状态时，才能在真正意义上发电。但是风况以及风速都不是我们能控制的，因此，在大部分情况下，空载的概率还是挺高的。此时，风力发电机不发电，但是因为风一直有，又不能让风力发电机停住，所以只能让它空转，那么对于风力发电机齿轮箱里的轴承来说面临的就是低速、小转矩的运行，这种所谓的"工况"对轴承来说就是载荷很小、转速很低、滑动摩擦会增大。甚至对于一些轴承来说都无法达到轴承正常运行所需的最小负荷。

## 二、风力发电机组齿轮箱的设计

基于上述的特点，我们以目前市场上比较流行风力发电机设计为例，介绍一下风力发电机组齿轮箱内的轴承配置设计。诚然，风力发电机的设计现在已经步入了快车道，很多风力发电机设计机构，或者风力发电机主机厂以及配套的齿轮箱厂都在做更多、更高效的齿轮箱设计，笔者这里只是针对一些常规的或者说通用的设计来给大家做一些介绍，介绍的目的一是给大家一些简单的设计概念，下面我们还是以讨论轴承的配置为主。

### （一）一级行星轮设计

在风力发电机的齿轮箱设计中，一级行星轮加上一级或者多级平行（斜齿轮）的设计是相对来说比较简单的齿轮箱设计。图12-3是一个简单的一级行星轮加两级斜齿平行轴的齿轮箱设计。

该设计一般能用到最大功率到2.5MW的风力发电机里。而且这个齿轮箱输入端齿圈能够做的变形也比较多。可以独立的把主轴系统和齿轮箱系统分开，就是说主轴有两个主轴轴承，齿轮箱也有完整的轴承配置设计，主轴和齿轮箱之间通过联轴节进行连接。齿轮箱的外齿圈在设计时，可以与齿轮箱设计成一体以节省空间。

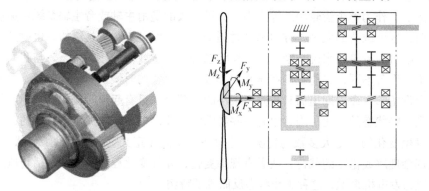

**图 12-3　一级行星轮加两级斜齿平行轴的齿轮箱设计**

### （二）两级行星轮设计

比一级行星轮设计更复杂一点的设计如图 12-4 所示，为两级行星轮再加一级斜齿平行轴的设计。

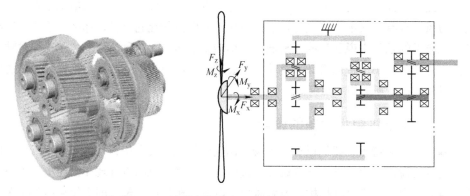

**图 12-4　两级行星轮加一级斜齿平行轴设计**

与上一个设计比较，我们就很明显的能看到区别，这个设计要比前一个一级行星轮的设计复杂了很多。虽然说平行轴只有一个，但是行星轮变成了两级。

从上面对行星轮的介绍我们就能看到，行星轮设计本身就比其他的齿轮啮合复杂了很多，再多一级，复杂程度是成几何程度上升的。

但是，伴随着复杂度的上升，带来的明显的特点就是这种设计的齿轮箱的传动比可以达到 1 : 100，也就是说速度可以达到 100 倍，这个对于风力发电机的齿轮箱来说是个非常利好的事情，那么现在我们就可以更直观的理解为什么在风力发电机的齿轮箱里要采用行星轮设计了。

两级行星轮的设计基本上可以满足目前市场上 6MW 级风力发电机的主机设计需求。可以看到，这种设计有时候会采用第一级 4 个行星轮，第二级 3 个行星轮的设计。

当然，随着风力发电机设计的不断发展，为了追求更大的传动比，同时也为了更大程度地缩小空间，风力发电机的齿轮箱设计正在不断地发展。本书因为篇幅所限，只从简单的原理入手，先了解在齿轮箱中的轴承应用。以此为契机，举一反三，来认识更多的、更复杂的齿轮箱设计。

## 三、风力发电机行星轮上各个部件的轴承配置

基于上一节对行星齿轮的介绍，我们就可以根据行星齿轮在风力发电机里的特点，以及风电发电机对行星齿轮的需求，来做轴承的选型。换个角度说，我们需要知道什么样的轴承适合使用在风力发电机的齿轮箱里。

如图 12-5 所示，在行星轮里，主要的零部件有行星架和行星齿轮，还有一个就是与后面平行轴啮合的低速轴，本节我们主要介绍一下这几个轴以及各个部件上的轴承配合。

图 12-5　行星轮和行星架

### （一）行星架里的轴承配置

行星架是整个行星轮机构中承受外力矩最大的零部件，同时它需要保证行星轮间的载荷分布均匀，也就是载荷沿着啮合尺宽的方向均匀分布。因此行星架的设计和制造要保证它具有较高的承载能力，同时要有一定的精度。

在风力发电齿轮箱中，行星架的运行特点主要为低转速。因为行星架这里是作为齿轮箱的输入轴存在的。在图 12-6 所示的行星架中，左侧连接的是风力发电机的主轴，因此行星架的转速会比较低，这里的转速就是风力发电机轮毂直接的转速，正常工作下，一般来说在 12 ~ 25r/min，当然此处不包括空载的时候。

另外，这里作为齿轮箱中传递扭矩的第一个零部件，整体需要承受的载荷较高。在某些风力发电机的设计中，这里还要承担一部分的主轴的重量（这个是比较特殊的风力发电机类型设计，我们在这里不多做讨论）。

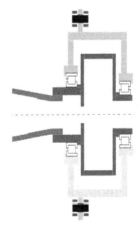

图 12-6　主轴与行星架

一般来说，风载荷在轴向和径向都会存在。但是在整个传动链里，齿轮箱前面还有一个主轴。对齿轮箱来说，基本上所有的因为风载荷产生的轴向载荷都由主轴上的固定端主轴承承担了，因此，当力矩或者载荷通过主轴承传递到齿轮箱的时候，已经完全消除了轴向载荷的影响，因此在行星架上，轴承主要承担的载荷还是在径向方向上。

这里的轴承选型，机械工程师只要记住低速、重负荷（径向）的要求就可以了。基于这样的应用工况，一般在这里选择的轴承都是能承受较高的载荷的，对高速不敏感的轴承，之前绝大多数的设计里都会选择单列的满装滚子的圆柱滚子轴承，当然也存在着另外一种设计，就是使用面对面配置的圆锥滚子轴承。下面我们就简单讨论一下为什么会有这样两种设计。

**1.满装滚子的圆柱滚子轴承**

下面图 12-7 所示的就是单列满装滚子的圆柱滚子轴承。

从图中我们就可以看到，该轴承设计中没有保持架。因此，整体轴承内部更多的空间都用来填充更多的滚动体。我们在前面的章节中介绍过，轴承的滚动体越多，意味着轴承的承载能力越强。轴承作为标准件，当内外圈的尺寸固定了之后，在轴承中填充越多滚动体可以在同样的轴承外形尺寸下获得更大的载荷能力。

另外，从轴承的设计中我们也能看到。与带有保持架的圆柱滚子轴承的 NJ 设计类似，在轴承

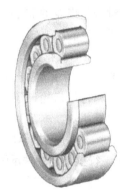

**图 12-7　单列满装滚子的圆柱滚子轴承**

的内圈的一侧带有一个挡边。这个挡边的作用有两个：首先，从轴承本身设计的角度出发，由于轴承内部没有保持架，因此轴承的滚动体就缺少了一个定位的零部件把它们固定在轴承内部，换句话说，滚动体在轴承内部都是游离状态的。如果轴承内圈没有这个挡边，那么当轴承在搬运和安装的过程中，内圈很容易从轴承的两侧滑落，这样轴承内部的滚动体就全部散落了。虽然再把滚动体装回去很容易，但是掉落的过程中滚动体难免会磕碰，也就是说轴承在使用之前，内部最重要的承载零部件就已经出问题了，这是我们不能接受的；其次，在轴承的安装过程中，这个挡边也会起到一定的定位的作用。我们一般来说把这种设计叫作版定位的设计，这种设计除了前面提到的在轴承的安装或者搬运过程中起到一定的定位作用，还有一个比较重要的作用就是当轴承运行在工作状态时，防止轴承在轴向上产生过大的位移，导致轴承在运行过程中的脱落失效。

这个如何理解？我们看一下图 12-6 的局部放大图，如图 12-8 所示。

这里我们能够很清楚地看到挡边的设计。这里的"挡边间隙"如何理解？

我们在前面的章节中了解到，作为一种特殊的圆柱滚子轴承，满装滚子的圆柱滚子轴承同样具有普通圆柱滚子轴承的特点，那就是内圈（如果是 N 设计，就是外圈）相对于滚动体可以在轴向上做有限的位移，而且在这种位移下，不影响任何的轴承应用。但是这个位移在不同的轴承设计中是有限制的。

图 12-8　满装滚子的圆柱滚子轴承在行星架上的安装

对于满装滚子的圆柱滚子轴承来说，第一，我们需要有一个挡边用来控制安装过程中不让滚动体掉落，这是这个挡边存在的最重要的意义；第二，我们在前面一段中提到了，行星架上的轴承基本上不需要承受外界的轴向载荷。因此，在轴承运行时，我们也不希望让挡边接触到滚动体的端面。在这两个因素的限制之下，这里我们就有了挡边和间隙同时存在的情况。

在图 12-8 这个局部放大图中，我们也能很清楚地看到，在一根轴上使用的两个轴承的挡边是相向放置的，也就是说要么两个挡边都放在外侧，如图 12-8 所示；要么两个挡边都放在内侧。这种轴承的配置我们叫作"交叉定位轴承配置"。

这种交叉定位的配置有如下几个作用：

第一，因为不涉及需要轴承承受的轴向载荷，因此交叉定位的配置最主要的功能还是定位，让轴承在轴向上实现相对固定，内圈相对于外圈和滚动体（或者外圈相对于内圈和滚动体）只能在轴向有限的位置中移动，以保证轴承的正常功能。换言之，也就是让轴承套圈的有效部分与滚动体完全接触。

第二，给"挡边间隙"留有一定的量，也就是说我们要保证轴承套圈在轴向上相对运动时，尽量不要让滚动体的端面与挡边的端面接触。

为什么不能让轴承滚动体的端面和挡边的端面接触？

不知道大家有没有考虑过为什么我们在本书里讨论的轴承都被叫作"滚动轴承"，只是因为跟滑动轴承相比较而言，多了一个滚动体的零部件吗？还是另有其他的原因？其实这是一方面的原因，另外一个原因也是因为滚动体的存在，我们希望"滚动轴承"里的摩擦力矩都是滚动摩擦，因为滚动摩擦的力矩更小，对润滑的要求相比较而言会比较低，这也是滚动轴承与滑动轴承相比较，在更高的转速下产生的温升更小的原因。

那么回到我们的问题，如果滚动体的端面与挡边的端面接触了，这里就会产生

"额外的"滑动摩擦。之所以称之为"额外的",是因为这个滑动摩擦是我们在做整体设计和考量时没有考虑到的。其实在滚动轴承里,同样存在着滑动摩擦,但是我们却不担心这个滑动摩擦,因为这个滑动摩擦的机理是我们清楚的,因此我们在早期选择轴承的时候就会在考虑润滑时把这个因素考虑进去。

而我们这里谈到的这个"额外的"滑动摩擦是我们在设计时无法考虑的,因此我们需要尽量避免。

交叉定位的第三个作用,这个作用在交叉定位里面体现的不是非常明显。因为这里轴承的尺寸都是比较大的,一般都会选择到内径在 600mm 左右的轴承。而且在不承受径向载荷的设计里面,或者说在以圆柱滚子轴承为主要配置的轴承系统里面,交叉定位的这个作用不是很明显,具体关于"交叉定位"的这个作用我们在下一节圆锥滚子轴承相关内容里给大家详细地介绍。

那么到这里我们只是给大家着重介绍了满装圆柱滚子轴承的一部分内容。下面我们聊聊为什么这里要选择满装圆柱滚子轴承,以及为什么这里可以使用满装滚子的轴承。

为什么要选择满装圆柱滚子轴承?

我们在一开始就提到了,所有的轴承选择都是以满足行星架的运行要求为主要条件的。而风力发电机齿轮箱里的行星架最主要的运行特点就是重载、低速。在这种要求下,我们就需要轴承能够承担这部分载荷,并且要达到标准规定的 20 年的使用寿命,现在新的风力发电机的设计要求的使用寿命可能会更长,因此对轴承来说是一个不小的挑战。

而在一开始我们就介绍过,轴承的承载能力是跟轴承本身的设计相关的,简单来说尺寸越大,滚动体越大,滚动体个数越多,都代表着轴承的承载能力越强。可是在风力发电机的齿轮箱设计里,我们必须要遵守的一个前提是要尽可能地缩小整体设计体积,为风力发电机整体设计走向轻量化、集约化提供更高的可能性。因此,对齿轮箱的设计要求就变成了在尽可能紧凑的设计中,让设备承受更大的载荷。

轴承作为所有齿轮箱零部件里面的主要承载零部件来说,它的承载能力就变成了设计中不能被忽视的重要环节。我们在前面提到过,轴承的承载能力是跟本身的设计有关系的,我们通过轴承的一个特征参数来表示轴承的承载能力,这个参数在轴承行业叫作基本额定动负荷,这个表示的是轴承在运行中的承载能力,还有一个基本额定静负荷的概念,是关于轴承在静止状态或者极低速运行状态下的载荷能力参考系数,我们在这里不做介绍了。

基本额定动负荷值,也叫作 C 值,是衡量一个轴承在运行状态下的承载能力,轴承的寿命较荷也是通过用实际所受的载荷与这个值的比值来确定的。那么基本额定动负荷与什么相关呢?

影响轴承基本额定动负荷 C 值的所有相关参数如式(12-1)所示。

$$C \sim f\left[\left(iL_{\mathrm{w}}\cos\alpha\right)^{\frac{7}{9}},Z^{\frac{3}{4}},D_{\mathrm{w}}^{\frac{29}{27}}\right] \tag{12-1}$$

式中　　$i$——滚动体列数；

　　　$L_{\mathrm{w}}$——滚动体有效长度；

　　　$Z$——滚动体个数；

　　　$D_{\mathrm{w}}$——滚动体有效直径。

　　我们可以从这个公式中看出，$C$ 值的大小很大程度上取决于滚动体的尺寸和个数。而在上文中我们已经提到，风力发电机中的轴承设计或者选择希望尽可能小的尺寸，因此要选择一个高承载能力的轴承，如果尺寸上没有其他的办法可以考虑，我们只能选择给轴承内部增加更多的滚动体了，也就是增加式（12-1）中的 $Z$ 的数值了。

　　但是因为轴承的外形尺寸已经确定，$Z$ 值，也就是滚动体的个数不能无限制的增加，因此，把轴承内部的空间，换句话说，把轴承内、外圈之间本身给滚动体和保持架预留的空间全部用滚动体填满，这就已经是我们能做到的最极限的状态了。这就使得满装滚子的圆柱滚子轴承成为了在考虑承载能力时的最好的选择。

　　这里我们解决了承载能力的问题，同时又引入了另外一个问题，可能很多人这里会问，保持架在轴承里存在的意义就是把滚动体分隔开，尽量避免滚动体之间的接触，因为旋转起来后滚动体之间的运动方向时相对的，可能会产生更多的滑动摩擦。而且我们在前面也提到过，轴承内部的摩擦也定希望越小越好，这样不仅会降低温升，对轴承的寿命来说也是一个很好的保证。那么，在这里满装滚子的轴承怎么办？每个滚动体之间都是接触的，如图 12-9 所示，这不是会有更多的额外摩擦出现吗？

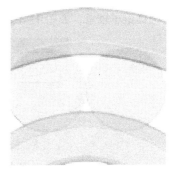

**图 12-9**　满装圆柱滚子轴承内部
的滚动体接触状态

　　第一，我们要解决主要的问题，就是承载能力问题。从式（12-1）我们能够知道，满装滚子的轴承首先解决了我们一个棘手的承载能力的问题。这是齿轮箱设计时选择轴承的基础，如果承载能力都满足不了，20 年的理论使用寿命都无法保证的话，我们也不可能进一步去考虑其他的问题。

　　第二，我们需要综合考虑轴承的摩擦情况。确实，这是一个问题。如图 12-9 所示，滚动体之间的接触确实带来了额外的问题。我们似乎只能通过其他的办法来解决，例如润滑。好在风力发电机的齿轮箱是整体油浴润滑的，也就是说，当齿轮箱运行起来时，润滑油通过齿轮的旋转会被搅动起来覆盖到齿轮箱里面的零部件上，尤其是轴承上。这是一个比较好的方式，能够让轴承有比较良好的润滑。虽然这种润滑比起强制润滑来说效果没有那么好。

还有一点比较理想的状态就是，这个行星轮机构在整个齿轮箱中的运行是比较低速的，我们在本章一开始就提到过，等效到轴承上，这里的运行速度大概有 20r/min，这个速度如果加上前面提到的润滑方式，基本上可以满足整体轴承的运行工况。

但是，仍然不可避免的，这里是一个有可能存在失效的点，而且现在看来，似乎在摩擦上，这个失效还挺明显的。那么，我们有其他的解决方案吗？或者说我们有替代的产品来最终同时解决这两个看似互为矛盾的问题吗？既能满足轴承承载能力的需要，同时又能够不让滚动体接触，也就是采用一个具有较高承载能力的非满装滚子的轴承。在这个应用下，因为转速较低，满装滚子的轴承基本上还是能满足所有的需要的，但是如果转速稍微高一点呢？例如在行星轮里，或者在中、低速的平行轴设计里，我们应该怎么办呢？随着转速的增加，我们能明显地感觉到满装滚子的轴承已经不能成为一个选择了，那么，我们有其他的方案吗？这个我们在下面会提到。

**2. 面对面配置的圆锥滚子轴承**

在上一部分我们着重给大家介绍了在行星架配置里的一种配置方式——满装滚子的圆柱滚子轴承。在这一部分，我们给大家介绍一下另外一种配置形式，面对面配置的圆锥滚子轴承，如图 12-10 所示。

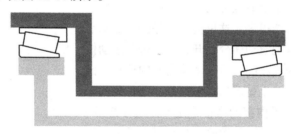

**图 12-10　面对面配置的圆锥滚子轴承**

在介绍之前，我们需要了解一下。在风力发电机齿轮箱的行星架里，绝大多数都是满装滚子的圆柱滚子轴承的配置设计。如果我们去看早期的风力发电机齿轮箱设计，这个轴承配置可能占到了 90% 以上，后来慢慢得由于各种各样的原因，包括我们在上面提到的摩擦的问题，还有一些其他的原因，我们后面也会提到的，齿轮箱的设计者们正在不停地改进设计形式。

那么为什么会出现圆锥滚子轴承配置的设计呢？似乎这种设计现在正有流行的趋势。当然了，排除不同的轴承厂商从商业的角度在市场上进行推广以外，我们单纯从技术的角度去分析这个问题，同样能发现这种设计会成为流行趋势的原因。

首先，在明确为什么会有一种轴承的配置出现时，我们要清楚这种配置是否满足了当前设备或者零部件的需求；其次，一种轴承配置出现时，它是不是改进了轴承的运行效果，或者说它是不是提高了整体的运行效率；最后，这种新的轴承配置在安装以及维护上是不是带来了好处；第四，这种新的轴承配置有没有引入额外的风险或者额外的失效因素。

当我们把这几个问题都搞清楚后，就不难发现为什么会有这样的设计了。当然，从我们的角度出发，我们最需要了解清楚的肯定是前两个问题。那么换一个角度来介绍这个话题，这种新的配置有没有带来好处，以及这个新的配置带来的可能存在的隐患是什么，以及我们是否有方法预防或者排除它。

首先，从承载能力上来说，圆锥滚子轴承的承载能力肯定是不如满装滚子轴承的。不论轴承的滚动体类型如何，带保持架的轴承的承载能力肯定比不上满装滚子的轴承，这个我们在上篇已经很详细地分析过了。当时，既然能做这样的选择，说明这种轴承的配置在某些风力发电机的齿轮箱的配置中还是合适的。例如，较低功率的齿轮箱，或者在第二级的行星架上使用都是可以的。这里，我们希望给到大家的是一个轴承配置选型的参考，就是说在行星架上我们除了满装滚子的轴承以外，还可以考虑其他的轴承配置类型，这里圆锥滚子轴承的配置是一种选择。至于，这个配置的选择是否满足齿轮箱设计的需要，那么我们需要进一步去做校核，首先要校核的就是在这种配置下面，轴承的理论计算寿命是否能达到一般主机厂规定的年限。这个通过了解之后，我们才可以做下一步的选择。

其次，为什么会有这样的轴承配置，如果大家往前翻一下，就知道我们在满装滚子的章节里面介绍了一个概念，"交叉定位"，这个轴承的配置就完美地定义了到底什么是交叉定位，同时也很好地将交叉定位的作用发挥到了最大。

在上一个章节中，我们提到，因为圆柱滚子轴承在轴向上是放开的，这也是为什么我们需要在内圈（或者外圈，取决于轴承内部的设计）的一侧增加一个挡边，这个挡边不能受力，因为受力就要有接触，而接触了就会产生摩擦，这个滑动摩擦还是很难润滑，而且也是很难去预估的。但是我们需要这样的一个挡边来给轴承内部做定位，不能让轴承在轴向上运动的位移太大，如果运动的位移太大，那么就会导致轴承滚动体运动到套圈滚道的有效接触面积之外。但是如果我们选择圆锥滚子轴承，就不一样了。从轴承的结构可以看出，这个轴承其实是一个可以承受联合载荷的轴承，也就是说轴向和径向上这个轴承都是具有承载能力的，那么从设计上我们就知道了，这个轴承在轴向和径向上都是可以定位的。

既然可定位，可承受载荷，那么意味着即使轴承的内圈相对于外圈有一点位移，这对于这个轴承来说都不存在问题。由于轴承内部压力角的存在，只是把轴向内、外圈的相对位移转化成了轴承内部的预紧力，至于什么是预紧力，我们可以翻看本书前面章节的详细介绍。因此，我们就完全不需要去纠结这个轴承在定位上会有什么问题。因为定位的问题会影响到行星架运行的平稳性。

从作者个人的经验来说，如果不考虑载荷的问题，单纯从定位的角度去考虑，我更喜欢这种圆锥滚子轴承的配置。因为，轴承配置最终的目的是要保证与之相配的零部件的运行状态。对于行星架来说，行星架的旋转要带动行星齿轮的运行，而在风力发电机齿轮箱中行星轮的运行是比较重要的，我们需要行星架在一定程度上的运行是平稳的。何为平稳，就是说最终我们需要保证的是行星轮和太阳轮之间的齿轮啮合是平稳的。

因此，在行星架轴承的选择上，其实我们一直都需要考虑的问题不仅仅是载荷能不能满足，而是这个机构在运行时是不是会发生摆动，是不是会发生位移方向的窜动，因为这些不良的运动趋势导致的结果就是齿轮的啮合不良。齿轮啮合不良不仅仅会影响整体齿轮箱的运行效率，还会出现齿轮啮合的失效。比方说，如果行星架出现摆动，三个（或者四个）行星轮和太阳轮的啮合点也会出现相应的变化，这种不稳定或者说不平稳的变化就会导致齿面接触的蠕动；更进一步，如果行星架的摆动频率较高，那么以某种形式出现的振动就会传递到啮合齿面上，运行时间过长有可能会导致断齿出现。

从这个方向上说，通常更希望的是行星架运行状态的稳定，当然是在保证足够的承载能力的前提下，维持行星架的稳定运行，这样我们会遇到的额外振动就会小，整体系统的刚性会增加，当然整个运行的效率就会提高。

但是，额外的好处肯定会带来一些额外的成本。对于轴承的配置来说，额外的成本就是安装成本。这里我们就需要从圆锥滚子轴承的设计入手介绍了。

圆锥滚子轴承是个分体式的轴承设计，轴承内圈以及保持架、滚动体是固定在一起的组件，而外圈是单独的一个零部件。跟其他整体式设计的轴承不同，这个轴承有点类似于圆柱滚子轴承，轴承的两个部件是分开的，如图 12-11 所示。

同时，我们可以从图上看到一个明显的不同，这个轴承的滚动体的旋转中心线和轴承的旋转中心线是不平行的，存在一个交角。也就是说滚动体的中心线和轴承的中心线是相交的，这种设计使得这个轴承可以作为一个单独的轴承同时承受径向和轴向载荷，但是从另一个方面，也给轴承带来了安装和使用上的麻烦。

**图 12-11　单列圆锥滚子轴承**

暂时不去考虑使用上的问题。上面提到的所谓的"额外的成本"，这里指的就是安装成本。这个轴承的游隙方向不是单纯的径向或者轴向，因此在安装时的难度比较大。另外，这个轴承跟纯径向轴承不同，它是比较少有的可以运行在预紧状态下的轴承，也就是说，这个轴承在正常工作之前，也就是没有承受外界载荷之前，是可以有内部载荷的，而且当内部载荷在一定的范围内时，这个轴承的使用寿命可以达到最大值。这一部分的内容我们在前面有详细的介绍过。

因此，如何调整预紧，也就是所谓的内部载荷，是一个比较重要，而且也相对来说比较复杂的过程，而且随着轴承尺寸的增大，这个调整过程会变得更加复杂。

首先，我们要保证的是在正常工作状态下的预紧。那么在轴承刚安装到轴上时，有可能轴承内部还是游隙状态，轴承运行起来发热之后，这部分游隙才能被抵消掉。所以，我们先要通过计算得到这个安装后正常运行前的游隙状态的游隙值是什么。

然后，我们需要通过一定的安装流程，把轴承安装到轴上，还要保证这个安装之后的内部游隙值在我们计算出来的理论范围之内。这个预紧值如果低于理论计算的范围，那么整体系统的刚性可能不能达到我们的要求，也就是说整个行星架带着行星轮的运行可能无法做到我们设计的那样稳定；但是如果这个预紧值高于理论计算的范围，那么更大的风险在于这个轴承的寿命会呈断崖式的下降，这是我们非常需要注意的地方。不能为了追求运行的稳定性，反而抛弃了轴承或这个齿轮箱设备运行的可靠性，这在机械设计上也是不允许的。

### 3. 面对面配置和背对背配置的区别

如何在行星架的轴承配置里选择一个合适的配置方式，是我们在选择圆锥滚子轴承之后马上要考虑的问题。由于压力角的存在，圆锥滚子轴承的配置就有了两种不同的配置方式。

#### （1）面对面配置

图 12-12 左侧所示为面对面的圆锥滚子轴承配置，这种配置，两个轴承压力接触线的连线于轴承或者说轴的旋转中心的交点之间的距离要短于轴承实际安装在轴上的物理距离。也就是说，实际轴承工作起来之后承载范围可能会小于实际安装的距离。

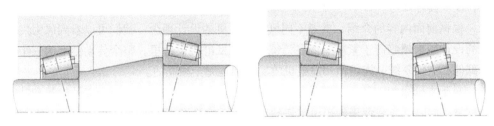

**图 12-12 面对面配置（左）和背对背配置（右）的圆锥滚子轴承**

这样的配置，两个轴承于轴组成的整个轴系的刚性相对来说就会小一点。也就是说，系统的柔性会高，当然，这里的柔性是跟背对背的配置相比较而言的。也就是灵活性更好，这种配置，安装操作会比较容易。采用圆锥滚子轴承的轴系里面，轴承室一般都是一体式的，如图 12-12 所示。通常不会出现轴承室是两个部分然后还要通过连接件连接，这样就失去了刚性配置的意义。对于一体式的轴承室，面对面配置的圆锥滚子轴承的安装要容易得多，而且对系统整体的游隙或者预紧的调整也比较方便。

因为风力发电机齿轮箱行星架的尺寸较大，处于安装方便的考虑，我们在这里通常会采用面对面的配置方式，而且这种方式所带来的系统刚性已经能够满足目前行星架的需要了。因为，在风力发电机的齿轮箱里，行星架在轴向上的尺寸不会太大，也就是说这个行星架不会太宽，不需要太多的额外的系统刚性来满足运行的需要。

**（2）背对背配置**

图12-12右侧所示为背对背的圆锥滚子轴承配置，与左侧面对面的配置不同，这两个轴承的接触压力线连线与旋转轴的交点之间的距离要大于轴承实际的物理安装距离。从上面内容的介绍，我们就可以推论出这个轴系的刚性要强于左侧面对面的配置。

这种轴承的配置会带来额外的更高的系统刚性，也就意味着，当轴太长时，这会是一个很好的补充。

因此，这种轴承的配置方式我们会更常见于轴比较长的应用中，我们之前在一些风力发电机的主轴设计中会看到类似的设计。

目前，尤其在一些更大型的风力发电机的主轴承里，背对背配置的双列圆锥滚子轴承的使用越来越多。尤其在一些无主轴的设计里，也就是把主轴的功能和部分齿轮箱的功能结合起来的设计里，这种轴承的使用越来越多。

**4. 两种不同轴承选择的适用范围**

满装滚子的圆柱滚子轴承目前在行星架的轴承配置中仍然处于主流的地位，还是在于轴承的承载能力很好，同时轴承的安装也比圆锥滚子轴承更方便，同时造价也相对较低。

作为轴承配置的探讨，本书也想讨论一下关于这里轴承的配置，仅为作者个人观点，仅供读者参考。

根据前面内容的介绍，参考不同风力发电机的设计理念，我们可以看到风力发电机的设计越来越趋向于紧凑型。在传统的风力发电机设计里，整个传动链上的三个重要部件，主轴系统、齿轮箱和发电机的功能都是完全独立的。

对于主轴系统，其功能就是承担所有由轮毂传递过来的风载荷，以及轮毂和叶轮的重量，同时把风载带来的扭矩传递到后面的齿轮箱里。

齿轮箱的功能也很单一，就是传递扭矩，并且提到转速，把前段由主轴产生的低转速提高到后面发电机能正常工作的合适转速区间里。

发电机的功能在这里显得更重要，它把旋转的机械能转化成电能。

三个传动部件之间互相联系，但是又各自独立地完成各自的功能，不会遇到功能重叠的问题。这样设计的好处就是每个部分的功能单一，设计会比较简单，而且由于单一性功能，出现失效的可能性也比较低，即使出现失效，也是单纯的因为自身的功能而产生的失效。另外，这样的设计也能更好地安排各个部件的生产加工，由于功能的单一性，各个部件在加工制造时，只需要满足自己的要求和标准就好，不需要考虑其他零部件的问题。只有在每个部分组合的时候，由风力发电机的主机厂商去考虑连接的问题。

　　另外，三个传动部分采用刚性连接，也从一定程度上区分了各自的功能。在早期的风力发电机还没有形成大功率的时候，例如，低于 1MW，或者 1 ~ 1.5MW，这个设计是非常符合设计思路的方式。因为功率较低，整个风力发电机主机的尺寸也不会太大，整体的重量也没有成为额外的考虑因素。这个设计思路有一个问题就是整体传动链的尺寸会比较长，因为每个功能都独立，因此每个传动部分的所有相关功能部件都必须包含在内。举个例子，主轴系统必须包括主轴、两个支点轴承、连接法兰等。

　　随着风力发电机功率的不断变大，伴随的是风力发电机尺寸的增长，不止在径向方向，在轴向方向同理。给大家一个直观的概念，可能理解起来会更容易，在早期的 800kW 的风力发电机中，主轴的直径可能大概在 300mm 左右，随着风力发电机的功率达到 1MW 或者 1.5MW 的时候，主轴的直径一般要达到 600 ~ 800mm。自然而然的，传动链在轴向的尺寸也会随着变长了。这个带来的问题就是整个风力发电机主机，也就是我们通常说的机舱的尺寸在变大，进一步整个机舱的重量也随之增大。

　　当机舱的尺寸变大时，带来的不仅是机舱以及机舱内部零部件的制造成本的提升，同样地，还有塔筒制造成本的上升。因为需要更大直径，或者刚性更高的塔筒来支撑顶部越来越重的部件，某些列的塔筒地基的设计也需要加强。

　　因此，我们看到了尺寸的增加，往往带来的是连锁性的反应。这样就是为什么现在越来越多的风力发电机主机制造商在做混合式（Hybrid）的风力发电机的主要原因。混合式的设计理念就是让传动链中的三个部分的功能相互重合，缩短整个传动链的长度，以此来减少一些零部件，最终达到降低重量的目的。

　　我们先看一张对比图片，从图 12-13 里可以看到一些区别。

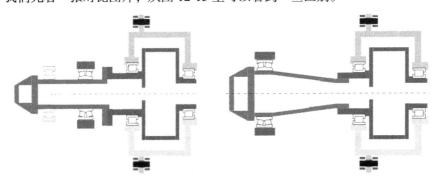

**图 12-13　两种不同的主轴和齿轮箱连接方式的设计**

　　我们暂且不管传动链第二部分齿轮箱的设计，只看主轴和齿轮箱连接部分的设计。图 12-13 左侧是传统的风力发电机分离功能的设计，我们可以看到主轴系统由主轴和两个主轴承组成，右侧远离轮毂侧的主轴承在整个系统里承受因为风载产生的，以及由轮毂和主轴重量产生的部分径向力和全部的轴向力，左侧靠近轮毂侧的轴承承受剩下的部分径向力，不承受任何的轴向力。

主轴系统通过一个刚性法兰连接与右侧的齿轮箱连接起来，齿轮箱的行星架作为整个齿轮箱的输入端，传递扭矩和转速。这是非常明确的设计，每个功能，包括主轴的轴承的功能划分都非常的明显。这种设计对齿轮箱来说有一点非常的重要，那就是齿轮箱的运动分析，完全不需要考虑来自主轴方向的因为风产生的任何载荷，所以齿轮箱的运行更加纯粹。完全只需要考虑输入功率、转速等因素就好。

而图 12-13 右侧的这个设计有很明显的不同，固定端的轴承放在主轴的左侧，也就是靠近轮毂一侧，右侧在主轴上没有轴承，主轴的右端完全深入到齿轮箱里面。这样，主轴右侧的支撑就落在了齿轮箱行星架左侧的第一个轴承上。

这一个轴承的功能就变得稍显复杂一些。第一，它不仅被用作主轴系统里的一个支撑轴承，需要承受一些主轴上的径向力；第二，它又是齿轮箱行星架上的一个轴承，还需要承受行星架的转矩和载荷。这样，这一个轴承承受了两个传动系统的载荷，我们就不能简单地把这个轴承划在主轴系统里，或者划在齿轮箱系统里。

这种设计模糊了主轴系统和齿轮箱之间的界限，也是因为轴承的受力有点复杂，但是这样的好处就是大大缩短了整体的传动链长度，主轴的长度可以远远短于传统的风力发电机的设计。

从简单的设计角度来看，节省了一个轴承，缩短了主轴。从通用的理解上面来看，这个成本会有所下降，确实根据我们这么多年跟踪的风力发电机齿轮箱的设计来说，这种设计确实节省了一些成本。

但是这个设计会带来另外的一个问题，就是齿轮箱中行星架的受力稍微复杂了一点，虽然主轴前端的固定端轴承已经堵截了风过来的大部分载荷，但是还是有一部分的径向载荷需要考虑到整体的齿轮箱设计中去。这也引入了另外一个问题，主轴设计生产，主轴承的设计生产，以及齿轮箱的设计生产被并入到了同一个体系里面，我们需要三方，甚至多方更紧密的合作来达到设计的要求，而不再像以前那样，各自独立的设计生产就可以了。

### 5. 选择这两种配置时需要考虑的因素

两种设计各有各的优势，但是也各自存在着问题。那么我们在什么时候考虑哪种设计呢？只是单纯地从成本的角度出发吗？

从单机制造成本的角度考虑，双轴承制造成本高，但是采用这种设计时，能够降低齿轮箱的输入载荷，因为所有的风载荷都在主轴系统上，这样有利于保证齿轮箱的实际使用寿命，同时齿轮箱的设计考虑的外界因素也相应降低。从运行稳定性上来说，这种设计对大功率的风力发电机来说是有利的，图 12-14 展示的就是一个实际设计的双轴承支撑主轴系统的风力发电机。

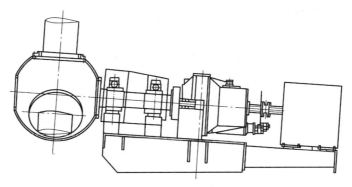

**图 12-14 双轴承支撑主轴系统的风力发电机设计**

单轴承的设计，如上面所提到的，如果只从单机的制造成本看，主轴上的设计和制造费用相对会比双轴承的低一点，但是由于齿轮箱系统增加了额外的载荷，因此在齿轮箱的设计和制造精度上需要投入的精力要更多。图 12-15 展示了单轴承支撑主轴系统的风力发电机设计。

另外，单轴承的设计由于模糊了一部分主轴和齿轮箱的功能，所以在整机设计时需要两个部分设计的沟通和融合会更多。因为对双轴承设计而言，在这种设计中，主轴与齿轮箱可以被看成一个整体来考虑。

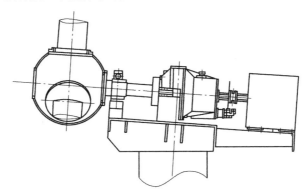

**图 12-15 单轴承支撑主轴系统的风力发电机设计**

这种设计的风力发电机在安装上较双轴承的设计也会相对复杂，尤其是齿轮箱的支撑，以及齿轮箱与主轴连接的部分。

基于这两种不同的主轴设计方案，我们需要考虑在行星架的齿轮选型上到底要如何选择了。

对于主轴系统是双轴承支撑的设计，齿轮箱的行星架轴承在选型时需要考虑的载荷因素就比较单一，只是齿轮箱的输入功率，可能会加上行星架和行星轮的部分重量。那么，一般从设计保险的角度，满装滚子的圆柱滚子轴承是非常好的选择，安全系数也比较高；同理的，我们也可以把圆锥滚子轴承的选择作为备选方案，如果根据风力发电机的功率来看，圆锥滚子轴承的寿命完全满足要求的话。因为，我们在上文中提到过，圆锥滚子轴承提供的刚性更好，定位性更好。

对于主轴系统是单轴承支撑的设计，行星架上的轴承在选择时，除了要考虑齿轮箱的输入功率以外，可能还要考虑一部分主轴过来的径向载荷，这个载荷有可能包括部分的风载，同时可能也包括部分的主轴重量，这个要看前端主轴系统的设计是什么样的。因此，这个行星架轴承所需要承受的载荷可能会高，那么有可能只有满装滚子的圆柱滚子轴承是唯一的选择了。

除此以外，我们还需要考虑的因素：

1）齿轮箱的设计能力以及齿轮箱供应商的加工能力、加工精度是否能够满足要求；

2）安装是否方便；

3）主轴系统与齿轮箱安装的调整能力，例如对中等。

**（二）行星轮里的轴承配置**

行星小齿轮在整个行星轮的结构中，分别与太阳轮和内齿圈啮合。如图 12-16 所示。

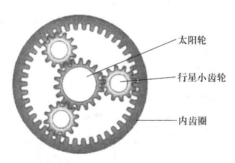

**图 12-16　行星小齿轮的啮合**

在风力发电机的行星轮里，行星小齿轮的转速相对于行星架会高，但是仍然处在低速的状态，转速大概在 40～70r/min。

在行星小齿轮的运行过程中，分别与太阳轮和内齿圈啮合，产生的啮合载荷如图 12-17 所示。啮合力分别产生在切向、径向和轴向。

在目前的中大兆瓦级风力发电机设计中，行星小齿轮的直径大约为 250mm。

从图 12-17 中我们可以看出，行星小齿轮中的轴承的安装与我们常见的形式有所不同，轴承是安装在齿轮的内圈里面的，也就是说轴承的外圈安装在齿轮中，同时轴承的内圈还要与一根旋转轴固定安装。

因此，在这种特殊的安装方式下，与其他的方式不同，轴承的内外全都需要与其相邻的部件做过盈配合的安装。我们看一个简单的示意图，如图 12-18 所示。

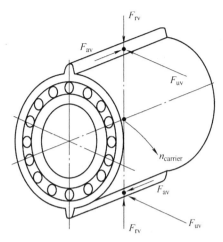

图 12-17　行星小齿轮啮合产生的啮合载荷

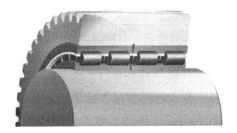

图 12-18　行星小齿轮中的轴承安装

在这个应用里，轴承的内、外圈都会随着旋转轴、小齿轮旋转，因此我们不希望轴承的内圈与轴之间，以及，外圈与齿轮之间产生相对的位移或者摩擦，通俗一点说，轴承的内、外圈都是紧配合。

这种情况下就对轴承的安装产生了一定的要求。那么我们在这里可能选择的轴承有哪些呢？

1）圆柱滚子轴承；

2）圆锥滚子轴承；

3）球面滚子轴承或者圆环滚子轴承。

**1. 圆柱滚子轴承配置**

与上面的应用类似，这里同样可以使用圆柱滚子轴承。但是在行星轮的轴承应用里面我们同样面临两个问题。第一是承载能力，普通的圆柱滚子轴承的承载能力不足以满足越来越大功率的齿轮箱的需求；第二则是润滑。

首先，从承载能力的角度来看，行星小齿轮的应用里，轴承需要承受的载荷仍很高。我们从图 12-18 可以很明显地看出来，这里我们用了两个双列的圆柱滚子轴承，这足以说明这里的载荷程度。

理论状态下，我们可以通过不停地串联几个圆柱滚子轴承以提高整体轴承系统的承载能力，但是不要忘记我们之前一直跟大家提的风力发电机的设计趋势，"尺寸更小，结构更紧凑"。因此，我们不能不停地串联轴承，还需要提高单体轴承的承载能力。这似乎又回到了行星架齿轮选型的问题，我们可以选择一个满装滚子的圆柱滚子轴承。

从承载能力的角度来看，满装滚子的圆柱滚子轴承是一个非常好的解决方案。但是我们要考虑到另外一个因素。

其次，润滑。风力发电机齿轮箱的润滑采用的与传统的工业齿轮箱相同的油浴润滑，然后通过齿轮的转动再把润滑油带到其他的零部件上。对于行星架轴承来说，位置相对固定，它的润滑状态是比较好的。但是行星小齿轮，它本身就是围绕着太阳轮做公转的，一来位置不固定；二来润滑状态也比较复杂，因此单纯的用齿轮搅动飞溅这种方式的润滑是不能满足轴承对润滑的需要的。

但是润滑方式又不能做大的更改，如果采用强制润滑，因为行星小齿轮是运动的，强制润滑也没有办法跟着小齿轮一起运动。

因此对于这个轴承，更好的选择是介于普通的圆柱滚子轴承与满装滚子轴承之间的一个选择。目前已经有很多轴承厂商基于这样的需求开发出了一种高承载能力的圆柱滚子轴承。如图 12-19 所示。这种轴承的承载能力介于普通轴承与满装滚子轴承之间，已经能够完全满足应用的需要，同时它又是带保持架的，单个滚动体之间被分隔开，不存在接触，也不需要考虑额外的滚动体与滚动体之间的润滑。

图 12-19　高承载能力的圆柱滚子轴承

这个轴承的特点：

1）承载能力相对而言比较高；

2）对润滑的敏感性远低于满装滚子的轴承。

轴承是从设计的角度出发，改进了内部空间的布局，在有限的空间里面多增加了几个滚动体，来提高轴承的承载能力。

从图 12-20 我们可以看到，高承载能力的轴承主要的改进是改变了保持架的设计。在保证保持架刚性的同时，减小了保持架的尺寸，以便在轴承内部有效的空间里增加更多的滚动体。

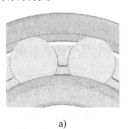
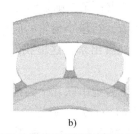
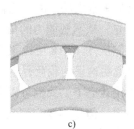

a)　　　　　　　　　　　b)　　　　　　　　　　　c)

图 12-20　不同设计的高承载能力轴承与普通轴承的比较

a）普通圆柱滚子轴承　b）保持架靠近内圈的高承载能力轴承　c）保持架靠近外圈的高承载能力轴承

根据保持架改进的位置的不同，靠近内圈或者靠近外圈，能够得到的轴承内部空间的大小也不一样，因此对于这两种不同的设计我们可以增加的滚动体的个数也不一样。

同样地，根据轴承本身尺寸的大小不一样，相同的高承载能力轴承的保持架设计，能够增加的滚动体的个数也不一样。具体的载荷提高的程度需要跟不同的轴承厂商进行确认。

理论上，高承载能力的圆柱滚子轴承相比较同型号的普通的圆柱滚子轴承，承载能力提升最高能到12%，这里我们可以给出一个大概的估算参数，以便大家在考虑使用高承载能力的轴承时候做一个简单的参考。

该轴承的设计改进局限在轴承内部，因此轴承的外形尺寸仍然遵守国际标准的规定，因此在使用时不需要考虑外形尺寸的变化，润滑也无须额外考虑。

### 2.特殊的轴承齿轮一体件

在考虑轴承的承载能力时，有两个方向是可以进行修改的。第一，就是滚动体的个数，越多的滚动体意味着越高的承载能力，前一节介绍的高承载能力的圆柱滚子轴承就是基于这样的想法来设计研发的；第二，就是改变轴承滚动体的尺寸，越大的滚动体也意味着越高的承载能力，但是在轴承有限的空间里面，要增加滚动体的尺寸也不是一件容易的事情，对轴承来说，保持架已经在改进时做了很详细的考虑了，内、外圈还有什么可以进行修改的吗？

这是我们本节要给大家介绍的另外一种解决方案，与齿轮一体的轴承。

在图 12-21 右侧展示的设计中，轴承外圈直接用齿轮圈代替。这样的设计，从理论上增加了轴承的运行空间，因为本来外圈的位置现在可以完全或者大部分的让给轴承的滚动体，以便增加滚动体的直径，提高整体轴承的承载能力。

图 12-21　一体式轴承的比较

除了承载能力能够得到提高以外，我们可以看到这种一体式的设计也有一个很大的好处，就是安装的流程被简化了。图 12-21 左侧的这种设计，整个系统中有三个零部件，轴、轴承和外齿圈，而且我们之前也提到过，在这个应用中为了保证轴承的正常运行，以及平稳的啮合，我们需要内外圈都不能是松配合，这就对轴承的安装提出了很大的难度。这里的配合过盈量除非有特殊要求，跟普通轴承配合过盈量选择一样就可以了，只是在选择的时候轴承内外圈都被看作是动负荷。

当我们把轴承内圈去掉以后，从另一个角度我们也可以理解成在轴承的内圈上加工了齿轮。这样在安装的时候我们只需要考虑轴承内圈和轴的过盈配合就好了。

但是这种设计，把轴承和齿轮看成一个整体，我们还需要考虑另外一个问题，也就是轴承内部加工的问题。本身齿轮和轴承是两个独立的零部件，各自有各自的加工方法、加工精度。在上述的设计里，我们其实是把轴承和齿轮组成了同一个零部件，因此对齿轮内圈的加工就变得非常重要，因为这里是轴承非常重要的接触面，也就是轴承滚道，它的加工精度会直接影响轴承的运行表现。因此这种设计需要齿轮加工和轴承加工的结合，或者有一个厂商能两个零部件都做，但是目前看来，这是两个非常独立的标准产品，由一家供应商完成的可能性不大，那么就需要齿轮加工厂和轴承工厂之间更紧密的合作。

在使用圆柱滚子轴承的时候，根据载荷的情况不同，我们可以选择两个单列的轴承并排使用，或者两个双列的轴承并排使用。当涉及两个轴承紧靠着使用时，我们要注意对这两个轴承的精度的要求了。轴承的所有外形尺寸都是有标准规定的，而且加工误差也会控制在一定的范围之内。但是对于配对使用的轴承，两个轴承的尺寸差异需要越小越好，最好这两个轴承能有一样的实际尺寸。因此在选择两个轴承配对使用时，我们需要控制轴承的尺寸公差在更小的范围之内。这个需要我们在设计的初期对轴承制造厂提出相应的要求。

### 3. 配对的圆锥滚子轴承

与行星架轴承配置一样，在行星小齿轮里，除了圆柱滚子轴承以外，我们也可以使用圆锥滚子轴承作为小齿轮的支撑轴承。

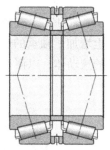

图 12-22　背对背配置
的圆锥滚子轴承

与行星架不同的就是，这里我们可以直接采用通用配对的轴承。与圆柱滚子轴承绝大多数情况是单个使用的情况不同，圆锥滚子轴承配对使用，也就是两个轴承以背对背或者面对面配合使用，出现的概率更高。

在行星轮小齿轮里，我们采用的就是背对背配置的圆锥滚子轴承。如图 12-22 所示。

采用这种轴承配置的好处：我们在前文中提到过，背对背配置的圆锥滚子轴承的系统会有更好的刚性，也就意味着在行星小齿轮的运行过程中，能够更好地保证齿轮的啮合精度。

通用配对的轴承，与分别布置在两边的两个单列的圆锥滚子轴承的配置不同。这两个轴承在出厂时就已经做了更好的加工精度的控制，两个轴承的外形尺寸基本相同，或者差距远小于普通的轴承。领个轴承在设计和加工时就已经设计好了轴承内部的游隙或者预紧，也就是说，我们只要把轴承安装好，内外圈根据要求固定住，那么轴承内部是预紧状态还是游隙状态，预紧力或者游隙值是多少就已经固定了。不需要像我们前文提到还要去调整两个轴承系统之间的预紧力。

因为内部的游隙或者预紧状态是设计好的，因此在使用的时候直接选择相应的范围就可以了，同时这种预调整是在轴承厂家内部完成，精度会控制得更好，而且这种调整可以实现滚动体内部最优的载荷分布。也就是说载荷在滚动体与滚道接触面的分布会更均匀，会提高整体轴承的使用寿命。圆锥滚子轴承内部载荷分布如图 12-23 所示。

对于配对的圆锥滚子轴承，市场曾经也有过类似于圆柱滚子轴承一体式轴承设计的出现，也可能有一些样子尝试过这样的设计。齿轮一体式的圆锥滚子单元如图 12-24 所示。

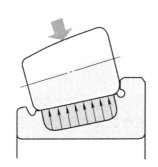

图 12-23　圆锥滚子轴承内部的载荷分布　　　图 12-24　齿轮一体式的圆锥滚子单元

从理论上来看，这个方案是可行的。原理上这个设计与前一节提到的一体式的圆柱滚子轴承的设计理念是相同的。区别仅在于一个是圆柱滚子轴承，另一个是圆锥滚子轴承。

不论这个设计目前是否通过了市场验证，作者都认为圆锥的一体式解决方案不是一个相对可靠的方案。

从图 12-25 中可以看出，两种轴承内部设计形式的不同导致的滚动体与外圈的接触面的形式也是不同的。左侧的圆锥滚子轴承因为压力的存在，我们只从轴承的截面来看，滚动接触面与齿顶的平面是不平行的。

滚动接触面

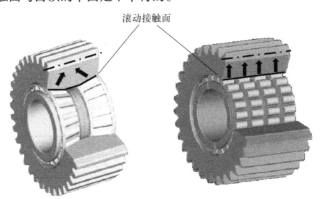

图 12-25　两种不同轴承的比较

滚动体的受力最终传递到外齿圈上，我们能看到齿圈内部的力的传导方向如图 12-26 中的箭头所示。内部的受力传递过程总归会在齿圈内部产生一定的材料变形。而且这种变形会影响到行星小齿轮的啮合面，至于这个影响会影响到什么程度，需要在特定的条件下做一些有限元的分析。

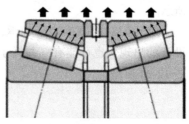

而且风力发电机的齿轮受力情况相对来说比较复杂，尤其是单轴承主轴的设计。因此，对圆锥滚子轴承不带外圈的设计，还有待进一步的实践。

但是作为配对的圆锥滚子轴承，在有外圈的情况下，虽然轴承内部的力的传递也存在一个夹角，但是当轴承与齿圈接触之后这个力的方向就会发生变化，而不再是向中间集中了。如图 12-26 所示。

图 12-26　带外圈的圆锥滚子轴承载荷的分布

**4. 其他的轴承配置方式**

以上提到的行星小齿轮的轴承配置方式都是目前被使用或者在设计中被考虑过的，也有一些其他的轴承配置，短期的出现在风力发电机齿轮箱行星小齿轮的设计中。这里我们给大家简单地介绍一下。

图 12-27 也是曾经在某些齿轮箱行星小齿轮中出现过的设计，但是这两个设计最终都没有成为主流的设计类型。原因有挺多，但是我们不能单纯地说市场没有的设计就是不好的设计，因为一个设计的出现一定是有其原因的，至于没有发展起来，可能也是因为受其他的条件所限制。那么对于图 12-27 所示的两个设计，它的优缺点到底在哪里？

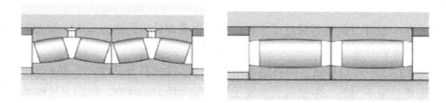

图 12-27　调心滚子轴承与圆环滚子轴承的配置

第一，我们还是先来看承载能力。调心滚子轴承是整个轴承系列中少不多见的标准设计就是两列滚动体的轴承。这也意味着这个轴承的承载能力就会比较强，我们比较一下相同尺寸的调心滚子轴承和满装滚子的圆柱滚子轴承的额定动负荷。轴承承载能力的比较见表 12-1。

表 12-1　轴承承载能力的比较

| 轴承类型 | 型号 | 外形尺寸 | | 基本额定动负荷（$C$） |
|---|---|---|---|---|
| | | 内径 $d$/mm | 外径 $D$/mm | kN |
| 满装滚子圆柱滚子轴承 | SL183044 | 220 | 340 | 1 400 |
| 调心滚子轴承 | 24044 | 220 | 340 | 1 150 |

　　从这个角度上看调心滚子轴承完全可以满足承载能力的需要。

　　第二，我们看一下轴承在运行起来的所需要的润滑。调心滚子轴承没有满装滚子的设计，所有的轴承内部都是需要带保持架的，这是轴承滚动体的设计类型所限定的。对于大尺寸的调心滚子轴承，现在多家的轴承制造商采用的都是黄铜保持架的设计，在油润滑的条件下基本上不存在润滑不良的问题。

　　对于双列的轴承，一直有个疑虑，是否有一列的滚动体或者说两列滚动靠中心的部分的润滑条件比较苛刻。这个在一些较高转速，以及轴承一侧封闭，同时又是单边润滑的应用中可能存在问题。但是在行星小齿轮里，这个问题基本上不构成轴承润滑失效的潜在因素。一来，轴承两侧都是开放的，通过齿轮甩上来的润滑油可以通过轴承两侧进入轴承；二来，在这个应用里，轴承的转速不是很高，润滑的效果也不会有很大的折扣。因此对于这个问题，我们基本上不用担心。

　　综上所述，轴承的润滑也是可以满足应用的需求的。

　　上述两点其实从一个侧面也反映了在这个应用中，调心滚子轴承理论上似乎是一个比较合适的轴承配置的选择。

　　另外，因为轴向游隙的存在，在选择两个轴承配对使用时，两个轴承的端面能够接触得更好，而不会影响到轴承的正常使用。这个特点我们在前面的轴承介绍中曾经提到过。

　　但是，这个轴承配置也存在它的不足，而且这个不足基本上在行星小齿轮的应用里是影响比较大的。

　　调心滚子轴承的一个最大的特点就是，轴承的内圈与滚动体的组件可以在一定的范围内相对于外圈在圆周方向做摆动，而且这个摆动的位移是不会影响任何轴承的应用性能的。这是因为调心滚子轴承的外圈滚道的设计是球面的一部分。因此，当整个系统存在偏心的时候，这个轴承是个非常好的选择。但是也就是这个特点导致了调心滚子轴承不适应用于行星小齿轮中。能够调心，意味这个轴承适应外界变化的能力较强，它的主要功能是适应外界的不对心、偏心等一系列问题，以轴承的角度来看，这是一个优点。但是如果站在齿轮啮合的角度，适应偏心意味着轴承在系统中的刚性不高，不能保证齿轮的有效啮合。

　　所以，在行星小齿轮的应用里，除了载荷、润滑条件，为了满足良好啮合的系统刚性也是我们必须要考虑的一个问题。

　　系统柔性并不是个不可解决的问题，比如我们可以通过提高所有零部件的加工精度，改善安装精度来解决，在尺寸链上就不要让齿轮的啮合出现偏差，那么对调心滚子轴承来说也就不会因为外界的问题导致系统柔性发挥太大的作用。但是改进加工精度的成本较高，另外，从安装精度的角度看，如果安装的齿轮箱设备数量不大，我们可以完全满足每一台齿轮箱都达到一定的安装精度，但是从批量生产的角度，不是不可以完成，而是要达到这个目的所要付出的时间以及其他成本不足以支撑由于采用不同的轴承所带来的成本的变化。

这些就是这个轴承在应用中的优势和劣势，当然，采用何种轴承的设计，不是简单从一个方面的理论探讨就可以解决的问题。我们还是需要从不同的齿轮箱设计、生产、安装的整个环节来把控全局。

## 第二节　平行轴里的轴承配置

上面的内容里我们详细介绍了风力发电机齿轮箱在行星轮的轴承配置，主要介绍的是与传统工业齿轮箱轴承配置的区别。

所有的轴承的配置选择有一个前提就是必须要满足应用的要求，我们介绍的所有的轴承配置都是以应用需求为最主要出发点的。上述的这些配置不能机械的作为轴承配置选型的基础。也有可能在某些风力发电机的齿轮箱里，与传统工业齿轮箱一样的配置就能解决问题，我们就不需要去考虑是否要使用较高承载能力的轴承，毕竟这个轴承不是作为通用标准件出现的，它只是在某个特殊行业里的一个标准产品而已。

主轴传递过来的扭矩经过一级，或者两级行星轮之后，就要传递到后面的平行轴上了。平行轴的设计绝大部分都是采用的与工业齿轮箱相同的设计理念，因此这里的轴承配置的通用型就会比较高，也就是说跟传统工业齿轮箱的配置会类似。我们分别给大家简单地介绍一下，绝大多数的内容我们可以参考前面工业齿轮箱的部分。

### 一、低速平行轴轴承配置

行星轮传递出来的扭矩先传递到第一级平行轴，我们也把它叫作"低速平行轴"。这里的低速不是指的绝对转速，而是在平行轴部分是低转速的。

在不同功率的齿轮箱里，这个轴的转速一般会在 70 ~ 100r/min，轴的直径根据不同的设计在 500mm 左右。这个轴上的轴承主要承受的是来自于行星轮的扭矩，行星轮的部分重量，轴自身的重量，还有一部分由于啮合（斜齿）产生的轴向载荷。

因此，这根轴的轴承配置就相对而言与工业齿轮箱的低速轴类似了，唯一要注意的就是这里的载荷，这里的轴承可能会承受一部分来自于行星轮的重量，所以通常来说载荷较重。因此轴承的选型首先需要考虑的还是承载能力。

如果系统中存在比较大的轴向载荷，这个载荷有可能是啮合产生的，那么我们一般会选择配对的圆锥滚子轴承与圆柱滚子轴承（带保持架）的设计。如图 12-28 所示。

配对的圆锥滚子轴承作为定位端承受系统中全部的轴向载荷和部分的径向载荷，圆柱滚子轴承作为浮动端承受部分的径向载荷。

作为浮动端的圆柱滚子轴承，这里可以选择 NU 的设计，也就是内圈不带挡边的轴承。在某些应用中，如果因为需要定位或者为了安装的考虑，也可以选择内圈带一个挡边的 NJ 设计，这两种不同设计的轴承在本书前面可以详细看到。这里的浮动端圆柱滚子轴承基本上没有特别的需求，而且整个齿轮箱中采用的是油浴润滑，对于黄铜保持架类型的选择也不需要特殊的考虑。

如果整个系统中的轴向力很小甚至没有轴向力，而径向力较大，也可以选择两个圆柱滚子轴承的设计，这两个圆柱滚子轴承中的一个，也就是承受径向力更大的那个轴承，可以选择满装滚子的轴承设计，如图 12-29 所示。

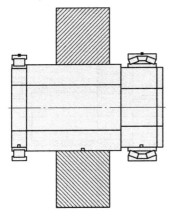

图 12-28　配对的圆锥滚子轴承与
圆柱滚子轴承（带保持架）

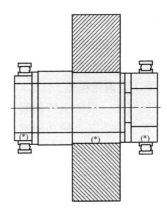

图 12-29　两个圆柱滚子轴承的设计

## 二、中速平行轴轴承配置

按照齿轮箱速度增加的递进速度设计，我们在大部分的一级行星轮齿轮箱里，可能还需要更多的平行轴来将转速提高到传动链后端的发电机的发电功率的要求。

因此，中、高速平行轴的设计现在在大多数的中大功率的风力发电机齿轮箱里还是需要的。当转速通过前面的传动比提升后，一般转速在这里已经能达到 500r/min 左右了。这里的轴承载荷会随着扭矩的下降而变小，所以中速平行轴的轴径也要比低速轴的轴承小，在不同的设计里，大概 250mm。也就是说这里的轴承的运行工况是中速、中载。

在这样的运行工况下，轴承的选型范围就会变得比较宽，一般有如下选择：①两个带保持架的圆柱滚子轴承；②面对面配置的圆柱滚子轴承和一个带保持架的圆柱滚子轴承；③两个带保持架的圆柱滚子轴承和球轴承。

前两个轴承的配置与低速轴的配置是相同的，我们在本章节不做特别说明了。与低速轴的区别就在于，①轴承的尺寸相比较来说会变小；②由于转速的相对提高，轴承的游隙选择会不同，对圆柱滚子轴承的设计，可能会选择到 C3 组的游隙。

这里再提一下关于轴承游隙的选择，上文中提到可能会选择 C3 组的游隙，但是这个不是绝对的，也不是说在中速轴里我们就一定要选择大组别的游隙。这个完全取决于选择轴承的尺寸和旋转速度。之所以选择大组别的游隙值，目的是为了轴承在正常工作起来后，由于配合和旋转温升所带来的游隙减少量不会导致轴承运行在预负荷的状态下。

因此，初始游隙的选择是需要根据轴承的尺寸、旋转速度或者运行温度，以及安装的配合尺寸来综合选择的。这里初始游隙 C3 组的建议值也是根据绝大多数设计经验的总结而来，在具体的情况下还需要做具体的分析计算。

我们着重介绍一下第三种配置方式，也就是通常说的"两柱一球"的配置形式，如图 12-30 所示。一般这种配置形式可能在电机里会见的比较多，但是在齿轮箱中确实也存在着很多这样的轴承配置，不论是风力发电机齿轮箱还是工业齿轮箱里。

一般我们在一根轴上所属看到的都是两个轴承的配置，一个支点的功能都由一个轴承完成。配对的圆锥滚子轴承虽然也是两个单独的轴承，但是在功能上，他们是作为一个整体来实现的，所以从功能上来看，我们把配对的轴承还是当作"一个轴承"来对待。

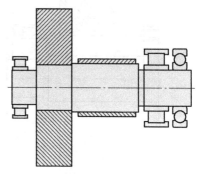

**图 12-30 "两柱一球"的中轴承配置**

图 12-30 所示的三个轴承的配置功能上都不同。两个圆柱滚子轴承分布在齿轮的两侧，作为整个轴系中承担径向力的轴承，所以我们从图中可以看出，这两个轴承都选择的是 NU 系列的轴承，也就是说轴承在轴向上是放开的，两个轴承都不能承担任何的轴向载荷，而系统中的轴向载荷完全由最右侧的球轴承来承担。

这种设计的优点在于两套轴承——两个圆柱滚子轴承和一个球轴承的功能是完全分开的，每个轴承只承受单向的受力，没有联合载荷的作用，轴承的工作状态较简单，轴承的分析计算也较容易，相应的在相同轴径的情况下，轴承能在窄系列中选择就可以满足整个应用。

但是这个轴承配置的设计也有其较复杂的地方，就是轴承与轴承室的配合接触上。

首先，两个圆柱滚子轴承需要承受整个系统中所有的径向力，因此圆柱滚子轴承的外圈与轴承室之间是需要接触的，也就是说要按照正常的轴承配合选型来进行选择。

其次，对于球轴承，不能让它承受任何的径向负荷，因此这个球轴承的外圈与轴承室之间要完全放开，否则，三个轴承都与轴承室接触，径向力的分布就会变成不静定的状态，我们就无法得知每个轴承最终到底承受了多少的径向力，这对轴承尺寸的选型设计，以及未来轴承可能的分析是非常负面的。但是在整个系统中，球轴承需要承受所有的轴向力，球轴承的端面需要与圆柱滚子轴承的端面紧密的接触，所有这里的设计需要仔细考虑。

本节内容与本书在工业齿轮"两柱一球"轴承配置的内容一致，具体的内容请参考前面内容。

这个轴承的配置里，我们需要注意的就是这个"一球"，有两种球轴承可以选择，深沟球轴承和四点角接触球轴承，两个轴承理论上都能够满足需要，但是如果载荷允许的情况下，深沟球轴承的选择会更多，因为四点角接触轴承的安装比较复杂，虽然它的承载能力更强，但是轴承整体的正常运行性能对安装到位的要求较高。

关于角接触球轴承的介绍在本书的前面部分也有详细的说明。

## 三、高速平行轴（输出轴）轴承配置

与工业齿轮箱不同，在风力发电的齿轮箱中，输出轴是高速轴，这里的转速通过整个齿轮箱传动比的放大，已经达到发电机的工作功率。

风力发电机齿轮箱的输出轴转速在 1500 ~ 1800r/min，轴径进一步变小，根据设计的不同，在 200mm 左右，或者以下，载荷较轻。因此这里轴承的选型需要考虑的就是高速、轻载。

这里的轴承配置基本上与上述的两个轴的配置类似，区别也在于尺寸、游隙等轴承内部设计上。

这里通常使用的配置是：①"两柱一球"；②配对的圆锥滚子与圆柱滚子；③两个单列的圆锥滚子交叉定位的方式。

第一，"两柱一球"的设计与中间中类似，也是要注意"一球"的选择，由于在高速轴整个轴承系统的载荷又轻了一些，深沟球轴承是一个较好的选择。由于轴承的转速较高，需要考虑大组别，比如 C3 组游隙的选择。另外，对于圆柱滚子轴承来说，可以选择"2"系列的窄系列轴承。

第二，对于配对的圆锥滚子轴承和圆柱滚子轴承的设计。配对轴承的轴向游隙的选择需要额外注意。一般在这里选择的都是面对面配置的圆锥滚子轴承，这种配对方式的轴承在轴承运行一段时间产生温升后，内部的游隙会减少，最终轴承会运行在预紧下，这对于这个轴承来说是较好的运行方式，轻微的预紧会提高这个轴承的运行寿命，但是预紧变大，寿命会呈断崖式的下降，因此在早期，我们要通过详细的分析来计算出合理的轴承游隙，以保证轴承因为配合和温升导致的游隙减小后，能工作在合适的预紧范围内。

第三，对于两个单列的圆锥滚子轴承交叉定位的配置，在本书工业齿轮箱高速轴配置的介绍中已经有了详细的介绍，轴承的选型、游隙或者预紧的调整同工业齿轮箱一致。请参考相关的部分内容。

至此，我们对整个风力发电机齿轮箱大致的轴承配置方式已经做了一些简要的介绍，当然，随着齿轮箱技术和轴承技术的发展，未来我们可能能用到更多能够在齿轮箱中发挥更大作用的轴承。

## 四、一种特殊的轴承

这种轴承的出现其实最早是作为风力发电机的主轴承出现的，但是随着齿轮箱的设计越来越紧凑，主轴和齿轮箱功能的融合变成了未来风力发电机的趋势，也就是说主轴可能在未来的设计中不存在，而所有的功能都由齿轮箱来完成。这就越来越模糊了这个轴承的定位，我们也可以把它作为齿轮箱轴承的一部分，但是大体来说这个轴承更多的功能还是体现在主轴作用上。

这里简单地介绍一下这个轴承，相信大家也在各种不同的风力发电机设计中遇到了这个轴承。但是这个轴承的功能较复杂，而且目前严格意义上讲它还是属于传动链主轴的一部分，我们这里只简单地给大家介绍一下这个轴承。

图 12-31 所示的是一个紧凑型的风力发电机设计，我们可以从图中看到有一个尺寸很大的主轴承直接安装在齿轮箱第一级行星轮的内齿圈外侧。整个风力发电机的设计中没有传统的主轴承的概念。行星轮的内齿圈或者说行星轮整体充当了主轴的功能。所以虽然这个大型的轴承仍然被叫作"主轴承"，但是它的功能已经一部分融合进了齿轮箱。

图 12-32 是一个大接触角设计的特殊的圆锥滚子轴承。它的特点在于接触角很大，可以达到 45°，因此这个轴承可以承受很大的倾覆力矩，这个轴承最开始的功能是来以一个轴承替代主轴上的双轴承设计，进一步缩小主轴承的长度。最后在某些风力发电机中，出现了完全没有主轴的设计。

 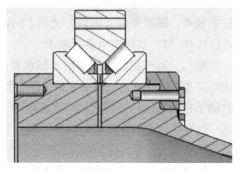

图 12-31　紧凑型风力发电机设计　　　　图 12-32　大接触角的圆锥滚子轴承设计

这个轴承从设计到使用，再到安装都显得比较复杂，而且从传统意义上讲，它作为主轴承的功能更主要。在本书中不再做详细说明。

## 第三节　风力发电机组齿轮箱轴承的特殊要求

因为风力发电机齿轮箱应用的复杂性，虽然看上去在风力发电机的齿轮箱里，轴承的配置与工业齿轮箱的类似，但是轴承还是具有一定的特殊性，体现在轴承材料的特殊性和轴承类型选择的特殊性。

## 一、风力发电机组齿轮箱轴承材质的特殊要求

从我们上面介绍的轴承应用工况以及配置来看，第一，满装滚子轴承的应用会比较常见，第二，高承载能力的轴承作为一种特殊的轴承也比较常见。其实这都是为了满足风力发电机运行工况的重载特性来设计的。

但是，我们一开始在介绍风力发电机运行工况的时候，就提到过这个设备运行的特殊性。与传统的机械设备不同，风力发电机的运行并不是连续运行的，它依赖风资源，或者说依赖风况的程度很高，在风况良好的情况下，风力发电机才能达到其设计的运行工况，所有轴承的承载或者转速才会达到我们预期设计的效果。

而在其他的情况下，当风况不好时，风力发电机仍然会旋转，但是对于齿轮箱内部的轴承来说，载荷不够，就会面临着打滑失效的风险。而我们都知道风力发电机的维护比较困难而且成本较高，在这种情况下，我们在做轴承选型时，不仅要考虑正常工作的状态，还要考虑非工作状态下的情况，要避免这种情况下对轴承造成的损坏。

那么表面涂层的处理就是一个比较好的方式。在轴承运行，却没有达到运行所需要的最小负荷时，轴承出现的打滑或者滑动摩擦会损伤轴承的滚道表面，因此当轴承滚动体再次受力时，失效的风险就会大大增加。

因此基本上在风力发电机齿轮箱的中高速轴里，轴承都会采用表面氧化发黑的处理方式。这种处理会有效地抑制轴承在空载或者载荷不够情况下运行时出现的打滑现象，从而保证轴承的运行寿命。

一般来说，氧化发黑的处理都用在满装滚子的圆柱滚子轴承和高承载能力的圆柱滚子轴承上，如图 12-33 所示，一来，这两个轴承使用的位置在中低速轴上，设计载荷较重，空转时出现打滑的风险较高；二来，对于使用在高速轴上的轴承，本书设计载荷就较小，轴承的尺寸选择的也比较少，最小负荷的要求也没有中高速轴上那么高，出现打滑失效的风险也很低，因此也不太采用轴承表面处理的方式。

**图 12-33 氧化发黑的表面处理**

目前，对于上述两种轴承的表面氧化的处理方式已经变成了一种标准选择。

## 二、风力发电机组齿轮箱轴承选型的特殊要求

如果我们一直看下来会发现一个问题，在工业齿轮箱中，为了保证轴承较好的承载能力，在很多情况下，我们都是选择调心滚子轴承。一是因为这个轴承的承载能力较强；二是因为这个轴承的设计对润滑的敏感性也没有那么高。

那么为什么在风力发电机的齿轮箱里我们基本上没有谈到过调心滚子轴承的应用，主要的原因在于我们对齿轮箱设计的认识。调心滚子轴承的调心能力如图 12-34 所示。

从风力发电机应用工况的角度来看，我们普遍认为风力发电机整体的受力情况会比较复杂，因为风载荷的大小和方向似乎时刻都是在变化的。结合设计理念，我们更希望风力发电机内部设备的系统刚性会更强。尤其是在齿轮箱里，因为齿轮箱的效率最主要体现在齿轮的啮合上，如果轴系刚性不够，齿轮的啮合不平稳，产生的效率问题或者齿轮失效的问题可能会非常明显。

但是从另外一个角度看，在工业齿轮箱里我们同样面临着啮合问题，同样面临着效率问题，

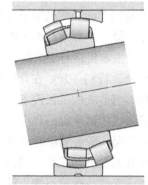

**图 12-34　调心滚子轴承的调心能力**

但是为什么在风力发电机的齿轮箱里这个问题会被放大。一来，可能是因为风力发电机齿轮箱的维修确实是一个很大的问题，所以我们在开始设计时就应该尽量避免所有可能出现的失效因素；二来，调心滚子轴承在齿轮箱中的应用也不是不可替代的；三来，随着风力发电机设计向紧凑型的方向进行，对系统的刚性要求越来越高，可能调心滚子轴承确实不是一个好的方案选择。这仍然是一个正在被探讨的问题。

# 第十三章
# 风力发电机组齿轮箱的
# 轴承使用与校核

风力发电机组齿轮箱中除了对轴承和轴承配置有独特的要求以外，轴承的润滑技术、轴承的公差配合选择，以及轴承的校核计算中也有其特殊之处。本章就风力发电机组齿轮箱轴承的润滑技术、公差配合选择和校核计算进行介绍。

## 第一节　风力发电机组齿轮箱轴承的润滑

对于轴承的应用来说，润滑是一个非常重要的环节，轴承选择的合适，但是润滑如果不能满足轴承应用，或者说不能达到良好的效果的话，那么轴承也不能运行达到我们期望的效果。

关于轴承润滑的通用技术，在本书第 7 章中进行了详细介绍。风力发电机组齿轮箱轴承一般性的润滑选择和校核方法可以参照相关内容。除此之外，与通用润滑技术相比，风力发电机组齿轮箱轴承的润滑有自身的特殊之处，本章中就风力发电机组齿轮箱轴承润滑方面的一些专有的技术细节进行讲述。

合适的轴承和合适的润滑才能带来较长的使用寿命，那么对于风力发电机组齿轮箱来说，润滑的选择包括几个方面，①采用什么样的润滑方式；②润滑油的选择；③润滑的其他参数的选择。

对于齿轮箱来说，需要润滑的不仅是轴承，还包括齿轮的啮合面。而且在齿轮箱中，最重要的其实是齿轮啮合。但是齿轮啮合所需要选择的润滑油和轴承所需要的润滑油在本质上是有区别的，因为齿轮啮合面和轴承接触面是不一样的。但是考虑到齿轮啮合的重要性，在润滑油的选择上，是以满足齿轮啮合的润滑为主，那么对轴承来说，这个润滑油可能无法很好地满足它的运行要求，我们就需要从其他方面入手，满足轴承的要求。

## 一、风力发电机组齿轮箱轴承润滑油过滤系统

对于齿轮箱中的轴承，最普通的润滑方式就是通过齿轮的旋转带动润滑油的飞溅，以达到润滑轴承的目的，还有就是通过润滑油路的设计，在轴承附近安装润滑油

喷嘴进行强制润滑，强制润滑就需要润滑油的循环系统和冷却系统。

如果采用了具有过滤功能的循环系统，对于齿轮箱润滑的过滤功能的建议有一个简单的推荐。

最低的过滤等级需要达到 -/17/14，这是根据 ISO 4406 的要求，当对 25mm 的污染颗粒的过滤比为 75 的时候，也就是 $\beta_{25}=75$ 时，这是对于过滤器的最低要求。那么从轴承良好润滑的效果来说，我们建议可以考虑当 $\beta_{12}=200$ 时，过滤精度能够达到 -/15/12。

## 二、风力发电机组齿轮箱轴承的润滑温度

一般情况下，齿轮制造商会针对齿轮的润滑效果提出一个润滑油浴温度的推荐。轴承的润滑只需要参考这个温度建议就可以了。

如果齿轮制造商没有给定一个特别的温度建议的时候，从轴承润滑的角度考虑，当整个润滑系统中存在冷却循环设备时，我们建议润滑油浴的温度保持在 70℃。

这个温度是比较粗略的温度建议。在后续的内容里我们会大致地说明一下在风力发电机齿轮箱里轴承寿命的特殊计算要求和方式。如果我们需要对轴承的调整寿命有额外的要求的话，我们还必须考虑润滑油在运行温度下的黏度，这个黏度会直接影响轴承的润滑效果，包括轴承的寿命。因此我们必须考虑当润滑油进入轴承接触面时的温度，但是由于实际条件所限，这个温度是很难测量的，也很难根据理论分析得到一个计算的推荐值，我们总结了一下作者多年的应用经验，针对不同的齿轮箱内的传动轴，我们给出了一个基于经验的参考建议，仅供参考。

同样，当我们计算轴承润滑的黏度比时，也可以参考提供的温度值。根据这个运行温度来计算轴承所需足够润滑时的黏度比，以此判断轴承是否有足够的润滑。

对于只采用了飞溅润滑的齿轮箱系统来说，也就是没有额外增加冷却和过滤系统，我们也可以通过正常运行时轴承静止套圈的温度来获得运行温度，而不用采用表 13-1 中提供的经验值，但是根据我们多年的经验，这个温度的实际测量难度较大。

表 13-1　各个轴上的轴承润滑油温度的经验值

| 轴承所在的轴 | 对于飞溅润滑轴承的运行温度参考值 |
| --- | --- |
| 高速平行轴（输出轴） | $T+10K$ |
| 中间平行轴 | $T+5K$ |
| 低速平行轴 | $T$ |
| 行星轮组件 | $T+5K$ |

其中，$T$ 表示的是齿轮箱内油浴的温度，加号后的数值表示根据经验这里的润滑油温度可能会比油浴中的油所高出的温差。

对于强制润滑系统来说，一般在整个润滑系统中都会有冷却循环系统和过滤系统，

因此这个温度的值会比较好确定，只要确保润滑油在循环冷却后能够达到足够的轴承润滑的理论温度就可以，例如 70℃。具体的值需要在设计润滑系统时进行计算考虑。

## 第二节　风力发电机组齿轮箱轴承配合

轴承的配合不仅会影响到轴承在运行时相对于轴和轴承室的摩擦，同时，配合的大小也会影响到轴承内部游隙的变化，因此选择合适的配合也是非常重要的。

### 一、风力发电机组齿轮箱轴承的一般公差配合选择

针对轴承的配合，在本书的前面已经有了详细的介绍。绝大部分的风力发电机齿轮箱内部的轴承配合及公差与普通的工业齿轮箱时一致的。

截取了我们在风力发电机齿轮内会用到的一些轴承的推荐配合，如表 13-2 所示，可作为轴承配合选择的参考。

表 13-2　风力发电机齿轮箱轴承的推荐配合

| 轴承类型 | 轴配合 | | | | | | | | 轴承室配合 | | |
|---|---|---|---|---|---|---|---|---|---|---|---|
| | 轴径 /mm | | | | | | | | 轴承室内径 /mm | | |
| | ≤ 18 | > (18~40) | > (40~100) | > (100~140) | > (140~200) | > (200~280) | > (280~500) | > 500 | ≤ 300 | > (300~500) | > 500 |
| 深沟球轴承轻载 ($P \leq 0.06C$) | j5 | k5 | k5 | k6 | k6 | m6 | m6 | m6 | J6[1] / G6[2] | J6 / G7 | H7 / F7 |
| 四点接触球轴承 | k5 | k5 | m5 | m5 | n6 | — | — | — | 轴承外圈与轴承室不接触 | | |
| 圆柱滚子轴承 | k5 | k5 | m5 | m5 | n6 | p6 | p6 | r6 | J6 | J6 | H7 |
| 单列圆锥滚子轴承 | k6 | k6 | m6 | m6 | n6 | p6 | p6 | — | J6 | J6 | H7 |
| 单列配对圆锥滚子轴承 | k5 | k5 | m5 | m5 | n6 | p6 | p6 | r6 | J6 | J6 | H7 |

①固定端轴承。
②浮动段轴承。

### 二、行星小齿轮轴承的公差配合选择

对于行星小齿轮内的轴承，通常是齿轮内圈安装在齿轮轴上，轴承外圈与轴承室（小齿轮轮毂内侧）安装。当齿轮运转的时候，齿轮轴固定，因此轴承内圈也相对固定，轴承外圈随着齿轮轮毂旋转。此时轴承的负荷相对于内圈是静止负荷，相对于外圈是旋转的。

对于行星齿轮而言，在公转的时候安装在齿轮轮毂里的轴承负荷相对于轴承和外圈都是旋转的。

在行星齿轮中，有时候使用无外圈或者无内圈结构的轴承，此时轴承室或者轴表面就充当轴承的外圈或者内圈，因此对轴和轴承室除了尺寸要求还有更严格的形状位置公差要求以及表面硬度要求。

对于行星小齿轮内的轴承，配合的推荐值有所不同，需参照表13-3选择。

表13-3　行星轮小齿轮轴承的推荐配合

| 轴承类型 | 轴承配置（负荷情况） | 轴公差 /mm | | | 轴承室直径 /mm | | |
|---|---|---|---|---|---|---|---|
| | | < 120 | >（120 ~ 250） | >（250 ~ 315） | < 120 | >（120 ~ 250） | > 250 |
| 深沟球轴承 | 换挡齿轮（内、外圈以相同速度旋转） | j5 | js6 | k6 | M6① | M6 | N6① |
| | 行星齿轮，中间齿轮（外圈旋转，内圈静止） | h5 | h6 | h6 | M6① | M6① | M6① |
| 调心滚子轴承 圆柱滚子轴承 | 行星齿轮，中间齿轮（外圈旋转，内圈静止） | h5 | h6 | h6 | N6 | P6① | R6① |
| 圆柱滚子轴承 | 行星齿轮，中间齿轮（内、外圈旋转负荷） | 参照表6-2 | | | R6② | P6② | R6① |
| 无外圈的圆柱滚子轴承 | 行星齿轮，中间齿轮（行星齿轮旋转，内圈静止） | h5 | h6 | h6 | G6② | F6② | F6② |
| 无内圈的圆柱滚子轴承 | 行星齿轮，中间齿轮（外圈旋转） | f6② | e6② | e6② | N6 | P6 | R6 |
| 滚针及保持架组件 | 行星齿轮，中间齿轮 | g5② | g5② | — | G6② | G6② | — |

① 要求轴承选择 C3 游隙。

② 对于行星轮销上以及齿轮轮毂内的滚道要求其圆度误差小于实际直径公差的 25%；圆柱度公差小于实际直径的 50%；表面粗糙度 $R_a \leq 0.2\mu m$，及 $R_z \leq 1\mu m$；硬度为 58 ~ 64HRC；并且精加工时，表面渗碳深度因为 $E_{ht} = 0.5D_w^{0.5} - 0.5 \geq 0.3mm$，其中，$D_w$ 为滚动体直径（mm）。

## 三、齿轮箱轴和轴承室的形状位置公差、表面粗糙度推荐

轴、轴承室的形状位置公差对于轴承的运行表现十分重要，通常主要的形状位置公差就是圆柱度、垂直度和表面粗糙度。对于轴、轴承室的尺寸公差的选择影响了轴承内部的游隙以及轴、轴承室与轴承接触部分的相对状态。如果轴、轴承室的形状位置公差不良，则会导致轴、轴承室与轴承接触状态不良，影响轴承内部尺寸以及外部接触。

对于齿轮箱轴、轴承室与轴承相关部分的形状位置公差以及表面粗糙度推荐可以参照表 13-4 所示进行选择。

**表 13-4　形位公差以及表面粗糙度**

| | 轴径 /mm | | | | | | | | 轴承室内径 /mm | | |
|---|---|---|---|---|---|---|---|---|---|---|---|
| | ≤ 18 | > ( 18 ~ 40 ) | > ( 40 ~ 100 ) | > ( 100 ~ 140 ) | > ( 140 ~ 200 ) | > ( 200 ~ 280 ) | > ( 280 ~ 500 ) | > 500 | ≤ 300 | > ( 300 ~ 500 ) | > 500 |
| 圆柱度 | IT5/2 | | | | | | | | | | |
| 垂直度 | IT5 | | | | | | | | | | |
| 表面粗糙度 /μm | 4 | 4 | 4 | 6.3 | 6.3 | 6.3 | 6.3 | 10 | 8 | 10 | 16 |

## 第三节　风力发电机组齿轮箱轴承校核方法

轴承的校核或者说轴承的寿命计算在整个齿轮箱的选型里是非常重要的内容，不仅因为轴承寿命的校核直接影响到我们选择的轴承是否能够满足风力发电机齿轮箱运行以及标准的严格要求，而且风力发电机由于其载荷的复杂性，因此计算的方法也会比较复杂。

### 一、风力发电机组齿轮箱轴承的寿命校核原理

根据 ISO 281 规定的寿命计算要求，风力发电机齿轮箱的轴承寿命需要采用调整寿命的计算方式，因此我们需要采用高级寿命计算理论或者方法达到要求。

在传统的机械设备里，基本上比较简单的寿命理论就可以作为估算轴承寿命的方法，如式（13-1）所示：

$$L_{10} = \left( \frac{C}{P} \right)^p \tag{13-1}$$

但是在风力发电机里，这种简单的寿命计算理论已经不能满足需要，我们需要从更深层的角度去考虑轴承的受力情况，在上述公式中，轴承被当作一个质点，我们只考虑了外部载荷的影响，但是由于风力发电机受力的复杂性，我们需要从轴承内部接触应力的角度来重新考虑轴承的寿命。

#### （一）应力分布分析

应力分布分析方法是目前我们在风力发电机，包括主轴和齿轮箱的轴承寿命校核中采用的方式，它不仅只考虑单一的寿命影响因素，比如说外力，而是更大范围的综合考虑轴承、轴，以及轴承多个零部件组成的整体系统。而且从载荷应用的角度讲轴承所受到的外部载荷，转变成轴承内部的滚动体与滚道间的接触应力，以接触应力为

参考来源，分析轴承套圈最终产生疲劳剥落的时间，最终确定轴承的寿命。轴承内部的应力分布示意如图 13-1 所示。

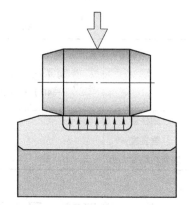

这个方式是目前最符合轴承本身寿命定义的方式，现在随着计算机辅助计算的手段越来越多，计算轴承内部的接触应力已经不再是一个难以完成的任务，因此，我们可以更准确地分析轴承内部的应力分布，以确定更加接近实际情况的轴承寿命。

应力分布分析的方法不仅考虑了轴承外部载荷在轴承内部滚动体上的分布，同时我们可以分析轴承、轴、轴承室整个系统的材料因素，因为制作这三个零部件的材料不同，不同材料的变形量也不同。

这使得整个轴承的寿命校核从以前的刚性计算进入了柔性分析的范畴，现在我们可以考虑材料因

**图 13-1　轴承内部的应力分布示意**

为非线性弹性形变导致的内部滚动体应力分布的变化，来达到最准确的轴承载荷分布情况。

在这个分析里，我们会考虑：

1）轴承内部设计的影响：轴承滚动体和滚道接触曲线的表面形状决定了滚动接触的弹性形变，所以轴承内部的设计参数对于这个形变的影响是非常重要的，这些参数包括滚动体外形尺寸，内、外圈的滚道沟道半径，轴承的分度圆直径，以及轴承的接触角。弹性体接触面的赫兹理论是在滚动接触中，计算弹性形变的基础理论；

2）轴承外形尺寸的影响：轴的尺寸参数也会导致弹性形变的不同，其他参数还包括轴的光洁度，轴间的位置及尺寸，空心轴还是实心轴，这些参数的综合影响也会导致轴承内部接触应力的不同；

3）轴承室的影响：与轴的参数影响一样，轴承座的材料、尺寸，包括轴承座内径的同轴度，都会导致轴承内部接触应力分布的变化；

4）其他因素的影响：安装因素，包括尺寸公差、行位公差和配合等。

**（二）校核的载荷要求**

由于风载荷的复杂性，导致风力发电机校核过程中载荷的分析也是比较复杂的一个过程，因为需要考虑不同风载荷下的波动影响。

而且风载荷是连续而且实时变化的，与其他的工业设备不同，并不是稳定的外部载荷。因此我们需要把载荷，也叫作载荷谱，或者应用中的载荷循环缩减到有限的范围之内，使计算简便、耗时短，同时也能够满足计算的要求。

因此在计算轴承寿命之前，我们首先要计算轴承的载荷，并且载荷必须包括与传动链设计相关的 DLC 描述，载荷的循环次数，以及载荷计算模型的信息，例如载荷方阵中使用的传动链模型描述等。

在风力发电机齿轮箱的计算中，轴承的校核不仅需要校核轴承疲劳寿命，我们还需要考虑轴承在受到极端载荷下的安全系数。

风力发电机齿轮箱的轴承校核分为两个部分，一是安全系数 $s_0$，安全系数主要通过载荷谱中的极限载荷来计算；二是极限载荷，顾名思义就是在整个轴承的寿命周期中会出现的最大载荷，但是一般来说这种载荷情况不是经常出现的，因此我们只要确保在短时间内出现这个载荷的时候，寿命仍然处在安全状态就可以了。

这个计算需要的就是瞬时可能出现的在各个方向上载荷的最大值，然后判断轴承的静态情况。载荷谱应该包括载荷发生的条件，以表格的形式呈现，如表 13-5 所示。

表 13-5　极限载荷描述

| 工况 | $M_x$ | $M_y$ | $M_z$ | $F_x$ | $F_y$ | $F_z$ |
|---|---|---|---|---|---|---|
| 1 | | | | | | |
| 2 | | | | | | |
| 3 | | | | | | |
| 4 | | | | | | |
| 5 | | | | | | |
| 6 | | | | | | |

校核计算就是我们一直提到的寿命校核。我们需要轴承在整个寿命周期内模拟载荷谱，以此来判断轴承的动态情况。

寿命计算所需要的就是轴承的载荷谱。目前的计算方式有两种载荷谱都在使用，一种是时间序列载荷谱，这些时间序列来自于载荷仿真，从时间序列得到的疲劳载荷通常代表了风力发电机的正常运行工况，然后通过一些方法将这个时序载荷谱的个数降低到可以计算的范围之内，而且这个个数既不能太多，影响到计算时间，也不能太少，会丢失一些特征工况。

缩减的第一种方法一般就是数据处理的方法，与轴承或者齿轮箱设计的相关性都不大。我们可以从数据处理的角度得到更多的详细信息。

第二种采用的就是载荷持续分布，也叫作 LDD 或者 LRD。载荷持续分布是从模拟时间序列中得到的。在 ASTM 的标准中给出了适合的方法，我们可以参考。载荷分布可以采用载荷—持续时间，也就是 LDD，或者载荷—循环次数，也就是 LRD，这两种形式进行表示。

每个载荷段的载荷值使用的都是该载荷段内最大的载荷绝对值来表示。各个载荷段的宽度不必一致。某些载荷段的载荷值可能为负。载荷谱也必须包含空转和停记时间内的载荷。

## 二、风力发电机组齿轮箱轴承的寿命校核计算

### （一）轴承的安全系数

上文中已经简单提到了轴承的安全系数 $s_0$，安全系数的主要目的是为了校核轴承在极限载荷作用下的存活能力。

采用上文提到的极限载荷矩阵就可以得到安全系数的值了。

### （二）轴承的疲劳寿命

因为风力发电机工作的不连续性，我们需要选出每个工作间隔中的寿命，然后组成轴承在整个工作周期的疲劳寿命。

$$L_{10m} = \cfrac{1}{\cfrac{U_1}{L_{10m1}} + \cfrac{U_2}{L_{10m2}} + \cfrac{U_3}{L_{10m3}} + \cdots} \qquad (13\text{-}2)$$

式中　　$L_{10m}$——轴承的修正额定寿命，单位为百万转；

　　　　$L_{10m1}$——在工作间隔下的轴承修正额定寿命，单位为百万转；

　　　　$U_1$——工作间隔下的寿命段，$U_1 + U_2 + U_3 + \cdots = 1$。

### （三）轴承的疲劳寿命和接触应力

风力发电机齿轮箱的轴承根据标准要求需要达到 20 年的使用寿命。因此我们需要在给定的载荷条件下选择一个至少能够达到这个要求使用寿命的轴承。

轴承的疲劳极限应力是与轴承的材料化学成分、轴承钢的洁净程度、晶格尺寸、残余奥氏体等因素相关的应力值。当除了轴承由于载荷产生的应力以外，没有其他的应力存在于理论接触面上的时候，对于轴承来说，疲劳极限应力的值一般为 2200N/mm$^2$。

在计算时，我们通常以这个值作为一个标准值，也就是说当轴承内部的应力值超过这个值时，这个轴承的选择就是错误的，我们需要更换一个更大尺寸的轴承。

但是在轴承的实际应用中，由于运行工况、制造公差等因素的影响，在轴承内部会存在因为这些因素导致的额外应力。基于这样的原因，如果我们在以应力为计算手段判断轴承寿命的时候，在计算由外力所引起的轴承内部应力的值时就不能以 2200N/mm$^2$ 为标准值，否则再加上刚才提到的因素，轴承的应力就会远超这个值。根据在风力发电机里的应用经验，以及对多种实际工况的校核计算，由外力导致的应力值我们应该取 1450N/mm$^2$ 左右，这样才能够保证轴承有效的使用寿命。

如果轴承的加工精度更低，或者轴承钢的洁净度不够，那么这个标准值就要下降到 1100N/mm$^2$ 左右，反之，如果轴承的加工精度提高，或者轴承钢的洁净度更好，这个值也可以提高到 1850N/mm$^2$。

在轴承选型时，根据齿轮内不同轴上的轴承，这里有一些选择轴承型号和尺寸时的应力标准值的建议。

我们只选择了本书中介绍的风力发电机齿轮箱中可能选择的轴承类型的建议最大应力值，见表 13-6 和表 13-7。

表 13-6　在疲劳载荷下的轴承建议最大荷兹接触应力（N/mm²）

| 轴 | 轴承类型 | | | | | |
| --- | --- | --- | --- | --- | --- | --- |
| | 圆柱滚子轴承 | | | 圆锥滚子轴承 | 深沟球轴承 | 调心滚子轴承 |
| | NJ 设计 | N 设计 | NU 设计 | | | |
| 行星架 | 1600 | — | 1600 | 1600 | — | 1550 |
| 行星小齿轮 | 1500 | — | — | 1500 | — | 1450 |
| 低速轴 | 1600 | — | 1600 | 1600 | — | 1550 |
| 中速轴 1 | 1450 | 1450 | 1450 | 1450 | 1400 | 1450 |
| 中速轴 2 | 1450 | 1450 | 1450 | 1450 | 1400 | 1450 |
| 高速轴（输出轴） | 1400 | 1400 | 1400 | 1400 | 1400 | 1400 |

表 13-7　在极限载荷下的轴承建议最大荷兹接触应力（N/mm²）

| 轴 | 轴承类型 | | | | | |
| --- | --- | --- | --- | --- | --- | --- |
| | 圆柱滚子轴承 | | | 圆锥滚子轴承 | 深沟球轴承 | 调心滚子轴承 |
| | NJ 设计 | N 设计 | NU 设计 | | | |
| 行星架 | 2500 | — | 2500 | 2500 | — | 2350 |
| 行星小齿轮 | 2500 | 2500 | 2500 | 2500 | — | 2350 |
| 低速轴 | 2350 | — | 2500 | 2500 | — | 2350 |
| 中速轴 1 | — | — | — | — | 2350 | 2350 |
| 中速轴 2 | 2350 | 2500 | 2500 | 2500 | 2350 | 2350 |
| 高速轴（输出轴） | 2350 | 2500 | 2500 | 2350 | 2350 | — |

以此建议作为轴承内部的最大接触应力，轴承的理论寿命可以达到 175000h，也就是在标准中规定的 20 年。

# 第四篇
# 风力发电机组中的发电机轴承应用技术

风力发电机组中的发电机本体是将主轴传递来的机械能转化为电能的能量转换装置，是风力发电机组中的核心零部件之一。

风力发电机组中的发电机本身属于电机设备中的一种，其基本工作原理与普通发电机无异，同时机械结构也相似，因此，风力发电机组中的发电机轴承的基本应用在很大程度上与普通电机有很多相似之处。

在风力发电机组中，机组整体的运行状态同时又构成了发电机本身的工作环境。由于风力发电机组本身的特殊性，工作在风力发电机组中的发电机的工作环境与普通工业电机也存在一定差异，所以发电机轴承的应用技术也有诸多独特之处。

目前，风力发电机组的形式主要有直驱式、非直驱式两种。直驱式风力发电机组中，电机本体和主轴融为一体；非直驱式（包括半直驱式、双馈式等）风力发电机组中，电机本体通过齿轮箱与主轴连接。在直驱式风力发电机组中，发电机的轴承就是主轴轴承，因此直驱式风力发电机组中发电机轴承的应用与主轴轴承的应用是一件事情，本书放在单独部分进行介绍。本篇仅就单独的风力发电机轴承应用技术进行介绍。

为便于阐述，本篇后续将风力发电机组中发电机轴承简称为"发电机轴承"。

# 第十四章
# 发电机的作用与特点

## 第一节　发电机的基本结构与轴承的作用

前已述及，本部分主要介绍非直驱式风力发电机组中的发电机轴承的基本结构。风力发电机组中的发电机本体属于发电设备一类，其内部基本机械结构也与普通电机类似，主要包含定子、转子两大部分。同时，双馈式风力发电机本身还包含了集电环（电刷）结构，并附属了相应的冷却装备等相关结构。本书第一章列举了某1.5MW风力发电机的基本结构。

对于风力发电机组中的发电机本体，轴承与电刷一样，是连接定、转子的主要零部件。电刷是一种电气连接，而轴承主要是电机定、转子之间的机械连接。

一般的风力发电机组中的发电机本体主要工作状态为卧式（带倾斜角度）工作，电机中轴承主要负责电机定、转子的位置固定与承载。

发电机轴承对电机定、转子的固定作用除了保证定、转子的基本位置稳定以外，也需要保证一定的定位精度，这样才能保证发电机中一个最关键的指标——气隙的精度。

发电机中轴承同时需要承担电机本体的结构而带来的负荷，同时承受发电机轴端传递来的其他负荷。

综上所述，发电机轴承是电机中既连接定、转子又承担机械负荷的关键零部件。因此需要轴承具备足够的承载能力和一定的精度，从而确保风力发电机本身的寿命要求和定位精度要求。

另外，风力发电机轴承通常是由发电机制造企业在生产发电机时完成安装和初次润滑的工作。在到达风场进行组装的时候是与发电机作为一个整体进行的。一旦风力机装机完成，那么对轴承的任何调整都将是十分困难的工作。因此风力发电机轴承也需要具有良好的可靠性和可维护性。

# 第二节 风力发电机组中的电机特点

风力发电机是安装在风力发电机组中的设备，因此风力发电机组的安装、使用、工作状态就是风力发电机的工作工况。相应地，发电机本身的安装、使用、工作状态也是发电机轴承的工作工况。因此在进行风力发电机轴承应用之前，需要对风力发电机本身的特点有清楚的认识。

## 一、工作环境恶劣

风力发电机组一般都安装在风资源丰富的地带，这些地方一般地处偏远，环境恶劣，对风力发电机组的运行带来很大挑战。对发电机本体而言主要的影响包括：

### （一）工作温差大

风场的地理位置偏僻，不论陆上还是海上风场，全年工作温度差异较大。其环境包含雪原、高原、沙漠、海洋、山地等诸多地貌。这些地方的温度差异十分大，从零下三四十摄氏度到零上三四十摄氏度。宽泛的工作温度要求轴承保持足够的可靠性，给轴承的润滑和轴承本身的状态带来巨大挑战。

### （二）污染严重

风场风资源丰富，因此环境中的污染含量较之一般的工业领域更大。陆上风力发电机组经常遇到风沙、扬尘、雨雪等情况；海上风力发电机组还会遇到盐雾、潮湿等工作条件。这些情况都会对风力发电机组以及发电机本身造成影响。如果这些污染进入轴承，也会对轴承造成破坏。严重的污染要求对电机轴承进行结构布置的时候考虑足够的防护，避免轴承由于污染而带来的过早失效。

### （三）机座摇摆

发电机一般安装在风力发电机的机舱里，机舱处于塔台顶部。风力发电机塔台一般距地面几十米的高度。细长的塔筒具有一定的挠性，风力发电机在风力作用下，不论是否处于工作状态，均会出现一定的摇摆和晃动。对于发电机而言就是电机定子机座本身的摇摆和晃动。这种摇摆晃动会造成电机轴承的承载。尤其在电机停止运行的时候，机座的摇摆会造成轴承的伪布氏压痕，从而导致轴承的提早失效。

## 二、功率大、安装特殊

风力发电机的功率从几百千瓦到十几兆瓦。对于一般的工业电机厂家而言，属于相对较大的电机设备。虽然与水力发电机相比仍属于小型电机，但是和普通的工业电机相比一般会是普通电机厂的偏上限生产能力。因此针对风力发电机中使用的滚动轴承而言，风力发电机中使用的滚动轴承应该是尺寸最大的类型之一。这对轴承的选型、安装、使用都有一些特定的要求，造成电机生产厂家的一些困扰。

另一方面，风力发电机本身安装在机舱里通常是倾斜安装。与一般的卧式电机相比，倾斜安装将造成电机固定端轴承承受轴向负荷。这样的负荷状态直接影响轴承的选型，以及布置的相关设计。

## 三、维护困难

风力发电机安装在风机舱室以内，处于高空状态，这使得一般的大型设备很难得以使用。因此风力发电机轴承在风场一般只能进行小规模的维护动作。一旦出现需要更换轴承等维护需求的时候，几乎无法通过人力在高空执行。很多时候需要动用大型起重设备，将电机从机舱内运回地面进行维护。这样不仅困难，而且成本高昂。因此在电机轴承选型、应用的时候就需要保证足够的可靠性与易维护性，尽量减少拆机的维护需求。

## 四、寿命及可靠性要求高

对风力发电机组具有相当长的工作寿命要求，一般为 20 ~ 25 年，对作为风力发电机组中的发电核心子设备的发电机本体也有相同的寿命要求。在风力发电机轴承选型的时候，也需要参考相应的要求和标准，满足机组整体寿命需求。

同时由于风力发电机组维护困难，在保证较长工作寿命的同时必须考虑相应的可靠性，以减少维护及所带来的相应成本。所以，轴承选型设计的时候需要留有足够的安全余量，提高可靠性。

## 五、噪声要求严格

风力发电机本体的噪声有电磁噪声和机械噪声两大部分。机械噪声中轴承噪声是重要的一部分。对于异常噪声的检查是发现发电机设计、制造、安装过程中潜在问题的重要手段，有时候也是检查轴承潜在故障、失效的一个重要指标。

风力发电机本体的上述特点，便是电机工程师在设计、生产、制造、运输、安装过程中需要考虑和满足的技术要求。因此在轴承的选型、校核计算、结构布置、生产制造、装配等过程中，也需要考虑到这些因素。

# 第三节　发电机轴承的应用

风力发电机组中发电机轴承的应用要求大部分与普通电机轴承的应用要求相仿，主要包含轴承类型选择，轴承大小的选择，轴承在电机中的结构配置，轴承的相关校核计算，轴承的润滑选择，轴承的储运、安装，轴承的运行状态监测与维护，失效轴承的分析等相关技术环节。

风力发电机轴承的应用过程就是将风力发电机自身的特点和技术要求作为轴承应用的条件，将轴承应用的各个环节加入相应考虑的过程。

　　风力发电机轴承的应用也是一个实践经验累积的过程，在累积过程中，电机工程师进行过各种尝试，并且对经验和教训进行总结，最后形成了风力发电机领域某些相对通用的技术积累。这些技术积累有的变成了行业标准，有些变成了一些设计规范或者指导，用于后续给工程师提供参考。

　　早期的风力发电机轴承相关的设计来源于工业电机的一些设计。当时考虑到风力发电机在高空处于摇摆的工作环境中，因此很多工程师参考了某船用电机的轴承设计思想。那个时候，风力发电机的功率还比较小，以 1.5MW 为主。即便如此，这样的电机对于一般的电机制造企业也已经属于较大功率的电机。再加上风力发电机组设计对寿命和可靠性要求很高，因此当时在轴承选型的时候出现了很多的"过选型"。当时存在对于 1.5MW 风力发电机轴承选型配置的两种争议，一种是严格按照某船用电机的设计，采用两柱一球的结构；另一种是根据实际工况进行设计变通，选择两个深沟球轴承结构。笔者以及一些其他同行当时根据实际工况，经过分析计算，力主后者。

　　经过一段时间的应用实践，最后还是 1.5MW 风力发电机两个深沟球轴承的配置得到肯定，成为相同功率端风力发电机的主流设计。

　　随着风力发电机组的大型化，风力发电机本体的体积也越来越大，电机本体的重量也越来越大，从轴承寿命和可靠性角度考虑，两个深沟球轴承结构的风力发电机已经不能满足要求。因此，两柱一球结构重返应用，是 3～4MW 发电机中的主流设计。

　　在风力发电机轴承的应用领域除了对轴承选型、布置的摸索以外，其他领域的尝试和积累也在进行，比如对轴承润滑的探索，对轴承故障诊断的探索等。

　　正是基于多年的磨合和积累，我们逐渐形成了对风力发电机轴承应用的一些建议。这些建议本身就是对电机轴承应用技术在风力发电机领域里的一个实践和印证过程，其本质的方法并无不同。本篇后续章节将对这些风力发电机轴承应用中的特有技术内容进行阐述，对于一般的轴承通用应用技术，可以参照本书前叙章节或者《电机轴承应用技术》一书。

# 第十五章
# 发电机轴承选型与常用配置

　　风力发电机组中发电机轴承的选型和配置是设计者进行发电机设计时候必须进行的工作。其中，电机轴承的选型包括轴承的类型和轴承的大小两个环节，轴承的配置是根据轴承的选型，将轴承合理地布置到电机结构当中的过程。

　　当然电机轴承的选型和电机轴承的配置之间也是紧密相连的过程。电机轴承的配置首先考虑电机轴承的受力情况，然后根据受力的大小和方向选择合适的轴承类型。同时电机轴承的配置也会直接影响发电机端轴承的受力。比如，对于发电机轴承的定位端，就需要承受轴系统的轴向负荷。这里，轴承的布置决定了轴承的受力。因此，这两个工作其实是几乎同时交叉考虑的。为阐述方便，我们分开介绍。

## 第一节　发电机轴承受力分析与常用轴承类型

### 一、发电机轴系统受力分析

　　风力发电机轴系统属于普通的双支撑轴系统，整个轴系统基本上都属于具有倾角的卧式安装形式。大致受力如图 15-1 所示。

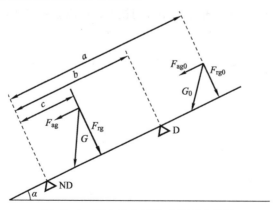

**图 15-1　风力发电机轴系统受力分析**

图 15-1 中，轴系统由轴承 D 和轴承 ND 支撑，电机转子重力 $G$，其受力点在两个轴承之间；外界负荷 $G_0$（对于风力发电机而言多为联轴节重量）在轴伸端。整个轴系统与水平位置夹角为 $\alpha$（通常为 5°）。

对于风力发电机轴系统的受力分析，首先将轴系统中的外力分解为轴向和径向，轴系统的径向力分别为

$$F_{rg} = G\cos\alpha \tag{15-1}$$

$$F_{rg0} = G_0\cos\alpha \tag{15-2}$$

轴系统轴向负荷分别为

$$F_{ag} = G\sin\alpha \tag{15-3}$$

$$F_{ag0} = G_0\sin\alpha \tag{15-4}$$

D 端轴承承受的径向负荷为

$$F_{dr} = \frac{F_{rg}c + F_{rg0}a}{b} \tag{15-5}$$

$$= \frac{Gc + G_0a}{b}\times\cos\alpha \tag{15-6}$$

ND 端轴承承受的径向力为

$$F_{ndr} = \frac{F_{rg}(b-c) - F_{rg0}(a-b)}{b} \tag{15-7}$$

$$= \frac{G(b-c) - G_0(a-b)}{b}\cos\alpha \tag{15-8}$$

或者

$$F_{ndr} = F_{rg} + F_{rg0} - F_{dr} \tag{15-9}$$

ND 端轴承的上述两种计算与 D 端轴承等效。

此时，轴系统中的轴向负荷将由系统中定位端轴承承受，而非定位端轴承轴向负荷应为 0。定位端轴承轴向负荷应为

$$F_a = F_{ag} + F_{ag0} = (G + G_0)\sin\alpha \tag{15-10}$$

发电机轴系统的轴承布置将决定轴承定位端应置于驱动端还是非驱动端。后续章节将进行介绍。

## 二、发电机常用轴承类型

从发电机轴系统受力分析可以看出，整个轴系统的受力主要来自于电机自身的转子重力以及轴伸端外界负荷。一般而言，轴伸端的外界负荷是电机和增速齿轮箱之间的联轴节。事实上，一般这个联轴节重量与电机转子重量比起来很小，甚至有时候在估算的时候可以忽略。由此不难发现，风力发电机轴承基本承受的外界负荷很小，轴承仅需要支撑转子即可。当然在电机摇摆或者振动的时候，转子的加速度带来的冲击负荷也需要纳入考虑。

发电机非定位端仅仅承受径向负荷；定位端承受径向负荷和由于轴系统倾斜而引起的轴向负荷。

从转速方面，双馈式风力发电机的转速一般为 1000 ~ 2000r/min，处于中高转速范畴。因此一般具有这样转速能力的轴承即可满足需求。

事实上，经过多年的应用，目前风力发电机轴承的主要类型已经固定下来，基本上包括深沟球轴承和圆柱滚子轴承。

在 3MW 以下的风力发电机中，主要使用深沟球轴承。对于更大型的风力发电机，使用圆柱滚子轴承和深沟球轴承组合。在实际应用中，工程师可以根据具体的校核计算选择轴承的内外径和轴承的宽度系列。

对于深沟球轴承，如果用作定位端和非定位端轴承，一般选用 62 系列或者 63 系列的深沟球轴承。具体以校核结果为准。如果用作两柱一球结构的定位轴承，则需要根据轴向负荷校核确定，可以使用 60 系列或者 62、63 系列。具体的校核计算请见本书十三、十六章内容。

对于圆柱滚子轴承，从前面轴承受力的大致定性分析可以看到，其实风力发电机的径向负荷对于电机本体而言，并不是十分大。而圆柱滚子轴承一般具有较强的径向负荷承载能力。工程师可以根据校核计算结果选择满足校核条件的轴承，通常是轻系列的圆柱滚子轴承（10 系列）。具体选型校核，请参考本书十三、十六章内容。

关于圆柱滚子轴承和深沟球轴承的具体特性，请参照本书关于滚动轴承基本特性相关部分内容。

# 第二节　发电机轴承常用配置

风力发电机轴承的基本配置符合电机常用轴承配置方式的基本原则，在轴系中需要设置定位端、非定位端。关于轴系统的定位以及实现，可参照本书第 5 章相应内容，此处不再重复。

风力发电机轴承的主流配置目前为止有两种基本形式：双深沟球轴承结构和两柱一球结构。

## 一、双深沟球轴承结构

双深沟球轴承结构的风力发电机轴系布置形式是一般电机中常用的结构形式。通常适用于轴向负荷适中或者较小的场合。基本结构如图 15-2 所示。

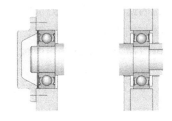

**图 15-2　双深沟球轴承结构示意**

图 15-2 中，右侧轴承为定位端轴承，负责定转子之间的轴向定位，承受轴向负荷，同时承受径向负荷。左侧轴承为非定位端（又称浮动端）轴承，主要承受径向负荷。

通常为减小噪声，并防止伪布氏压痕的发生，双深沟球轴承结构中会在非定位端轴承的地方施加一定的预负荷。对于普通中小型电机而言，预负荷往往是通过使用波形弹簧实现的。但是对于风力发电机而言，轴承较大，一般没有那么大的波形弹簧，因此一般是在浮动端轴承沿着轴向添加若干柱弹簧的方式使轴系得到应有的预负荷。关于预负荷的实现见本节后面相关内容。

目前 1~2.5MW 的风力发电机普遍使用双深沟球轴承结构的轴承布置方式。

## 二、两柱一球结构

两柱一球结构的电机轴承布置方式指的是使用两个圆柱滚子轴承和一个深沟球轴承共同配置到电机轴系中的方式，是电机轴承布置的常见方式。其结构如图 15-3 所示。

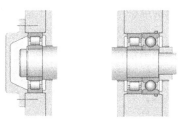

**图 15-3　两柱一球轴承结构示意**

图 15-3 中，右侧由一个圆柱滚子轴承搭配一个深沟球轴承构成电机轴系统的定位端，左侧为一个圆柱滚子轴承，构成电机轴承的非定位端。轴系中，两个圆柱滚子轴承用于承担径向负荷，深沟球轴承承担轴向负荷，起到轴向定位的作用。

与双深沟球轴承不同，两柱一球轴承布置中的圆柱滚子轴承具备较大的径向负荷承载能力，因此多用于径向负荷较大的场合。对于风力发电机中 3MW 以上的发电机，转子自重较大，一般使用两柱一球结构的轴系布置方式。

两柱一球结构的轴承系统布置的定位端结构由深沟球轴承和圆柱滚子轴承共同构成，两个轴承的分工也十分清楚，深沟球轴承承担轴向负荷，负责轴向定位；圆柱滚子轴承承担径向负荷。要满足这样的设计意图就要在轴承座设计上进行调整，如图 15-4 所示。

图 15-4 中可见，深沟球轴承与圆柱滚子轴承的轴承室尺寸是不同的，这样的设计能够避免径向负荷施加

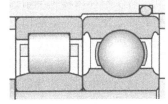

**图 15-4　深沟球轴承与圆柱滚子轴承轴承座结构示意**

在深沟球轴承上，同时两个轴承的轴向夹紧，由于圆柱滚子轴承可以在轴向上自由调整，因此所有的轴向力都施加在深沟球轴承上，满足了设计预期。另外，深沟球轴承外圈与轴承室有一定间隙，为避免跑圈，通常在深沟球轴承外圈采取制动措施，有时候可以使用 O 形环，有时候可以使用其他的方式。

### 三、风力发电机轴承配置的一些细节问题

不论两柱一球的轴承布置方式还是双深沟球轴承的布置方式，都需要设置定位端与非定位端（一般小型电机常用的交叉定位方式在风力发电机中很少见）。发电机有驱动端和非驱动端（有时候又称作轴伸端与非轴伸端）的结构，因此工程师做结构布置的时候需要确定驱动端、非驱动端与定位端、非定位端的关系。

确定两者的关系需要考虑几个因素：首先是承载的因素。发电机的定位端轴承承受径向负荷和轴向负荷，非定位端轴承仅仅承受径向负荷。一般而言，如果两端轴承的径向负荷大小相仿，那么两个轴承的径向负荷承载能力也应该相仿，通常会用一样大小的轴承。如果一端轴承径向负荷较大，那么轴承就会较大。如果将这端的轴承用作定位端，那么也需要选择大小相仿的深沟球轴承。在深沟球轴承轴向能力满足轴向负荷的情况下，如果可以选择径向负荷小的一端作为定位端，则可以选择相对较小的深沟球轴承。这样有利于成本控制。

另一方面考虑维护的因素。多轴承的维护会相对更多，因此应该考虑放在容易拆卸轴承端盖的部位。

除此之外，还要考虑轴承的油路走向。电机轴承的润滑油路应该是从轴承的一侧进入，另一侧流出。在单个轴承中注意轴承室润滑进出口位于轴承两侧即可。但是对于两柱一球轴承的定位端中，圆柱滚子轴承承载一般较重，因此在进行油路设计的时候应该考虑新鲜润滑脂的进入。作者建议将轴承室进油口设置在圆柱滚子轴承一侧。

同时，综合考虑维护性和润滑油路，将两柱一球结构中定位端的深沟球轴承放置在圆柱滚子轴承外侧将更加有利。

### 四、轴承预负荷的计算与设置

对于双深沟球轴承结构和两柱一球轴承结构的轴系统施加一定的预负荷有助于降低轴承噪声，同时减少伪布氏压痕的发生。

#### （一）深沟球轴承预负荷计算

风力发电机深沟球轴承预负荷一般使用若干柱弹簧的方式施加，结构如图 15-5 所示。

轴承预负荷的建议值可以通过式（15-11）计算：

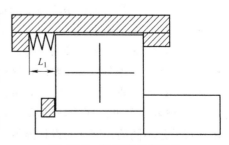

图 15-5　轴承预负荷结构

$$F = kd \quad\quad\quad (15\text{-}11)$$

式中　$F$——预负荷值（N）；

　　　$k$——系数，取 $5 \sim 10$；

　　　$d$——轴承内径（mm）。

一般，为减小深沟球轴承的噪声，$k$ 值取 $5 \sim 10$；为避免伪布氏压痕，$k$ 值取 $10 \sim 20$。

上式计算的所需预负荷数值在风力发电机中通过若干柱弹簧变形后施加在轴承上。弹簧因变形而产生的弹力如下式（15-12）计算：

$$F_1 = K \Delta L \quad\quad\quad (15\text{-}12)$$

式中　$F_1$——弹簧变形产生的弹力（N）；

　　　$K$——弹簧弹性系数；

　　　$\Delta L$——弹簧变形量（mm）。

对于风力发电机而言，电机本身有 5° 左右的倾斜角度，因此会有一定的预负荷。我们为了介绍方便，暂时先不考虑电机自身由于倾斜而带来的预负荷，因此有 $F_1 = F$，进而得到

$$\Delta L = \frac{kd}{K} \quad\quad\quad (15\text{-}13)$$

弹簧的变形量是初始长度减去压缩后长度之后的剩余长度。弹簧的初始长度在选型弹簧的时候已经可知，弹簧的变形量可以从式（15-13）得到。因此，弹簧装配后的最终长度 $L_1$（图 15-5 中所示），应为

$$L_1 = L - \Delta L \quad\quad\quad (15\text{-}14)$$

从上面推演可知，电机工程师在设计轴承配置结构的时候，通过对弹簧选型（选择弹性系数、初始长度）和弹簧剩余长度 $L_1$ 的设计实现对轴承的轴向预负荷的施加。

**（二）预负荷的施加方式及其影响**

弹簧的安装数量和方式影响着预负荷施加的效果，在工程实践中预负荷的计算往往不难，但是很多技术细节容易被忽略。

**1. 弹簧数量与轴向尺寸波动**

在上面介绍轴承弹簧预负荷的计算的时候，将弹簧考虑为一体。实际上，风力发电机轴承系统中一般使用若干个柱弹簧对轴承施加预负荷。当使用若干弹簧施加轴承预负荷的时候，相当于多根弹簧的并联。因此应该按照弹簧并联的方式计算每一根弹簧的变形量、弹性系数和剩余长度。

同时，正由于工程实际中对柱弹簧以并联方式使用，那么轴向变形量对若干弹簧总体的影响就会变大。例如，轴向有 1mm 长度变化，如果使用 8 根柱弹簧，那么就

相当于对弹簧总体有 8mm 的变化，如果是 4 根弹簧，弹簧总体长度变化就为 4mm；另一方面，多根弹簧有助于预负荷均匀地施加在轴承上，同时，由于弹簧数量的增加，对轴向尺寸的敏感性也会提高，因此工程师需要在两者之间平衡。好在预负荷的范围比较宽泛，一般可以容纳一定范围的波动。

**2. 电机轴向累积公差的影响**

从上述计算和推演中不难发现，弹簧剩余长度 $L_1$ 的理论计算值同时受到电机整体轴向累积公差的影响。对于风力发电机而言，电机体积较大，零部件尺寸也较大，整个电机装配后机座尺寸链的轴向累积公差的影响。而这个累积公差有时候会大到可以影响预负荷的程度。因此，工程师在设计发电机的时候，应该将电机整体轴向累积公差的因素计入对预负荷校核的过程中。避免由于累积公差的原因使预负荷超出预期范畴。

**3. 弹簧预负荷的方向**

前面的计算中没有考虑风力发电机本身由于倾斜而带来的轴向预负荷。工程实际中不应将其忽略。

如果电机倾斜带来的轴向负荷已经满足了轴承所需的轴向预负荷，有的电机厂也选择不施加预负荷的方式。一旦这样操作，那么电机在测试、运输过程中应保持倾斜状态，否则电机运行起来深沟球轴承会有噪声，同时运输的过程中容易出现伪布氏压痕。

如果电机厂商决定对风力发电机轴系施加预负荷，那么应考虑预负荷方向与电机倾斜后轴向负荷的方向是相互抵消还是相互加强。避免轴承在生产制造、测试、安装和实际运行时出现预负荷不足或者过大的情况。

# 第十六章
# 发电机轴承基本
# 校核计算、润滑与维护

风力发电机轴承的应用与普通电机轴承一样，经历轴承从选型到失效分析的全过程。除通用技术以外，本章对风力发电机轴承在校核计算、润滑与维护（包含故障诊断与分析）等过程中比较特殊的部分内容进行介绍。

## 第一节　发电机轴承的基本校核计算

风力发电机轴承的选型、设计构成中需要对轴承进行相应的校核计算。通过前面章节的介绍过程可以对风力发电机轴承的初步形式进行了确定。除了轴承的类型以外，要确定轴承的大小及其相应的能力，则需要进行一定的校核计算。

风力发电机轴承基本校核计算的目的是确定轴承的外形尺寸大小，以保证设计的寿命要求和可靠性要求。同时，还需要进行相关的保障性计算，比如摩擦计算和游隙计算等。

### 一、风力发电机轴承许用空间的确定

首先，确定轴承的外形尺寸。轴承的外形尺寸受到两方面因素的影响：外界空间尺寸以及负荷能力。

对于外界空间尺寸而言，可以选取的最小轴径决定了电机轴能够输出的转矩和相应的强度。而最小的轴径（满足扭矩和强度的最小轴径）为轴承内径给出了下限。轴承内径不得小于这个下限，否则将面临轴的刚度强度等相应的问题。

对于外界空间尺寸而言，轴承室的最小、最大尺寸规定了轴承可以占用的径向尺寸和宽度尺寸。

### 二、风力发电机轴承尺寸（负荷能力）⊖下限

当轴承的可用空间确定之后，要在这个空间限制内进行轴承大小的校核。其校核

---

⊖风力发电机常用的深沟球轴承和圆柱滚子轴承中，轴承的尺寸与轴承的负荷能力正相关。

的本质是轴承的负荷能力。这部分内容在第六章中有分别介绍，本章就针对风力发电机梳理整个过程。

确定满足负荷条件的轴承尺寸下限的目的是确定轴承的最小尺寸（负荷能力），也就是说轴承不能小于这个尺寸以及负荷能力，否则轴承将无法在这个负荷下满足设计需求，达到设计寿命。不难发现，进行轴承尺寸下限（负荷能力下限）校核的方式是轴承寿命校核。

轴承基本额定寿命和调整寿命的校核计算具体方法可以参照本书第六章相关内容，此处不重复。

需要强调的是，进行校核计算的时候应该清楚地区分轴承基本额定寿命和调整寿命的基本概念。一般在一些设计需求中，会有要求风力发电机使用 20～25 年的寿命要求。这个寿命通常是指用户对设备寿命的预期，是设备安装之后，在相应的润滑等诸多条件下的使用寿命的预期。而不是轴承的基本额定寿命。因此，在使用这个设计要求的时候，应该注意对轴承基本额定寿命的调整。

对轴承寿命的调整包括几个方面：

轴承负荷的调整。我们在轴承基本额定寿命计算的时候，计算使用的轴向、径向负荷和转速与实际风力发电机轴承使用情况有很大差异。因此，调整计算首先要根据载荷谱进行载荷和转速的调整，以期可以得到接近实际运行寿命的调整寿命。

对轴承工作环境的调整。这其中是指轴承的润滑状态和轴承材质等的调整。

同时，对于风力发电机组而言，由于高可靠性的要求，有时候传统的寿命校核计算方法也需要进行改进，比如可以通过先进的仿真等手段，进行一些先进的基于应力和场的计算。

关于风力发电机轴承受力计算可以参照第十五章第一节与第六章第一和第二节的相关内容。寿命校核的细节方法，可以直接参考第六章第三节的内容。

## 三、风力发电机轴承尺寸（负荷能力）上限

风力发电机轴承尺寸的上限是指根据轴承运转的实际负荷等状况，轴承的负荷能力最大值，间接地体现为轴承尺寸的最大值。所选择的轴承不应大于这种负荷能力，尺寸不应更大，否则轴承内部的运行将出现异常。

本书前面部分曾经介绍过，轴承运转需要一定的最小负荷，如果轴承实际承受的负荷不能达到这个最小负荷，那么轴承内部滚动体在滚道中将难以形成纯滚动，从而造成轴承的提早失效。

轴承尺寸越大，负荷能力越强，达成纯滚动所需要的最小负荷也越大。因此，当

轴承形成滚动所需最小负荷大于实际投入使用状态下的最小负荷的时候，轴承会出现磨损等状况。此时，应该选择负荷能力稍差（尺寸更小）的轴承。

在实际校核中，这个工作就是轴承最小负荷校核计算。具体方法可参照本书第六章第五节的具体内容。

在实际情况中，所选轴承负荷能力过大（突破轴承尺寸上限）的时候，轴承的额定疲劳寿命和调整寿命都会呈现更长的状态。这并不意味着轴承可以服务更长的时间。从轴承额定疲劳寿命的定义我们知道这个校核计算校核的是轴承次表面疲劳的寿命。而当最小负荷不满足需求的时候，轴承的失效可能是表面疲劳，而这个时间可能大大早于计算的额定疲劳寿命。因此，风力发电机轴承最小负荷的校核计算不可省略。

## 四、发电机轴承的安全系数校核

风力发电机并不是一直处于稳定运行过程中，在装入风力机之后，发电机会有停机等状态，同时在运输、安装、运行的过程中会有机座振动、摆动等状态的发生。当这种负荷状态出现的时候，轴承的使用寿命将受到影响。因此要对发电机轴承进行相应的安全系数校核。具体校核方法参照本书第六章第四节相关内容。

## 五、发电机轴承游隙的选择和计算

对于风力发电机轴承游隙的选择可以遵循一般电机的游隙选择原则。虽然有相应的轴承游隙以及游隙减小量的计算方法，但是对于一般的发电机轴承而言，游隙的具体计算经常可以通过经验进行选择。这是因为可供发电机轴承使用的游隙仅有两种——CN 和 C3 游隙。并且这两种游隙经过多年使用，已经形成稳定的选型。当轴、轴承室公差配合选择得当的时候，几乎不需要计算。考虑可靠性等因素，经常使用 C3 游隙。对于一些圆柱滚子轴承而言，有时候可以选择 C3L 或者 CN 游隙。

也正是由于游隙的稳定性，通常使用游隙的计算来反推所需要的公差配合。不过，经过多年经验累积，按照轴承相关零部件的公差配合推荐进行选择，基本都会满足工况，在电机领域并不一定需要全部的计算。

## 六、发电机轴承的其他计算

发电机轴承的校核计算可以通过不同的工具，采用不同的角度，进行不同的分析和校核。一般而言，前面所述的几大方面已经可以满足很多电机轴承的选型需求。其他计算往往在新机型的探索和研究方面会进行，对目前的主流风力发电机而言，可以作为参考使用。

# 第二节　发电机轴承的润滑与维护

## 一、发电机轴承的润滑

与普通工业电机一样，风力发电机轴承的润滑设计也需要考虑如下几个方面：

➤ 初次添加剂量

➤ 初次添加方法

➤ 补充润滑时间

➤ 补充润滑方法

➤ 补充润滑剂量

风力发电机轴承通常使用的润滑是脂润滑，工程师可以根据本书第七章相关内容对上述几个环节进行了解。本部分仅就风力发电机轴承润滑的一些特异性问题进行展开。

## 二、风力发电机轴承的润滑油路设计

一般风力发电机组的要求使用寿命可长达 20 ~ 25 年，在风力发电机运行的过程中，肯定需要对内部的润滑进行维护，维护的基本工作就是补充润滑。因此在对发电机轴承的轴承室进行设计的时候就需要考虑相应的油路设计。

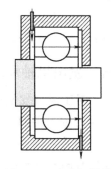

首先，发电机轴承的油路设计是为了使补充润滑的润滑脂可以顺利进入轴承，并且多余的老润滑脂可以顺利地排出轴承。

图 16-1 是一个轴承润滑油路设计示意。图中轴承室润滑脂进口位于轴承左侧，出口位于轴承右侧。这样的设计保证润滑脂可以流经轴承，确保了补充润滑的有效性。

**图 16-1　发电机轴承润滑油路设计**

风力发电机中常见的两种润滑脂油路设计问题包括：图 16-2 的设计中使得润滑脂的入口和出口位于轴承的同一侧，这样的设计使得润滑脂无法有效地进入轴承，起不到补充润滑的作用；图 16-3 的设计中，润滑脂仅有进口，没有出口。这样经过补充润滑之后，轴承室内积存的润滑脂过多，并且废油无法排除，会导致轴承温度升高、润滑不良等问题。

上述两种典型的润滑脂油路设计错误在风力发电机的设计中并不少见，尤其是一些早期设计的风力发电机，经常出现类似的问题。

当讨论风力发电机润滑脂油路设计时，除了油路走向，还有油路进口和出口的设计。一般而言，油路的进口设计比较成熟，可以使用密封（防止污染）的油嘴等。

对于风力发电机轴承润滑脂油路排油口设计可以参照图 16-4 进行，相关尺寸数据可以参照表 16-1 进行选取。

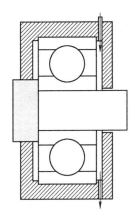

图 16-2　润滑脂油路不经过轴承

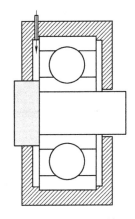

图 16-3　没有排油口的设计

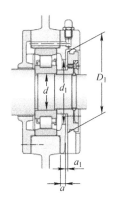

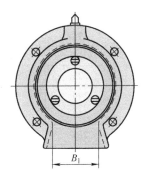

图 16-4　排油口结构设计

表 16-1　排油口结构尺寸推荐值

| 孔径 d | | 尺寸 | | | | |
|---|---|---|---|---|---|---|
| 2 系列 | 3 系列 | $d_1$ | $D_1$ | $B_{1min}$ | $a$ | $a_1$ |
| 30 | 25 | 46 | 58 | 30 | | |
| 35 | 30 | 53 | 65 | 34 | 6 ~ 12 | 1.5 |
| 40 | 35 | 60 | 75 | 38 | | |
| 45 | 40 | 65 | 80 | 40 | | |
| 50 | 45 | 72 | 88 | 45 | | |
| 55 | 50 | 80 | 98 | 50 | 8 ~ 15 | 2 |
| 60 | 55 | 87 | 105 | 55 | | |
| 65 | 60 | 95 | 115 | 60 | | |

（续）

| 孔径 d | | 尺寸 | | | | |
|---|---|---|---|---|---|---|
| 2 系列 | 3 系列 | $d_1$ | $D_1$ | $B_{1min}$ | a | $a_1$ |
| 70 | — | 98 | 120 | 60 | | |
| 75 | 65 | 103 | 125 | 65 | | |
| 80 | 70 | 110 | 135 | 70 | 10 ~ 20 | 2 |
| 85 | 75 | 120 | 145 | 75 | | |
| 90 | 80 | 125 | 150 | 75 | | |
| 95 | 85 | 135 | 165 | 85 | | |
| 100 | 90 | 140 | 170 | 85 | | |
| 105 | 95 | 150 | 180 | 90 | | |
| 110 | 100 | 155 | 190 | 95 | 12 ~ 25 | 2.5 |
| 120 | 105 | 165 | 200 | 100 | | |
| — | 110 | 175 | 210 | 105 | | |
| 130 | — | 180 | 220 | 110 | | |
| 140 | 120 | 195 | 240 | 120 | | |
| 150 | 130 | 210 | 260 | 130 | 15 ~ 30 | 2.5 |
| 160 | 140 | 225 | 270 | 135 | | |
| 170 | 150 | 240 | 290 | 145 | | |
| 180 | 160 | 250 | 300 | 150 | | |
| 190 | 170 | 265 | 320 | 160 | 20 ~ 35 | 3 |
| 200 | 180 | 280 | 340 | 170 | | |
| — | 190 | 295 | 360 | 180 | | |
| 220 | 200 | 310 | 380 | 190 | 20 ~ 40 | 3 |
| 240 | 220 | 340 | 410 | 205 | | |
| 260 | 240 | 370 | 450 | 225 | | |
| 280 | 260 | 395 | 480 | 240 | 25 ~ 50 | 3 |
| 300 | 280 | 425 | 510 | 255 | | |

## 三、发电机轴承的补充润滑与维护

### （一）发电机轴承补充润滑时机

随着风力发电机轴承的运行，轴承内部的润滑脂经历不断的挤压剪切，润滑脂增稠剂的性状发生改变，同时随着时间的延长，润滑脂内部成分也会出现逐步的氧化。当润滑脂运行一段时间之后需要进行补充和更换。

通常可以按照润滑脂的运行寿命对已确定补充润滑时间进行校核。关于润滑脂寿命的校核计算可以参考本书第七章第四节的相关内容进行。

在确定了补充润滑的时间之后，需要选择合适的时机进行补充润滑。一个良好的补充润滑实际有助于新注入润滑脂的工作，对轴承寿命可以起到非常积极的作用。一般建议在设备低速运行的时候进行润滑脂补充。如果设备无法低速运行，则可以选择设备停机的时候进行补充润滑。润滑补充后，在条件允许的情况下，对设备进行一定的低速盘车，以实现润滑脂的匀脂。

**（二）发电机轴承补充润滑量**

发电机内轴承润滑脂量的变化将直接影响轴承的运行温度。图 16-5 显示了轴承内补充润滑量与轴承温度的关系。

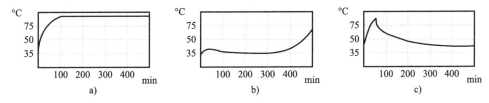

**图 16-5　轴承注脂量与温度的变化**

a）润滑脂添加过多　b）润滑脂添加过少　c）润滑脂添加适量

图 16-5 中可以看到，对轴承进行注脂的时候，注脂量过多会使轴承运行温度一直升高并保持高位。注脂量过少，虽然轴承初始温度不高，但是随着轴承的运行，由于润滑量不足，滚动体与滚道之间不能被油膜良好地分隔，因此会出现轴承温度升高，如果不及时检查，就会发生轴承烧毁等事故。

正常注脂量的轴承起初温度会上升到一定值，然后随着时间的推移，轴承内部润滑脂慢慢被合理分布（又叫作匀脂），轴承温度逐步降低并稳定在一个合理的范围，长期运行。

由此可知，即便是合适的补充润滑，也会带来一些轴承温度的波动，因此现场维护人员在进行补充润滑之后，可以通过轴承的温度变化状态获知轴承内部的一些状态。

关于正确的补充润滑剂量，可以参考本书第七章第五节相关内容进行确定。

**（三）发电机补充润滑注意事项**

**1. 环境要求**

轴承运行的时候，润滑膜的厚度只有几个微米的厚度，灰尘、杂质等污染物如果进入轴承，将造成轴承油膜刺穿，造成润滑不良，同时也会损伤轴承滚动体和滚道。因此在进行补充润滑的时候，需要主要环境和工具的清洁，避免在补充润滑的时候带入污染物。

**2. 润滑脂的同温处理**

在进行补充润滑的时候，应尽量使润滑脂温度与设备温度接近。尤其在冬季，设备处于运行中，有一定的温升，因此轴承内的润滑脂处于工作温度，而置于环境中的新润滑脂与环境温度相仿，冬季寒冷，润滑脂温度低，润滑脂稠度相对较大。如果直接将润滑脂注入，温度较低的润滑脂将被拖动进入轴承，将有可能造成润滑不良的情况。因此冬季进行补充润滑之前建议将润滑脂先行放置在室温或者与设备温度相似的地方，待温度接近的时候再将适量的润滑脂填入。

**3. 选择合适的补充润滑时机**

如前所述，计算合适的轴承补充润滑时间间隔，然后选择设备低速运行的时候，将润滑脂缓慢注入。

**4. 补充润滑适量**

在补充润滑的时候按照补充润滑量计算的结果，缓慢加入适当剂量的润滑脂，避免润滑脂过多或者过少。

**5. 补充润滑后的匀脂和监控**

在补充润滑之后，尽可能低速盘动设备（在可能的情况下），从而使润滑脂在轴承内部匀脂。同时在补充润滑脂之后，设备投入运行一段时间之后监测轴承温度变化。

# 第十七章
# 发电机轴承的典型故障

风力发电机轴承在投入运行的过程中，随着工况的不同，有可能出现各种故障。一般的轴承故障诊断和失效分析可以参照本书第十章相关的内容进行。本章仅就一些典型的风力发电机轴承故障进行归拢和详细介绍。

## 第一节 运输、储运损伤

### 一、发电机储运损伤的故障机理及表现

发电机在出厂试验的时候一切运行表现正常，在到达使用现场进行检查的时候出现的故障，这种情况下往往怀疑与电机的存储与运输过程中的不当处置有关。

上述进厂检查中的故障对电机轴承而言包括振动、噪声等异常，偶见温度异常。

发电机轴承在存储和运输中不当处置造成轴承损伤的表现主要有两种：布式压痕和伪布氏压痕。

发电机在运输过程中，轴承不运转，滚动体在滚道上不滚动。运输过程中难免出现颠簸。比如运输车辆路面不平整造成的上下颠簸就构成轴承径向的振动；车辆转弯、起停等情况会造成轴承滚动体在滚道固定位置上的往复摆动；上述情况造成的滚动体在轴向的滑动等。这些滚动体在固定位置的蠕动，就会造成伪布氏压痕。

由于此时发电机轴承并没有旋转，因此滚子在负荷区相对位置固定出现类似于压痕的痕迹，我们称之为伪布氏压痕。伪布氏压痕的一个特征就是在轴承负荷区内等滚子间距的痕迹。如果微观观察，会发现这些痕迹内部呈现表面粗糙度的不同，如图17-1所示。这证明了痕迹的产生与往复运动的磨损有关。

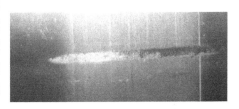

**图 17-1 某轴承滚道局部**

如果发电机在运输过程中出现剧烈震动，比如野蛮装车的情况，当振动传导到轴承滚动体和滚道之间的负荷超过金属材料屈服极限的时候，就会出现布式压痕。此时轴承滚道上会出现与滚子间距相关的压痕痕迹。观察痕迹内部，粗糙度与外界相似，

并非磨损所致。这就是储运过程中造成布式压痕的过程。

当发电机轴承内部出现了由于储运过程不当处置造成的损坏，如果在入场试验的时候没有得以检出，轴承继续运行。每次滚动体滚过压痕部位就会出现应力集中，从而导致压痕附近的提前疲劳，最终呈现等滚子间距的滚道疲劳。这种痕迹与轴承安装造成的轴承损伤存在差异。安装造成的等滚子间距的失效痕迹应该是沿着受力方向的，对于深沟球轴承而言应该是轴向力方向的，因此失效痕迹偏向滚道一侧。而由于

图 17-2　振动造成的轴承滚道疲劳

轴承静态振动造成的失效则不一定是偏向轴向的。图 17-2 就是一例在滚道正中间位置的失效。

以上从储运振动条件到轴承失效痕迹的判断正向可以成立，反之则不一定。因为如果电机储运过程中没有伤害轴承，而电机安装在设备上之后，在没运转的时候随设备受到剧烈振动，依然会造成相同的轴承损伤。因此在现场进行故障诊断的时候需要对这两种情况进行鉴别与排除。

## 二、发电机轴承储运损伤的诊断与改进建议

当通过上述诊断方法确定发电机轴承在储运过程中受到伤害的时候，现场必须对轴承进行更换，避免"带病运行"从而导致故障发展、恶化。

但是为了避免后续出现相同的问题，可以采取以下措施进行改进：

1）杜绝电机运输过程中的野蛮搬运，避免对轴承造成伤害；

2）对于长期放置在仓库里的电机定期进行盘动，使其低速旋转，改变滚动体与滚道之间的接触位置；

3）改善电机的包装，防止电机运输过程中对轴承的损伤；

4）改善包装的方法就是增加电机轴系统的系统支撑刚性，避免振动等工况对轴承内部造成影响。可以参考中小型电机的方式，利用如图 17-3 所示的方式对电机的轴进行轴向和径向的固定。

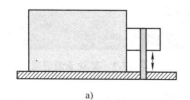
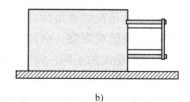

a)　　　　　　　　　　　　　　　　　b)

图 17-3　一般小型电机包装运输时对轴的固定

a）径向固定　b）轴向固定

图 17-3a 中利用绑带的方式将电机轴在径向拉紧，这样在运输过程发生振动时，就有助于消除滚动体由于剩余游隙而存在的内部振动。图 17-3b 中使用外接螺栓将轴系统进行轴向固定，避免了轴向的窜动。这样的方法将电机轴在轴向和径向上做了固定，提高了轴系统的刚性，可以有效防止运输过程中对轴承的伤害。

对于风力发电机而言，由于体积、重量大，有时候可以用绑带的方式实现发电机转子的径向固定，有时候则不行。这种情况下可以使用 V 形支架的方式进行径向固定。支架与轴接触部分使用硬质橡胶，高度略高于轴，这样当发电机放置在支架上的时候，电机自身重量与支架向上的支撑力相平衡，使电机轴承实现了径向定位。

# 第二节　发电机轴承的电蚀问题

## 一、发电机轴承过电流的机理及表现

发电机轴承的过电流问题是轴承一个比较常见的故障。对于轴承而言，内圈、外圈以及滚动体都是导体，而润滑油膜并非导体，因此当轴承两端出现电压差的时候会出现油膜击穿，进而造成对滚动体和滚道表面的损坏。

### （一）电机轴承的电蚀——过电流的故障表现

#### 1. 宏观运行表现（不拆解电机）

电机轴承内部一旦出现电蚀的情况，初期轴承的振动噪声变化并不明显，此时轴承内部润滑已经有部分被碳化，因此也存在润滑不良的某些特征。当轴承过电流电蚀达到一定程度的时候，滚道表面会出现"搓板纹"，此时电机会出现噪声、振动变大，同时出现温度上升。通过频谱分析可以见到轴承相关零部件特征频率的幅值增加，但是无法判断是什么失效导致的幅值增加。

一般如果不进行电机轴承内、外圈的电压和电流测量，电机轴承电蚀的宏观表现很难被准确地界定出来。因此通常都是拆解轴承之后进行失效分析的过程中发现特征的形貌来进行界定。

#### 2. 轴承内部的表现

电机轴承出现过电流的初期首先是对润滑膜的击穿，由于高温的发生使得润滑脂被烧毁，从而可能出现润滑脂的碳化现象。如图 17-4 所示。

此时如果轴承过电流现象持续保持不恶化，那么被烧毁的润滑脂丧失了润滑性能，就会造成继发的润滑不良的失效。

如果此时轴承过电流的情况继续恶化，那么会对轴承滚动体以及滚道造成电蚀的伤害。比较轻微的电蚀状态就是金属表面粗糙度的变化，见图 17-5。图中左边滚动体是一个经过电蚀的滚动体，右边是全新的滚动体。不难发现电蚀的滚动体表面更加暗淡。

失效进一步发展，就可以呈现图 10-29 中的搓板纹形态。

图 17-4 轴承过电流引起的润滑脂烧毁

图 17-5 电蚀造成的滚动体表面暗淡

如果对电蚀过的轴承进行表面的放大，可以看到电蚀凹坑的痕迹。如图 17-6 所示。

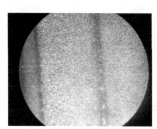
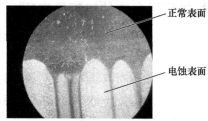

图 17-6 滚道表面电蚀凹坑

在发电机轴承故障诊断的过程中如果发现上述痕迹，则表明存在轴承电蚀的问题。需要强调的是发电机轴承的电蚀表现不仅仅是搓板纹一种，还包括油脂烧毁，以及金属表面暗淡的情形。

**（二）发电机轴承过电流的机理及原因**

**1. 轴承在电流通路中的属性**

对于轴承而言，轴承圈和滚动体都是导体，流过电流不会造成损伤。但是电机滚动体和滚道之间的接触部分，出于减小摩擦的考虑都使用了润滑剂，而润滑剂是非导体。

在轴承没有运转的时候，此时油膜没有建立，是金属和金属的直接接触，此时轴承在电路中表现为电阻性质。由于是金属和金属的接触构成的通路，此时即便有电流流过，也不会造成严重的问题。

当轴承在低速运转的时候，轴承滚动体和滚道之间是处于边界润滑状态，既有金属和金属的直接接触，又有通过油膜隔离的接触。此时轴承在电路中表现的状态是容抗和阻抗的性质。

当电机处于高速运行的时候，轴承滚道和滚动体之间被油膜完全分离，中间没有金属和金属的直接接触，处于液体动压润滑状态，此时轴承在电路中表现为容抗的性质。

### 2. 发电机轴承过电流的通路

#### （1）环路电流

环路电流是电流流经定子、轴承、转子构成的回路，如图 17-7 所示。环路电流又分低频环路电流和高频环路电流。

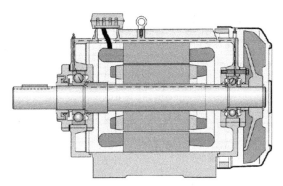

**图 17-7　环路电流路径（虚线）**

#### （2）低频环路电流

当电机内部电磁设计不对称的时候，会形成沿轴向的电位差，由此构成了沿着轴向的电流。由此产生的电机轴承过电流多为低频环路电流。

#### （3）高频环路电流

现在电机控制多使用变频器，变频器电源和普通工频电源有很多差异。

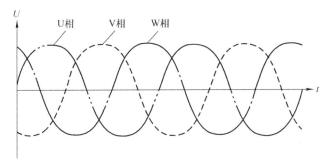

**图 17-8　三相工频电压波形**

首先工频三相电如图 17-8 所示。此时三相电在任何时刻的叠加总和为 0，表示为

$$U_u(t) + U_v(t) + U_w(t) = 0$$

此时不会出现工模电压干扰。

对于 PWM 调制的变频器而言，使用不同宽度的方波等效出正弦波，如图 17-9 所示。

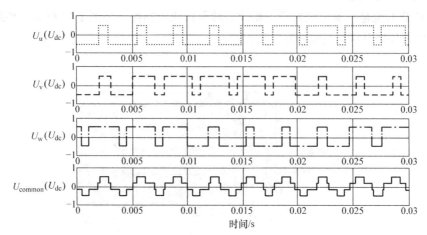

图 17-9　PWM 波形

此时，三相在任意时刻的综合不是 0，也就是对于 PWM 调制的变频器，任意时刻中性点对地电压都不是 0。由于这个共模电压的干扰导致的定子绕组三相不对称进一步导致了电流不对称，由此产生了一个高频轴电压，由此又引发了一个环路的高频轴电流。

**（4）对地电流**

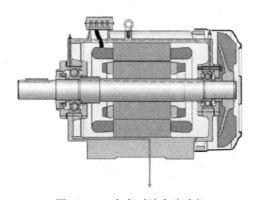

图 17-10　自身对地电流路径

自身对地电流路径如图 17-10 所示。电流通过转子、轴承、定子与大地构成通路。

**（5）放电电流**

定子绕组和转子之间通过气隙耦合电容，当转子充电到一定程度，会通过轴承放电。

另一方面如果外界存在静电，通过电机轴承也可能产生放电电流。比如皮带轮连接的电机，轴端皮带轮和皮带的摩擦静电通过轴承放电。

### （6）高频接地电流

共模电压对地存在电势差，因此也可能出现由于共模电压产生的对地高频电流。加上定子接地不良，这个电压会通过联轴器传导到与电机连接的其他设备的轴承，形成对地通路，对轴承造成电蚀伤害。如图 17-11 所示。

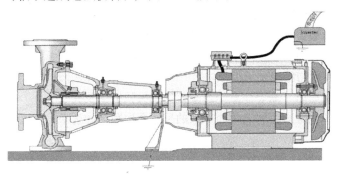

**图 17-11　高频接地电流路径**

## 二、电机轴承过电流、过电压的处理和改进建议

目前业界关于电机轴承电蚀问题的主流解决方案大致如下：

### （一）使用绝缘镀层的轴承

目前，一些轴承品牌生产商推出带绝缘镀层的轴承（简称绝缘轴承，见图 17-12），以试图解决轴承过电流问题。此类轴承的特点可以从不同厂家处了解，此次不再赘述。

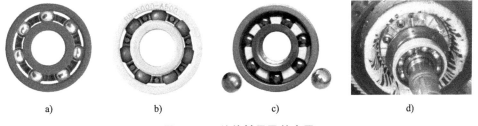

　　a)　　　　　　　b)　　　　　　　c)　　　　　　　d)

**图 17-12　绝缘轴承及其应用**

a）电绝缘轴承　b）聚合物滚珠轴承　c）陶瓷轴承和滚珠　d）安装了绝缘轴承的电机

绝缘轴承由于轴承内圈或者外圈涂装了绝缘镀层，因此具有良好的直流绝缘作用，可以保护轴承不受直流电通过的困扰，从而避免直流过电流问题，就是上述原因中提到的静电放电问题。

另一方面，绝缘镀层相当于在轴承和轴承室或者轴之间添加了一个很大的电容。电容击穿电压很高，才可以提供上述保护。但是在交流电的情况下，这个电容毫无用处。电容"隔直不隔交"的特点，使之在交流下相当于导体，并不能起到阻隔作用。所以当存在交流环流时，绝缘轴承起不到任何作用。

到目前为止，具备电感特性的绝缘镀层尚未研发成功，这也大大限制了绝缘轴承的绝缘特性及应用效果。

**（二）使用绝缘端盖**

使用绝缘端盖对轴承是另一种进行过电流绝缘保护的方法。通常，绝缘端盖不是指使用绝缘材料制作端盖，而是做好在端盖与机座连接部分的绝缘，见图 17-13。用这种方式起到对轴承的保护作用与绝缘轴承类似。

图 17-13　绝缘端盖

使用绝缘端盖时，需要注意绝缘端盖的机械强度以及其耐久性，避免由于绝缘端盖的老化而带来的尺寸变形和绝缘效果降低。

**（三）轴承挡加一层陶瓷**

目前有一种在电机转轴非负荷端烧结上一层厚度为 0.6mm（磨后尺寸）的陶瓷来起到轴承与转轴之间绝缘的作用。见图 17-14。

图 17-14　烧结上一层陶瓷的电机转轴

**（四）附加电刷短路法**

不论绝缘轴承还是绝缘端盖，都是用"堵"的办法来防止电流流过轴承。实际应用中，同时还有一些"导"的办法给漏电流以出路。用附加短路电刷的方法就是其中之一。图 17-15 所示是附加短路电刷的应用实例。

图 17-15　附加短路电刷的应用实例

该方法是在电机转轴和轴承室之间加装一组电刷，从而使电流通过电刷将轴承"短路"掉，从而避免轴承的电蚀问题。

通过实践，此方法确实可以有效地保护轴承，并具有成本低廉的特点。但是，附加电刷的使用增加了后续维护的工作量，同时电刷的接触可靠性是其能否真正发挥"短路"作用的前提。电刷的更换维护需要持续进行。另外，电刷摩擦下来的粉末如果进入轴承，会对轴承造成损伤，所以要特别注意对轴承清洁度的保护，可通过增加轴承密封来解决。

## 第三节 啸叫声问题

### 一、发电机轴承啸叫声的故障机理及表现

#### （一）发电机轴承啸叫声的表现

发电机有一类十分常见的故障，就是发电机运行时轴承出现的高频啸叫声。这种噪声的发生对于圆柱滚子轴承更为常见，有时也会出现在深沟球轴承中。在不拆解发电机的情况下，这种啸叫声的噪声表现如下：

1）这类噪声频率很高，很尖锐，呈现啸叫的效果；

2）这类噪声可能在某一个转速段出现，当发电机运行离开这个转速段时，这个噪声就会减弱或消除。通常这类啸叫声不会出现在低速的情况下；

3）现场如果加入一些油脂，这个啸叫声就会消失。而当轴承内部匀脂完毕，多余油脂被挤出时，这个噪声又会出现。

此时如果使用振动频谱分析的手段进行监测，当啸叫声发生的时候，会出现两个宽频的峰值，范围分布在 3 ~ 15kHz。图 17-16 就是某台发电机轴承发生啸叫声时的频谱图。随着转速的变化，频谱图中的幅值发生变化，但是其分布形式不变。

通过快速傅里叶变换（FFT）来分析频谱中显示轴承滚动体特征频率较高，见图 17-17。

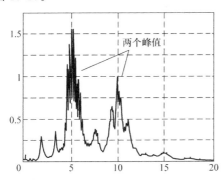

图 17-16 某台发电机轴承啸叫声频谱图

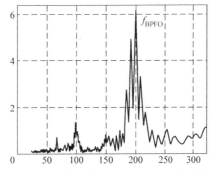

图 17-17 电机轴承啸叫声 FFT 频谱图

对出现啸叫声症状的发电机检查轴及轴承室等其他零部件，都没有查到异常。轴承送去检验，各项指标也符合标准。

对发电机进行检查一旦出现上述症状，则可以判定为此类故障。目前关于这种啸叫声的故障还没有一个正式的命名，我们姑且用现象名称代表这类故障。

#### （二）发电机轴承啸叫声的机理

从前面的频谱分析可以看到一些迹象，似乎发电机轴承的这个啸叫声与滚动体相关。事实上，发电机轴承运行中，当滚动体进入负荷区时，内圈滚道和外圈滚道之间

会形成一个进口大、出口小的楔形通道。如图 17-18 所示。

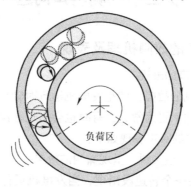

**图 17-18　轴承滚动体运行的楔形空间**

当轴承在一定速度下旋转时，由于表面粗糙度等外界因素，轴承滚动体存在一个在内外圈之间的振动。当这种振动在一个相对宽广的空间时，现象并不明显。但是当这个空间在滚动体进出负荷区的地方出现急剧减少，而滚动体的公转速度不变时，就会使滚动体沿着径向振动的频率变高。这种情况和我们日常拿乒乓球拍在球桌上按下乒乓球时的状态相似。当我们按下球拍时，乒乓球在球拍和球桌之间的振动频率增加，我们可以听到声音非常明显地变得尖锐起来。对于高速运转的轴承，会发生同样的情况。当轴承转速达到一定值时，滚动体会发生高频振动，宏观上就会出现尖锐的高频噪声。

而当现场人员对轴承内填入润滑脂的时候，过量的润滑脂充当了阻尼的作用，对滚动体在自由空间的振动起到一定的阻尼作用，同时当滚动体进入楔形空间的时候，阻尼的作用也减少了振动的发生和金属之间的碰撞接触。这就很有效地抑制了啸叫。但是过多的润滑脂会被挤出轴承内部（过多润滑脂会造成温度升高），之后轴承内部又恢复了啸叫声发生时候的状况，于是以前的啸叫声就会重新发生。

## 二、发电机轴承啸叫声的改进建议

从发电机轴承产生啸叫声的机理中我们可以看到，发电机滚动过程中表面粗糙度、润滑脂的阻尼作用，以及楔形空间对发电机轴承的啸叫声影响很大。然而对于发电机的用户而言，轴承表面的粗糙度是一个给定值或者是一个已经计算过的合理值，通常不能改动。那么可以从另外两个方向想办法减少发电机轴承的啸叫声。

首先，如果我们可以减少这个楔形空间的楔形度，就会改善这类噪声。

对于深沟球轴承，一旦轴承施加了轴向预负荷，轴承滚动体与滚道之间就不存在剩余游隙，滚动体就不存在进入负荷区的过程，因此这个噪声就会被消除。这也是为什么建议对深沟球轴承施加轴向预负荷的原因之一。

　　但是对于圆柱滚子轴承，通常无法通过施加轴向预负荷的方法来影响轴承内部的径向游隙。因此，在工程实际中就是选用相对小一点的轴承游隙。当然，单纯减少轴承游隙也会有相应的风险，因此需要根据实际情况适度减少。这其中就需要技术人员根据实际工况进行选择。

　　某发电机生产厂出现大面积圆柱滚子轴承啸叫声，我们建议用 C3L 游隙的轴承代替原来的 C3 游隙的轴承，结果啸叫声问题得到了完全的改善。此经验可以给发电机设计人员一个提示。

　　除了改变楔形空间的楔形度外，在轴承内部增加阻尼也可以减少此类振动。通常的方法是选用稠度高一些的油脂。和前面减小游隙一样，提高油脂的稠度也需要平衡其他因素，以求得到最好的选择。但是增加阻尼的方法只是当这种振动出现时减少振动，并不能削弱其根源，因此较之前面的方法，此方法有效性会略差。

# 第五篇
# 风力发电机组主轴轴承应用

　　风力发电机组主轴轴承是风力发电机组的重要组成部分。在风力发电机组的大型化、无齿轮化的过程中，风力发电机组的主轴轴承问题变得越来越显著。根据2019年欧洲的一项统计，已装机的风力发电机组中主轴轴承失效造成了30%的风力发电机组无法达到预期寿命（20年）。从风力发电机组的可靠性角度来看，主轴轴承的各种问题已经成为继齿轮箱之后的第二大影响因素。

　　但是值得注意的是，风力发电机组主轴轴承的应用技术问题与其他零部件的应用问题相比，在目前的文献中很少有系统的介绍。风力发电机组主轴轴承的应用技术问题在主机厂商进行设计选型的时候被考虑的较多，而在实际应用中并没有以一种高失效率的零部件形式被记录，这也是以往对风力发电机组主轴轴承研究文献缺少的一个重要原因。或者换言之，在很多时候人们对风力发电机组主轴轴承的问题并不像齿轮箱、发电机轴承的研究那么系统和详细。

　　本篇对目前一些常见的风力发电机组主轴轴承的主要配置及其应用技术进行介绍。本部分仅介绍常见的卧式风力发电机组主轴轴承相关的应用技术。

# 第十八章
## 风力发电机组主轴轴承的作用、特点及常用轴承

### 第一节 风力发电机组主轴轴承的作用

风力发电机组主轴是连接机组轮毂和后续零部件的传动部件。风力发电机组主轴与齿轮箱、发电机一起构成机组总体的传动链。当风力推动叶片转动，轮毂带动主轴旋转，将机械能向后传递，主轴作为主要传动媒介，连接轮毂与齿轮箱及发电机。从能量流的角度来看，叶片和轮毂将风能转化为机械能，主轴和齿轮箱将机械能传递给发电机，由发电机将机械能转化为电能，从而实现风能到电能的转化。因此主轴、齿轮箱和发电机也是机械能流动的能量链。风力发电机组主轴的主要职责是将机械转矩以尽量小的损失向后传递出去。

### 一、主轴轴承的作用

风力发电机组主轴系统本身是由轴承座、轴和轴承组成的。其中，主轴本体是传递机械转矩的零部件，轴承座是整个系统的固定零部件，主轴轴承是连接主轴固定与转动部分的零部件。其作用主要包括如下：

1）对主轴进行定位。主轴轴承连接主轴系统的固定部分和转动部分，保证主轴在整个风力发电机组中的机械位置，并使主轴与前后系统具有一定的轴向、径向定位精度。对于直驱式风力发电机组，主轴轴承就是发电机轴承，此时主轴轴承的定位精度直接影响电机气隙精度，进一步影响风力发电机的性能；

2）承载。对于一般的传动设计，工程师希望齿轮箱和风力发电机本身仅仅接收到前序系统传递来的转矩，因此主轴负责承担轴系统中除了转矩以外的其他负荷。其中包括转轴自身的重量，由轮毂传递来的各种轴向、径向负荷等。主轴轴承是整个风力发电机组中承担非转矩负荷的主要零部件；

3）以最小的能量损失传递旋转。主轴轴承主要是承受轴系统中的非转矩负荷，也就是希望其对转矩负荷的影响越小越好。事实上整个传动链中，所有对转矩负荷造成的影响几乎都会变成转矩损失，也就是机械能的损失，最终都成为整个机组能量转化效率降低的因素之一。主轴轴承也是一样，因此主轴轴承需要具有摩擦小的特性。

## 二、主轴轴承的承载

单独从轴系组成结构看，风力发电机组主轴系统是一个简单的单支撑或者双支撑系统（与轴承布置有关，后续章节有介绍），其结构并不复杂。这个轴系的复杂性并不在于其结构上，而在于其负荷上。风力发电机组属于大型设备，设备中零部件承受的负荷一般都是比较大的负荷。这些负荷中有些负荷是固定的，有些是波动的。并且即便是固定负荷，但是考虑整个设备的挠性，轴承和轴系在高空依然是摇摆的，因此所谓的固定负荷传递到轴承上也并不是恒定不变的。

风力发电机组主轴轴承承担的相对固定的负荷包括：主轴自身重力，通常为减少这个负荷，主轴一般采用空心轴结构；轮毂、叶片的重力。一般主轴轴心与地面有一定的倾斜角度（通常为5°），因此这些重力在轴承上可以分解为径向分量和轴向分量。

风力发电机组主轴轴承承担的相对波动的负荷主要来自于工作风况的波动和一些控制因素的影响。风力推动叶片旋转，当风力很小的时候机组没有起动，但是这个轴向推力也是由主轴轴承承担。并且如果此时风机并未起动，主轴轴承在未旋转的时候承担一个轴向负荷，这对轴承内部滚动体和滚道的接触形成挑战。

当风速在机组运行允许风速范围内的时候，风力推动叶片旋转，机组为了达到更高的运行效率，通过变桨偏航系统对整个机组进行控制，使转速尽量处在某个范围内。同时，自持风况并非一成不变，风况的变化加上机组的调整控制，使得主轴轴承承受的轴向负荷出现波动，同时主轴的转速也会有一定幅度的波动。

当风速超过一定范围（通常是大于12m/s）的时候，其能量以及负荷将超过机组设计许用值，此时会通过调整叶片以及机组的迎风角度，让设备停止运转。此时风力发电机组主轴轴承受较大风力带来的较大的轴向负荷，同时机组随着机舱的摆动加剧。轴承停止旋转，这种幅度较大的振动负荷，对轴承本身提出更加艰巨的挑战。

# 第二节 风力发电机组主轴轴承工况特点

风力发电机主轴轴承安装在风力发电机组中，而风力发电机组一般安装在风能丰富的地方，这些地方环境一般比较恶劣。风力发电机组主轴在机组中的安装位置比较接近机舱外部，因此，与齿轮箱和发电机相比，主轴轴承的工作环境更加恶劣。

## 一、工作环境温度变化范围大

风力发电机组工作环境通常温度差异较大，温差大包括短时间温差变化——昼夜温差，以及长时间温度变化——四季温差。主轴轴承工作温度的波动首先会影响轴承内部的润滑。由于润滑油膜的形成与温度紧密相关，因此这样宽泛的工作温度范围对润滑剂的要求较高。而润滑的检查与补充也成为风力发电机组主轴轴承运行过程中日常维护的重点。

## 二、污染严重

陆上风能丰富的地方也是风沙较大的地方，空气中的扬尘等污染颗粒含量也大。这就造成了风力发电机组工作环境中的污染相对严重。风力发电机组主轴位于靠近轮毂的地方，此处与外界环境更加接近，与齿轮箱、发电机等相比，其污染的可能性更大。这样的污染环境导致轴承运行过程中容易有污染物进入轴承，造成轴承的提前失效。因此在主轴轴承应用中，对污染的防护也是一个十分重要的环节。

对于海上风力发电机组而言，主要的环境污染来自于潮湿和盐雾。这些潮湿和盐雾污染会使轴承内部润滑失效，同时腐蚀轴承以及机组其他机械零部件。

## 三、轴径大、转速低、负荷大

风力发电机组主轴主要将叶轮的机械能向后续轴系传递，叶轮转动带来巨大的转矩，传递转矩对主轴轴径提出了要求，因此主轴轴承一般也都是直径较大的轴承。

风力发电机组的主轴与风机叶轮相连接，一般情况下风力发电机组叶轮转速都较低，一般也就十几到几十转每分钟。同时机组主轴承担着整个叶轮传递来的各种非转矩负荷，其中主包括主轴自身重力，风叶、轮毂等重力，以及迎风带来的负荷等，这是一个比较大的负荷。

所以，风力发电机主轴轴承通常会是一个工作在低速、重负荷下的大型轴承。

## 四、影响因素多

影响风力发电机组承载、运行的因素众多，其中也有一些不确定性的因素，除了自然灾害等因素，还包含风况的不确定性带来的负荷影响。

前面章节介绍了风力发电机组主轴轴承的承载，在实际风场的工作环境中，由于环境等因素的影响，实际上风力发电机组主轴轴承的承载存在很多不确定性的变化。其中包括：

1）风切变：现实中的风场往往不是完全稳定的，由于地形的影响，风与地面非平摊表面的摩擦相互作用会产生切变风。这些切变风会给风机带来额外负荷，从而传递给主轴轴承。

2）塔影效应：风力发电机组的风塔竖立在气流之中，对风力会产生一些影响。这些影响除了风叶和轮毂的影响以外最重要的影响就是塔影效应。塔影效应会产生阻挡效应，影响后续机组的动态负荷，从而影响主轴轴承。

3）偏航误差：风力发电机组会根据风向调整对风角度，从而保证机组一直针对风向。但是由于控制和设备等的原因，总会存在一定的对风误差，这些对风误差会带来机组受力的不同，从而影响主轴轴承。

4）尾流效应：风吹过一台机组，部分风能会被机组转化为电能，因此流过机组的风能会降低。在一个风场中，多台风力发电机组的尾流效应会叠加，因此也会影响下风向风机的承载，最终影响主轴轴承的负荷。

　　上述诸多风力发电机组主轴轴承工作环境的特点给其选型、维护带来了巨大的挑战。对于相对固定的因素，可以采取一定的措施进行防护。与此同时，工程师们对诸多不确定性因素的研究也日益深入，但毕竟挑战巨大，日常选型和应用中有时候就会采取引入一些设计冗余来应对。

# 第十九章
# 风力发电机组主轴轴承常用配置

从风力发电机组的基本结构中可以看到，机组主轴是连接轮毂与后续轴系统的转矩传递部件，这也就决定了风力发电机组主轴在整个机组的位置。目前常见的风力发电机组（卧式机组）主要包含叶轮直接驱动式风力发电机组（直驱式）、轮毂与齿轮箱整合为一体的风力发电机组（半直驱式）和带齿轮箱风力发电机组几种形式。带齿轮箱的风力发电机组一般都采用双馈式发电机，因此也经常被称作双馈式风力发电机。

  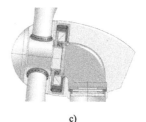

a) b) c)

**图 19-1　不同形式的风力发电机组**

a）双馈式风力发电机组　b）半直驱式风力发电机组　c）直驱式风力发电机组

风力发电机组不同的传动方式直接影响了主轴的形式和结构，如图 19-1 所示。对于双馈式风力发电机组，主轴作为一个单独的传动零部件与叶轮轮毂和增速齿轮箱的低速轴相连接；在半直驱式风力发电机组中，主轴与齿轮箱的低速轴合为一体；在直驱式风力发电机组中，主轴与电机轴合为一体。

## 第一节　双馈式风力发电机组主轴轴承布置

双馈式风力发电机组是比较传统的风力发电机组结构形式，其内部包含主轴、齿轮箱和发电机等组成部分，主轴连接叶轮轮毂和齿轮箱低速轴。对于这样的主轴系统，通常有三点支撑和四点支撑的轴承布置方式。

### 一、双馈式风力发电机组主轴四点支撑的布置方式

双馈式风力发电机组主轴和齿轮箱低速轴相连接，通常齿轮箱低速轴有两个轴承支撑，而主轴上使用两个轴承进行支撑，整个轴系统上总共有四个支撑点，此时的设

计就是四点支撑方式,这样的风力发电机组示意如图 19-2 所示。

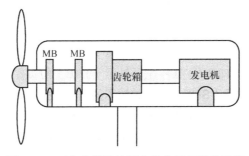

**图 19-2 四点支撑双馈风力发电机组结构示意**

### (一)四点支撑双馈式风力发电机组主轴受力分析

通常,在风力发电机组整体结构设计的时候,我们希望主轴承受风机叶轮轮毂传递来的所有非转矩负荷,并将转矩负荷传递给后续齿轮箱。因此主轴系统需要承受叶轮、轮毂,以及自身产生的轴向、径向负荷。

从承载角度分析,风力发电机主轴系统承担叶轮、轮毂的自重,主轴自身的自重,风推动叶轮的推力。一般风力发电机组轴系统都会有一个 5° 左右的倾斜角度,上述负荷均可以分解为沿着轴的轴向和径向负荷。由于倾斜角度较小,因此沿着倾斜角度的余弦分量占负荷的大多数,正弦分量占很小一部分。因此,各种轴系统自重的大部分成为轴系统的径向分量,少部分成为轴向分量;而由轮毂传导过来的推力中的少部分成为了轴系统的径向分量,大部分成了轴向分量。

对于风力发电机而言,叶轮和轮毂相对于主轴支撑而言是一个悬臂结构,因此,轴系负荷中径向分量的大部分都由叶轮侧(上风向)轴承承担,而发电机侧(下风向)轴承承担的径向负荷相对较小,有时候甚至是一个相对于叶轮侧轴承方向相反的径向负荷。

与此同时,所有前述负荷的轴向分量也将由主轴轴承承担。

### (二)四点支撑双馈式风力发电机组主轴轴承布置

四点支撑双馈式风力发电机组主轴上有两个轴承支撑,通常会选用定位端加非定位端的轴承布置形式来承担主轴系统的所有非转矩负荷(轴向、径向负荷)。在定位端加非定位端的轴系统布置中,定位端轴承将承受轴系统的轴向负荷和径向负荷,而非定位端不承受系统的轴向负荷,仅仅承受径向负荷。

从前面的主轴系统受力分析中可以知道,主轴上叶轮侧轴承受较大径向负荷,因此从负荷平衡角度考虑,将主轴系统定位端设置为径向负荷较小的一侧——发电机侧轴承则更加有利。

考虑轴承的承载特性,风力发电机组主轴定位端轴承经常采用球面滚子轴承、圆锥滚子轴承等;非定位轴承经常采用圆柱滚子轴承、圆环滚子轴承等。因此出现了如下所述的一些主轴轴承布置方式：

> 两个调心滚子轴承（SRB）的主轴轴承的布置方式；
> 调心滚子轴承（SRB）+圆环滚子轴承（CARB）的布置方式；
> 圆锥滚子轴承（TRB）+圆柱滚子轴承（CRB）的布置方式；
> 圆锥滚子轴承（TRB）+圆锥滚子轴承（TRB）的布置方式。

### 1. 两个调心滚子轴承（SRB）的主轴轴承的布置方式

两个调心滚子轴承的主轴轴承布置方式中，叶轮侧轴承为非定位端轴承，主要承担轴系统的径向负荷；发电机侧轴承为定位端轴承，承担轴系统中的轴向负荷以及部分径向负荷。

这种轴承布置方式在一些小功率的风力发电机中比较常见。球面滚子轴承以其较大的径向负荷承载能力和轴向负荷承载能力完成轴系统的非转矩负荷的承担，同时，由于调心滚子轴承具有良好的调心性能，可以适应一定的不对中，一定程度上吸收了由于安装等因素带来的轴系统对中不良情况。

在两个调心滚子轴承的主轴系统中，由于热膨胀等因素带来的轴系统轴向一定是由非定位端轴承外圈在轴承室内的轴向移动来实现的。

调心滚子轴承是双列轴承，在承受轴向负荷的时候，与轴向负荷方向相对一侧滚子承受负荷；另一侧轴承不承受这个轴向负荷。当轴向负荷达到一定程度（轴向负荷与径向负荷相比，见第四章）的时候，非承载列的轴承滚子可能会出现因无法达到最小负荷要求而引起的滚动不良，从而成为轴承失效的一个诱因。

两个调心滚子轴承的主轴轴承布置方式的总体轴系统结构中，由于轴承游隙的存在，整个轴系统沿着轴向可以有轴向移动。当主轴随着机舱一起在高空摆动的时候，这样的轴向移动可能造成轴承内部的磨损。所以有时候会使用某些特殊的表面处理工艺来提升轴承的抗磨损性能。

使用两个调心滚子轴承的主轴轴系统布置的轴承室可以是两个轴承使用单独轴承室的方式，也可能是两个轴承是一体的方式。两个轴承是一体的方式中，可以通过加工保证两个轴承室的对中水平；而使用两个单独轴承室的方式中依靠轴承室在机舱中的安装对中水平保证两个轴承室的对中水平。调心滚子轴承可以通过自身对不对中的吸收能力抵消掉一部分由上述原因造成的轴系统不对中。

在一些设计中使用了圆柱滚子轴承（CRB）替代一个调心滚子轴承。如果圆柱滚子轴承放置于轮毂侧，这一侧径向负荷较大，单列圆柱滚子轴承与调心滚子轴承相比，其承载能力并不占据优势。同时圆柱滚子轴承对轴不对中十分敏感，这样的特性导致圆柱滚子轴承出现局部过负荷的问题，提早失效。如果圆柱滚子轴承放置于发电机侧，此处径向负荷较小，但是由于圆柱滚子轴承不能承受轴向负荷，因此需要把定位端设置在轮毂侧，这样轮毂侧调心滚子轴承的轴向、径向负荷都比较大，从负荷平衡的角度看，并不是一个好的选择。这样的设计中，圆柱滚子轴承对轴不对中的敏感性，同样有可能导致轴承局部过负荷。因此，调心滚子轴承加圆柱滚子轴承的布置形式在双馈式风力发电机组四点支撑结构中用的很少。

### 2. 调心滚子轴承（SRB）+ 圆环滚子轴承（CARB）的布置方式

调心滚子轴承加圆环滚子轴承的主轴轴承布置方式中，圆环滚子轴承具有较大的径向负荷承载能力而没有轴向负荷承载能力，在这个轴系布置中只能用作非定位端轴承。圆环滚子轴承用作非定位端轴承的时候，由于其内部结构特性，可以实现轴向无摩擦的轴向相对移动。与使用调心滚子轴承作为浮动端的轴承布置方式相比，圆环滚子轴承的轴向位移能力避免轴承在轴向位置调整时产生的摩擦；另一方面，圆环滚子轴承具有较大的径向负荷承载能力，而主轴结构中轮毂侧径向负荷较大，所以圆环滚子轴承也经常以非定位端轴承的形式被配置在轮毂侧。

使用调心滚子轴承加圆环滚子轴承的主轴轴承布置方式中，定位端是调心滚子轴承，由于调心滚子轴承游隙的存在，因此整个轴系可以沿轴向有一定的移动。当主轴随着机舱在高空摆动的时候，主轴带着轴承内圈的轴向移动可能造成调心滚子轴承内部的磨损。因此，可以使用一些特殊的轴承表面处理工艺来提升调心滚子轴承的抗磨性能。

调心滚子轴承加圆环滚子轴承的主轴轴承布置方式中，整个轴系的不对中可以由轴承自身的调心性能进行吸收和补偿。

### 3. 圆锥滚子轴承（TRB）+ 圆柱滚子轴承（CRB）的布置方式

圆锥滚子轴承加圆柱滚子轴承的主轴轴承布置方式中，使用的定位端轴承是双列圆锥滚子轴承，非定位端轴承是圆柱滚子轴承。这种配置方式中，由于双列圆锥滚子轴承具有较大的径向和轴向负荷承载能力，因此经常被配置在轮毂侧；而圆柱滚子轴承作为浮动端轴承经常被布置在电机侧。

在风力发电机组主轴中，如果使用了双列圆锥滚子轴承作为定位轴承，那么轴承在运行的时候一般都会有一定的预负荷，因此整个轴系具有一定刚性。当风能推动叶轮转动的时候，轴系统作为一个刚性结构不会有很大的轴向相对位移。而轴系统轴向推力的波动会使轴承内部呈现一个随着风力变化的动态轴向负荷。

在圆锥滚子轴承加圆柱滚子轴承的主轴轴承配置方式中，两端轴承对轴系统的对中程度都比较敏感，如果由于安装原因或者零部件加工原因，使轴系统中存在对中不良的情况，那么这个对中不良带来的偏心负荷就会施加在两端轴承上，成为轴承失效的诱因。

### 4. 圆锥滚子轴承（TRB）+ 圆锥滚子轴承（TRB）的布置方式

在四点支撑的主轴系统中，也有通过两端分别使用一个圆锥滚子轴承进行轴系统交叉定位的轴承布置方式。这样的布置方式与齿轮箱里常见的布置方式原理相似。但是，这样的轴承布置方式中，两个圆锥滚子轴承的预负荷（预游隙）会受到相关零部件的影响。由于这个原因，在齿轮箱中，两个圆锥滚子轴承交叉定位的方式也通常使用在中小型齿轮箱中。对于风力发电机组这样的大型设备中，主轴、机座的热膨胀和挠性对圆锥滚子轴承预负荷的影响就会变得十分显著，因此这样的布置方式对于风力发电机主轴系统而言，具有局限性。

## 二、双馈式风力发电机组主轴三点支撑的布置方式

在很多情况下，双馈式风力发电机主轴和齿轮箱低速轴使用刚性连接。这样主轴和齿轮箱低速轴可以视作一根轴，因此借用齿轮箱低速轴的轴系支撑，发电机主轴上可以使用一个轴承（组）的方式进行支撑，这样的支撑方式是就是主轴的三点支撑轴承布置方式。

双馈式风力发电机组主轴三点支撑的布置方式如图 19-3 所示。

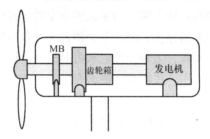

**图 19-3　三点支撑双馈式风力发电机组结构示意**

### （一）三点支撑双馈式风力发电机组主轴受力分析

与其他的轴系布置方式一样，三点支撑双馈式风力发电机组主轴受到轮毂侧传递过来的轴向负荷、径向负荷，同时传递转矩。主轴轴承作为主轴系统的支撑结构，只承受非转矩负荷。

风力发电机组的叶轮和轮毂挂在主轴系统上，相当于一个悬臂结构，因此，轮毂侧轴承一般承受较大的径向负荷。在四点支撑结构中，电机侧的轴向负荷由另一个主轴轴承承担，而这个负荷是径向负荷的次要分量（数值不大），如果这个负荷直接由齿轮箱低速轴系统来承担，那么就形成了三点支撑主轴系统的支撑结构。

另一方面，三点支撑结构的风力发电机组主轴结构中，主轴上的一个（组）轴承需要承担轴系统的轴向负荷，避免其传递到齿轮箱低速轴上。

综上所述，三点支撑的双馈式风力发电机组主轴中的一个（组）轴承需要承担轴系统中大的径向负荷和全部的轴向负荷。因此，在轴承选择、配置的时候需要选择具有轴向和径向负荷的轴承。

### （二）三点支撑双馈式风力发电机组主轴布置

三点支撑双馈式风力发电机组主轴轴承需要承担机组主轴上的大部分径向负荷以及全部轴向负荷，因此需要选用具有较大轴向、径向负荷承载能力的轴承。

同时，三点支撑结构的轴系中，一小部分径向负荷由齿轮箱低速轴轴承承担，

因此主轴与齿轮箱应使用刚性连接。

### 1. 调心滚子轴承（SRB）的三点支撑布置

使用调心滚子轴承的三点支撑结构是在主轴上布置一个调心滚子轴承，然后主轴的发电机侧与机组齿轮箱低速轴刚性连接，如图 19-4 所示。在这个轴系中，调心滚子轴承按照定位端方式进行布置，负责承受主轴的轴向负荷。

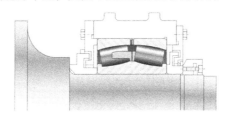

图 19-4 使用调心滚子轴承的三点支撑结构

SRB 具有较好的径向和轴向负荷承载能力，可以承受叶轮和轮毂传递来的径向负荷。SRB 的调心能力可以适应主轴系统一定程度上的对中不良。

风力发电机组主轴由于自身挠性的原因，可能存在一定的弯曲，这将造成轴承承受不对中负荷。调心滚子轴承的调心能力可以适应这样的不对中，但是与其相搭配的齿轮箱低速轴轴承将受到影响。

调心滚子轴承在承受负荷的时候，其内部两列滚子均承受径向负荷，与轴向相对的一列滚子承受轴向负荷。当轴承承受的轴向、径向负荷比大于等于 $1.1e$ 的时候，不承载的一列滚子将会脱开，从而可能出现滚动不良（滚动掺杂滑动，甚至滑动）的情况，这将导致轴承发热、磨损等一系列失效。

### 2. 双列圆锥滚子轴承（DTRB）

使用双列圆锥滚子轴承的三点支撑主轴系统中，双列圆锥滚子轴承作为主轴上的定位端，如图 19-5 所示。双列圆锥滚子轴承承受主轴上的大部分径向负荷和所有的轴向负荷。这种结构中，主轴的发电机侧与齿轮箱的低速轴刚性连接，主轴的部分径向负荷由齿轮箱的低速轴轴承承担。

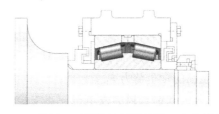

图 19-5 使用双列圆锥滚子轴承的三点支撑结构

图 19-5 中的双列圆锥滚子轴承安装后应该施加一定的预紧力，轴承内部两列相对的滚子承受方向相反的预紧力。为保证圆锥滚子轴承的可靠运行需要对轴承预紧力

进行校核计算。

图 19-6 为圆锥滚子轴承预负荷与轴承内部轴向位移的曲线，可以用来理解轴承预负荷的调整与计算。双列圆锥滚子轴承相当于两个单列圆锥滚子的组合，因此图中我们就讲其中一列视作轴承 A 列；另一列视作轴承 B 列。

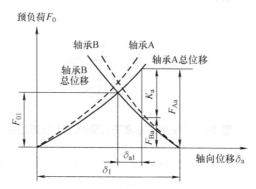

图 19-6　圆锥滚子轴承预负荷调整与计算

当轴承安装到 a 主轴上之后，轴承内圈与轴之间的配合使得轴承内部具有一定的预紧力，配合越紧预负荷越大。如果双列圆锥滚子轴承内圈或者外圈可以调整，这样的预负荷可以通过调整轴承内圈和外圈的夹紧力（预负荷）来进行调整。

轴承轴向预紧力越大，轴承刚性越强，因此单位预紧力变化下轴向位移就越小，图中曲线就更加陡峭，如图中虚线所示。

对于双列圆锥滚子轴承而言，两列滚子相对，因此两列滚子轴向预负荷的大小相等方向相反，也就是图中两条曲线的交叉点位置，此时两列滚子的预负荷为 $F_{01}$。当双列圆锥滚子轴承承受轴向负荷 $K_a$ 的时候，整个轴承出现轴向位移，轴承 A 列的预负荷增大为 $F_{Aa}$，轴承 B 列的预负荷减小为 $F_{Ba}$。

风力发电机主轴由轮毂侧传递来的轴向负荷如果是 $K_a$，如果使图中轴承 B 列的预负荷 $F_{Ba}$ 小于轴承最小负荷，则这一列滚子无法形成纯运动，在轴承旋转的时候出现滑动，从而导致轴承的失效。

因此在风发电机组主轴双列圆锥滚子轴承进行布置的时候需要对轴承预紧力进行校核计算，计算的目标是在主轴轴向负荷为 $K_a$ 的情况下，与轴向负荷同向的一列滚子仍然有一个大于其最小负荷的预负荷为 $F_{Ba}$。

使用双列圆锥滚子轴承的双馈式风力发电机三点支撑布置的时候，轴系统具有更好的刚性，同时整个主轴的挠曲无法被双列滚子轴承吸收，从而变成轴系统的一个倾覆力矩。因此在选型的时候可以通过一定的负荷能力余量来承受由此而来的倾覆力矩。

# 第二节　直驱式风力发电机组主轴轴承布置

　　直驱式风力发电机组是通过风力直接驱动发电机发电的风力发电机组形式，这样的机组结构省去了齿轮箱的结构，减小风力发电机组体积，降低维护难度，提升机组可靠性。

## 一、直驱式风力发电机组轴承的受力

　　直驱式风力发电机组中主轴轴承就是发电机轴承，是机组轴系统的全部支撑。与其他形式的风力发电机组相比，直驱式风力发电机组主轴轴承承受的负荷包括叶轮、轮毂的重力；叶轮轮毂的轴向推力；主轴自身重力；发电机转子重力等负荷。机组主轴由于具有一定的仰角，因此这些重力也存在轴向分量。

　　同时，由于塔架的挠性，机舱会处在摇摆中，因此即便机组停机，整个主轴拐处在摆动环境中，轴承承受摆动负荷。当机组运行的时候，由于风力的波动，叶轮轮毂传递来的轴向负荷也是一个波动负荷。另外由于风向的转变，整个主轴系统承受着一定的倾覆力矩。

　　直驱式风力发电机组主轴轴承本身也是发电机轴承，因此主轴轴承除了承载还有定位作用，负责保证电机定、转子之间气隙的均匀稳定。

## 二、直驱式风力发电机主轴轴承布置方式

　　常见的直驱式风力发电机组有单轴承结构、双轴承结构和三轴承结构。

### （一）双轴承结构的直驱式风力发电机组

　　双轴承结构的直驱式风力发电机组结构如图 19-7 所示。机组的主轴就是风力发电机轴，叶轮和轮毂与电机转子是一个在主轴上旋转的结构。在这个结构上，主轴通过两个轴承进行支撑，两个轴承需要对主轴的轴向和径向进行定位。

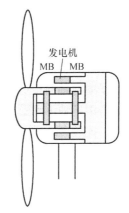

**图 19-7　双轴承结构的直驱式风力发电机组**

　　双轴承结构的直驱式风力发电机组主轴系统中，主轴上承受的径向负荷包括轮毂、叶轮的自重，发电机转子的自重，以及风能的推动力。这些负荷中，水平负荷为风能推动叶轮、轮毂的推力，垂直负荷为叶轮、轮毂的自身重力，转子的自身重力。通常风机机舱安装有一个小的仰角，这些负荷沿着轴向和径向的分量分别为轴系统的轴向和径向分量。

　　从整个轴系统的支撑结构上看，轮毂侧轴承承受的径向负荷较大，对侧轴承承受的径向负荷较小。从负荷平衡的角度来看，靠近仓尾侧（发电机侧）的轴承可以设置

为定位端轴承。

双轴承结构的直驱式风力发电机主轴系统中的轴承布置与四点支撑结构的双馈式风力发电机组主轴布置方式十分相似。

### 1. 两个调心滚子轴承的主轴布置方式

这种轴承布置方式中，如果从负荷平衡的角度可以设置叶轮侧轴承为浮动端轴承；仓尾侧（发电机侧）轴承为固定端轴承。对于调心滚子轴承而言，轴承的浮动端依赖轴承外圈在轴承室内的滑动来实现（可参照轴承布置通用介绍部分相应的内容）。

这种结构中，由于调心滚子轴承具有一定的不对中适应能力，因此当风力发电机组主轴出现挠曲的时候，可以通过轴承的自动调心能力吸收由于挠曲带来的轴不对中。

这种轴承布置结构中，当轴系统承受轴向负荷的时候，定位端调心滚子轴承与轴向负荷相对的一侧承受较大的负荷（轴向负荷 $F_a$ 与径向负荷 $F_r$ 之比大于 1.1e 的时候），而另外一列滚动体负荷变小，如果这一列所承受的负荷小于所需最小负荷的时候，会出现滚动体打滑的情况，从而造成轴承发热等问题。

### 2. 调心滚子轴承（SRB）+ 圆柱滚子轴承（CRB）的主轴布置方式

在双轴承结构的直驱式风力发电机组主轴结构中，也可以使用调心滚子轴承（SRB）作为固定端轴承，使用圆柱滚子轴承（CRB）作为定位端轴承的方式。

从双轴承支撑结构的直驱式风力发电机主轴系统受力分析中可以看出，轮毂侧轴承径向负荷较大，而仓尾侧（发电机侧）轴承径向负荷较小，因此可以使用圆柱滚子轴承替代仓尾侧的调心滚子轴承（SRB）。

与两个调心滚子轴承的结构方式一样，调心滚子轴承与圆柱滚子轴承配合的轴系统中，调心滚子轴承作为定位端轴承，在轴系统承受轴向负荷的时候，调心滚子轴承两列滚子中与轴向负荷相对的方向承受轴向负荷，而另一个方向的滚子负荷将变小。如果调心滚子轴承承受的轴向负荷 $F_a$ 与径向负荷 $F_r$ 之比大于 1.1e 的时候，就不会承受负荷，此时会出现滚动体打滑的现象，轴承温度会由于摩擦而升高，进而有可能发展为早期失效。

### 3. 调心滚子轴承（SRB）+ 圆环滚子轴承的主轴布置方式

在双轴承结构的直驱式风力发电机主轴结构中，可以使用调心滚子轴承（SRB）作为定位端轴承，使用圆环滚子轴承作为非定位端轴承。

圆环滚子轴承具有很大的径向负荷承载能力，并且可以实现无摩擦的轴向调整和对中调心，是非常好的非定位端轴承。调心滚子轴承（SRB）具有较好的轴向、径向负荷承载能力，是良好的定位端轴承。通过对主轴系统的受力分析可以知道，机舱尾侧轴承的径向负荷较小，因此可以使用调心滚子轴承布置在此处，承受轴向负荷以及相对小一些的径向负荷；同时将圆环滚子轴承布置在轮毂侧，承受较大的径向负荷。

调心滚子轴承（SRB）作为定位端轴承承受轴向负荷的时候，与轴向负荷相对方向的一列滚子承受轴向负荷，另一侧滚子负荷变小。如果调心滚子轴承承受的轴向负荷 $F_a$ 与径向负荷 $F_r$ 之比大于 1.1e 的时候，就不会承受负荷，此时会出现滚动体打滑的现象，轴承温度会由于摩擦而升高，进而有可能发展为早期失效。

### 4. 圆锥滚子轴承（TRB）+ 圆柱滚子轴承（CRB）的主轴布置方式

在双轴承结构的直驱式风力发电机组中，可以使用配对的或者双列圆锥滚子轴承作为定位端轴承，使用圆柱滚子轴承作为非定位端轴承的布置方式。在定位端，考虑安装以及预负荷调整的方便，经常使用背对背配置的圆锥滚子轴承（或者背对背的双列圆锥滚子轴承）。

从双轴承结构的直驱式风力发电机组主轴受力分析来看，轮毂侧承受较大的径向负荷，机舱尾侧（发电机侧）径向负荷相对小一些，将双列或者圆锥滚子轴承的定位端轴承布置在轮毂侧并且施加一定的预负荷，增加了系统的刚性，主轴的挠曲对整个轴系的影响较小，同时双列轴承的负载能力较大，有利于主轴承载。将圆柱滚子轴承（CRB）布置在机舱尾侧（发电机侧），轴承承受一定的径向负荷即可。

### 5. 圆锥滚子轴承（TRB）+ 圆锥滚子轴承（TRB）的主轴布置方式

在双支撑结构的直驱式风力发电机组主轴系统中，可以使用两个圆锥滚子轴承做交叉定位的布置方式。

这种方式中两个圆锥滚子轴承相互轴向定位，通过施加预紧力的方式，提高整个轴系的刚性。其预负荷调整方式和原理与图 19-6 所示的原理一样。

使用两个圆锥滚子轴承交叉定位布置方式的时候，轴承的预紧力受到整个系统的弹性形变影响，在系统温度变化的时候，轴承预负荷也会随之变化。当轴系比较大的时候（负荷较重，温度变化较大），轴承的预负荷不好控制。因此这种结构主要用在一些小型的风力发电机组中。

### （二）单轴承结构的直驱式风力发电机组

单轴承结构的直驱式风力发电机组示意如图 19-8 所示。机组中在一个位置上通过轴承实现对定子、转子的分隔和支撑。这个结构中的单轴承有可能是单独一个轴承，也有可能是双列轴承等组成的轴承组。不论是哪种方式，单轴承方式的结构并非对轴系的支撑点只有一个，通常是使用特定轴承类型或者轴承组合为轴系提供至少两个位置的支撑，也就是说轴系统支撑的压力中心至少是两个，这样才能使整个轴系统具备抗倾覆力矩的能力。

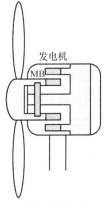

图 19-8　单轴承结构的直驱式风力发电机组示意

### 1. 配对圆锥滚子轴承的结构

单支撑结构的直驱式风力发电机组主轴中可以使用配对的圆锥滚子轴承结构。在这样的结构中，通过轴承的面对面或者背对背的结构使风力发电机组主轴上出现两个压力中心，从而对整个轴系起到轴向定位的作用，并且具备足够的抗倾覆力矩能力。使用背对背或者面对面的支撑结构中，两者压力中心的位置和距离不同，对不同位置的倾覆力矩具有不同的承受能力，需要根据具体结构进行选择。

### 2. 大接触角的圆锥滚子轴承

大接触角的圆锥滚子轴承是一种特殊设计的双列圆锥滚子轴承，该轴承结合了圆锥滚子轴承和回转支撑的特点。轴承由两个分离式的内圈和一个一体式的外圈组成。

外圈通过螺栓与主轴或者齿轮箱部件相连接，内圈与轴通过紧配合安装和定位，同时通过给两个内圈施加轴向安装力，将轴承固定在轴上。

轴承内部设计采用45°大接触角，同时双列滚动体采用背对背（O形）配对设计。如图19-9所示。

该轴承最早由斯凯孚公司设计并大批量的商业化投放于市场，该轴承目前专为风力发电机开发，适用于大功率的风力发电机主机的应用，该轴承产品设计的目的如下：

**图 19-9　大接触角的双列圆锥滚子轴承**

1）为半直驱或直驱式风力发电机主机应用而设计；

2）优化轴承的安装方案，尤其是大尺寸风力发电机轴承的安装；

3）提高轴承的轴向负荷承载能力；

4）改善滚动体的设计尺寸，极大地提高了轴承的使用寿命。

### （1）大接触角圆锥滚子轴承的设计优点

大接触角的圆锥滚子轴承如图19-10所示，轴承可采用内圈或者外圈旋转的运行方式，取决于轴承与主轴和叶轮轮毂之间的连接方式。

大接触角的圆锥滚子轴承适用于大功率的风力发电机主机，因此轴承的尺寸较大，目前市场上使用的该轴承的内圈直径都超过1m，因此考虑到如此大尺寸轴承的安装问题，轴承的外圈设计有螺栓孔，通过螺栓与其他部件相连接。这样的设计我们只需要考虑内圈的配合方式，外圈的安装会变得相对来说比较便捷。

该轴承符合普通圆锥滚子轴承的运行规律，因此一般来说，该轴承在风力发电机里运行在预紧条件下，以提高轴承的刚性，并改善轴承使用寿命。

该轴承的内圈采用两个分离式的套圈设计，通过两个内圈之间的尺寸配合来保证轴承安装后的安装预紧力，轴承的安装如图19-11所示。该预紧力一般需要通过与客户针对不同的风力发电机主机设计进行沟通。

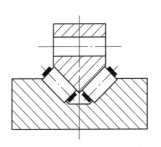

图 19-10 大接触角的圆锥滚子轴承截面

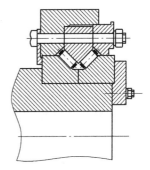

图 19-11 轴承的安装

两个内圈通过主轴或者其他相配的零部件在轴向上添加夹紧力，以提供轴承运行所必需的预紧力。

该轴承的滚动体外形设计采用普通圆锥滚子轴承的滚动体设计，不同的轴承供应商会采用不同的滚动体外形轮廓，例如斯凯孚公司会采用自己设计的比较有技术竞争力的对数曲线的外形，会改善其滚动体表面的载荷分布，极大地降低轴承滚动体表面的载荷分布情况。

由于轴承尺寸较大，如果采用一体式的金属保持架的话，当轴承安装在水平主轴的风力发电机上后，保持架会在径向上产生一些变形，这些变形会改变滚动体与保持架兜孔之间的接触情况，会带来额外的兜孔与滚动体之间的摩擦接触，因此不同的轴承制造商在滚动体和保持架的设计上采用了不同的设计方案。

斯凯孚公司采用的分段式非金属保持架。根据轴承尺寸大小，每4 ~ 5 个滚动体安装在一段保持架中，但是每段保持架之间是自由状态，不做任何其他的连接，如图 19-12 所示。

图 19-12 分段式非金属保持架

这种保持架的好处是：

1）每段保持架的重量都比较小，运行起来的惯性也能控制在一定的范围内；

2）每段保持架之间没有连接，保持架不会出现变形；

3）轴承在安装过程中，对保持架的损伤较小；

4）保持架采用非金属材质，保持架自身的重量也会很轻，会降低轴承整体的重量。

但是这种设计也有很多的缺点：

1）轴承运行时产生的温升会导致保持架材料膨胀，在设计时需要考虑预留保持架之间的间隙，这个尺寸的设计是个非常重要的点。如果尺寸预留得过小，保持架由于温度升高膨胀后会导致分段式保持架之间产生额外的挤压。

2）另外，因为保持架是不连续的，因此保持架全靠滚动体的滚动引导其在轴承内部的作用，因此轴承的预紧力设计就会变得非常重要，如果预紧力偏小，那么就会导致不是所有的滚动体都处在载荷条件下，那么有可能当一段保持架运动至非载荷区时，完全呈现自由状态，而砸在前一段保持架上，导致保持架失效。

3）轴承的设计包含了应用设计，对于轴承应用工程的要求极高，需要计算轴承应用下所需的合理的预紧力范围，需要计算轴承的加工游隙，以保证轴承安装后的预紧力能够保持轴承正常运行，同时不出现上述保持架自由的情况。

也有轴承公司采用穿销式的保持架，具体的设计如图 19-13 所示。这种设计的优点很明显：

1）一体式的保持架，对轴承的应用工程的要求没有那么高，不会出现上述需要做复杂计算的过程，但是，同样地，还是需要对轴承的运行预紧力做计算；

2）穿销式的保持架，滚动体对保持架的引导性相对来说比较好，从设计的角度来看，我们其实可以把保持架和滚动体看成一个整体。

但是这个设计的缺陷也非常明显：

1）滚动体变成中空的，轴承的承载能力会大幅度下降，如果要达到与实体滚动体一样的承载能力，轴承的尺寸要大很多。

2）一体式的金属保持架会出现上述提到的变形的问题，而且当保持架变形后，滚动体与保持架的接触不仅有兜孔还有中间的销子，会产生非常大的摩擦，这对轴承的运行来说是非常差的状态。

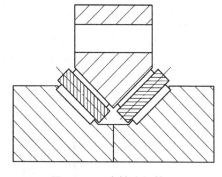

图 19-13　穿销式保持架

**（2）大接触角圆锥滚子轴承的设计演进过程**

上面提到过，大接触角的圆锥滚子轴承结合了圆锥滚子轴承和回转支撑轴承的特点，并且目前该轴承的设计优势只在风力发电机主机的应用中能够完全地体现出来。

1）结合了双列圆锥滚子轴承的特点。该轴承从类型上看，还是一种双列的圆锥滚子轴承，但是具有以下两个特点：①轴承只有一个外圈，以及轴承的接触角（$\alpha$）为 45°。②整体式外圈设计保证安装的方便，而且 45° 接触角也保证了一个外圈的设计是可行的。

　　接触角的设计会影响轴承的负荷承载能力和旋转性能，轴承的接触角从小到大，反映出轴承的径向负荷承载能力由大到小，同时轴向负荷承载能力由小到大的过程。

　　理论上轴承的接触角的范围是 0°～90°，0° 接触角表示轴承为纯径向轴承，只能承受径向载荷，例如圆柱滚子轴承，90° 的接触角表示轴承为纯轴向轴承，也就是我们通常说的推力轴承，例如推力球轴承。

　　而一般的圆锥滚子轴承的接触角为 10°～30°，取决于轴承尺寸的宽度系列。

　　但是该大接触角的圆锥滚子轴承的接触角为 45°。主要原因也是因为风力发电机轴承的应用的特殊性，作为主轴轴承来说，该轴承将承受非常大的联合载荷，而且该联合载荷中，轴向载荷的占比不低，因此，为了保证轴承的正常使用，45° 接触角是在设计上的一个非常重要的选择。

　　由于轴承接触角变大，轴承的旋转性能下降得非常严重，但是由于风力发电应用的特殊性，主轴承转速不会超过 25r/min，因此，旋转性能下降可以不予考虑。

　　2）结合了回转支撑轴承的特点。同时，这个轴承也可能看作一种设计的回转支撑轴承，与普通的回转支撑不同的是，轴承采用竖直应用，同时轴承是连续旋转的，而非在一个角度内往复运动的。被称作一种类型的回转支撑，主要是轴承可以承受理论上相同程度的轴向和径向载荷，也就是说轴承可以承受很大的倾覆力矩，这也是 45° 接触角设计所决定的轴承特性。

　　从轴承应用的角度来看，早期在主轴上，尤其是在直驱式风力发电机主轴承上都采用的是两个单列的圆锥滚子轴承面对面的配置方式，或者一个面对面配置的双列或配对的圆锥滚子轴承作为固定端，和一个圆柱滚子轴承作为浮动端的配置。

　　这种传统的配置方式，其实是根据主轴的要求来决定的。随着风力发电机的功率不断提高，尤其在大型的兆瓦级的风力发电机上，主轴的尺寸会变得越来越大，不仅是径向方向，轴向方向也是如此，因此整个风力发电机主机的尺寸和重量都会变大，进而带来风力发电机和塔筒的尺寸和成本的不断上涨。

　　为了缩短主轴的轴向尺寸，而保证同样的系统刚性，大接触角的圆锥滚子轴承的设计就应运而生。

　　从另一个方向来看，普通的回转支撑轴承，在承受较大载荷的情况下，都会采用三列的圆柱滚子轴承，如图 19-14 所示，但是这种轴承的设计在前文中提到过，一般适用于在一定角度内的往复运动，不适合在连续选装的工况下使用，因为会产生比较大的滑动摩擦力。

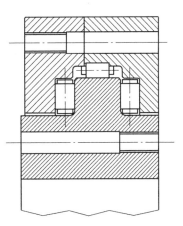

图 19-14　一种使用在风力发电机中的回转支撑轴承

为了保持回转支撑轴承较大的倾覆力矩的承受能力，并将其改进成可以连续旋转应用下的轴承，设计方向也向 45° 接触角的圆锥滚子轴承过度。

**（3）大接触角圆锥滚子轴承的应用特点及优点**

1）更紧凑的传动链设计。随着大功率风力发电机的发展以及海上风力发电机需求的不断增长，风力发电机的设计一直朝着大尺寸的方向发展。这给风力发电机设计和制造厂家带来的不仅是主机制造成本的提高，还包括其他相关部件的制造成本，尤其是塔筒，更大的主机意味着更大的塔筒设计。因此，目前风力发电机的主流设计趋势是紧凑型的传动链设计，也就是更短的传动链，这给风力发电机的设计带来的不仅是主轴、齿轮箱和发电机的设计要求的提高，同样也是对整个传动链一体化设计的考验。

大接触角的圆锥滚子轴承的出现把传动链的缩短变成了可能，我们甚至在市场中看到了无主轴的设计，也是就高度紧凑型的设计，把主轴的功能完全融合在齿轮箱里。

甚至在一些更前卫的设计里，单轴承的直驱式风力发电机设计也越来越多，都要得益于这种特殊轴承的出现。

但是，紧凑型的设计也意味着传动链各个部分功能的隔离性降低，也就是每个零部件的综合性要求变得更强，这对整体设计的综合性考虑，以及齿轮箱、主机和发电机之间的技术互动的要求也越来越高。

2）单轴承完成双轴承的功能。从传统的主轴定位的力学考虑，两个轴承是对主轴进行固定，并且保证机械性能的最低的要求。

但是，这种特殊设计的轴承，使得单轴承可以同时满足定位和承载的功能，使主轴上使用一个轴承成为可能，也给未来的风力发电机主机的设计提供更多的思路。

3）足够的刚性。不仅通过轴承的特殊设计，同时采用预紧工作的方式，这种轴承的应用提高了整个主轴系统，甚至是主轴及齿轮箱系统的整体刚性，让整个传动链的运行更加可靠。

4）空心主轴的设计成为可能。之前为了保证轴承载荷传递的作用完全发挥，以及整体系统刚性，主轴我们都会采用实心轴的设计。随着主轴尺寸的增加，实心轴的重量也在增加。

但是由于轴承在应用中提供了更好的刚性，因此在满足足够应用的条件下，主轴可以设计成空心轴，从另外一个方面减轻了整个传动链的重量，降低了相关的成本。

5）融合不同轴承的功能。允许轴承在运行中处于预紧状态，这样不仅优化了轴承内部滚动体的载荷分布，同时在进一步提高系统刚性上做出了巨大的贡献。

刚性的设计，可以承受绝大部分的外部载荷（风载荷以及轮毂和叶轮的重量），可以更好地保证齿轮箱的承载方式相对简单。

在承受倾覆力矩的情况下，保证了更少的滑动摩擦的出现，降低了轴承的额外温升，给轴承的润滑提供很好的保障。

**（4）大接触角圆锥滚子轴承应用是需要考虑和关注的问题**

该轴承的出现，可以说改变了整体风力发电机传动链的设计思路，使之前更多的只存在于概念上的设计变成实际产品的可能性大大增加。但是，作者认为轴承的应用还存在着一些未解决的问题，我们可能需要更多的分析，以及对该大尺寸轴承应用数据的积累，这里，我们希望引起各位读者更进一步的思考。

1）带螺栓孔的窄外圈设计。轴承因为采用 45° 的大接触角的设计，因此外圈和两个内圈在宽度上的尺寸相差比较大。也就是说完全的宽度相对来说比较窄，当两列滚动体同时把载荷从内圈传递到外圈时，外圈所承受载荷的情况会比较复杂。

而且外圈是有螺栓孔的打孔设计，这对整个外圈来说在应用中是个非常严格的考验。

2）分离式的内圈设计。两个分离式内圈完全通过内圈的紧配合与轴连接，同时还要给轴承提供足够的预紧力。理论上来说，预紧力、过盈配合和轴承内圈尺寸之间的尺寸链是可以计算出来的，而且计算的也会比较准确。但是这个给实际安装提出了非常高的要求，尤其是对这么大尺寸的轴承来说，安装后得到的实际尺寸的精度是否能够满足理论计算的要求，实际上对实际的安装过程提出了很高的要求。

3）轴承在预紧力下的运行。这个要分成两个部分来说。第一，对于分段式的保持架来说，轴承基本上不允许在游隙状态下运行，原因我们在上文中已经提到了，这会导致保持架呈现自由运动而产生相对碰撞。第二，由于轴承生产加工的公差和配合的公差，导致了对每一个或者每一个型号的风机要用的轴承来说，都要根据要装配的主轴轴承的实际尺寸去计算轴承的加工游隙，以保证轴承安装后的运行预紧力在合理要求的范围内，不仅要满足轴承内部能有游隙，同时还要保证这个预紧力不会导致轴承寿命的急速下降。

4）预紧需要更高的夹紧力。根据我们过去对轴承的使用经验发现，这个轴承要满足正常运行的预紧力，需要对其提供的轴向夹紧力是比较大的。

我们发现这种较大的夹紧力会导致内圈靠内部的比较薄的位置发生向上的弯曲变形，如图 19-15 所示，而这个变形会导致轴中间紧配合的退化，导致整个轴承内圈的松动，进而产生一系列问题。但是目前我们仍然没有对变形的结果进行定量的测量。

5）分段式保持架的设计。目前的设计，每段保持架中安装的滚动体数量一般控制在 4 ~ 5

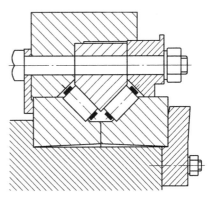

图 19-15 较大的夹紧力可能产生的变形

个，采用这样的数量有两个方面的考虑，一是太多滚动体会导致每一段保持架的重量太重；二是保持架采用塑料材料，因此我们需要保持架的加工轮廓越简单越好，越短的保持架可以让每段保持架的截面是方形的，如果保持架需要安装的滚动体太多，导致保持架太长，那么截面需要有弧度，才能保证每个保持架安装起来是一个环形，如图 19-16 所示，这会增加保持架加工的成本，而且太长的保持架在连接起来后，比短保持架近似圆的程度要低很多。

但是，无论如何，我们都面临着两个相邻的保持架之间会产生相对的摩擦，我们在过去的应用中发现过类似的问题，但是保持架的设计如何改型，目前还是在研究中的课题。

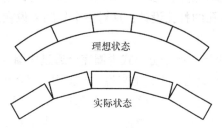

理想状态

实际状态

**图 19-16　分段式保持架接触状态**

## 第三节　半直驱式风力发电机组主轴轴承布置

半直驱式风力发电机是介于双馈式和直驱式风力发电机之间的一种设计类型。

在有些风力发电的资料中，我们也把半直驱式称作混合式（Hybrid）风力发电机。从风力发电机主机的设计集成度来看，由小到大依次是双馈式、半直驱式、直驱式，也就是说半直驱式风力发电机的集成度处于双馈式和直驱式之间。

因此，我们不难联想到，所谓的半直驱式，就是把传动链上的三个部分，主轴、齿轮箱和发动机分别集成，或者三者完全集成。

半直驱式的概念是在风力发电机向大型化发展过程中遇到了问题而产生的，因此兼顾了两种设计的特点。外形上，半直驱式更偏向于直驱式风力发电机，传动链短，尺寸更小；而在传动链上，又更偏向于双馈式风力发电机，但是半直驱式的齿轮箱的传动比较低，但是相对而言齿轮箱的可靠性和使用寿命较高。

但是，从风力发电机总体设计的角度而言，半直驱式的集成度较高，反而导致整体的可靠性和使用寿命对设计和装配的要求极高。

综上，半直驱式风力发电机在设计上有自身的优点，但是也存在着一些不可避免的劣势。

与传统的双馈式风力发电机相比，半直驱式风力发电机采用的一种低速设计的一级齿轮箱结构，其结构设计要简单了很多，生产加工成本也较低，出现故障的概率也较低，同时后续的维护成本也比较低。但是由于采用了低速的齿轮箱，就意味着后面的发电机需要大尺寸，才能保证额定的功率输出。与双馈式风力发电机 1500r/min 左右的转速相比，半直驱式发电机的转速一般在 150 ~ 400r/min 之间，需要采用较大尺寸的永磁发电机。

但是与直驱式风力发电机相比，发电机的尺寸小了很多，相应的发电机的加工成本也比直驱式的低。但是它比直驱式风力发电机又多一个齿轮箱组件。

综合而言，半直驱式的风力发电机的优点：

1）采用一级齿轮箱 + 低速同步发电机，综合了直驱式的可靠性和设计的紧凑性；

2）使用的是中低速齿轮箱，故障发生率大大减小；

3）发电机体积比直驱式的风力发电机体积小；

4）安装时可以进行整体吊装，降低了成本。

缺陷：

1）需要对齿轮箱进行运维管理，而且这是一笔不小的花费；

2）相比较而言，在径向方向风力发电机的布局空间大、传动链长；

3）由于集成度的问题，传动链之间的集成部分可能会成为整个设备的薄弱点，而且从目前市场上商业运行的所有半直驱式风力发电机来看，集成部分的设计、制造和安装还有很多的技术问题需要解决。

半直驱式风力发电机的设计类型包括下面几种：

**1. 前端集成**

顾名思义就是主轴与齿轮箱集成。这种设计一般是把主轴和齿轮箱进行一体式设计和加工，主轴轴承选的直径尺寸都较大，而且只使用一个轴承作为主轴轴承。前端集成半直驱式风力发电机如图 19-17 所示。

主轴轴承直接安装在齿轮箱的输入轴上，也就是齿轮箱的输入轴直接作为风力发电机的主轴。

这种设计的优点是便于风力发电机的总体设计和布局，同时加工也只需要齿轮箱制造商进行统一加工和制造。

由于只使用一个轴承的设计，因此一般我们需要采用刚性的轴承的配置。这种配置一般采用普通压力角配对的圆锥滚子轴承，或者采用本书之前提到的大接触角的圆锥滚子轴承。

这种集成方式便于风力发电机的整体布局，对主轴的成本控制得更好。

由于设计之初需要考虑主轴和齿轮箱功能的统一，因此对整个设计的总体要求就会越高，前端传动链的设计和安装融合度越好。但是这种设计需要齿轮箱刚性安装，因此在齿轮箱与机舱的连接上需要仔细考虑。

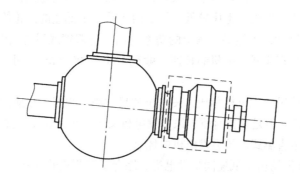

**图 19-17　前端集成半直驱式风力发电机示意图**

**2. 后端集成**

与前端集成刚好相反。主轴保持与双馈式设计一样,维持主轴与齿轮箱之间的连接,发电机与齿轮箱一体化设计并加工制造。后端集成半直驱式风力发电机如图 19-18 所示。

这种结构节省了齿轮箱与发电机之间的连接,提高了发电机的传动效率。但是这种设计对增速和发电的一体化要求更高,需要齿轮箱与发电机的一体化设计。

与前端集成不同的是,这里的集成不仅要考虑机械上的集成,还要考虑发电机结构的集成。目前在国内市场上,齿轮箱与发电机的集成只在一些小型的齿轮电机(Gearmotor)上有很多应用,但是大型集成的设计和制造需要齿轮箱制造商和发电机制造商更多的技术融合,目前国内还没有成熟的技术,而且这种跨领域的技术壁垒的打破也需要一定的时间。

但是,从风力发电机运行的角度来看,这种集成有个很重要的优点,就是对齿轮箱和发电机集成部件来说,载荷的情况没有前端集成那么复杂。

直接的风载荷基本上被主轴轴承承担,因此对于齿轮箱发电机集成组件来说,运行工况会比较简单,而且对运行的运维要求与普通风力发电机相同。

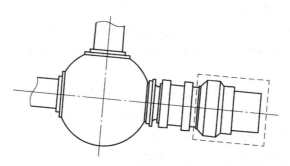

**图 19-18　后端集成半直驱式风力发电机示意图**

### 3. 传动链全集成

顾名思义，传动链的三个部分全部集成，机构紧凑程度得到了进一步优化，而且空间进一步减小，但是这种设计的可维修性目前仍然在研究阶段。我们是否需要得到更紧凑的设计，而需要在维修上付出更多的成本，也是这种设计在大规模商用化之前必须要考虑的问题。传动链全集成半直驱式风力发电机如图 19-19 所示。

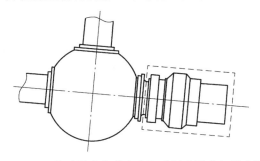

图 19-19　传动链全集成半直驱式风力发电机示意图

### 4. 无主轴结构

与前端集成的情况不同，无主轴的风力发电机是风机轮毂直接与齿轮箱的输入轴连接，并不是把主轴集成，而是完全取消了主轴。主轴的功能全部由齿轮箱的输入轴或者齿轮箱的外壳来实现。这种设计对齿轮箱设计，以及加工制造精度的要求会更高。一般这种设计都需要大接触角的圆锥滚子轴承作为主轴承。无主轴结构半直驱式风力发电机如图 19-20 所示。

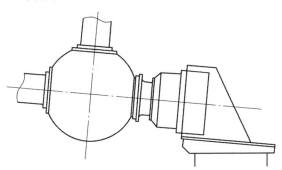

图 19-20　无主轴结构半直驱式风力发电机示意图

# 第六篇
# 风力发电机组轴承
# 的智能监测与诊断技术

风力发电机组中轴承作为重要的零部件,在机组运维工作中占有重要地位。大数据分析方法和人工智能技术为风力发电机组运维提供了更加有力的工具,极大地提升了运维工作的效率。

风力发电机组轴承系统运维的目标是发电机组中的轴承以及相关的轴系统。其分析属于整个机组总体运维对象中的轴承及轴系统的机械相关技术领域,本书后续讨论也限于此范畴。

另一方面,大数据、人工智能技术在风力发电机组运维中的应用也处在一个发展阶段,虽然技术成果已经相对丰富,但仍在持续实践、修正和完善中。本书仅就一些方法进行介绍和梳理,以飨读者。随着风力发电机组智能运维技术的日益完善,其相关技术也会更加丰富和体系化。

# 第二十章
# 风力发电机组轴承智能监测与诊断

　　风力发电机组投入使用之后的总体运维在整个风力发电机组中处于十分重要的地位。随着风力发电机组装机数量的日益增长，机组的运维工作也变得日益繁重，同时业主也需要为此付出高昂的成本，以确保机组正常高效的运行。据统计，陆上风力发电机组的维护费用可达风场收入的 10% ~ 15%；海上风力发电机组的维护费用可达风场收入的 20% ~ 35%。风力发电机组的运维成为主机厂和风场十分关注的重要工作。

　　风力发电机组作为一个多子设备的机组，在运行过程中出现故障的模式和带来的损失也不同。图 20-1 为一份风力发电机组各个零部件故障引起的停机时间统计。

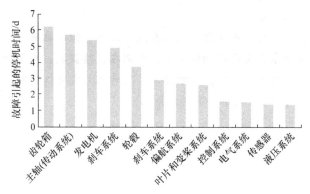

**图 20-1　风力发电机组各个零部件故障引起的停机时间**

　　图中不难发现，风力发电机组各个零部件中所引起的停机时间统计中齿轮箱、主轴、发电机是排名前三的零部件。这三大零部件（子设备）是动力传输的主要路径，也是整个机组中承受机械负荷的重要零部件。

　　根据美国国家可再生能源实验室（National Renewable Energy Laboratory，NREL）的一项统计，风力发电机组齿轮箱所有零部件的故障中，轴承失效所占比例为 76%。具体失效部位数据如图 20-2 所示。当价值 1500 美元的轴承发生失效的时候，如果不及时更换和维修，将造成 10 万美元的齿轮箱失效和其他零部件失效。

　　对于风力发电机组中发电机轴承故障在发电机故障所占比例超过 50%。

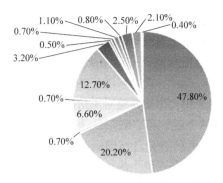

图 20-2　风力发电机组齿轮箱各零部件失效统计

　　从上述统计不难看出，轴承是风力发电机组中故障与失效的重点，也是风力发电机组机械部分运维的主要目标。

　　本章从风力发电机组轴承的运维入手，介绍轴承智能监测与诊断的基本方法和概念。事实上，轴承的智能监测与诊断是这些智能系统方法的一个实践，它们不仅可以使用在本书讨论的领域，对于其他领域的智能化系统也具有一定的参考意义。

# 第一节　风力发电机组轴承运维概述

## 一、风力发电机组轴承的"运"和"维"

　　风力发电机组和其他的机械设备一样，对设备运行过程中的运维实际上是包含"运"和"维"的两重含义。

　　"运"是对设备的使用。设备"运"的过程是在设备自身处于正常状态下，充分发挥设备性能的过程。对于风力发电机组而言，一个典型的"运"的话题就是提升发电效率，在风力相同的条件下，最大效率的利用风能转化成电能。在风力发电机组运行中的"对风优化"问题就是这个大命题下的一个子命题。设备的"运"的范畴中，通常的指标是"使用率""效率""产出最大化""投入最小化"等。

　　"维"是对设备的维护、保养以及维修。设备"维"的过程是对设备自身的保养和修整，其目的是使设备能够处于"健康状态"。或者如果当设备出现某种故障的时候，可以及时发现并进行相应的维修，使设备恢复到"健康"状态，而不至于继续恶化造成更大的损失。设备"维"的指标通常是设备的"可靠性""可用性""停机时间"等。

　　如果把设备比作一个运动员，保证运动员的身体状态处于最佳状态所做的工作就应该属于"维"的范畴。要保证运动员处于健康状态，就需要对运动员进行日常的身体指标监测，对应于设备而言就是设备的状态监测；对运动员进行定期体检，这个工作对于设备而言就相当于定期点检；组织运动员的集中休养，就相当于设备的大修、小修；对运动员的疾病诊断与治疗，就相当于对设备的故障诊断与维修。

同时，在保证运动员健康的前提下提升运动员的运动成绩，就相当于设备正常状态下提升设备使用效能，就是对设备的"运"。提升运动员的运动成就，要优化运动员的技术动作，对于设备就相当于优化使用（比如调整对风角度等）。

通过上面的举例可以看出，设备的"运"和"维"是两种不同目的的工作，同时又有一定的关系。比如，如果风机（运动员）自身健康状态不好，那么风机的效能（运动成绩）也不可能达到最优。因此设备"维"的结果——"设备处于健康状态"是设备"运"的一个重要条件和参数；另一方面，如果设备效能出现下降，首先要考虑是设备"生病了"还是设备的使用环节存在问题。因此往往设备"运"的效果可能体现出设备"维"的问题。

综上，设备运维的目的大抵可以概括为保证设备处于正常状态，并使设备发挥正常效能的工作。

对于风力发电机组轴承系统而言，在设计、制造、安装环节已经对轴承进行了选型和性能测试。轴承作为机械零部件，只要在无故障的时候正常运行，其基本性能指标相对固定，其作用就是实现较小的摩擦。因此轴承的"运"在选用环节基本已经确定。在风力发电机组投入运行之后，主要运维工作的重点就是"维"，即保证轴承的健康。

风力发电机组轴承系统中轴承的"维"主要是从轴承的日常状态监测和轴承的故障诊断等方面进行。

## 二、设备维护的基本策略

设备维护的基本策略是对设备进行维护时的总体工作原则。设备维护技术本身历史悠久，随着工程师对设备的使用维护技术的理解不断加深，设备维护的基本原则和策略也逐步完善。设备维护的基本策略包括被动维护和主动维护。

### （一）设备维护基本策略

#### 1. 被动维护

顾名思义，"被动维护"是设备出现问题的时候不得已而进行的维护动作。维护的原因是设备不能正常发挥其应有的功能。当设备出现被动维护需求的时候，说明设备内部已经出现了某些故障和失效，此时的工作就是被动的修理。被动维护往往被用来对一些次要的零部件，或者是维修十分简单、维护时间很短的一些易损零部件的维护。对于主要设备，或者维护困难的设备只有在主动维护失败的时候，才会出现被动维护的需求。主要零部件的被动维护往往对应着意外和事故，是应该避免的。

#### 2. 主动维护

主动维护是设备使用者主动的对设备进行维护与维修工作，此时设备不一定处在故障状态。设备使用者希望通过主动维护可以在设备失效前或者设备失效初期就采取一定的主动措施，避免非计划停机及其连带损失。

主动维护工作中决定维护的因素不同，因此也分为预防性维护和预测性维护。在IAFT 16949:2016 中对预防性维护和预测性维护都给出了专门的定义。

### （1）预防性维护

预防性维护是为了消除设备失效和非计划生产中断的原因而策划的定期活动，是基于时间的周期性检验和检修。预防性维护是制造过程设计的一项输出。

预防性维护强调的是定性维护，是以时间为基础，有计划地对设备进行的定时、周期性的检查与保养，更换备件等工作。目前工业企业里常规的三级维护保养计划就属于预防性维护范畴。

预防性维护中关键的一个指标是维护时间间隔的确定，如果设备维护间隔时间过长，则会造成维护工作时间点之间的设备故障；如果设备维护时间间隔过短，则会造成资源浪费。

另一方面，随着时间的推移以及设备的不断维护，设备的状态也会发生一定的变化，因此预防性维护的维护计划也需要在一定时间后进行修正。

### （2）预测性维护

预测性维护是通过对设备状况实施周期性或者持续监控来评价设备状况的一种方法或一套技术。通过对设备当前状态的判断来确定进行维护的具体时机。

预测性维护强调的是定量，是对设备状态的定量监测。首先是对设备进行状态描述，然后对设备状态进行监测，并根据设备的定量状态监测结果做出评估，决定维护计划。

设备的状态监测系统（Condition Monitoring System，CMS）已经越来越多地被使用在广泛的工业设备中。对设备的状态监测可以是在线数据（比如振动、温度、电压、电流、流量……），也可以是定期采集的离线数据（比如有油液理化分析等）。

对预测性维护的一个较大误解是关于"预测"的。从预测性维护的定义不难看出，预测性维护的实质是基于状态的维护，因此也被称作状态维护。而并非基于一般意义的"预测"。预测性维护中基于设备状态的评估结论可以是一种分析结论，广义上也是一种预测结论，但此时的结论并非未来还有多久设备会变成什么样的结论。当然，对于设备的机械故障，往往存在一个劣化的过程，而设备在这个劣化过程中是可以通过一些趋势分析得到对未来的某种预期。但是这个预期是在状态评价基础之上的进一步结论，并非预测性维护本身。

### （二）设备维护的程度

不论是对重要零部件的主动维护，还是对次要零部件的被动维护，都有一个维护程度的概念。不恰当的维护程度包括"过维护"和"欠维护"。

过维护指的是对设备的过度维护。设备的维护过度会浪费维护资源，其中包括维护人员成本和维护物料成本。过度维护的设备及其零部件往往还有较长的残余使用价值，在这些零部件未达到应有寿命的时候进行维护更换，虽然会提高设备的可靠性，但同时也不能实现物尽其用的最有效率原则。

欠维护是指设备维护的不足。欠维护的直接表现就是被动维护次数的增加，设备意外停机次数增加等。设备意外停机往往带来备品备件供应问题、停机时间不确定、原因排查困难等诸多问题。

工程实际中，设备工程师往往是在"过维护"和"欠维护"中间寻求最佳的解决方案。同时维护的程度与设备的可靠性息息相关。对于高可靠性要求的重大关键设备，有时候在维护原则的选择方面倾向于适度的"过度"维护。一个比较常见的例子就是核电站的关键设备的维护。通常对于核电站的设备，一旦其出现问题，带来的损失是十分巨大的，这些设备的故障风险是无法承担的，因此宁愿牺牲维护效率以实现更高的可靠性和安全性。

不难发现，"恰当"的设备维护原则需要建立在正确的维护时机、维护范围、维护深度的选择的基础之上的。而掌握这些因素的基础就是对设备运行状态的把控。在自动化程度不高的年代，工程师用现场日常点检的方式实现对设备的监控。随着自动化设备和传感器技术的发展，一些在线监测设备得以广泛应用，工程技术人员可以了解设备的实时状态，从而根据设备状态决定设备维护的时机、范围和深度。人工智能技术的发展使得这种决策机制有了更加有力的工具。其主要功能对于设备运维而言可以用在对设备故障的评估、故障基本诊断、设备劣化趋势预测等方面。所有的分析结果都指向运维时机、范围和深度的决策方面。

## 三、风力发电机组设备故障评估

风力发电机组的维护中，使用预测性维护（状态维护）是被大家广泛接受的趋势。本书后面的内容也着重讨论与预测性维护相关的一系列问题。

设备运维策略的重点是根据设备状态确定正确的设备维护时机、范围和深度。其中的设备状态包括设备的故障状态和设备的正常状态。在设备长期运行的过程中，工程师可以根据过往设备的正常状态和故障状态，以及相应的维护、维修动作进行设备故障的评估。这样做的目的是可以帮助工程师决定后续维护计划。

设备的故障评估可以从两个方面进行量化：设备故障的频率和设备故障的影响。

设备故障的频率是设备在固定周期内发生故障的次数。对于高频故障，应该缩短维护周期。对于低频故障可以适当加大维护周期。

设备故障的影响是指设备一旦出现故障带来的各种损失，其中包括停机损失（如果不停机，应有的产出由于设备停机而无法进行）、维护成本、备品备件成本、其他破坏性影响等。对于故障影响大的设备，可以提高维护等级，用适当的主动维护成本提高可控性，从而减小设备故障的影响。前面谈到的核电站的维护策略就是基于这种考虑而进行的。

当上述两个因素都被纳入考虑的时候，我们可以得到如图 20-3 所示的评估矩阵。

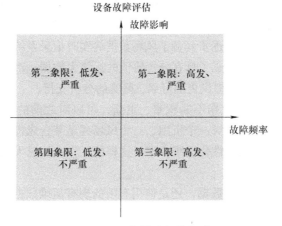

**图 20-3　设备故障评估矩阵**

图中用设备故障频率做横坐标，用设备故障影响做纵坐标，将设备故障分为四类：高发、严重故障；高发，不严重故障；低发、严重故障；低发、不严重故障。

很显然，设备维护的重点是高发、严重故障，它们是设备正常运行的关键。对于这类故障需要增加维护频率（缩小维护时间间隔），同时适度扩大和加深维护范围和深度。

对于低发、严重的故障，重点是加深设备维护的深度并适度增加维护范围，同时可以根据实际故障频率适度加长设备维护施加间隔。

对于高发、不严重的故障可以增加维护频率，减少维护深度。往往这类故障出现在易损件等部分。

对于低发、不严重故障可以采用监测为主，适度关注即可的维护策略。

设备故障评估的本质是对以往设备故障记录的分析。设备故障评估的目的是为设备维护策略提供分析基础。日常的设备维修计划应该是基于对设备故障的正确评估而做出的。同时随着设备维护水平、设备水平的提高，设备维护计划应该进行相应的动态调整。

## 四、基于风力发电机组运维记录的动态运维决策

风力发电机组的运维管理遵从相应的国际、国内以及行业标准。相关的风力发电电机组运维标准在本书中不做介绍。读者可以自行查阅。实际操作中，除了参照行业标准制定风力发电机组运维计划以外，也可以根据机组历史运行数据对相应风场机组进行运维决策。下面就对其基本思路进行介绍。

基于风力发电机组运维记录的动态运维决策方法的基础是运维记录数据。对于一些风场的风力发电机组可以参照自身历史的运维记录进行辅助决策。如果没有当前风场的运维记录，可以参照相邻风场、其他相似风场，或者其他相似机型发电机组的运维数据作为初步决策的基础。

目前的风力发电机已经逐步具备了风场数据的实时记录系统，这些数据以及运维记录经过长时间的积累，变成了具有分析价值的运维大数据。对这些大数据的分析和整理，可以为后续运维计划提供更加可靠、坚实的分析支持。

同时，随着设备运维数据不断积累、更新，可以对之前的运维策略进行动态修正。这种修正和分析可以针对一个机型、一个风场甚至某台风机。由此可以实现定制化的，具有强烈针对性的个性化运维方案。这样的工作在缺乏大数据技术支持的时候是难于实现的。

无论是使用运维的大量数据，还是使用有限的现有运维数据，对设备运维策略的总体评估方法都可以通过故障严重程度和故障频率的维度进行定量分析。

对于设备故障发生次数和类型，可以根据运维记录进行分类。对于设备故障严重程度可以通过维护时间长度、停机损失、备品备件费用、维护所需费用等诸多维度进行。参数的丰富程度取决于维护记录以及相关统计记录的数据的丰富程度。

我们用一个实际数据进行相关的分类梳理，这个数据不仅仅是用作本节的举例，实际上这个数据本身是某国家全年风力发电机组实际运维数据的分析，也就是说，工程师可以用这个分析的结果对风场风力发电机组的运维策略提供总体支持。图 20-4 是根据 2000~2004 年某国家风力发电机组故障统计得到的评估矩阵。

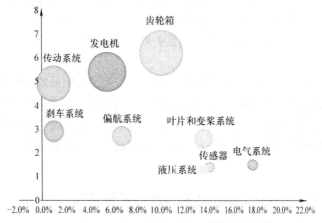

图 20-4　风力发电机组设备故障评估矩阵

图中每一个气泡代表一个子设备，横轴统计时间内故障发生的比例（四年内该设备的故障次数与故障总数之比），其实质是故障发生频率；纵轴是相应设备发生故障所需要的平均维护时间。在这个分析中我们使用维护时间代表设备故障带来的影响。

图中为了显著起见，用设备故障所需维护时间作为气泡大小的数值（此参数维度在这个评估中亦可省去）。

从这个图中不难看到，风力发电机的电气系统故障、传感器故障、液压系统故障以及叶片故障属于高发故障，但是其带来的故障影响不大。因此对这些子系统状态的监测可以采用高频次观察结合及时处理的形式进行。

而在整个故障统计中，齿轮箱和发电机故障是高频严重故障，是风力发电机组维护的重点。根据本章前面的数据可以知道，齿轮箱中轴承故障约为 76%，而发电机轴承故障大约为 50%。因此不难得到结论，齿轮箱、发电机轴承是整个风力发电机组运维的重中之重。所以可以得到结论，对于齿轮箱、发电机轴承的维护策略应该是高频次结合深度分析加趋势预判的方式进行。

从上述分析也可看到对于风力发电机组各个零部件备品备件的需求。对于高频次故障的机组，相对备品备件数量应该增加，对于低频次故障零部件可以考虑进行相应的优化。

有了上述总体运维策略的分析支持，工程师可以制定相应的运维计划的量化编制。进而，可以以上述分析为输入变量，以运维计划量化逻辑为规则，基于一些算法模型编写相应的智能运维模型，以提供运维支持。

## 第二节　轴承智能监测与诊断的实践

本节首先会讨论和理解一些基本概念，在工程实际中这些概念和操作往往是工程师下意识就实践的。比如看到一个轴承振动信息直接判断出轴系统对中不良。这样的自然而然的过程，对于基于"人"的工作方式是没有问题的，平时的技术传承中这样的步骤也可以被传习下来。本节之所以还要进行详细介绍，是因为我们讨论的目的是为了实现让机器实施监测与诊断的工作，即所谓的"智能化"。机器在进行分析和处理的时候，如果没有人的输入，无法实现从零开始的下意识联想（即便是所谓人工智能技术，也是在一定规则训练下实现的基于某些规则的回归、预测、分类、聚类等思维迁移）。因此在实践"智能化"的过程中，有必要将人们日常操作的基本概念、基本逻辑、基本步骤拆开了揉碎了放在机器里才能得到真正有价值的智能化实践。这种将人脑灌输到电脑里的方法，是工业智能化的一个重要路径。

### 一、轴承状态监测与故障诊断

风力发电机组轴承运维的对象是轴承，运维的基础就是风力发电机组中的轴承状态，机组运维的目标是对故障的甄别和诊断。风力发电机组轴承运维包含了机组轴承状态监测、故障诊断，以及基于监测、诊断结论的实际维护工作。本部分重点介绍风力发电机组轴承的状态监测、故障诊断，以及相应的智能化分析方法。

### （一）轴承状态监测、故障诊断及其关系

轴承的状态监测技术已经经过几十年的发展，成为相对完善的一项技术，已经在很多的设备以及风力发电机组中得到广泛的应用。轴承的状态监测和轴承状态参数的选择，相关参数的采集，与相关参数的预处理等技术相关。有时候会对状态监测参数的结果做一定的处理得到一些结论，严格意义上说这个过程已经属于故障诊断范畴。

当轴承出现某种故障的时候，其运行状态参数会出现一些变化，对轴承的故障诊断是通过对这些变化的识别和分析进行的。可见轴承的故障诊断是在对轴承进行状态监控基础之上展开的。这些分析判断包含对轴承状态工作产出的状态参数进行评估、对比，并根据一定的逻辑进行综合和归纳，从而得出结论。

轴承的故障诊断通常的目标大体可以理解为判断是否正常（异常）、判断哪里异常、判断是哪一类异常的工作。

判断是否异常的诊断是轴承健康状态的"定性"判断。这个判断中首先需要确定轴承的"正常状态"模式，然后将轴承实际运行状态监测数据与"正常模式"进行对比。如果实时数据与"正常状态"数据存在差异，则需要做出定性判断，给出轴承是否还处于正常运行区间的判断。具体的分析方法将在后续章节中详细介绍。

判断哪里的轴承异常是故障诊断的"定位"结论。这个判断的目标是确定故障位置，为后续维护维修指明方向和对象。一台风力发电机组中包含齿轮箱轴承、发电机轴承、主轴轴承、变桨偏航系统轴承，以及其他系统轴承等众多轴承。当轴承的状态信息被"定性"为异常的时候，系统需要对轴承的位置进行提报。这个工作是在设备物理对象建模的时候完成的。

判断是哪一类异常，甚至给出导致异常的原因是故障诊断的"定责"结论。判断轴承故障的类型甚至导致原因是轴承故障诊断的终极目标，通常需要进行专家经验的介入。目前为止单纯依赖算法对轴承故障进行明确的根本原因分析还很难实现。即便是大家熟悉的振动频谱分析，可以找到轴承"内圈缺陷频率""外圈缺陷频率""轴承滚动体缺陷""轴承保持架缺陷"等特征频率并进行判断，这个判断的结论依然是一个"定位"结论。对为什么导致轴承出现以上特征频率异常的根本原因分析还是离不开轴承工程师的人工判断。

对于轴承状态监测和故障诊断智能化的实践而言，状态信息的实时采集已经相对成熟。对于故障诊断的"定性""定位""定责"工作而言，目前对于故障诊断"定责"部分中的根本原因分析依然存在较大不确定性，这个工作即便对于工程师而言，也是不小的挑战。对这些故障诊断工作状态及其难易程度的认知，可以帮助工程师对轴承状态监测与故障诊断"智能化"的范围和深度做出合理的预期。

### （二）轴承的失效与轴承相关故障

日本工业标准委员会（Japanese Industrial Standards Committee, JISC）定义了"故障及对象（系统、机器零部件）丧失其规定功能的状态"。对于轴承而言，其失效定

义在 GB/T 24611—2020 中给出的是"轴承不再能提供其设计功能的任何状态"。其中包含两层含义：①包括重要的旋转性能的退化，即将发生的更大或完全失效的报警，但也可能不会发展到目标机械零件不能旋转或失去支撑作用的程度；②引起工作失效的损伤程度取决于应用场合。要求精密平稳旋转的场合仅会有极小的性能损失；对于振动增加、噪声增大、旋转精度降低不敏感的场合或许在有限时间内还能够继续工作。

从定义中不难发现，不论是失效，还是故障，都是指轴承不能实现既定性能。其具体体现就在于轴承的表现发生变化，这些变化可能是引起系统马上丢失性能的"破坏性故障"，也可能是造成设备性能降低，但是设备依然可以运行的"性能故障"。

在风力发电机中，轴承相关的故障与轴承的失效有紧密的联系。轴承的失效是轴承自身的失效，可以理解为轴承自身的故障。此处的故障是一个故障结果，不是故障原因。但是根据现有常用的监测手段，对于轴承非常早期的故障信号往往很难采集。在故障诊断中难以被发现。但这样的结果是状态监测手段和精度造成的（有时候考虑成本，不需要过分高的精度和过分复杂的手段）。只有当轴承的失效发展到一定程度的时候，才可能被状态监测系统发现。

对于轴承相关的故障而言，其状态监测信息与轴承失效的对应关系则与上述情况有一些差异。举例说明：对于一台电机，有时候振动测点安装在轴承附近，其振动数据体现的是轴承振动。但是当不对中情况发生的时候，振动信号出现异常，但是此时的故障对象是轴系统，而不是轴承。此时轴承的状态监测信息——振动，是作为轴系统状态监测信息出现的，而非轴承。因此这个状态监测信息异常对应的故障应该是轴系统的故障。

上述实例说明了在轴承状态监测与故障诊断过程中另一个重要的因素，就是状态监测信息与故障位置之间的关系问题。这些将在后续章节中做一些探讨。

## 二、轴承智能化状态监测与故障诊断的四个环节

与其他行业一样，风力发电行业也正在经历从自动化、信息化、数字化到智能化的发展进程。所有的进程，从根本上是用机器替代人的工作，并极大地提升工业生产的生产效能，降低成本。人们从最早让机器替代人类出力干"体力活儿"，到逐步让机器具备一点判断能力，从事一定的"脑力活儿"的过程就是工业向智能化发展的路径。

智能化的状态监测与故障诊断是在传统方法基础上将风力发电机组映射到虚拟空间，然后根据风力发电机的总体运维目标，通过大数据、人工智能等工具对虚拟空间的设备数据进行分析、模拟、仿真等计算和处理，最后将产出的结果传达回物理世界，由工程师在设备上实施，并反馈结果同时进行迭代优化的过程。

这里，智能化的起点是物理实体设备，其处理结果的施加对象依然是物理实体设

备，从而形成迭代闭环。与传统方法最大的不同是，数据的加工、处理、分析等过程是在计算机中进行，而非线下的人工完成。

风力发电机组智能运维除了对轴承本身的运行状态进行智能监控和管理之外，也会对轴承的维护策略、备品备件等诸多领域提供支持。本书旨在轴承应用技术，因此后续内容将集中于智能运维技术中与轴承故障诊断与分析相关的内容。

工业领域技术的发展实际上是人类对客观世界不断加深认识的过程。工业领域的智能化过程可以类比成人类越来越多的让机器（计算机）认识世界的过程。从工业工程师分析处理工业问题的基本思路来看待智能化分析工业问题的过程，大致可以包含四个重要环节，如图 20-5 所示。

图 20-5　设备数据智能化分析过程

### （一）对于工业物理实体（设备）的参数化描述

对于一个客观物理设备实体，人类是通过感官进行感受。对于工程师而言，通常使用一系列参数对这个设备进行描述。从而形成对这个设备的认知，并投射在大脑中。比如，对于一台电机，我们用工作电压、电流、效率、温度、振动等参数来描述。对于工程师而言，这个脑中的数据集合就代表着这台电机。

实现工业物理对象智能化的第一步就是用参数来描述工业物理实体，这也是将工业设备对象的特征映射到数字空间之前需要进行的工作。工业设备本身可以使用很多参数描述，不论参数种类还是数量都是巨大的。虽然当前的技术已经可以实现海量数据存储，但是不恰当的设备参数描述依然会带来数据浪费或者设备特征描述不完善等情况。

寻求合适的参数描述就需要从工程实际出发做合理简化。比如，很多时候对于轴承温度，我们并不是采集轴承一圈的连续温度分布，而是用其中一个点（通常是轴承外圈）的温度来代表轴承温度。对于振动信号，我们并不是采用整个轴系所有质点的三维连续振动数据进行描述，而是采用特定方向的特定参数进行描述。这样的描述方式大大简化了数据量，同时也包含了设备的主要特征。

### （二）对于工业物理实体（设备）参数的结构化描述

工程师在对设备数据进行理解、处理和分析之前，在脑海中其实对设备数据之间的关系有一个基本了解。这些关系包含各个不同参数的从属关系、位置关系等。因此在对设备实体进行数字空间映射的时候，除了将所选择的参数数据映射到数字空间以外，还需要对数据之间的关系进行相应的映射。比如一个温度参数，这个参数位于哪个设备的哪个位置。缺失了这些从属属性和位置属性，那么计算机只能识别这个参数本身的状态。如果所谓的智能算法模型只能给出这个温度是"上升的""下降的"等判断，这显然距离我们要求的"智能"相去甚远。我们期望的"A设备某个位置存在某种故障，可能是B设备的某种原因引起"才是基本及格的"智能"反馈。数据之间的关系才会是所有的数据孤岛联络成一整个设备信息数据网络。

因此，一个完整的设备数字映射应该包含设备参数，以及设备参数关系等重要组成部分。

### （三）对于工业物理实体（设备）参数的判断

当工业实体（设备）被完整地映射为参数数据以及参数关系的时候，则需要进入解读阶段。传统的解读是人工解读，智能状态监测与故障诊断是需要计算机对这些数据进行解读。解读所有数据的第一步是判断，判断这个数据的状态如何。如果是以故障诊断为目的的判断，首先需要判断的就是这个参数是否正常。

参数判断包含判断基准和判断规则两个部分。具体部分将在后续分析建模的部分进行介绍。

故障诊断中，参数的判断仅仅是针对参数状态进行的，此时仅仅产生有限的几种参数状态。最常用的就是"正常"或者是"非正常"。在很多传统的计算机专家系统中，会有设备参数真值表，表中用"1"或者"0"标志此参数的状态。

### （四）对工业物理实体（设备）参数的评估

对于一个传统的故障诊断思维过程而言，工程师们发现一个参数"不正常"（这个过程本身已经完成了针对这个参数的判断），那么会在脑海中迅速搜索相关参数，并进行调取和判断，一步一步沿着诸多线索最后找到故障的原因。

对于计算机而言，当发现一个参数"不正常"的时候，首先需要从数据关系中进行检索。此时数据结构化就显得十分重要。如果没有数据结构化的过程，那么数据的关系将无从寻找，所有的分析也就止步于此。最后线索追踪的工作只能由人来完成。这是很多智能系统不够智能的根源。

当计算机检索到与当前"不正常"数据相关的数据之后，也会对相关的数据进行判断，再根据诸多参数的状态进行进一步分析。

在传统计算机专家系统中，我们将设备诸多参数的状态组成了一张真值表。通过工程师的专家经验，对每一个真值的组合给出判断结论。当智能诊断程序运行的时候，是根据当前设备诸多参数的实时真值状态，在专家知识真值表中进行查询和对应，从而给出分析结果。

上述专家系统是全面的分析方法，需要专家经验建立全部的设备故障因果关系真值表，才能产生相应的结果。

实践中还存在另一种更加灵活的分析方法。这种分析方法的过程与人脑的专家诊断方法十分相似。当计算机检索到一个"不正常"数据的时候，在参数"关系表"中寻找与之相关的参数，然后对那些参数进行状态判断，得到那些参数的"正常"或者"不正常"状态。沿着这条路径一路检查，最后会产生一个异常参数及相关异常参数表。对于实时运行的系统，这些数据同时都会带有时间标签。因此从时间先后上还可以得到进一步的线索。事实上这个带有先后顺序的设备状态数据异常结论，已经几乎接近于人工专家得到的结论。这样的系统反应更加像"人"，也就更加"智能"。

## 三、轴承智能监测与诊断系统的基本设计和实施流程

### （一）轴承智能监测与诊断系统的设计流和价值流

轴承智能监测与诊断的四个重要环节是实现轴承监测与故障诊断实现"智能化"的不可或缺的组成部分。在具体的系统设计和实施过程中，这四个环节的实施路径顺序有所不同。其总体过程如图 20-6 所示。我们将系统的设计过程称之为设计流，这个流是轴承智能监测与诊断系统设计和建设时候的工作流。系统实际投入运行之后的数据路径是系统运行过程，经过这个过程，数据将产生分析价值，指导实际的轴承监测与诊断工作，因此我们称之为价值流。

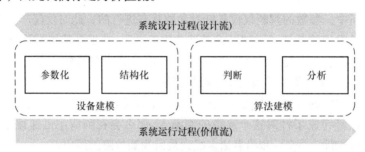

**图 20-6　轴承智能监测与诊断系统的设计流与价值流**

设计流中，在整个系统建设的开始，首先需要明确系统实施的最终目的。比如对轴承实现的智能监测与诊断，其直接目的是对故障的诊断，对轴承状态变化的早期察觉，对轴承运行状态趋势进行掌握，从而为设备运维提供依据。由此，可以从业务目的展开分析过程的总体设计。

分析过程的设计中，需要明确分析目的、分析方法、所需数据等信息。我们知道，分析过程中的分析对象是参数的状态判断结果。在分析的设计中，会给出达到分析目的所需要的参数状态需求。其中包含要看哪些参数，要看哪些参数的哪些方面。这也为前序的判断环节提供了具体目标。再确定要看哪些参数的过程中，也对参数关系的查询提出了要求。

进入到判断环节，需要对判断规则、判断基准等进行设计。同时根据分析设计环节中确定的指标参数，以及方法需求展开具体设计。判断的规则和判断的基准与参数，以及参数关系紧密相关。在判断环节会明确需要对哪些参数进行判断。

参数的结构化过程必须产生判断和分析环节所需要的结构化数据。因此，判断和分析过程对参数结构化提出了设计要求。此时参数结构化的过程就需要展开具体设计

工作。

参数结构化过程中会明确需要对哪些参数进行参数结构化描述，这些参数能够满足分析目的。因此"哪些参数"就给数据的参数化描述提出了需求。

不难发现，上述的系统建设设计是从目的出发，逐步实施设计，一直到数据采集层面的过程。

当整个系统在设备运行过程中实际工作的时候，数据和系统运行于价值流之中，数据经过的流程则与设计流相反。设备数据首先被采集上来，这个采集过程是根据前期设计的需求进行的采集；采集来的数据联通数据之间的关系被结构化处理在系统中，完成结构化工作，以备后续判断和分析之用；数据被结构化处理之后，基于相关的判断基准，按照一定的判断规则执行判断，并声称判断结论，从而完成判断的环节；根据判断的结论，综合分析方法的设计，进行进一步查询或者生成分析结论，从而完成监测与诊断工作。

### （二）设备建模和算法建模

从数据分析角度，不论在价值流还是在设计流中，工业物理对象（设备）的参数化和参数的结构化都是将设备映射到数字空间的过程，是一个设备建模的过程。这个过程中，需要有工业专家根据设备状态对设备进行数据描述的工作，同时，工业专家和数据分析专家结合系统目的共同建立设备模型，IT技术人员根据建立的模型需求实施。

在这四个环节的实践中，判断和分析环节实际上是对设备数据的分析进行算法构建的过程，我们可以称之为算法建模。

在判断的环节中，算法建模包含了判断基准的建立和判断逻辑的建立等部分。在分析环节中，分析的逻辑与判断的基准和逻辑都包含工业机理技术和数据分析技术的两方面技术。因此算法建模的总体构建需要工业工程师和数据分析工程师共同完成。而考虑到代码的工程化等问题，算法建模的实际执行人往往是算法分析工程师。

### （三）设备模型与算法模型的沉淀与复用

工业设备往往根据不同的工业领域存在一定的共性，比如对于风力发电机组而言，主要包括双馈式风力发电机组和直驱式风力发电机组。直驱式风力发电机组的动力系统包含桨叶、主轴、发电机等部分；双馈式风力发电机组包含桨叶、主轴、齿轮箱、发电机等组成部分。如果考虑其他相应的机组系统，包括变桨偏航系统、润滑系统等。不论什么型号的风力发电机组，在现有的风电设备中总体结构大抵相仿。因此，当我们完成了风力发电机组的设备建模工作之后，其他的风力发电机组的设备建模则可以在之前设备建模的基础上进行修改。这种共性的设备模型框架则可以进行沉淀和复用，这将有利于后续系统搭建时候的效率提升。

相同的，对于算法模型，适用于相同数据关系的参数，对设备而言具有广泛的使用价值，因此可以存在较好的复用性。例如，电机轴承故障诊断的算法模型可能与齿轮箱轴承故障诊断的算法模型存在很多的类似之处，因此在某些条件下可以直接复用，或者稍加修改后即可复用。

设备模型与算法模型的复用在风场新建、设备调整、设备更换等场合发挥作用，同时现有通用算法模型的重新组合可以产生更加多样性的功能，满足更多的功能需求。

## 四、搭建轴承智能状态监测与诊断系统的能力需求

从上述轴承智能状态监测与诊断系统的实践方法来看，真正地实现对轴承状态监测与故障诊断的智能化需要的能力至少包含工业技术、数据分析技术、IT 技术等多门技术。这也是一般智能制造企业或者工业互联网企业不可或缺的三大技术支撑，被称为 OT（领域技术）、DT（数据技术）、IT（信息技术），而智能化的实现是"3T 融合"的产物。

对于更具体的分类就会涉及更多领域的知识，轴承的参数化描述相对简单，对其振动监测基本上使用振动、温度，或者有时候使用噪声，这个选择本质上来源于工业技术。当状态参数选择完成的时候需要选择相应的传感器，就需要传感器相应的专业技术。当传感器将信号采集完成之后对于多传感器信号的收集和传输，需要数据采集技术。当传感器信号被采集完成之后，振动信号的存储、管理和应用需要一定的环境支持，需要 IT 技术进行环境搭建与支持。当轴承状态参数已经进入工程师视野之后，采集来的原始数据需要经过一定的处理，以保证数据质量，过滤不必要的干扰等因素，这里需要信号处理技术（算法上需要根据信号处理技术来编程进行软处理，也可以通过硬件实现）。处理之后的数据需要根据工业机理进行相关的分析，需要工业技术。在分析过程中各种统计算法、智能算法，以及对大量数据的整体处理，又需要算法技术。

了解智能化系统的详细技术需求可以帮助工业企业在建立数字化智能制造团队的时候明确技术能力需求。

# 第三节　风力发电机组轴承智能监测与诊断基本流程与方法

风力发电机组轴承智能监测与诊断可以遵循一般轴承智能监测与诊断的基本路径和方法进行搭建和设计。本节仅就相关的设计逻辑和方法进行介绍，具体的 IT 实施等相关工作是需要机械工程师与 IT 技术人员合作，由 IT 技术人员构建 IT 环境之后才能够执行的。目前市场上有很多平台和智能化产品，机械工程师可以使用一定的逻辑和方法，以成型的产品为工具进行构建。

风力发电机组轴承智能监测与诊断仍然有设备状态参数化、状态参数结构化、参数状态判断以及状态参数分析的环节，归纳为物理实体建模和分析建模两大部分。

## 一、风力发电机组轴承系统的物理实体建模

前已述及，风力发电机组轴承系统的物理实体建模本身的目的是将实际物理实体分析目标——风力发电机组中的轴承（不止一个）映射到数字空间之中。风力发电机组物理实体设备的参数数据在虚拟空间大致包含三种类型：属性数据、时序数据和关系数据，一个完整的映射不应该缺失任何一种。三种类型的数据中，属性数据和时序数据是在参数化描述的过程中进行的选择和存储，关系数据描述是在参数关系结构化的过程中完成的。

### （一）风力发电机组轴承系统的运行状态参数化描述（数据测点选择）

风力发电机组轴承的运行状态参数化实施包括轴承状态数据采集，以及相应的采集方法的选择等环节。

对风力发电机组轴承的运行状态进行参数化描述。通俗讲，就是选择用哪些参数可以代表这个轴承的状态。这里我们谈论的轴承，相当于风力发电机组中众多轴承的抽象，是一个"类"的概念。换言之就是我们用哪些参数可以描述一个轴承。轴承的参数大致可以包含：

#### 1. 属性数据

就是描述这个轴承的固有属性的。比如轴承型号、轴承外形尺寸、轴承滚动体个数等。实际上这些参数往往可以从轴承信号这个信息中，或者从供应商的数据库中进行查询。对于风力发电机组而言，只要这些机组设计、安装完成，轴承就一定固定下来。在不更换轴承选型的情况下，这些数据不随时间变化而变化。

对于轴承故障诊断中，相邻设备的一些参数也会被后段分析工作用到。比如对于齿轮箱而言，齿轮箱每根轴上的齿数；对于风扇设备而言，风扇的叶片数等。这些数据都属于属性数据，是这个设备类型的固有属性。

在轴承状态智能监测与诊断的部分我们阐述过在系统设计（设计流）的时候，参数的选择是从分析目的倒推过来的。因此轴承的属性数据选择我们可以参考分析目的进行。也就是说，我们选择轴承状态监测与故障诊断中用得着的数据即可。比如，在振动分析中，我们会用到滚动体数量，轴承内、外径，轴承的接触角（对于常用的深沟球轴承，接触角为 0°）等。

#### 2. 时序数据

时序属于描述轴承运行状态的基本参数（广义上讲，我们可以将属性数据说成是随时间流逝，其变化率为 0 的特殊时序数据）。这些轴承的实际运行状态参数中在状态监测和故障诊断领域中经常遇到的是振动数据、温度数据，以及噪声数据。

轴承的状态时序数据也是依据分析目的进行选择的。除此之外，还需要考虑行业通用性，以及参数的可获得性、参数精度等因素。这是系统设计流中需要综合研判和选择的。

**（1）振动时序数据的选择**

振动数据是轴承状态监测中常用的数据，振动数据常用的有振动的位移、速度和加速度信号。需要根据不同的设备情况和分析目的选择不同的测量。

在振动监测中，一般认为在低频时振动的强度与位移成正相关；中频时振动的强度与速度成正相关；高频时振动的强度与加速度成正相关。位移表征振动的位能；速度表征振动的动能；而加速度表征振动的力。因此在低速（<10Hz）的设备中，使用位移信号进行故障诊断；在中速（10Hz～1kHz）的设备中，使用速度信号进行故障诊断；在高速（1kHz）的设备中使用加速度信号进行故障诊断。

请注意上述的高频、中频、低频的频率指的是振动的频率，不是转动频率。如果对于轴承和齿轮而言，如果单独判断转动频率可能处于低频或者中频范围，但是如果考虑轴承和齿轮的振动，则有可能处于中频或者高频的范围。

风力发电机组中，轴承的振动参数往往是高频数据，因此其数据间隔多是毫秒级。这就使得振动数据所占数据数量很大。

对于风力发电机组轴承而言，需要根据分析和监控的目的进行振动测点的布置。一般而言，测点位置应尽量接近于被监控轴承。

振动方向的选择，一个质点在空间的振动轨迹是一个三维的轨迹。当想了解这个质点的振动的时候，最完整的信息是采集其三维振动轨迹。但是通常轨迹的三维采集在工程实际中并不常用。工程师们用了一些非常巧妙的方法将这个三维轨迹做成在三维坐标上的投影，进而进行测量。

对于旋转轴系，我们将使用径向平面的两个方向和轴向这三个维度描述振动状态。因此振动信号的选择通常包括水平径向、垂直径向，以及轴向三个方向。风力发电机中往往存在一些倾斜的轴，因此径向选择两个相互垂直的方向进行测量即可。

以上的选择除了考虑领域常用方案以外，其实也是从需求方面进行的选择。比如分析的时候如果想对轴心轨迹进行分析，则需要针对径向平面的两个信号进行。相关内容将在数据分析的部分展开介绍。

**（2）温度时序数据的选择**

温度是轴承运行状态一个比较常用的参数信号。对于风力发电机组的设备而言，在设备设计的时候考虑到后续监控的需求，会布置一定的温度测点。温度测点的位置应尽量接近被监控的设备和位置。通常对于轴承而言，温度监控中的温度通常指轴承外圈温度。因此温度测点的位置应该尽量接近轴承外圈。

从分析的目的角度看，轴承温度有一个绝对数值高低的问题，还有一个在同一个轴承上温度分布的问题。一般对于中小型轴承而言，温度分布的梯度较小，也没必要添加过多的测点来探知轴承一整圈温度分布的变化。但是对于大型轴承，例如主轴轴承而言，这种温度的分布往往是需要被关注的。因此在主轴轴承上可能使用2~3个温度传感器以对这个轴承上的温度分布进行监控和分析。

另外，温度的变化受到发热、散热，以及设备热容的影响。其变化率与振动相比是相对缓慢的。因此温度数据采用分钟级，甚至对更加粗糙的采样频率进行测量就基本上可以满足后续分析需求。

### （3）噪声数据

噪声是人们最容易感知的一个信息，因此很多场合工程师往往期望使用噪声信息进行状态的探查和故障诊断。然而噪声信号的测量受到很多环境、测量方法、测量位置的影响。并且这些因素对最终测量结果的影响十分大，导致测量结果偏差相对较大。另外，噪声数据的分析方法和机理，本质上与振动一致，因此在故障诊断领域选用比较困难、精度难于把控的方法得到和振动分析相似的结果显得得不偿失。实际机械设备故障诊断分析的过程中，不经常采用噪声信号。当然，在对风力发电机组设备中噪声对周围生物和人的影响方面进行分析的时候，噪声信号不可避免地被采用和处理，但这并不是故障诊断目的的主要方向。

### 3. 风力发电机组轴承数据采集（测量）策略

通过前面的分析我们知道对于风力发电机组轴承而言，主要的数据采集包括属性数据与时序数据。属性数据在设备完工后即可一次性输入，只有在设备进行调整的时候，才会做相应的调整，平时并不需要改动。

对于随时间变化而变化的时序数据就需要制定相应的采集策略。本质上每次采集相当于一次测量，每次采集的时间长度相当于一次数据测量长度。在进行整个机组数据采集策略的时候需要加入一些考虑。

对于风力发电机组的轴承而言，数据采集的目的是进行状态监测和故障诊断，常用的数据是振动数据和温度数据。

有两个实际数据采集策略的案例可以说明一些采集策略不当造成的影响：

1）某气体公司希望对增压机主齿轮箱的轴承做大数据分析，经了解现场对每个增压机主齿轮箱的轴承两端布置了振动传感器，传感器每秒上传一个振动数据，该数据是一个单值数据。数据上传 24h 连续工作。经过几年的输出存储，齿轮箱轴承的振动数据量已经十分巨大。但是在这样的数据面前，秒级的振动数据几乎无法包含齿轮箱轴承系统的各种故障特征，因此无法做进一步振动分析。只能对振动总值进行 24h 秒级监控。显然，对于一个稳定运行的设备而言，振动总值的监控并不需要按秒级进行。这样的齿轮箱轴承系统参数化方案显然是不尽合理的。

2）某风场对风力发齿轮箱轴承系统进行状态监测。监测振动信号毫秒级上传，每次采样不足 1s，不定期测量并上传。后一台风力发齿轮箱上传一组数据，经检查数据采样密度满足分析要求，判定之后设备正常运行。然后经过一个月，数据再次上传，发现有轻微异常。此时本应加密数据采集密度，但是第三次数据上传的时候已经是三个月后，齿轮箱轴承系统处于严重故障状态中。这个案例中我们发现，对于这台风力发齿轮箱轴承系统的参数化及采集策略依然有问题。单次数据采集密度足够，但是每次采集的时间间隔过长，造成错过发现设备早期失效的时机。

从上面案例可以看出，设备状态数据（尤其是振动数据）需要确定合理的数据采集间隔和数据采样率。振动数据（信号）是服务于分析目的要求的，经常需要使用高频信号（如果做振动频谱分析）。这样就存在一个问题：如果连续不间断地采集这种毫秒级的高频信号，将造成数据爆炸。因此需要对这个信号的采集间隔进行一定的规划。如果时间间隔太短，那么依然会有很大的数据量，并且这些数据不一定可以具有充分的价值。如果间隔过长，那么数据可能难以反映设备状态的变化。

**（二）风力发电机组轴承系统的状态参数结构化**

对一个轴承的状态进行状态监测和故障诊断其实包含一层意思就是这些参数都归属于一个轴承。这种归属关系描述了参数之间的关系。比如，一个轴承如果失效，那么它的振动会变大，轴承的温度也会随着失效的出现而升高。这一连串的逻辑背后是因为所有参数指向同一个目标，而同一个目标的状态改变也会相互关联。这是单独一个轴承的数据结构化，是最简单的单个零部件数据从属关系的结构。

对于一台风力发电机组而言可能包含很多轴承，每个轴承又包含很多测点。这些测点在风力发电机上分布于不同位置，如图 20-7 所示为双馈式风力发电机动力系统示意。

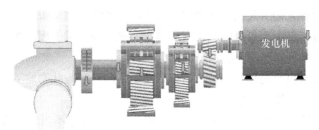

**图 20-7　双馈式风力发电机轴承测点示意**

图 20-7 中标出了主轴、齿轮箱、发电机的轴承测点位置（见箭头）。每个位置上可以布置径向相互垂直的两个方向和一个轴向测点。当然，工程师可以根据实际工况和成本等考量进行一定的简化，但是每一个简化都会带来一定的信息缺失，需要进行平衡。

图中的系统，各个测点之间的相互关系可以描述为图 20-8 所示的结构。在这个结构中包含了几种不同的关系（数据并不完整，仅做说明举例之用）：

1）从属关系。轴承的振动、温度等数据都从属于某一个轴承；每个轴承隶属于一个轴系统，例如，发电机轴承隶属于发电机轴系统，位于轴伸端和非轴伸端；每个轴系统隶属于一个子设备，例如，低速轴、高速轴和中间轴都属于齿轮箱；每个子设备的合成构成了整个系统，发电机、齿轮箱、主轴共同构成了这个风力发电机组的动力部分。

2）机械连接关系。机械零部件的物理实体相连关系，对于发电机而言，轴伸端和齿轮箱高速轴相连；齿轮箱各级相互啮合；齿轮箱低速轴和主轴相连。这种连接关系代表了一些参数的共用。比如转速，在同一个轴连接中转速被传递，它可以是相等的（联轴节连接），也可以是同比例变化的（啮合连接）。机械连接关系也可以是一些物理位置关系。在这个结构中没有显示的是润滑系统，比如齿轮箱润滑油，润滑油的温度是受齿轮啮合产生的热量和轴承温度影响的，在物理位置上存在相互关联。这种关系也需要得到表达。

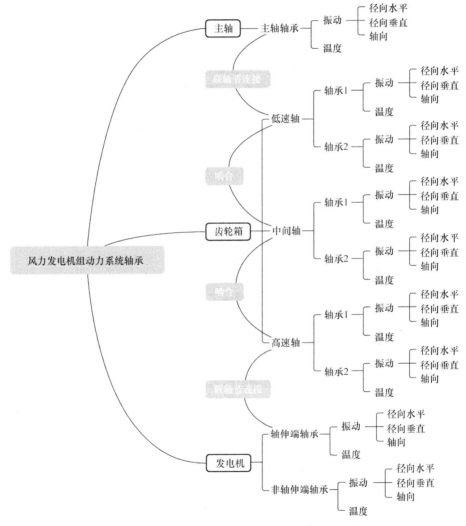

**图 20-8　双馈式风力发电机组动力系统轴承数据关系**

3）工质流关系。工业设备都是对某种原材料进行处理的过程。对于一些明显可见的物理原材料而言，经过不同的工艺环节被加工处理。不同的工艺环节中存在上下游的关系，比如从石灰石到水泥的加工过程。有时候这种原材料以其他方式存在，对于风力发电机而言，主要的工质对象是能量。风能进入主轴系统，传递给齿轮箱系统，再由发电机系统转化成电能传输出去。因此存在一个上下游的关系。工质流关系在设备"维"的部分使用得不多，但是在设备"运"的环节经常得到使用。比如对于风力发电机组而言，风能进入（由气象信息获得），经过桨叶的环节就是对风优化的过程，经过齿轮箱，发电机就有效率的问题等。对于"运"的问题非本书重点，从数据关系角度仅做说明以供参考。

风力发电机组轴承参数数据的结构化对于工业工程师而言是显而易见的，也是在日常工作中默认的信息，上述描述对于工业工程师而言显得累赘。但是，恰恰是这种默认的、最基本的专业知识成为建设工业设备数字化、智能化过程中常常被忽略的重要信息。试想，IT 工程师和 DT 分析师在不了解上述逻辑关系的情况下（工业工程师因习以为常而忽略）所搭建的系统，无法沿着从属关系、位置关系和工质流关系进行查询，所有的数字化、智能化就只能有两种路径：第一，被困于单个参数的解读和判断，产生一些诸如上升、下降、超过阈值等简单的结论，距离智能化很遥远。第二，以众多数据为基础，使用统计工具进行聚类分类试图寻找逻辑关系。这样做有可能通过复杂的智能工具产生一个工业实践已久的结论，或者在盲目的数据挖掘中迷失。

所以，数据结构化这个看似"说废话"的过程，如果不说清楚，就会变成智能系统最后让工程师们感觉不智能的原因之一。

## 二、风力发电机组轴承系统的分析建模

完成风力发电机组轴承系统的设备建模之后，所有的设备状态已经在数字空间完成了结构化描述，在这个基础上就可以展开满足智能监测与诊断需求的分析建模过程。如果说设备建模是一个"描述过程"的话，那么分析建模就将是一个"处理过程"。

### （一）风力发电机组轴承系统运行参数的判断

对于风力发电机组轴承参数的判断可以理解成对当前参数的一个评估并得出结论的过程，此时的结论是针对参数本身做出的。在轴承故障诊断的过程中，工程师的主要判断目的是得出当前参数是否"正常"的结论。做出这样的判断需要明确判断的基准以及判断规则。判断基准是进行判断时的对比基础，判断规则是判断比较的逻辑。

我们用振动参数的判断进行说明，实际上对于温度参数等具体参数，基本的判断过程的思路都是相似的。

一个轴承的振动值被采集上来之后，工程师需要判定这个振动值是否"正常"。这个过程就是我们说的状态参数的判断过程。

既然是判断是否"正常"，工程师就会需要一个"正常"的标准。在大数据和人工智能技术广泛使用之前，人们使用的方法是用测量值与标准值进行对比。ISO 10816

中给出了标准的振动速度有效值范围，一旦实际测量值超过标准范围，工程师即可判定这个轴系统的振动异常。通常我们称这种判断方式为阈值对比。其中阈值是判断的基准，比较大小是判断的逻辑。数据工程师可以通过一段非常简短的代码实现这种阈值对比的功能。而其中也不需要所谓的大数据和人工智能。事实上，这种基于阈值对比的设备报警系统在很多自动化系统中已经得到广泛应用。

不难发现，阈值对比的基础是要有一个阈值。工程师们甚至不用关心阈值是如何产生的，而是直接应用标准。现实生产实践中往往出现下面几种特殊情况：

1）某些情况的设备的振动范围没有指导标准，比如做一些全新的产品设计的时候没有指导标准，标准阈值也就不存在，因此阈值对比也无法实现。工程师们应该如何判断轴系统的振动是否合格呢？

2）在某些工况下，超越阈值的设备长期运行并未损坏。此时，设备是否一定是处于故障状态呢？如果依照标准进行报警，则设备频繁的报警，而设备完好无损。如果上调阈值，虽然报警次数会减少，但是应该上调多少？这样做的潜在风险如何评估呢？

3）在某些工况下，设备尚未超过阈值就已经损坏了。此时，如果按照标准进行报警，则设备会出现大量的漏报警。如果下调报警阈值，又没有参考依据。此时如果通过下调报警阈值的方式进行管理，那么应该下调多少呢？

上述一些情况给出了振动标准的适用性问题。标准的推荐往往适用于大多数场合，但是标准同时缺乏个异性考虑，针对到单个不同设备之上就会存在差异。大数据人工智能技术在这些方面可以给出令人满意的答案。而这样的判断答案背后是一系列数据分析、计算模型和算法。例如，根据设备实际工况给出动态自适应阈值。这时候的阈值并非基于标准推荐，而是基于设备自身的情况给出。这个阈值随着设备运行状态的改变可以自行调整。在工程实践中，兼顾标准的普适应和齿轮箱应用工况的个异性的方法才是更加切实可靠的状态监测判断机制。后续数据分析方法介绍的部分将讲述自适应阈值以及其他一些算法模型的构建思路，供读者参考。

进行判断的逻辑中最简单的是阈值比较，不论是固定阈值、经验调整阈值，还是算法产生的阈值经过简单的比较得到"高于"或"低于"阈值的判断结论。对于振动而言，一般认为振动烈度变大是设备劣化的表现。

除了阈值比较的方法之外，有时候还会使用"模式比较"的方式。比如，在设备的正常状态下，轴承特征频率所占的比例是一种模式，当轴承特征频率所占比例增加，即便此时轴承振动值或者总体振动值并未达到某种阈值，但是这种比例关系改变（本质上是一种模式的改变）也会反映某种潜在的问题。

事实上除了轴承故障诊断以外，对风力发电机组而言，风功率曲线的偏移本身也是对模式改变的一种判断。这些内容非本书重点，有兴趣的工程师可以自行探索。

在模式对比中，判断基准是"模式"，判断规则是风功率曲线是否"偏移"。

综上，不论是动态阈值，还是"模式"判断，其中的基准和规则都需要一定的算法模型支持。事实上判断工作本身也是一个算法模型的工作目标。

**（二）风力发电机组轴承系统运行参数的常用分析法**

对风力发电机组所有的轴承数据进行判断之后，每一个参数的状态都被赋予一定的意义。在故障诊断中，至少可以给出"正常"与否的标签。人工处理这些数据及其判断结论的时候，工程师往往可以沿着参数的线索做出更加深入的追究和分析。如果判断的过程是根据明确阈值对单一参数进行1、0的判定，则相对简单。但是，对于众多参数的综合分析过程就会显得复杂得多。这一过程往往是一个甄别、查询的过程，甄别的对象有时候是很多状态判定1、0的组合（设备状态真值表）。

传统的轴承振动分析方法可以让工程师们看到各种故障的时域特征和频域特征，从而进行故障诊断。大数据技术和人工智能技术则可以将这些特征的分析过程固化到程序模型之内。进而，通过一些自学手段，通过算法模型甚至可以发现一些工程师以前难以发现的问题。

随着专家系统技术的发展，有时算法甚至可以学习专家逻辑，让机器在一定程度上代替人脑。这些逻辑、自学习是依赖于很多算法模型支撑的。这些算法模型可能基于统计分析、设备机理、故障诊断机理，甚至工况参数之间显性的或者隐性的数学关系。当前，大数据分析技术和人工智能技术的核心就是基于设备及其零部件参数之间复杂的关系，面对错综复杂的设备表现，形成一些稳定可靠的数学算法模型，从而实现状态识别、趋势预测、故障分类与诊断、因素显著性分析等诸多具有实际应用价值的结果。

当然，虽然目前在算法分析模型方面，工程师们取得了很大的进展，有时候甚至替代了部分人工分析工作，但是这种替代还远未达到人们的要求。因此目前很多算法和模型在参数的分析上更多的是给工程师的人脑分析提供某些辅助。

工程师们使用大数据的分析方法对风力发电机组轴承系统状态参数进行处理的时候，经常使用的思路包括统计分析和机理分析。

**1. 统计分析**

统计分析是大数据分析目前发展最好的方向之一。在我们熟知的消费互联网、金融等领域，统计分析的方法已经发展得十分成熟。事实上，统计分析方法在工业领域的应用也不是一个新鲜事物。

例如，我们在测量一个工件的尺寸的时候，工程师常用的方法就是多次测量，取平均值。在机械工程师常使用的公差中，我们知道公差带实际上是在均值附近的一个正态分布。不难发现这些概念实际上都是统计概念。

对于一个轴系统而言，一个振动数据完成测量之后，一定存在各种误差。对这些误差的处理就需要使用统计工具。

对于一个轴系统的某些故障状态的振动，通过振动信号的特征进行归类，也会用到统计知识。除了上面列举的两个例子，还有很多场景，工程师们实际上都在使用统计方法。

基于大数据的分析方法中，对于上述一些场景的应用与以往工程师使用的手段几乎完全一致。所不同的是，由于数据量的众多，可能用到的统计工具会更加丰富，可以得到的计算结果会更加多样和完善。比如，以往某个工程师的经验，这些经验在没有大数据的时代是留存在工程师大脑中的"经验信息"，工程师可以根据以往经验进行下意识的"统计归类"，但是此时其他人对这些经验知识则无从获取。即便拥有经验的工程师在进行"下意识分析"的时候，由于无法描述分析方法和参数，而面对经验是否可靠的质疑。这些问题在大数据时代都迎刃而解。例如上述的场景，状态参数不断被记录，偶尔的故障虽然没有被识别，但是却可以被记录，日积月累之后，这些偶尔的故障数据达到一定规模也就形成经验，因此可以进行相应的统计分析，得到统计结论。这个结论可以在后续的运行过程中不断被使用和修正。这也使得以往留存在人脑中的"经验"被沉淀到算法模型之中，并且算法模型还会不断积累迭代和优化。

### 2. 机理分析

机理分析是基于设备本身机理进行的分析。我们知道一台设备各个表现参数之间的运行表现有时候有非常明确的机理公式在背后指引。我们将这些清楚明确的机理模型称之为强机理模型。这些强机理模型本质上即便不需要大数据技术，也可以很清晰地指导工程师对实际问题进行分析。工程实际中也确实如此，对于强机理问题，往往现在的数字化手段就是将机理内置到算法模型，使之自动运行，提升运行效率。但是此时大数据方法带来的是运算效率和精度的提升，并没有带来新的机理突破。

相对于一些强机理关系而言，还有一部分弱机理因素。所谓弱机理因素就是没有非常清晰的机理公式，或者机理公式虽然清晰，但是由于影响因子众多，计算结果往往和实际误差较大的情况。此时人工智能的方法就可以帮助工程师突破弱机理局限，形成更加明确的模型。其中对于轴系统一个典型的应用就是"健康度模型"。健康度如何定义？如何划定边界？哪些因素是影响因素？这些问题在传统机理模型中都很难得到可实际操作的答案（虽然理论模型众多）。但是通过人工智能技术，可以把轴承系统的健康状况模拟成一个黑箱子，通过众多输入参数对应的输出参数关系找到这个黑箱子的模型，从而形成轴承系统健康度模型，为后续轴承系统的振动状况评估提供依据。

### 3. 统计分析与机理分析的应用关系

在实际的大数据分析过程中，经常出现一类场景，数据分析师到工程现场不问三七二十一，先拿到所有的数据，然后用众多并不明确关系的数据进行分析。而分析的方法也是粗暴的聚类分析、显著性分析、统计分析、相关性分析等。无数的案例表明，这样的盲目分析往往带来巨大的工作量，有时候会产生"本应如此"或者"啼笑皆非"的结论。

产生上述问题的原因其实也容易理解，数据分析师往往具有较强的数据分析和统计分析背景而不具备工业背景。在数据分析工程师眼中，数据就是数据，数据之间有统计关系，而不具备其他机理联系（或者是机理联系未知）。此时他们的数据挖掘是盲目的挖掘，因此也会产生效率低下、结果不具有指导意义的现象。

相同的数据在机械工程师眼中与数据工程师不同，每个参数背后都有其物理属性、设备属性、机理属性。这些工程师往往在进行数据分析之前，已经对众多参数进行了归类，比如哪些参数属于同一台设备，哪些参数本身具有强烈相关性，哪些参数互不相关等。要知道这些机理分类，实际上是在对数据分析进行降维处理，是基于机理的降维分析。在数据分析中，良好的降维往往可以大大降低分析工作量和难度，得到事半功倍的效果。这也是在数据分析之前对设备参数进行建模的原因之一。

从上面分析可以知道，对于统计分析和机理分析的应用场景实际上是有一定特定场合的。比如对于数据规模大的数据，首先可以根据机理进行适度降维，然后分离出相关、强相关、弱相关、不相关的大致概念，在必要的时候使用统计方法进行分类印证（尤其是一些弱相关因素），然后再综合运用机理知识和统计知识进行指向目标的算法挖掘。

将工业机理与大数据技术相结合是工业智能化大数据分析的理想状态。本书将在第二十一章对相关的数据分析技术进行介绍。

# 第二十一章
# 风力发电机组轴承状态监测及数据分析

在实施状态监测故障诊断的智能化总体过程中，数据的采集、存储等工作并非机械工程师和齿轮箱工程师的专业领域，因此本书不做介绍。但是，整个分析过程中的核心分析方法和算法则是广大机械工程师的重要工作。在实际工作中，工程师合理的使用正确的方法对数据进行分析，同时与数据分析师一起使用相应的计算机语言（目前比较常用的是 Python、MATLAB 等）将这些对数据的处理进行算法化和模型化，然后搭载在 IT 运行系统之中，实现机器的自动执行。

基于设备参数的分析方法和算法相当于整个数字化架构的大脑，所有的数据都需要经过这些算法进行分析和判断，这也是整个数字化系统的智能所在。对于一个没有核心算法的平台或者是 IT 架构而言，面对具体的设备问题几乎是"无脑"的。

前面已经讨论过轴系运行状态参数的一些特征，并提出振动数据是整个齿轮箱轴系信息含量最丰富的、最易测量的数据。因此我们本节将以齿轮箱轴系振动数据为基础，介绍轴承系统状态监测和诊断的一些算法思路，以 Python 语言为例进行相关的介绍。

除了振动参数以外，其他参数的分析可以参考相应的方法和逻辑。工程师可以根据这些思路进行算法编程，以搭建数字化系统的核心——智能能力。

## 第一节　风力发电机组轴承系统振动信号处理

当风力发电机组轴系安装振动传感器之后，振动信号不论在进行数据采集的时候是否经过处理，在进行后续振动分析的时候经常会根据分析目的进行相应的信号处理。

常见的信号处理包括信号的放大、信号的滤波、信号的调制与解调、信号的采样（数字化）技术等。在进行风力发电机组轴承振动分析过程中常用的就是信号的采样（数字化）和滤波。其他相关技术读者可以参考信号处理技术相关文献和书籍，本书仅就风力发电机组轴承振动分析相关的采样和滤波技术进行简要介绍。

## 一、振动信号的采样

采样可以大致理解为一次测量。我们知道轴系统的振动在三维空间内是个连续的过程，而振动的信号也应该是一个连续的过程。传感器在测量振动的时候，实际上是对这个连续的振动在一定的时间间隔下进行测量得到的一系列数值。这样的测量过程本身就相当于将一个连续量变成了一个离散量，也就是信号的数字化。而每次的测量，我们就叫作一次采样。每次采样的结果是一个测量结果，每两次采样的时间间隔就是采样时间间隔。

这里不难发现，传感器每次的测量有可能存在误差（与人测量某物理量一样，存在测量误差），这种连续的采样有可能引入一系列的测量误差（有时候还有一些传感器干扰，信号传输等带来的噪声信号，此处我们将它们统一为误差）。这些误差使得原始数据一般都不是平缓的，而是充满毛刺的，这些毛刺相当于一些不具有实际意义的干扰信息，在后续信号处理的过程中，有时候可以对这些采样到的毛刺进行处理。

### （一）采样率的选择

在对一个振动进行采样的时候，采样时间间隔决定了采样数据对原始数据的信息保留程度。在一个固定时间窗口内采样间隔越小，采样密度（采样率）越大，采样来的数据越能反映原始数据的状态。相反，采样间隔越大，采样率越低，采样来的数据丢失的数据信息就越多。根据 Shannon 采样定理，对于带限信号（信号中的频率成分 $f < f_{max}$），如需获得不丢失信息的信号，其最低采样率为

$$f_s \geqslant 2 f_{max} \tag{21-1}$$

式中　　$f_s$——最低采样率（Hz）；

$f_{max}$——原始信号最高频率成分的频率（Hz）。

当不满足采样定理的时候，会出现采样混淆，影响采样信号对原始信号的特征反应。在工程上，我们通常使用的最低采样频率 $f_s = (2.56 \sim 4) f_{max}$。新信号处理的过程中我们可以使用低通滤波器滤掉过高的频率，仅保留需要分析的频率来解决采样混淆的问题。

对于齿轮箱轴系统的振动信号分析而言，我们所说的最高频率成分应该包含分析的目标频率。

例如，对于一台转频为 50Hz 的齿轮箱轴系统，如果我们需要诊断轴系统的故障，采样频率至少为（128～200Hz）。此时，目标是轴系统，因此用轴系统转频作为最大频率。轴承特征频率可能高于轴系统转频，因此如果使用上述采样率对轴系统进行故障诊断，则可能缺失了轴承的信息。因此此时应该调整采样率，根据轴承特征频率的最高值设定相应的采样率。

### （二）数据采集间隔

对于振动信号的采集，如果按照采样率要求进行采集，可以得到波形数据。这里我们称两次数据采集之间的间隔为采集间隔（并非采样间隔），每次采样的长度称为采样长度。

如果数据采集间隔为 0，那么采集到的就是连续的波形数据，这样的采集会产生很大的采集数据量，对数据存储、传输造成压力，并且连续长时间的波形数据也并非分析必需的。

如果数据采集间隔过长，那么设备状态可能在两次数据采样之间发生变化，这样的数据采集会造成个别状态信息的丢失。

对于单次采样而言，通常如果单次采样长度过短则可能出现信息不全的情况；如果单次采样时间过长则可能存在浪费。在一般的信号分析仪器中，一般是固定采样点数，根据采样率确定的采样长度的动态处理方式。

前面风力发电机组数据采集（测量）策略的部分也提及了数据采集的方法。为了更清楚地说明一个合理的风力发电机数据振动信号采集，现举一例：对于某风力发电机组轴承的振动而言，振动的信号是毫秒级的，采样率是 4096，也即是说每一秒钟会产生 4096 个振动数据，采样间隔是 1/4096。但是每次测量延续了 2s，因此采样窗口长度是 2s。但是对于机组的整体测量而言，每 30min 测量一次。那么 30min 就相当于测量时间间隔，就是采集间隔，只是此时的采样结果是一个包含 2s 振动的毫秒级数据的数据集。

## 二、振动信号的滤波

### （一）振动信号滤波在轴承振动分析领域里的应用目的

振动信号的滤波在振动分析过程中是一个重要的手段。

振动信号滤波本身可以被用作很多分析目的，在风力发电机组轴承的振动分析中，常见的应用及目的包括：

1）采集来的振动信号可能存在各种测量误差、信号干扰等因素带来的杂波，这些杂波对于分析振动问题造成干扰，可视为噪声，在分析的时候需要进行滤除；

2）有时候面对一个完整的振动信号，我们研究和分析的目的可能集中在其中的某一个特定的频率段，对于其他信号不太关注，那我们就可以使用滤波的方式进行目标的选取和排除。

风力发电机组轴承的振动分析目标是轴承系统的相关问题，但是振动信号采集来的信号覆盖程度超过了轴承系统的机械振动频率（包含一些电磁振动等的高频），因此在分析的时候我们需要予以滤除。当然，电磁振动等问题的研究者可能需要进行相反的操作。

我们在进行分析的过程中，还可以使用滤波器进行更进一步的分析聚焦。比如关注轴承，关注齿轮箱等相关零部件的时候，我们可以根据其特征频率进行相关的提取。有时候分析的对象可能是提取出来的某个频段的振动值，也可能是某频段振动值占据整个振动能量的比值。这些工作都需要借助滤波的工作完成。

在进行一些分析的时候，分析者的关注颗粒度也可以通过滤波的方式进行满足。例如关注不同时间间隔的振动变化趋势。关注者的角度如果是设备劣化程度，那么在正常情况下设备的劣化是有一个过程的，其振动信号的毫秒级或者秒级变化就没有实际参考意义。此时我们可以将这些信号的波动看作高频信号进行滤除得到更大颗粒度的观察。当然这个目的也可以通过重采样的方式进行，如果使用重采样的方式，就需要确定在更宽泛的时间窗口内，使用哪个测量值作为输出值（平均值、最大值、最小值、中位数，众数等）。

**（二）滤波器的实现**

滤波器顾名思义就是根据需要过滤相应频率信号的工具。

根据滤波器幅频特性和频段范围要求，滤波器可以分为低通（阻）滤波器、高通（阻）滤波器、带通（阻）滤波器、全通滤波器等。低通（阻）滤波器是保留（滤除）低于截止频率的信号，滤除（保留）其他信号的滤波器；高通（阻）滤波器与低通（阻）滤波器相反；带通（阻）滤波器是保留（滤除）给定频带内的信号，滤除（保留）其他信号的滤波器。

滤波器根据最佳逼近特性的不同有巴特沃斯（Butterworth）滤波器、切比雪夫（Chebykshev）滤波器、贝塞尔（Bessel）滤波器等类型。这些滤波器在常用的分析语言（Python、MATLAB）中都有现成的工具包。

在进行振动数据分析中可以用不同逼近性的滤波器构建低通（阻）、高通（阻）和带通（阻）滤波器。

信号处理中理想的滤波器期望通频带以内的信号被传出，而非通频带的信号被直接滤除，这个性能在物理上是无法实现的，基于此而形成的算法也会存在一定偏差。如图21-1所示。图中虚线为理想滤波器。

巴特沃斯滤波器设计简单，易于操作，其通频带的响应曲线最平滑，没有起伏，在阻频带逐渐下降为0。

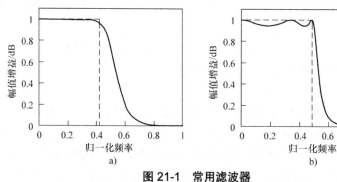

**图 21-1  常用滤波器**

a) 巴特沃斯滤波器  b) 切比雪夫滤波器（1 型）

Python 有可以直接使用的巴特沃斯滤波器，其实现如下：
from scipy import signal


# 低通滤波器
b，a = signal. butter（N，Wn，'lowpass'）

```
filtedData = signal.filtfilt（b，a，data）
```

```
# 高通滤波器
b，a = signal. butter（N，Wn，'highpass'）
filtedData = signal.filtfilt（b，a，data）
```

```
# 带通滤波器
b，a= signal.butter（N，[Wnl,Wn2]，'bandpass'）
filtedData = signal.filtfilt（b，a，data）
```

```
# 带阻滤波器
b，a = signal.butter（N，[Wnl,Wn2]，'bandstop'）
filtedData = signal.filtfilt（b，a，data）
```

上述代码中，N 为巴特沃斯滤波器阶数；Wn 为归一化截止频率，

$$Wn=2f/f_s \tag{21-2}$$

式中　　$f$——截止频率（Hz）；

$f_s$——采样频率（Hz）。

以某一风力发电机齿轮箱轴承振动加速度信号为例，其采样频率为 51201Hz，如果我们使用 500Hz 作为截止频率，使用巴特沃斯滤波器进行低通滤波，滤波前后的信号如图 21-2 所示。

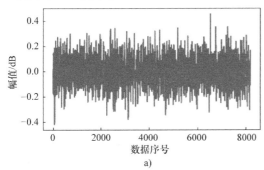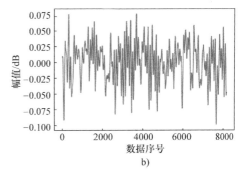

图 21-2　巴特沃斯低通滤波器滤波

a）原始信号　b）巴特沃斯滤波信号

前面提到过，使用物理手段无法构建理想滤波器。所谓理想滤波器是对通频信号原样保留，对阻频信号全部去除。不论是巴特沃斯滤波器还是切比雪夫滤波器，它们对通频信号和阻频信号都不能做"一刀切"似的理想处理。

在做轴承振动分析的时候我们经常对振动信号进行傅里叶展开，将一个振动波形展开成不同频率的正、余弦波形的叠加。同时，傅里叶变换是可逆的，展开的频域信

号可以被还原成时域信号。利用这两个特性，我们可以搭建一个近似理想的滤波器。

具体做法如下，首先，将振动信号进行傅里叶展开，得到一系列不同频率的正弦信号，这些正弦信号的叠加就是原有信号。同时我们根据分析需求，设定截止频率，然后在这一系列展开的正弦信号中保留通频信号，将通频带以外的信号直接赋值为 0，再将处理过的信号使用傅里叶变换的逆变换还原成时域信号。

这样处理的过程中可见，我们直接对通频信号和阻频信号做了"一刀切"似的处理，形成了一个理想滤波器。我们称之为傅里叶变换滤波器。

在 Python 中实现这种傅里叶变换滤波器并封装成函数，示例如下：

```python
# 傅里叶带通滤波器
def fft_filter（data，freq_lo，freq_up，fs）：
    # data：待滤波数据
    # freq_lo，freq_up 滤波截止频率
    # fs，采样率
    from scipy.fft import rfft，rfftfreq，irfft
    y=rfft（data）
    x=rfftfreq（len（data），1/fs）
    points_per_freq=len（x）/（fs/2）
    freq_lo_idx=int（points_per_freq*freq_lo）
    freq_up_idx=int（points_per_freq*freq_up）

    y[0:freq_lo_idx]=0
    y[freq_up_idx:]=0

    yl=abs（y）/len（data）

    new_sig=irfft（y）

    return（new_sig，x，yl）
```

函数中，data 是待处理信号；freq_lo 是截止频率下限；freq_up 是截止频率上限；fs 是采样率。

如果我们令 freq_lo=0，然后设定截止频率上限，这个函数就成为低通滤波器；如果设定截止频率下限，同时将上限频率设为采样率，这个函数就成为高通滤波器；如果同时设定截止频率上限和下限，这个函数就成为带通滤波器。

经过上述处理之后，振动信号的频域除了同频带以内的信号全部被置零，同频带原样保留如图 21-3 所示。图中的滤波截止频率仅做示意，工程师需要根据需要进行设

置。使用基于傅里叶变换的滤波器处理之后的信号经过逆变换还原成的时域信号与巴特沃斯滤波处理后信号的对比如图 21-4 所示，从对比中可以看到，巴特沃斯滤波与傅里叶滤波相比存在一定差异。

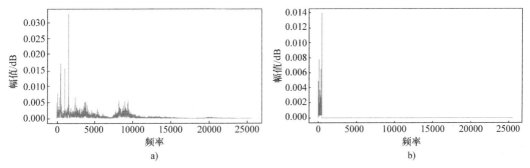

**图 21-3 傅里叶滤波前后的振动频谱**

a）原始信号频率分布 b）滤波后频率分布

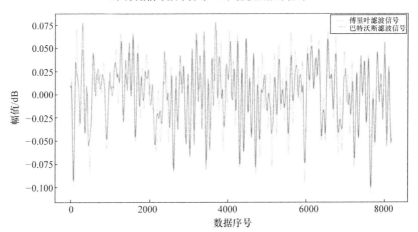

**图 21-4 傅里叶滤波与巴特沃斯滤波对比**

严格意义上的理想滤波器是无法实现滤波处理的，所有的滤波处理都会造成一定的信号变形。巴特沃斯滤波器可以通过参数调整的方式尽量减小信号变形，在实际工程中存在一定误差。

基于傅里叶变换的滤波器中，我们直接将通频带以外的信号置零，通频带以内的信号完整不畸变保留。从这个逻辑上看，貌似基于傅里叶变换的滤波器是一种理想滤波器了。实际上并非如此。从傅里叶变换的原理中我们知道，如果使用无限多的正弦、余弦信号来叠加，可以实现完美的转换。如果使用无限多正弦、余弦信号进行变换的话，信号采样频率也必须是无限大。这显然是不可能的。因此在傅里叶变换中，变换之后信号实际上受到采样率的限制，存在一定的误差。好在随着技术的进步，我们做振动分析时使用信号的采样率已经足够高，由此带来的信号损失几乎可以忽略不计。更重要的是，一些甚高频信号对机械故障诊断而言并没有特别大的意义。从这个角度来看，基于傅里叶变换的滤波器几乎是接近理想滤波器的一种滤波器。数字化数据分析工具的广泛使用使得这种滤波器在数据分析中得以应用。

以上使用基于傅里叶变换的低通滤波进行示意，其中的截止频率可以通过工程师的设定，从而变成带通滤波、带阻滤波、高通滤波等，并且可以分析聚焦于关注频段，使之产生更多的应用价值。比如，可以分离出轴承特征频段、某齿轮的特征频段、轴系的特征频段等。这种用法将在本书后续特征选取部分得到实践。

# 第二节　风力发电机组轴承振动信号的数据分析

风力发电机组轴承振动信号经过了采集和信号处理的工作就可以进入下一步的数据分析步骤。从前面的数据处理中不难发现，随着软件工具的发展，很多数据处理也可以通过软件的方式实现，所以很多数据分析工作与信号处理工作有较多重合，两者之间的界限也变得越来越模糊。有时候某种分析本身就是一种信号处理的过程，是对信号处理的广义应用。当然振动信号分析也有其专门的技术内容。

对于风力发电机组轴承的振动信号分析，我们一般可以使用时域和频域的分析方法进行。关于振动的时域、频域分析在本书前面章节进行了一些概念介绍。本章针对其中的相关的数据分析技术进行介绍。

## 一、轴承振动数据的时域处理与分析

轴承振动数据的时域分析方法是探讨轴承振动随时间变化而变化的过程。如果从数据分析方法的角度看，通过数据本身在时间维度下的特征对数据状态进行解读。

对于旋转设备而言，我们知道振动在任何一个时间点上都是三维空间的一个值，因此时域的研究和分析方法也可以将三维空间进行降维处理。例如，将振动的数值降维成径向平面的图像，就是经常用到的轴心轨迹分析；将径向二维数据进一步降维成一个方向的振动，就可以进行单独数据的时域特征分析。我们按照这个思路介绍风力发电机组轴承振动数据分析的常用时域手段。

### （一）同步平均法

在进行旋转设备振动分析的时候，如果研究径向平面上的振动轨迹就是轴心轨迹分析。在介绍轴心轨迹之前，我们需要首先对径向平面上的数据进行再处理。

在前面数据处理的部分，我们已经介绍通过滤波等手段可以进行一些数据的平滑，以去除不关注的频率，这样处理的同时，也会减小由于测量误差带来的干扰噪声。但是实际的一个问题是，由于测量误差带来的干扰无法用某个频率描述，因此我们几乎很难主动地设定一个测量误差的干扰频率来进行滤除处理。此时我们需要引入"同步平均法"。

轴系统围绕一个轴中心旋转，旋转的每个周期都会经过相同的位置，而在这个位置的观测（采样）都会重复进行。此时，我们可以将这个过程理解成为同一位置的反复测量。因此，可以引入去除测量误差的方法。其中最简单的方法就是对多次测量取平均值。这就是"同步平均法"的原理。

首先我们用齿轮箱转速折算出齿轮箱旋转一圈的时间 $t$，表达式如下：

$$t = \frac{60}{n} \tag{21-3}$$

式中　$t$——齿轮箱旋转一周所用时间（s）；

　　　$n$——齿轮箱转速（r/min）。

根据数据长度计算齿轮箱每旋转一周的数据个数 $N$，表达式如下：

$$N = \frac{L}{t \times f_s} \tag{21-4}$$

式中　$N$——齿轮箱旋转一周所测量的数据个数；

　　　$L$——数据总长度；

　　　$t$——齿轮箱旋转一周所用时间（s）；

　　　$f_s$——采样率（Hz）。

根据齿轮箱旋转一周所测量的数据个数，对测量数据进行分段，得到若干段旋转一周的测量数据。然后将每一个对应的数据取平均值，就得到齿轮箱旋转一周时，每一个测量点的数据平均值。

图 21-5a 所示为某一设备轴承 Y 方向振动的测量值。在本次测量中总共测量数据历时轴系统旋转 50 圈。图 21-5b 为轴承 Y 方向振动测量值中的某一圈数值。图 21-5c 为此轴承 Y 方向振动数值经过 50 圈同步平均之后的数值。从图中可以看到，这个处理结果滤除了测量值中很多干扰因素，信噪比明显大幅度提高。

在工程实际中，除了在每一圈去平均值以外，有时候也可以采用某一置信度的范围来绘制振动曲线的幅值范围。这背后的逻辑与处理反复测量数据的逻辑一致。

同步平均法可以用作对测量误差的排除，这个方法不仅在时域分析中可以应用，在频域分析中依然可以得到应用。我们对轴承的振动信号进行频域展开，其展开的目标是一个时间段内的振动波形，如果这个时间段内出现轴旋转若干圈的情形，则依然存在每一个相同位置时候测量的偏差，此时仍然可以使用同步平均法，将测量数据折算成轴旋转一圈的数据，然后进行频域分析。

同步平均法的另一个作用是可以进行一些定位的探测。例如，如果在同步平均法测量的传感器中加入一个鉴相信号，鉴相信号每一周发出一个，这样我们可以通过同步平均法的到的信号与鉴相信号进行叠加，探知在圆周方向哪个位置出现较大波动或者异常。由此可以判断对应位置的零部件部分是否有可能存在故障。这在齿轮箱的故障诊断中可以用作判断齿故障的位置。

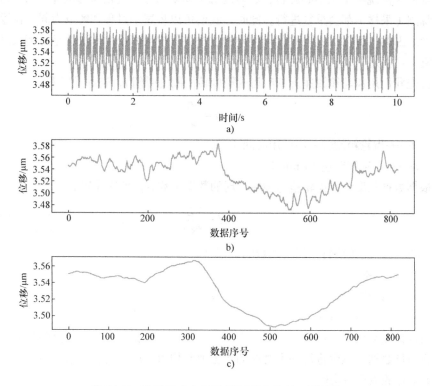

**图21-5　轴承Y方向振动测量值中的某一圈数值**

a）轴承Y方向振动（位移）　b）轴承Y方向振动一周（位移）　c）轴承Y方向振动一周同步平均值（位移）

## （二）轴心轨迹分析

旋转设备轴心轨迹分析是在径向平面上对轴的振动状态进行研究的一个常用方法。将轴在某一时刻的空间位置记录下来，随着时间变化观察轴在径向平面中的位置变化，从而对轴系统的振动情况进行分析的方法就是轴心轨迹分析方法。从这其中不难发现，轴心轨迹如果需要明确的物理空间位置信息，那么每一时刻的测量应该是一个具体的位置信号，随着时间的变化，位置信号的变化就是位移信号。因此轴心轨迹的测量常用在低速旋转设备振动分析中。在大型水电设备、火电设备里经常用到，对于风电机组而言，在低速旋转的主轴等位置依然可以得到较好的应用。

如果将旋转轴系统的径向平面的位移信号进行绘制，我们可以得到图21-6a的图形，这个图形就是这个旋转轴的轴心轨迹图。图中信号位置十分杂乱，经过同步平均处理可以得到图21-6b，这就是一个常用的轴心轨迹图。对轴心轨迹的分析通常会根据轴心轨迹的形状进行判断，这样经过同步平均法处理后得到的数据，排除了干扰，更有利于对轴心轨迹进行判读。

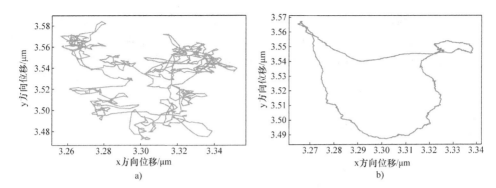

**图 21-6　某设备振动位移原始数据轴心轨迹与同步平均处理**

a）原始数据　b）同步平均处理后数据

如果将轴心轨迹与时间轴联合起来分析则可以得到图 21-7，为某低速轴轴心轨迹图，图 21-7a 为轴心轨迹的三维图，其中水平平面是径向平面，纵轴为时间轴。这个图是轴心轨迹随时间而画出的路径。图 21-7c 为图 21-7a 在径向平面的投影，就是常用的轴心轨迹。图 21-7b 为图 21-7a 分别在 x 平面和 y 平面的投影，构成了 x、y 方向的振动位移信号随时间变化而变化的曲线。通常对于低速轴用摆度来衡量。

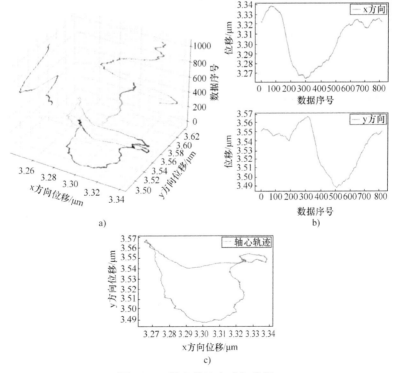

**图 21-7　轴心轨迹合成与分解**

a）轴心轨迹时域三维图　b）x,y 方向位移　c）轴心轨迹

如果使用滤波的方式进行处理，依然可以得到相对平滑的轴心轨迹途径。但是滤波的频率需要根据工程师的经验来选择。如果仅仅对轴心轨迹的图形形状进行判读的时候，滤波处理的效果更加平滑。但是由于滤波截止频率的确定依赖于专家经验，因此这种处理方式通用性受限。

对于上一组相同的数据，如果我们用 40Hz 作为截止频率，使用滤波后的数据绘制轴心轨迹，则如图 21-8 所示。与同步平均法不同，此时绘制了每一圈的轴心轨迹（为避免杂乱，图 21-8 仅仅绘制了 5 圈）。

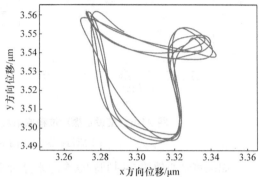

图 21-8 采用低通滤波处理后的轴心

轴心轨迹的算法判读需要工程师根据轴心轨迹机理进行编程。比如常见的 8 字形轴心轨迹，通常在出现 8 字形回转的时候，轴心轨迹的极坐标图中幅值的相角会出现变小的趋势。

位置轴心轨迹可以进行联合分析，比如一个旋转轴两端轴心轨迹在同一时间点上的连线就是轴姿态，如果将轴姿态沿时间维度进行描述就可以得到转轴的动态轴姿态。

另外，从轴心轨迹的图像可以看到，轴心轨迹基本是一个圆圈状态，这个圆圈状态的中心位置就是整个轴自转时候的一个公转位置。有兴趣的工程师可以通过 Python 实现上述描述，并可以得到更全面的低速轴（主轴）运行状态信息，这为风力发电机轴承智能监测提供了更加有力的内容。

**（三）轴承振动的时域特征提取**

振动信号的时域特征是对于某振动信号在一个时间段内测量数据所表现的特征。在振动分析中常用的主要时域特征包括：

1）平均值 $\bar{x}$

$$\bar{x} = \frac{1}{N} \sum_{n=1}^{N} x(n) \tag{21-5}$$

2）标准差 $\sigma_x$

$$\sigma_x = \sqrt{\frac{1}{N-1} \sum_{n=1}^{N} \left[ x(n) - \bar{x} \right]^2} \tag{21-6}$$

3）方均根值 $x_{\text{rms}}$

$$x_{\text{rms}} = \sqrt{\frac{1}{N} \sum_{n=1}^{N} x^2(n)} \tag{21-7}$$

4）方根幅值 $x_{\text{r}}$

$$x_{\text{r}} = \left( \frac{1}{N} \sum_{n=1}^{N} \sqrt{|x(n)|} \right)^2 \tag{21-8}$$

5）峰值 $x_p$

$$x_p = \max |x(n)| \qquad (21\text{-}9)$$

6）波形指标 $W$

$$W = \frac{x_{rms}}{\overline{x}} \qquad (21\text{-}10)$$

7）峰值指标 $C$

$$C = \frac{x_p}{x_{rms}} \qquad (21\text{-}11)$$

8）脉冲指标 $I$

$$I = \frac{x_p}{\overline{x}} \qquad (21\text{-}12)$$

9）裕度指标 $L$

$$L = \frac{x_p}{x_r} \qquad (21\text{-}13)$$

10）歪度 $S$

$$S = \frac{\sum\limits_{n=1}^{N} [x(n) - \overline{x}]^3}{(N-1)\sigma_x^{\;3}} \qquad (21\text{-}14)$$

11）峭度 $K$

$$K = \frac{\sum\limits_{n=1}^{N} [x(n) - \overline{x}]^4}{(N-1)\sigma_x^{\;4}} \qquad (21\text{-}15)$$

式中　$x(n)$——信号的时序数据，$n$=1，2，3，…，$N$；

　　　$N$——样本点数。

在轴承振动数据的时域特征指标中均值、标准差、方根幅值、均方根值、峰值直接从振动数据集中获得，是这些数据集的一次特征；波形指标、峰值指标、裕度指标、歪度（也叫偏斜度）、峭度都是在一次指标基础之上加工出的二次指标。

如图 21-9 所示为轴承加速寿命试验的时域特征指标[⊖]，图中轴承每一分钟采样一个高频波形数据，对波形数据进行时域特征计算，得到这次测量的时域特征指标。试验中，每一分钟测量一次，直至轴承失效。

从图中各个指标在轴承生命周期内的表现可以看到，轴承振动数据的标准差、方根幅值、方均根值、峰值等均出现了明显的阶段性特征，分别指示了轴承的磨合、正常运行、早期失效和失效晚期。但是在这些有量纲值出现变化之前，轴承的峭度指标

---

⊖ 本章轴承寿命加速试验数据引用自西安交通大学 XJTU-SY 滚动轴承加速寿命试验数据集。相关试验信息可以参照《XJTU-SY 滚动轴承加速寿命试验数据集解读》（机械工程学报，2019-8）。

呈现了上升趋势。一般而言峭度指标在 3 左右表明振动基本正常，而在有量纲值出现变化之前，峭度指标已经逐步上升，当峭度指标达到 5 左右的时候，其他有量纲值才呈现某种特征变化。可以看出，轴承振动的峭度指标是一个轴承故障的先行指标。

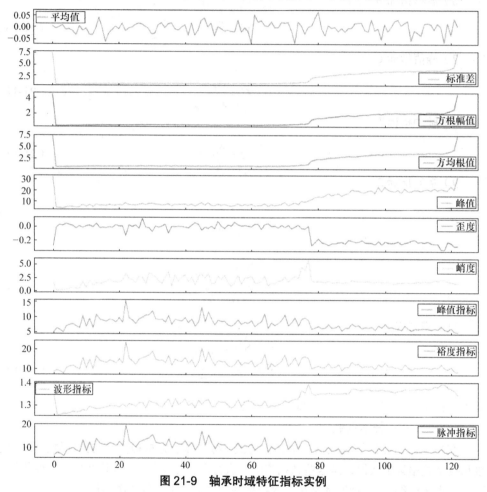

**图 21-9　轴承时域特征指标实例**

时域特征指标是对一个稳定振动进行测量获得的，这些分析中的数据集满足正态分布。对于风力发电机组轴承系统的振动某一次测量而言，测量历时几秒甚至更短的时间，在这个时间内，轴系统的振动是相对稳定的（振动的变化相对于采样时间长度而言相对稳定），因此，此时测量的振动结果符合正态分布，也就可以使用上述振动数据时域特征来描述每次测量波形的时域特征。

如果测量采样的时间相对于振动变化而言并不稳定时（瞬态过程或采样时间相对较长），则需要重新确定采样时间窗口，以满足分析的需求。后续设备健康度分析的部分介绍了重采样的原则和方法。

需要指出的是，信号的采样频率、采样周期与上述时域特征的计算紧密相关。这是因为所有的时域特征信号均是在某一周期内的指标，比如轴承系统振动在 1s 内的峰值、1min 内的峰值、1h 之内的峰值有可能不同。因此在选择单次测量的数据集进行上述时域特征计算的时候，应该注明采样信息。工程师们经常见到的一些状态监测系统测量数值时存在一些差异，其中除了测量误差的原因，算法窗口选择也是其中一个可能的原因。

## 二、轴承振动数据的频域处理与分析

本书前面相关章节中介绍了振动频域分析的基本概念和方法，在传统的振动频域分析工作中，工程师阅读图谱，进行相应的识别与判断，从而找到某些故障的特征。在数字化时代，智能化的系统就是尽量做到通过机器来自动处理和识别这些特征。因此，工程师就必须掌握一些振动频域特征数据的处理和提取方法，这样便可以根据自己的分析目的，提取合适的振动频域数据及特征来进行相应的处理。轴承振动数据的频域特征包括一般频域特征以及与旋转机械相关的频域特征。

### （一）振动数据的一般频域特征

仅就振动参数本身而言，一段振动信号本身就是一个时间段内的信息，研究这个时间段内信息在频率分布上的特征就是一般频域特征。振动信号的常用频域见表 21-1。

表 21-1　常用频域特征量

| 序号 | 频域特征 | 序号 | 频域特征 |
|---|---|---|---|
| 1 | $F_1 = \sqrt{\dfrac{1}{K}\sum\limits_{k=1}^{K} s(k)}$ | 8 | $F_8 = \sqrt{\dfrac{\sum\limits_{k=1}^{K} f_k^4 s(k)}{\sum\limits_{k=1}^{K} f_k^2 s(k)}}$ |
| 2 | $F_2 = \sqrt{\dfrac{1}{K-1}\sum\limits_{k=1}^{K}\left[S(k)-F_1\right]^2}$ | 9 | $F_9 = \dfrac{\sum\limits_{k=1}^{K} f_k^2 s(k)}{\sqrt{\sum\limits_{k=1}^{K} s(k)\sum\limits_{k=1}^{K} f_k^4 s(k)}}$ |
| 3 | $F_3 = \dfrac{\sum\limits_{k=1}^{K}\left[s(k)-F_1\right]^3}{(K-1)F_2^3}$ | 10 | $F_{10} = \dfrac{F_6}{F_7}$ |
| 4 | $F_4 = \dfrac{\sum\limits_{k=1}^{K}\left[s(k)-F_1\right]^4}{(K-1)F_2^4}$ | 11 | $F_{11} = \dfrac{\sum\limits_{k=1}^{K}(f_k-F_5)^3 s(k)}{(K-1)F_6^3}$ |
| 5 | $F_5 = \dfrac{\sum\limits_{k=1}^{K} f_k s(k)}{\sum\limits_{k=1}^{K} s(k)}$ | 12 | $F_{12} = \dfrac{\sum\limits_{k=1}^{K}(f_k-F_5)^4 s(k)}{(K-1)F_6^4}$ |
| 6 | $F_6 = \sqrt{\dfrac{1}{K-1}\sum\limits_{k=1}^{K}(f_k-F_5)^2 s(k)}$ | 13 | $F_{13} = \dfrac{\sum\limits_{k=1}^{K}(f_k-F_5)^{0.5} s(k)}{(K-1)F_6^{0.5}}$ |
| 7 | $F_7 = \sqrt{\dfrac{\sum\limits_{k=1}^{K} f_k^2 s(k)}{\sum\limits_{k=1}^{K} s(k)}}$ | | |

注：表中 $s(k)$ 是信号 $x(n)$ 的频谱，$k=1,2,3\cdots$，$K$，$K$ 是谱线数，$f_k$ 是第 $k$ 条谱线的频率值。

如图 21-10 所示是某轴承加速寿命试验的频域特征指标。

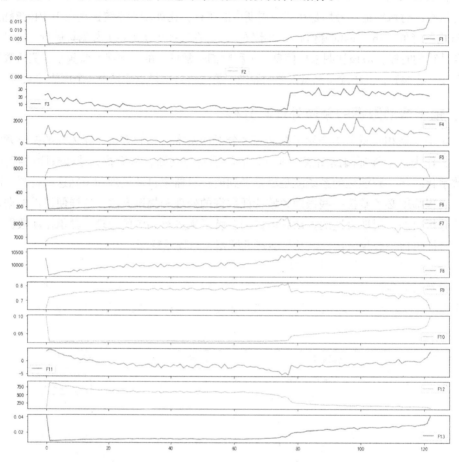

**图 21-10　某轴承加速寿命试验的频域特征指标实例**

与轴承的时域特征指标相类似，轴承一般频域指标中也可以看到明显的轴承运行阶段特征。因此这些频域指标也会被用于对轴承运行期间振动数据的分析。

仔细观察诸多频域指标的变化，会发现有些频域指标的变化与时域指标变化趋势一样，有些则呈现不一样的趋势。比如图中的 F5、F7、F9、F11 等。这些指标貌似呈现一种趋势——轴承的初始阶段和失效阶段相似，而在轴承出现故障时呈现不同状态。我们不妨抽取一些典型时间的实际波形进行观察，如图 21-11 所示。图中，轴承在第 20min 的时候处于运行初期，第 40min 的时候是运行中期，第 80min 的时候是失效早期，第 120min 的时候是失效晚期。从不同阶段的波形数据可以明显看到轴承运行初期和轴承失效晚期的振动波形幅值有很大变化，失效晚期明显幅值增大，但是波形的总体形貌十分相近。在轴承运行中期，轴承的振动波形数据具有一定的毛刺，这些毛刺就是特定频率幅值增加引起的。轴承运行状态中振动波形数据的变化是一个相对均匀的变化，直到出现毛刺（某些特征频率幅值增加），到波形均匀分布并且幅值增加（各个频率的幅值均增加）的过程。这也符合轴承早期失效到寄生失效，直到最终失效的实际过程。因此这些特征在某些频域特征中，就表现为图 21-10 的状态。

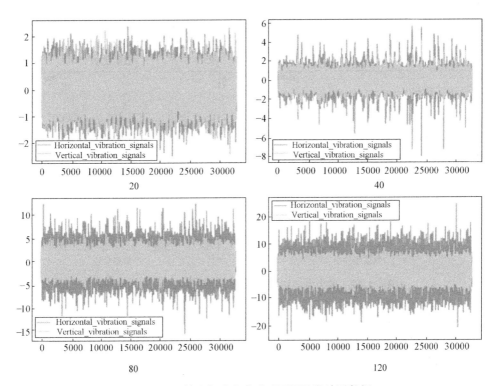

**图 21-11　轴承加速寿命试验不同阶段波形数据**

图 21-12 为某风力发电机组齿轮箱轴承在正常状态、早期失效和中期失效阶段的振动波形数据和频谱分析数据。从这些数据的形态分析，其频域特征与上述轴承加速寿命试验数据的特征一致，因此其一般频域指标的时域分布（时频域分析）也应该是一致的。

**（二）旋转机械相关的频域特征**

对于齿轮箱工程师而言，一些典型的频域特征已经被比较完整地总结好了，因此往往可以直接利用这些已经总结好的频域特征进行相应的分析。齿轮箱轴承系统振动分析中经常遇到的频域特征包括：

**（1）轴系统振动频域特征**

1）不对中的频域特征；

2）不平衡的频域特征；

3）松动的频域特征。

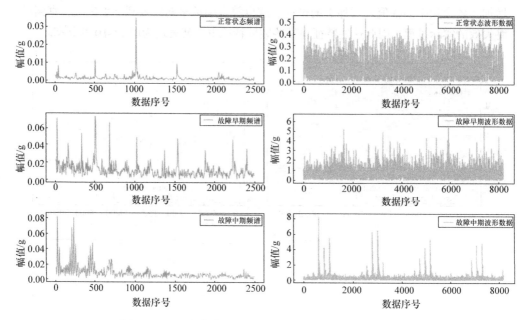

**图 21-12　风力发电机组齿轮箱不同阶段振动信号与频谱**

**（2）轴承振动频域特征**

1）轴承外圈缺陷的频域特征；

2）轴承内圈缺陷的频域特征；

3）轴承滚动体缺陷的频域特征；

4）轴承保持架缺陷的频域特征。

这些特征所对应的频率值可以在相关内容中找到对应的计算方法和信息。

齿轮箱工程师可以在上述特征频率基础上加工二次特征，例如不同特征频率在总体信号中所占的能量比等。

将这些频域特征的识别和提取通过程序写成算法，从而实现自动识别和提取，就是我们做大数据分析智能应用的主要工作。

整个频域分析数据工作的流程如下：当振动数据采集完成之后，首先需要对振动数据进行傅里叶分解，然后识别出频谱图中的峰值数据，将峰值数据的频率与故障特征频率进行对比，从而输出故障诊断结论。

为实现上述功能，工程师需要编制的程序模块及其功能包括：

**（1）数据预处理模块**

1）数据质量评估，缺失数据处理等；

2）选取合适的数据段，要求数据连续并且包含故障特征。

**（2）数据的傅里叶分解模块**

1）根据诊断目的，选择合适的观察窗口；

2）进行数据的傅里叶分解。

**（3）数据的特征频率提取模块**

1）识别傅里叶分解后数据中的峰值；

2）提取傅里叶分解后数据峰值所对应的频率。

**（4）数据频率特征与故障频率特征的对比模块**

1）幅值对比：对比各个峰值与基频峰值的比例。通过第八章的内容我们可以知道当特征频率与基频比例关系达到一定值的时候，可以做相应的判定。同时对于各个特征频率幅值的变化达到一定程度的时候也可以做出相应的判断；

2）特征频率对比：对比各个峰值对应的频率与特征频率之间的对应关系。需要注意的是，峰值频率与计算的故障频率之间经常无法严格意义对应。在以往的人眼识别过程中，我们可以忽略这些误差，但是对于机器算法而言，不能自动忽略这些误差，需要工程师编写适当的程序进行识别。

**（5）诊断结论输出模块——将比对的特征频率图谱结论输出**

## 三、轴承振动数据的时频域分析

轴承振动数据除了单独的时域分析和频域分析以外，还可以将两种观察角度结合起来进行分析，就是振动的时频域分析。时频域分析是一个计算量较大的分析方法，随着技术的发展，随着计算机算力的提升，现在很多系统都可以实现对设备振动进行时频域分析的功能。

轴承振动数据的时频域分析是观察振动信号频谱随着时间变化而变化的过程。例如，对于一个运行中的轴承，每一分钟读取一个波形数据（高频采样数据），每分钟波形数据的时域特征随时间的变化构成了时域分析，如果将每分钟的高频波形数据进行频域展开，则可以看到这个轴承在这一分钟的频谱图（频域特征），将每一分钟的频谱特征按时序排列，则可以得到轴承运行过程中频谱特征随时间的变化，就是时频域分析。图 21-13 为某轴承加速寿命试验数据在每一分钟的频域展开图在时间序列的展开。在对轴承的监测中，观察者可以关注与轴承相关的特征频率的振动幅值沿着时间轴的变化。在这个例子中，我们观察轴承外圈特征频率（本例中轴承为外圈失效，外圈特征频率是 107.91Hz），得到的时频域分析图形如图 21-14 所示，图中颜色深浅代表幅值。图中白色圆圈标注的是轴承外圈特征频率幅值明显增加的位置，也就是在这个时间点，轴承外圈出现了剥落。此时仅从时域特征中观察的话，由于外圈失效处于初期，因此占总幅值的比例不高，因此在时域特征中的变化特征并不明显。

工程实际中，可以使用更加高效快速的算法进行上述时频域数据分析。比如使用短时傅里叶分析的方法对连续的振动波形数据进行时频域分析。

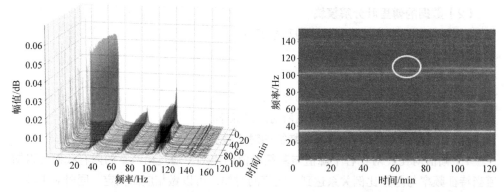

图 21-13　轴承振动的时频域分析　　　图 21-14　轴承加速试验的时频域分析

## 四、风力发电机组轴承振动的特征选择

　　轴承系统振动分析中除了时域分析、频域分析以外，也经常会用到小波分析。小波分析是对频域分析的一个拓展。事实上，对轴承振动的分析工具在日益丰富，这些工具为工程师提供了分析的手段和角度。在这些工具的使用中，对分析特征的选择十分关键。

　　分析特征的选择最大程度的反映了分析目的的变化，这种选择是基于分析目的做出的，下表为其中一例，以供工程师参考。

　　表 21-2 中可以看到，风力发电机组轴承振动特征中选择了时域和频域的 12 个特征。在频域特征中分别针对内圈、外圈、滚动体和综合抽取了相应特征频率下的振动幅值和能量。可以通过使用傅里叶滤波器的方式提取相关频率的振动幅值和能量。

表 21-2　风力发电机组轴承振动特征

|  | 特征序号 | 指标 | 状态 |
|---|---|---|---|
| 时域 | 1 | 峰峰值 | 有/无故障 |
|  | 2 | 均方根值 |  |
|  | 3 | 峰值指标 |  |
|  | 4 | 峭度指标 |  |
| 频域 | 5 | 外圈故障幅值和 | 外圈故障 |
|  | 6 | 内圈故障幅值和 | 内圈故障 |
|  | 7 | 滚动体故障幅值和 | 滚动体故障 |
|  | 8 | 总幅值和 | 有/无故障 |
|  | 9 | 外圈故障能量和 | 外圈故障 |
|  | 10 | 内圈顾长能量和 | 内圈故障 |
|  | 11 | 滚动体故障能量和 | 滚动体故障 |
|  | 12 | 总能量和 | 有/无故障 |

　　表 21-2 中频域特征的特征频率可以从本书中轴承振动分析部分找到相应的计算公式。使用表 21-2 的特征进行轴承系统故障诊断其目标主要是轴承本身。特征选取的导向决定了分析目标的明确。

　　使用轴承的特征频率就需要知道轴承具体信息，比如内径、外径、接触角等。如果不知道这些信息的时候，可以在频域特征中宽泛地将轴承的振动信号整个频段划分为数个频率段（例如分为 5 段），然后对每一个频段选择一些频域特征（从基本的 13 个特征中进行选取），从而生成频段 1、2、3、4、5 的幅值和能量信息。选择这些特征一样可以得到良好的分析效果。

# 第二十二章
# 风力发电机组轴承的智能健康评估与识别模型

对于机械工程师而言，大数据和人工智能算法在齿轮箱系统健康管理方面的应用是最能体现其优势和价值的地方。

设备健康管理（PHM）的概念已经被提出很多年了，是一个被业内理解并使用的成熟概念。但是，在以往的设备健康管理中，往往都停留在理念上，到了工程实际中，如何实现健康管理？如何找到浴盆曲线？如何进行相应的分析比较？设备报警阈值如何设定？相应的标准如何使用？等诸多问题都困扰着现场工程师。传统的做法就是生硬参照设备标准进行设备维护，偶尔会加入一些人工经验，这使得设备维护和管理变得模糊、不够科学。

在引入了数字化和大数据分析技术之后，设备的信息更加密集全面，因此机械工程师终于可以通过大数据、人工智能手段对设备健康管理（PHM）的很多理论进行充分实践。

在以前的设备健康管理过程中工程师往往是从仪器仪表中读出数据，根据一些限值进行人工判断，在进行故障诊断的时候要利用人工的经验和知识来做判断。在大数据时代，使用大数据人工智能算法的时候，工程师们面对的不再是已经呈现出来的某些数字，而是一系列直接测量的数据。这就要求工程师们必须具备数据处理能力，同时根据分析目的，将处理完的数据通过算法搭建成具备业务目的的算法模型，最终通过算法模型实现数据的自动分析和判断。

对于风力发电机轴承系统而言，工程师们就需要利用前面讲述的内容对轴承系统的振动数据进行处理，在此基础之上搭建风力发电机组轴系统健康管理的算法模型。对设备健康数据的分析方法有传统的机理分析、统计分析，以及人工智能分析等方法。

设备健康管理与故障诊断的算法模型有很多种，同时这些技术的工程实际应用开展的时间也不长，因此仅就一些主流的，经过实践使用的模型方法进行介绍。

## 第一节 基于健康基准的 PHM 方法

设备维护的策略就是对设备自身状态的维护，当设备出现故障的时候可以及时发现，甚至期望可以提前预警。传统的设备健康管理的实施中，经常会依赖某些标准限值。对于振动而言就是振动的限值。当轴系统的振动高于这个限值的时候，工程师认为轴承系统振动异常，在这个基础之上进行更深入的分析。

这样的做法存在一些弊端。轴承系统的振动相关标准与实际投入运行的机组的个体状态存在差异，因此有时候风力发电机组轴承系统的振动还没有超过相应标准的时候轴承系统已经出现了故障。如果使用标准的限值报警方法，这样的情况就会被漏掉。总体标准无法照顾到不同工况、不同应用齿轮箱的个体差异。

另一方面，风力发电机组轴承系统的振动一旦超越了标准，就会被判定为故障状态。此时的报警已经是对现状的反应，无法实现提前预警。事实上，风力发电机组轴承系统在早期故障出现的时候，其整体的振动值应该不会达到报警标准的阈值。这也使得传统的阈值报警无法起到提前预警的功能。

工程师为了做到提前预警，会降低报警限值。但是困难的是，这种限值降低的标准比较难于获得。报警限值降低得不够，那么预警的目的就达不到；如果降低得过分，就会出现频繁的误报警。这也是一直困扰机械工程师的地方。

总体上传统的基于报警限值的健康管理方法其实质上是基于"故障"的健康管理。这在逻辑上也存在可以商榷的地方。

数字化时代，设备的状态数据可以大量的被获取和留存，使得设备的状态数据本身产生了可以利用的价值。其中最重要的就是用于界定设备健康的基准。

事实上，真正的健康管理实践是建立在一个重要概念——"设备健康状态"的概念之上的。所有的健康管理、故障甄别、状态评估等后续概念都应该建立在这个状态的定义的基础之上。因此，在对设备进行状态监测和故障诊断的第一个工作就是确定设备的"健康状态"是什么。

对于风力发电机组轴承系统而言，在我们进行振动分析的时候，首先需要确认轴系统的振动正常状态。在正常状态下，记录轴承的振动参数，作为后续比较的基准。

当风力发电机组轴承系统投入持续运行的时候，我们将轴承系统实时运行状态与轴承系统振动的正常状态基准进行比较，通过比较的差异来确定齿轮箱轴承系统健康程度（或者说亚健康程度）。不难发现，我们比较的基准是健康状态（不是传统概念的故障报警），是针对设备偏离健康状态的程度进行评估。

因此，基于齿轮箱轴承系统振动的智能运维方法是基于健康基准的 PHM 方法。

如果我们将传统的故障管理与使用大数据和人工智能技术的智能健康管理做一个对比，如图 22-1 所示。

基于齿轮箱轴承系统健康基准的 PHM 方法的核心包括几个部分：

1) 齿轮箱轴承系统振动指标的健康基准模型的建立；

2) 基于健康基准模型的齿轮箱轴承系统振动实时状态评估。

关于建立健康基准和对实时数据的健康评估，本书将介绍三种方法：基于工况相关性的动态阈值法、基于日常工况的动态阈值法、基于健康状态的特征向量法。

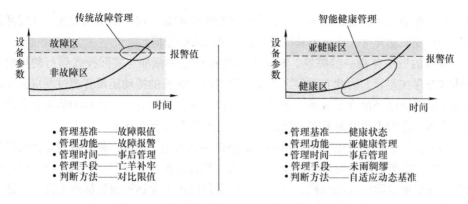

图 22-1　传统故障管理与智能健康管理的比较

# 第二节　基于工况相关性的动态阈值法

我们知道，风力发电机组轴承系统的振动与机组的工作状态相关。这些相关因素包括工作场地的温度和润滑情况、机组的负荷等诸多因素。这些因素都在直接、间接地影响着机组轴承系统的振动数值。

我们把齿轮箱工作的相关工况进行参数化，然后定义工况参数集 $C$。

$$C = \left[ c_1, c_2, \cdots, c_M \right] = \begin{pmatrix} x_{1,1} & \cdots & x_{M,1} \\ \vdots & \ddots & \vdots \\ x_{1,n} & \cdots & x_{M,n} \end{pmatrix} \tag{22-1}$$

其中

$$c_i = \left[ x_{i,1}, x_{i,2}, \cdots, x_{i,M} \right]^{\mathrm{T}} \tag{22-2}$$

$$i = 1, 2, \cdots$$

式中　$M$——工况参数的数量；

　　　$n$——工况参数数据的数量。

工况参数集 $C$ 中的参数选取可以由工程师根据实际测点的测量情况选取。请注意工况参数集合的选取应尽量考虑机理的相关性，这样可以帮助数据工程师提高降维分析的准确性，降低分析难度。

对于一台齿轮箱而言，我们的轴承振动测量点有 5~6 个：轴伸端径向水平；轴伸端径向垂直；轴伸端轴向；非轴伸端径向水平；非轴伸端径向垂直；非轴伸端轴向（与轴伸端可以二选一）。这些参数可以构成齿轮箱轴承系统振动的运行状态参数集 $P$。

$$P = [p_1, p_2, \cdots, p_{M1}] = \begin{pmatrix} x_{1,1} & \cdots & x_{M1,1} \\ \vdots & \ddots & \vdots \\ x_{1,n1} & \cdots & x_{M,n1} \end{pmatrix} \tag{22-3}$$

其中

$$p_i = [x_{i,1}, x_{i,2}, \cdots, x_{i,M1}]^{\mathrm{T}} \tag{22-4}$$

$$i = 1, 2, \cdots$$

式中　$M1$——工况参数的数量；

　　　　$n1$——工况参数数据的数量。

对于齿轮箱轴承系统的振动数据而言，齿轮箱轴承系统的状态参数 $P$ 就是两端轴承各个测点的振动数据。

齿轮箱运行的时候，其状态参数与工况参数存在一定的关系，表达式如下：

$$P = f(C) \tag{22-5}$$

式中　$P$——齿轮箱轴承系统运行参数集；

　　　　$C$——齿轮箱轴承系统工况参数集；

　　　　$f$——齿轮箱轴承系统参数关系函数。

当齿轮箱正常运行的时候：

$$P = f_{\mathrm{h}}(C) \tag{22-6}$$

式中　$f_{\mathrm{h}}$——齿轮箱轴承系统健康状态参数关系函数。

我们可以使用数据集 $P$、$C$ 通过神经网络等方法找到齿轮箱轴承系统健康状态参数关系 $f_{\mathrm{h}}$。此时 $f_{\mathrm{h}}$ 即为齿轮箱轴承系统的健康模型。

当齿轮箱投入实际运行时，工程师可以得到实时的工况参数集 $C_{\mathrm{r}}$ 和实时状态参数 $P_{\mathrm{r}}$。

通过齿轮箱轴承系统健康模型 $f_{\mathrm{h}}$，我们有：

$$P_{\mathrm{h}} = f_{\mathrm{h}}(C_{\mathrm{r}}) \tag{22-7}$$

式中　$P_{\mathrm{h}}$——齿轮箱健康状态下应有的运行参数；

　　　　$f_{\mathrm{h}}$——齿轮箱健康状态模型；

　　　　$C_{\mathrm{r}}$——齿轮箱实时工况参数。

我们通过对比设备实时状态参数 $P_{\mathrm{r}}$ 与设备健康状态下应有的运行参数 $P_{\mathrm{h}}$，就可以评估设备实时运行状态是否正常。

从上面分析可以得出，我们使用这种方法对风力发电机组实际运行状态进行健康建模，然后对比实时参数和应用健康参数之间的差异，以此评估轴承系统是否处于正常状态。整个分析过程中机组轴承系统的振动信号分析需要与工况参数之间进行关联分析。这种分析属于参数之间的互相关分析。

# 第三节　基于 3s 的动态阈值法

在前面我们介绍了风力发电机组轴承系统振动数据的互相关分析,但是在一些场合我们针对轴承系统振动参数本身也可以做自相关分析。这种分析方法仅针对参数本身实施分析。这种分析方法可以包含如下几种情况。

## 一、轴承系统工况稳定的情况

当齿轮箱工作状态稳定的时候,齿轮箱的振动本身应该为一个相对稳定的数值。由于测量等原因,这些测量值会围绕平均值呈现一个正态分布。

在齿轮箱正常工作的时候,我们测量齿轮箱轴承振动数据可以得到振动的均值,以及测量值的标准差 $\sigma$。所有的振动数值中 99.73% 的数据应该落入均值 $\pm 3\sigma$ 的区间内。

由此,我们知道,当齿轮箱振动的实测值超过均值 $\pm 3\sigma$ 时,齿轮箱轴承系统振动数据可能存在异常,一旦这样的情况持续,则表明齿轮箱轴承系统处于亚健康状态。

## 二、轴承系统工况不稳定的情况

上述工况稳定的 $3\sigma$ 判别方法在实验室里已经得到了很好的印证,但是对于工况变动的工程实际中,振动信号在一个相对较长的时间段内的幅值受到机组负载等因素的影响,并不稳定,因此振动值也不一定服从正态分布,因此基于稳定工况的 $3\sigma$ 判别方法无法使用。

这种情况下,可以通过划分工况区间的方法进行处理。如图 22-2 所示为一台设备功率曲线。通过这个曲线可以将设备工作分为两个区间,在每个区间内,轴系统的工作负载是稳定的,因此可以使用稳定工况下的 $3\sigma$ 判别方法。

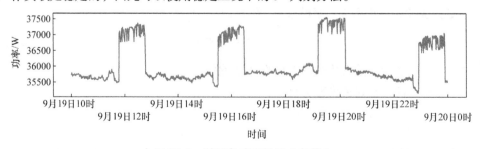

图 22-2　某设备功率数据（负载）

这种处理方法就是工况分仓的数据处理技术。在每个分仓的振动数据中,通过 $3\sigma$ 判别法判断振动是否超过限值。此处的限值不一定是振动监测标准中的限值,通常情况下这个限值会比标准中的数值低，一旦达到这个限值，系统提出警示，就可以在振动到达标准限值之前进行提前报警。

另外，在每个工况分仓的振动数据中，如果轴承系统的振动实际值呈现某种趋势（比如持续上升、急速上升）的时候，则可能预示着齿轮箱轴承系统裂化程度正在逐步恶化。

在实际工况中，如果不适用工况分仓的方法，也可以采用一定时间段内的最大值时段的方法。这种方法借鉴了传统非连续实时状态监测的做法，也就是在对设备进行巡检测量的时候取其最大值作为测量结果。

### 三、基于 3s 的动态阈值法判别传感器数据质量

基于 3s 的动态阈值法除了可以进行机组轴承系统健康程度的判别以外，还可以用于甄别振动数据质量问题。

事实上振动数据质量问题可能是传感器问题、变送器问题，甚至数据传输问题。一般的数据缺失等数据异常情况是可以通过数据处理方法进行排除的，但是有些由于传感器漂移、数据传输故障等引起的异常值则可以使用基于 3s 的动态阈值法进行甄别。这样甄别的目的是为了避免这些异常数据触发齿轮箱轴承系统振动异常的误报警。

首先，振动数据每次的获取都是一次量测，而每次量测都符合数据测量的基本规律——正态分布。因此我们对每一次量测进行分析，就可以找到异常的数据点。

同样对于一个工况变动的振动信号而言，振动数据如果是单次测量的，每次测量的数据是在一个测量时间内获得的，因此它符合正态分布，可以直接进行 3s 方法的甄别。

现在很多轴承振动监测系统采用的是连续测量的振动数据，因此这些振动数据是一个随着负载等情况变化的振动值，在一个相对较大的时间窗口内是一个连续变量。此时我们可以使用微分的方法，将这些数据分成很小的时间段，然后在这些时间段内进行 3s 方法的甄别。如图 22-3 所示。

图 22-3    不稳定工况下振动数据的微分处理

图 22-4 为图 22-2 设备在负载较大的工况下的振动数据。从图中可以看到，在这个工况下齿轮箱的振动呈现一定的波动，并且测量值有一些毛刺。因此我们将这段数据进行进一步的数据分仓，分仓的原则是单样本 KS 检验结果。首先设定一个数据长

度，然后用这个长度对所有数据进行切片，再使用 KS 检验来判断切片内数据是否符合正态分布。如果这个切片长度下的所有切片数据都符合正态分布，则这个切片长度被接受，否则重新选择数据切片长度。

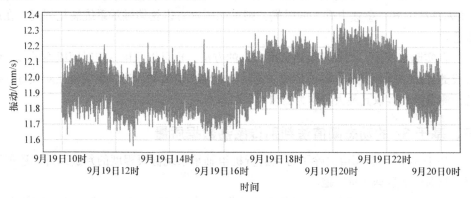

**图 22-4　负载波动时某设备轴承振动数据**

确定数据切片长度之后，可以在这个切片内计算 3s，然后便可确定这个切片内数据应该分布的区间。这个区间就是振动数据检测后的合理范围，超过这个范围，则可以认为是数据质量问题。

使用上面方法，针对上述数据选择的最优切片长度之后某段数据的分布情况如图 22-5、图 22-6 所示。

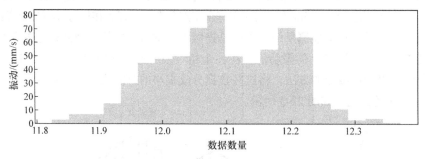

**图 22-5　切片后振动数据分布**

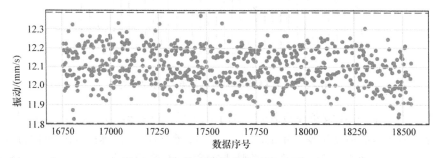

**图 22-6　切片内数据分布以及 3σ 范围**

将求出的 $3\sigma$ 通过切片均值的方法还原到整个振动数据中，可以得到振动数据的正常分布范围，同时可以看到个别点的数据异常，如图 22-7 所示。

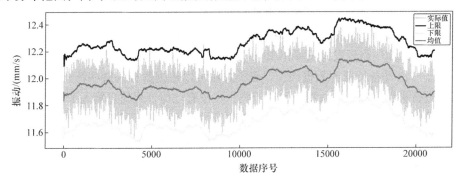

图 22-7　设备振动数据质量阈值范围

# 第四节　设备健康状态智能评估与识别

## 一、设备健康状态智能评估与识别的基本方法和过程

振动、温度等数据是多数旋转机械设备和风力发电机组状态运维（预测性维护的）重要参数，基于这些数据不仅可以评估设备健康状态，同时也可以对设备健康状态进行识别。从设备运行的浴盆曲线可以知道，设备运行的时候分为磨合期、运行期和故障期，基于振动特征的设备健康状态识别就是基于给定振动信号对设备所处的运行阶段进行识别的过程。随着人工智能技术的引入，使得这种识别得以从人工识别走向机器识别的阶段。

传统的依赖于人工的设备健康状态识别是通过人工对设备参数进行判读，从而得到设备正常与否的结论。设备健康状况智能识别的目的是通过算法和模型替代人工对设备的状况做出准确判断。对于健康状况智能识别模型而言，需要明确模型的输入和输出。

设备智能健康模型的输入应该是足以描述设备状态的参数。对于风力发电机组轴承而言，可能是振动参数或者温度参数等。而这些参数的采集需要根据分析目的确定正确的测量间隔和采样率。完成这一步骤就完成了对设备健康状态的描述（参数化）过程。

当设备健康状态参数以数据的方式被收集之后，需要对数据进行一定的加工。此处暂且忽略数据质量等问题（事实上这是一个工作量很大的工作，需要 IT 和数据处理技术支撑，与本书关联不大，因此暂且忽略）。在分析模型中，需要对原始数据的一些特征进行分析，因此在得到原始数据以后，需要根据分析目的提取相应的特征。例如，本书前面提到的，对于振动数据而言，常用的特征可能包括：一般频域特征、时域特征、轴承相关特定频域特征等。经过这一个步骤，原始数据变成了特征数据集，进入下一步分析。

对设备进行智能状态识别的输出是给出设备此时所处状态的判断或者分类。人工智能技术的主要功能包括回归、聚类、分类。这也是人工智能技术可以在这种设备健康状态识别工作中得以发挥重要作用的基础，此处作用最大的是聚类和分类技术。

对于一组具备特征的数据而言，聚类算法可以依据数据的某些特征（相似性等）对设备进行类别归拢，将数据分为若干类。在没有任何外界信息输入下的这项工作就属于无监督学习过程。在这个工作中，算法虽然对数据进行了聚类，但是算法并不知道这些类的实际含义，仅仅是因为这些数据特征具备某种相近性而实现的。在设备健康管理的过程中，设备健康参数因其某种特征而被算法聚类，但是算法仅仅从这些聚类中无法得知每种类别对应的是怎样的设备状态。

如果通过人工将算法的分类打上标签，那么算法就会根据数据特征进行聚类，同时标记上人工打的标签。如果将人工为某类数据所打的标签与这个数据类进行对应，期望算法在新的数据输入之后，自动的对输入数据的类别进行判断，这就是人工智能技术的另一个功能要求"分类"。这个过程中，算法按照人给出的标签，对应这个标签下的数据特征，判断新数据所属类别的过程因为有人工参与，因此属于监督学习。

对于机械设备而言，设备状态可能是"正常""早期失效""中期失效""晚期失效"，也可能就是"正常"与"非正常"。这些分类标签是与设备管理的业务语义相联系的，需要业务人员给出一个"状态字典"，以供分类算法进行监督学习。

对于一些情况下，设备的"状态字典"可以由人清楚的给定，有时候也存在人员难于界定的时候。例如，轴承在运转过程中，从磨合期进入稳定运行期的变化并不大，人工难以决定阶段边界；轴承在进入初期失效的时候，振动信号变化也很小，人也很难做出阶段判别。此时，有可能使用聚类技术，对数据进行聚类，然后辅以人工判别，最终给分类算法一个清楚的"状态字典"。

通过上述过程，借用多重人工智能算法的能力，可以实现对新输入数据的自动分类，也就完成了对设备新输入状态的智能识别。

通过人工智能算法对设备实现健康状态智能评估与识别的基本流程如图 22-8 所示。

在图 22-8 描述的流程中，当完成数据特征提取之后，可以通过设备正常状态基准下的数据特征，使用实时数据特征相似性进行状态评估。根据轴承等机械设备运行的浴盆曲线可以知道，设备稳定运行之后，当设备实时状态与正常状态（基准状态）出现偏离的时候，设备状态会出现劣化趋势（几乎没有更优化，除非发生某种维护动作），因此实时数据特征与基准特征之间的相似性就可以被理解为状态偏差的程度，从而实现了对设备实现了状态或者劣化程度的评估。根据轴承的劣化趋势，可以使用人工智能算法回归出劣化趋势曲线，从而确定维护时间窗口，为预测性维护提供依据。

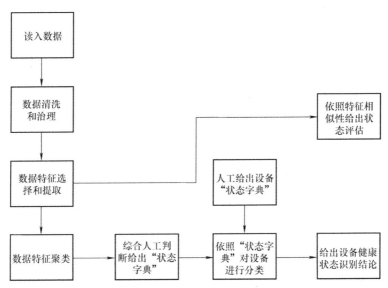

**图 22-8 设备健康状态智能评估与识别流程**

人工智能算法主要包括四类：聚类算法、分类算法、回归算法、降维算法。在常用的 MATLAB 和 Python 库里也有很多现成的模型可以调用。对于聚类算法，在 Python 的 sk-learn 库中常用的包括 MeanShift 聚类、亲和聚类、K-Means 聚类、均值飘逸聚类、高斯混合聚类、Brich 聚类、Optics 聚类、dbscan 聚类等多种模型；对于分类包括支持向量机（SVC）算法、最临近算法、逻辑回归算法、随机森林算法、决策树算法，以及多层感知神经网络算法等；对于回归算法包括支持向量机回归、脊回归、Lasso 回归、弹性网络、最小角回归、贝叶斯回归等；降维算法包括主成分分析（PCA）、非负矩阵分解（NMF）等。

对于大多数机械工程师而言，大可不必为上述种类繁多的具体算法而纠结，现在很多的编程语言都可以让工程师直接调用封装好的函数，并根据结果进行调整和选择，从而达到满意的效果。不论何种算法，都是一个数学计算机制，对于用户而言这些机制是实现功能的工具模块，巧妙地利用各种算法模块搭建出符合性能预期的模型，是工程师们的能力体现。本书中介绍的实现设备健康状态评估与识别的方法和流程仅仅是一种实践，工程师们可以根据自己的知识和经验搭建出其他的甚至性能更好的模型。

## 二、基于健康特征相似性的健康度评估

图 22-8 中，在设备数据完成采集和清洗之后，可以利用数据特征实现对设备的健康评估，本部分介绍的评估方式是基于数据特征进行的。

基于健康特征的方法对设备轴承系统进行状态评估首先需要对轴承系统振动信号进行特征提取。

对轴承系统的特征提取可以根据工程师的行业应用经验进行特征选择。表 21-2 为某风力发电机组轴承振动特征选取。

完成轴承系统故障特征选取之后，通过对轴承振动监测数据的处理我们可以得到轴承的状态特征向量 $B$。

完成轴承系统故障特征选取之后，通过对轴承振动监测数据的处理我们可以得到轴承的状态特征向量 $B$ 为

$$B = \left[ f^1, f^2, \cdots, f^k \right] \qquad (22\text{-}8)$$

在正常状态下，我们可以获取轴承的健康状态特征向量 $B_0$ 为

$$B_0 = \left[ f_0^1, f_0^2, \cdots, f_0^k \right] \qquad (22\text{-}9)$$

在 $t$ 时刻时，电机轴承的实时振动特征向量 $B_t$ 为

$$B_t = \left[ f_t^1, f_t^2, \cdots, f_t^k \right] \qquad (22\text{-}10)$$

两个特征向量的相对相似性为

$$RS_t = \frac{\left| \sum_{i=1}^{k} \left( f_0^i - \overline{f_0} \right) \left( f_t^i - \overline{f_t} \right) \right|}{\sqrt{\sum_{i=1}^{k} \left( f_0^i - \overline{f_0} \right)^2 \sum_{i=1}^{k} \left( f_0^i - \overline{f_t} \right)^2}} \qquad (22\text{-}11)$$

式中　　$k$——轴承特征向量的长度；

$f_0^i$——正常状态下轴承振动信号的第 $i$ 个特征；

$f_t^i$——第 $t$ 时刻轴承振动信号的第 $i$ 个特征；

$\overline{f_0}$——正常状态下轴承特征向量的均值；

$\overline{f_t}$——第 $i$ 时刻轴承特征向量的均值。

轴承当前特征与轴承正常状态下振动特征之间的相似性越低，意味着轴承当前情况下距离正常状态的偏离就越大，基于此，我们可以通过计算轴承偏离正常状态的程度来确定轴承的健康程度。

图 22-9 为基于轴承振动特征相似性的方法对某 1.5MW 风力发电机齿轮箱轴承振动状态的评估。

本案中，我们选取振动的若干时域特征以及一部分频域特征构建轴承的振动特征。风力发电机客户在轴承正常工作的时候（图 22-9 中所示为 6 月下旬）进行了第一次测量，在若干测量样本中我们得到了相对稳定的测量结果，从而得到电机轴承振动状态的健康样本。时隔半个月，客户分别进行两次测量，此时轴承的振动总体幅值

并没有显示超警。但是从分析结果来看，轴承在此时若干次测量之间存在一定的离散度，同时总体特征均值与健康状态总体均值存在一定偏差。8月底，用户对轴承再一次进行测量，得到相应数据，通过分析我们发现较大的特征差异。

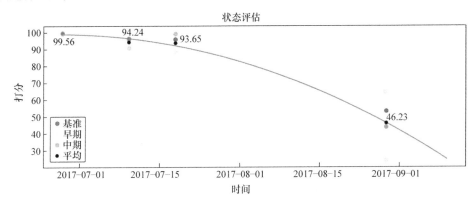

图 22-9　基于轴承振动特征相似性对某风力发电机齿轮箱轴承振动状态的评估

在上述分析中，风力发电机客户通过四次测量界定了风力发电机轴承的正常、早期和中期失效过程。

在这些数据的基础之上，我们通过曲线拟合得到轴承随时间劣化的曲线。事实上这条曲线就是浴盆曲线失效段的部分。基于这条曲线的应用，风力发电机用户可以推测出风力发电机轴承寿命预测、维护时间窗口等信息。

在数据丰富的前提下（例如上述案例，如果风力机用户每天或者每周进行一次测量），我们可以得到非常准确的风力发电机轴承振动特征数据，由此可以绘制相当准确的浴盆曲线。在浴盆曲线的基础之上，就可以准确的完成以后风力发电机轴承运行的寿命预计，预测性维护窗口计算，以及设备裂化程度评估。这些都是在大数据技术没有引入之前难于实现的。

基于健康特征相似度的健康度评估方法适用于以振动信号为特征参数的健康度评估，同时也适用于其他信号的评估，例如温度等。就其本质而言，是一个设备实时状态向量与基准向量之间的差异分析方法。因此推而广之，这种基于健康基准向量的向量相似性评估除了用于诊断设备本体的状态以外，经过一定的调整也可以用于风力发电机组发电性能、生产线工艺流程等其他领域。

这个思想在风力发电机组运行优化中的一个典型应用就是风功率优化问题。在风力发电机组的运行过程中，风速与发电功率的曲线就是常说的风功率曲线。风力发电机组长时间运行，经过各种风况下的数据积累可以得到一个风功率的数据状态，如图 22-10 所示。

由于数据传输、数据测量误差等问题，实际测量的风功率曲线存在较多偏离主趋势的数据点，在数据治理的时候采取一定的处理方式进行过滤。比如对于风功率测量而言，风速的测量偏差较大，因此可以以功率为基准，在相同功率下，取风速的$3\sigma$作为范围，滤除超差的数据。也可以根据测量时间进行降采样。

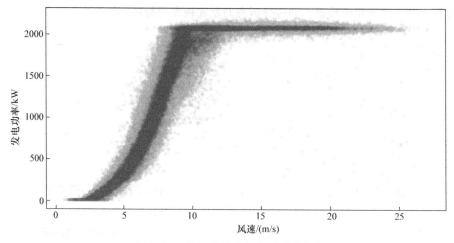

图 22-10　某风力发电机组风功率数据

从图中不难发现发电功率与风速呈现某种关系，因此可以用一些人工智能算法回归出相应的对应关系。如图 22-11 所示。

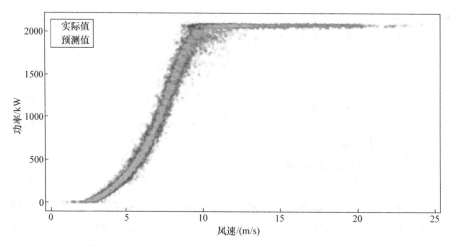

图 22-11　某风力发电机组风功率模型预测值与实际值

图 22-11 中是使用决策树模型回归出的某风力发电机组风功率曲线实际值与预测值。图中可以看到模型预测数值是准确的，因此这个模型可以用来对风力发电机组的实际运行进行预测计算。测定风速后，可以输入这个模型，从而计算功率预测值，将功率预测值与功率实测值进行对比，就可以知道当前风力发电机组的发电状态是否正常。也就是得到机组发电健康度的评估。

## 三、基于振动特征的设备健康状态智能识别

设备健康状态识别是设备智能健康管理的核心目标之一，当设备数据完成了图 22-8 中的特征提取之后，需要对设备状态进行划分以便进行后续的分类模型搭建。划分的方式有两种，一种方法是人工划分，直接生成"状态字典"；另一种方法就是通过聚类算法对设备状态特征进行聚类，划分出不同的状态，然后由人给出业务语义（状态定义，或者名称），生成"状态字典"。这种状态字典的自动生成方法姑且称之为"状态识别"。

下面以西安交通大学 SJTY-SY 滚动轴承加速寿命试验数据集为数据基础，介绍基于振动特征的设备健康状况识别方法。这个数据集的采集方式符合进行设备健康状况识别所需要的要求，试验轴承以一分钟为间隔进行测量，每次测量采集高频波形数据。随着轴承的运行，数据按照这样的采集方式连续采集，直至轴承失效。对于风力发电机组而言，可以使用增加测量时间间隔的方式有效地减少不必要的数据采集。

首先，在上述采集的数据基础之上，需要提取数据特征（振动特征）作为状态识别的基础，然后进行状态评估，之后搭建状态识别模型。在前面的章节中介绍了我们可以采用振动的时域特征、频域特征，或者联合使用。

当选择轴承的时域特征作为振动特征的时候，使用基于特征相似性的评估方法，得到如图 22-12 所示的状态评估结果。

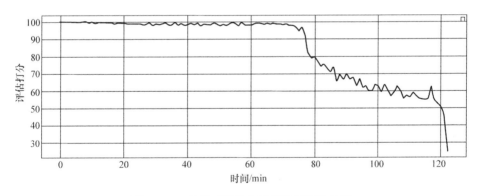

**图 22-12　基于时域特征的相似性评估结果**

当选择轴承一般频域特征作为振动特征的时候，使用基于特征相似性的评估方法得到如图 22-13 所示的状态评估结果。

将时域特征和一般频域特征联合起来作为特征的时候，使用基于特征相似性的评估方法得到如图 22-14 所示的状态评估结果。在当前的组合中，使用无侧重方式，也就是均等加权的方式，这样看到结果受到频域特征影响较大。

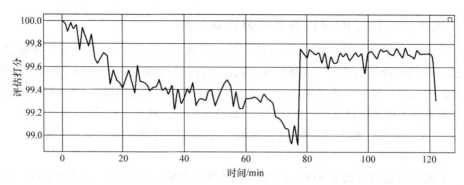

图 22-13 基于一般频域特征的相似性评估结果

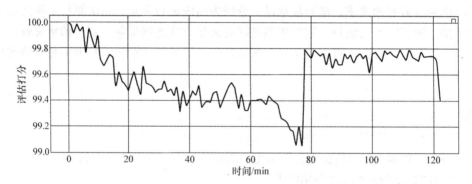

图 22-14 时域特征和一般频域特征联合的特征相似性评估结果

在上述三个评估结果中都可以明显看到在第 78min 处出现了明显的评估状态变化，这是通过人工观察发现的轴承出现失效的时间点，也是轴承健康状况识别算法模型需要自动完成的任务。

除了上述的失效点以外，通过人工观察，可以看到轴承从磨合期进入运行期的一个趋势，但是通过人工判断很难确定这个时间点的准确时间。因此我们借助人工智能的聚类算法进行划分。

首先，我们按照振动信号的时域特征和频域特征计算这个轴承的所有特征值，如图 22-15 所示。

| | 平均值 | 标准差 | 方根幅值 | 方均根值 | 峰值 | 歪度 | 峭度 | 峰值指标 | 裕度指标 | 波形指标 | ... | F3 | F4 | F5 | F6 | F7 | F8 | F9 | F10 | F11 | F12 |
|---|---|---|---|---|---|---|---|---|---|---|---|---|---|---|---|---|---|---|---|---|---|
| 0 | -0.007343 | 0.563851 | 0.380476 | 0.563890 | 2.442110 | -0.001797 | 0.071352 | 4.486485 | 6.640262 | 1.255225 | ... | 21.782207 | 1283.668792 | 5896.260944 | 164.371205 | 6882.157519 | 9627.484531 | 0.714845 | 0.027877 | 4.991791 | 909.918487 |
| 1 | -0.007776 | 0.589035 | 0.397673 | 0.589078 | 3.409374 | -0.014991 | 0.137942 | 6.150471 | 9.110756 | 1.255127 | ... | 24.247487 | 1557.780080 | 5943.933091 | 166.417154 | 6907.341995 | 9590.686081 | 0.720214 | 0.027998 | 4.394793 | 876.290341 |
| 2 | -0.001499 | 0.589043 | 0.397692 | 0.589526 | 2.092943 | 0.246259 | 0.534563 | 8.352637 | 784.394925 | | ... | 16.586788 | 784.394925 | 5981.902086 | 168.473878 | 6950.387158 | 9631.963986 | 0.721586 | 0.028164 | 4.121445 | 855.656583 |
| 3 | 0.006744 | 0.597245 | 0.400627 | 0.597274 | 2.706081 | 0.013673 | 0.248190 | 4.809954 | 7.172111 | 1.261111 | ... | 19.256155 | 1091.945225 | 6050.467147 | 169.220669 | 7000.565181 | 9634.734451 | 0.726600 | 0.027968 | 3.860865 | 843.745676 |
| 4 | -0.012305 | 0.604529 | 0.405677 | 0.604645 | 3.831744 | 0.036585 | 0.393918 | 6.841896 | 10.975577 | 1.260507 | ... | 17.149218 | 903.824858 | 6150.340504 | 171.713487 | 7092.783471 | 9683.220186 | 0.732482 | 0.027919 | 2.905471 | 816.201670 |
| 118 | -0.065281 | 3.631924 | 2.069754 | 3.632455 | 20.427847 | -0.326061 | 2.178086 | 5.723393 | 10.044659 | 1.397848 | ... | 24.415604 | 991.182784 | 6525.017844 | 419.143856 | 7705.198291 | 10461.965627 | 0.736496 | 0.064236 | -0.240840 | 148.991784 |
| 119 | 0.014668 | 3.819861 | 2.208606 | 3.819631 | 20.123186 | -0.216933 | 1.818709 | 5.466961 | 9.454471 | 1.383568 | ... | 24.913986 | 1026.709385 | 6489.960828 | 429.319201 | 7696.033365 | 10489.131255 | 0.733715 | 0.066151 | -0.169365 | 142.978298 |
| 120 | -0.035000 | 3.987385 | 2.334231 | 3.987478 | 24.020505 | -0.232629 | 1.754336 | 6.215812 | 10.618235 | 1.374715 | ... | 24.484249 | 976.792177 | 6178.707335 | 430.763205 | 7425.068714 | 10397.265866 | 0.714137 | 0.069717 | 0.953358 | 141.952374 |
| 121 | 0.033517 | 4.339416 | 2.556862 | 4.339480 | 20.856667 | -0.278719 | 1.563654 | 5.048635 | 8.566492 | 1.367970 | ... | 23.614531 | 935.555842 | 5972.638351 | 447.759615 | 7255.058647 | 10352.615168 | 0.700795 | 0.074968 | 1.579341 | 132.743622 |
| 122 | 0.002012 | 7.268389 | 4.402638 | 7.268278 | 32.676291 | -0.274624 | 1.529066 | 4.897692 | 8.085588 | 1.348368 | ... | 22.411187 | 800.891420 | 5254.255779 | 524.091156 | 6640.356543 | 10251.294483 | 0.647758 | 0.099746 | 3.647836 | 105.604285 |

图 22-15 时域特征和频域特征计算得出的所有特征值

在图中，每一行是一个时间单位内的特征值组成的特征向量。在使用人工智能算法之前，首先对这些特征进行标准化处理，然后使用 K-means 算法对这些特征向量进行聚类。得到如图 22-16 所示的评价结果。

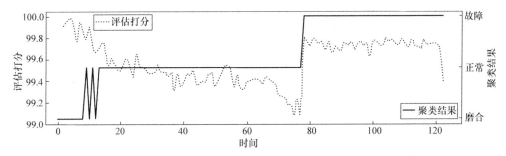

图 22-16　基于振动特征的状态识别

图中可以明显地看到人工智能算法模型的分类将状态划分为三类，并且为每一个时间点的振动数据特征量打上了标签，从这些标签中可以看到具体的时间点。图 22-16 中两个区域边界处的标签情况见表 22-1 和表 22-2。

表 22-1　风力发电机组电机非驱动端轴承运行状态评估结论

|  | 时间 | 状态 |
|---|---|---|
| 5 | 5 | 磨合 |
| 6 | 6 | 磨合 |
| 7 | 7 | 磨合 |
| 8 | 8 | 磨合 |
| 9 | 9 | 正常 |
| 10 | 10 | 磨合 |
| 11 | 11 | 正常 |
| 12 | 12 | 磨合 |
| 13 | 13 | 正常 |
| 14 | 14 | 正常 |
| 15 | 15 | 正常 |

表 22-2　风力发电机组轴承状态分类模型结果比对

|  | 时间 | 状态 |
|---|---|---|
| 75 | 75 | 正常 |
| 76 | 76 | 正常 |
| 77 | 77 | 正常 |
| 78 | 78 | 故障 |
| 79 | 79 | 故障 |

从算法模型对轴承由磨合期进入正常运行期的状态识别表格中可以看到轴承从第 9min 开始由磨合状态进入正常运行期，在第 13min 完成状态转换，完全进入正常运行期；在轴承由正常运行期进入故障去的状态识别表格中可以看到轴承在第 78min 进入故障区运行。

这样，我们完成了对每一个状态的特征向量的标注，为后续分类工作提供了"状态字典"。但是基于这个状态字典对实时数据参数状态特征向量进行识别，则需要使用下一步的分类算法。

进行设备状态特征识别的时候，先输入设备状态特征，期望算法模型给出识别结果。这里识别特征是自变量，设备状态识别结果（按照状态字典给设备打出的标签）是因变量。

首先将设备状态特征作为整体数据集，在数据集中划分训练数据集和测试数据集。选择合适的算法对模型进行训练，形成识别模型（分类模型）。然后将测试数据自变量输入识别模型，计算出预测结果（算法模型给出的状态标签）。将测试数据集对应的实际结果（测试数据集中已经有的状态标签）与预测结果进行比对，观察误差。如果误差较大，重新训练，直至结果符合预期。

下面是一个基于 Python 的简单的设备状态特征分类代码，这段代码中包括了使用决策树、支持向量机、K 临近和 Adaboost 四种算法的分类模型。一般分类算法的误差由 mean square error 和 accuracy score 进行判断。但是在这里，我们判断准确程度是利用原有标签和预测标签的差异来进行的，因此就没有使用上述两个变量。

```python
from sklearn.model_selection import train_test_split
from sklearn.metrics import mean_squared_error
from sklearn.metrics import accuracy_score
from sklearn import preprocessing

#引入不同的算法进行分类
from sklearn.tree import DecisionTreeClassifier
from sklearn.svm import SVC
from sklearn.neighbors import KNeighborsClassifier
from sklearn.ensemble import AdaBoostClassifier


#生成数据集
Data1=data   #
Data1['评分']=labels

y=Data1['评分'].values.reshape(-1,1)
x=Data1

#划分训练数据与测试数据
train_x,test_x,train_y,test_y=train_test_split(x,y,test_size=0.4)

#训练集标准化
ss=preprocessing.StandardScaler()
ss_train_x=ss.fit_transform(train_x)
ss_test_x=ss.fit_transform(test_x)


#选择模型
#clas_model=DecisionTreeClassifier()
clas_model=SVC()
#clas_model=KNeighborsClassifier()
#clas_model=AdaBoostClassifier()


#模型型训练与预测

#clas_model=DecisionTreeClassifier()
clas_model.fit(ss_train_x,train_y)
predict_y=clas_model.predict(ss_test_x)
result=pd.DataFrame(test_x['评分'])
result['pred']=predict_y
err=len(result[(result['评分']-result['pred'])!=0)])
print(err)
result
#print('mse', mean_squared_error(test_y,predict_y))
#print('accuracy_score',accuracy_score(test_y,predict_y))
```

## 四、基于风力发电机组轴承振动特征相似性的轴承运行状态评估与识别案例

本节中所介绍的方法可以很好地适用于风力发电机组轴承的运行状态评估与识别。下面我们使用某风力发电机组发电机非驱动端轴承的实际运行振动数据进行分析。

这个发电机组中对发电机轴承安装了径向振动传感器，传感器输出加速度测量信号，采样率为 25600 点/s。发电机用户不定期地收集振动加速度信号以进行状态监测。我们分别得到了从 2020 年 3 月 28 日到 2022 年 5 月 18 日的 15 次测量数据作为研究目标数据集，对期间的轴承运行状态进行评估和识别。

图 22-17 是基于振动信号的轴承运行状态评估与识别算法模型分析过程，经过上述计算，得到对 15 次测量数据的评估结果见图 22-18 和表 22-3。

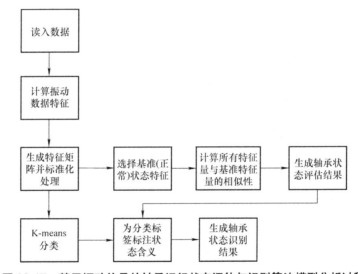

**图 22-17　基于振动信号的轴承运行状态评估与识别算法模型分析过程**

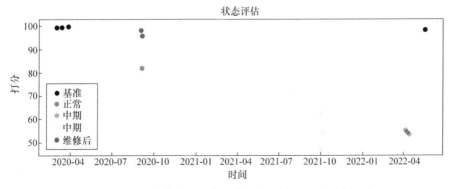

**图 22-18　风力发电机组电机非驱动端轴承运行状态评估**

表 22-3 风力发电机组电机非驱动端轴承运行状态评估结论

| | 测量时间 | 状态识别结论 |
|---|---|---|
| 0 | 2020-03-28 01:48:00 | 正常 |
| 1 | 2020-03-13 03:02:00 | 正常 |
| 2 | 2020-03-04 00:34:00 | 正常 |
| 3 | 2020-09-03 01:51:00 | 正常 |
| 4 | 2020-09-04 15:56:00 | 正常 |
| 5 | 2020-09-06 16:03:00 | 正常 |
| 6 | 2021-09-29 11:09:00 | 早期 |
| 7 | 2021-10-04 23:56:00 | 早期 |
| 8 | 2021-10-01 03:12:00 | 早期 |
| 9 | 2022-04-07 22:57:00 | 中期 |
| 10 | 2022-04-09 17:05:00 | 中期 |
| 11 | 2022-04-12 13:15:00 | 中期 |
| 12 | 2022-05-18 23:28:00 | 正常 |
| 13 | 2022-05-18 05:26:00 | 正常 |
| 14 | 2022-05-18 03:26:00 | 正常 |

从上图可以看懂，轴承的运行状态随时间流逝而劣化，与状态识别结论对应的是2020 年的两组数据均识别为正常，2021 年 10 月的数据识别为早期故障，2022 年 4 月的数据识别为中期故障，2022 年 5 月的数据识别为正常。

在进行双盲识别之后与风场运维人员比对结果了解到，设备在 2021 年 10 月经人工判别为故障初期，一直到 2022 年 4 月被判定为中期故障需要进行维修，于是完成维修后在 2022 年 5 月重新测量数据。在双盲实验中，算法模型判别结果与实际情况完全吻合，证明了算法模型的准确性。

在上述评估基础之上，如果要实现对未来新数据特征的状态识别，就需要通过分类算法模型得到预测模型（状态识别模型），我们同样用前面提到的方法将所有的 15次测量结果划分出训练数据集和测试数据集，然后训练分类模型之后对测试数据进行测试，得到表 22-4 的比对结论。比对结果完全符合要求，因此可以使用这个模型对未来的数据特征进行评估。

表 22-4 风力发电机组轴承状态分类模型结果比对

| 测量时间 | 评分 | pred |
|---|---|---|
| 2021-09-29 11:09:00 | 2 | 2 |
| 2020-03-04 00:34:00 | 0 | 0 |
| 2022-05-18 05:26:00 | 0 | 0 |
| 2020-09-06 16:03:00 | 0 | 0 |
| 2022-04-09 17:05:00 | 1 | 1 |
| 2022-05-18 03:26:00 | 0 | 0 |

# 附　录

## 附录1　电机轴承故障对照表（GB/T 24611—2020/ISO 15243：2017）

| 分类 | 可能的原因 | 磨损：磨损增大 | 磨损：磨伤 | 磨损：划伤 | 磨损：咬粘痕迹和涂抹 | 磨损：擦伤和咬粘痕迹 | 磨损：波纹状凹槽和搓板纹 | 磨损：振痕 | 磨损：过热运转 | 疲劳：点状表面疲劳 | 疲劳：小片剥落和片状剥落 | 腐蚀：一般性腐蚀（生锈） | 腐蚀：微动腐蚀 | 腐蚀：电蚀环坑和波纹状凹槽 | 断裂：贯穿裂纹和断裂 | 断裂：保持架断裂 | 断裂：局部片状剥落和碎屑 | 变形：变形 | 变形：压痕 | 变形：印痕 | 裂纹：热裂纹 | 裂纹：热处理裂纹 | 裂纹：磨削裂纹 |
|---|---|---|---|---|---|---|---|---|---|---|---|---|---|---|---|---|---|---|---|---|---|---|---|
| 润滑剂 | 润滑剂不充分 | ● | | | ● | ● | | | ● | ● | ● | | | | | ● | | | | | ● | | |
| 润滑剂 | 润滑剂过多 | | | | | | | | ● | | | | | | | | | | | | | | |
| 润滑剂 | 黏度不合适 | ● | | | ● | ● | | | ● | | | | | | | ● | | | | | ● | | |
| 润滑剂 | 质量不合格 | ● | | | | | | | ● | ● | ● | | | | | | | | | | ● | | |
| 润滑剂 | 污染物 | ● | ● | ● | | | | | ● | ● | ● | | | | | | | ● | | | | | |
| 工作条件 | 速度过高 | ● | | | ● | | | | ● | ● | | | | | | ● | | | ● | | | | |
| 工作条件 | 载荷过大 | ● | | | ● | | | | ● | ● | ● | | | | ● | | | ● | ● | | | | |
| 工作条件 | 载荷经常变化 | ● | | ● | ● | | | | ● | ● | ● | | | | | ● | | | | | | | |
| 工作条件 | 振动 | ● | | | ● | | ● | | ● | | | | ● | | | | | | | | | | |
| 工作条件 | 电流通过 | | | | | | ● | | | | | | | ● | | | | | | | | | |
| 安装 | 电绝缘不良 | | | | | | ● | | ● | ● | ● | | | ● | | | | | | | | | |
| 安装 | 安装不良 | | | | ● | | | | | | ● | | | | ● | ● | ● | ● | ● | ● | | | |
| 安装 | 受热不均 | ● | | | | | | | | | | | | | | | | ● | | | ● | | |
| 安装 | 偏斜 | ● | | | | | ● | | | | | | | | ● | ● | ● | | | | ● | | |
| 安装 | 不应有的预负荷 | ● | ● | | | | | | ● | ● | | | | | ● | ● | ● | | | | ● | | |
| 安装 | 冲击 | ● | ● | | | | | | | | | | | | | ● | | | | | | | |
| 安装 | 固定不当 | ● | ● | | ● | | | | ● | ● | | | | | | ● | | | ● | | | | |
| 安装 | 支撑表面不光滑 | ● | | | | | | | ● | ● | | | ● | | | ● | ● | | | | | | |
| 安装 | 配合不正确 | ● | ● | | | | | | ● | ● | | | ● | | | ● | ● | | ● | | | | |
| 设计 | 轴承选型不当 | | | | ● | ● | | | | ● | | | ● | | | ● | ● | | | | | | |
| 设计 | 相邻零部件不匹配 | | | | | | | | | ● | | | ● | | ● | ● | ● | | | | | | |
| 储运 | 储存不当 | | | | | | | | | | | ● | | | | | | | | | | | |
| 储运 | 运输过程发生的振动 | | | | | ● | ● | ● | | | | | ● | | | | | | ● | ● | | | |
| 制造 | 热处理不当 | ● | | | | | | | ● | ● | ● | | | | | | | | | | | ● | |
| 制造 | 磨削不当 | | | | | | | | | | | | | | | | | | | | | | ● |
| 制造 | 表面精加工不良 | ● | ● | | | | | | | ● | ● | | | | | | | | | | | | |
| 制造 | 应用零件不精密 | ● | ● | | | | | | ● | ● | | | | | ● | | | | | | | | |
| 材料 | 组织缺陷 | | | | | | | | | ● | ● | | | | ● | | | | | | | | |
| 材料 | 材料不匹配 | ● | | | ● | ● | | | | | | | | | | | | ● | | | | | |

## 附录 2  深沟球轴承的径向游隙（GB/T 4604.1—2012）

| 内径范围/mm | 游隙组别（代号） | | | | |
|---|---|---|---|---|---|
| | 2 组（C2） | 0 组 | 3 组（C3） | 4 组（C4） | 5 组（C5） |
| | 游隙范围/μm | | | | |
| >6 ~ 10 | 0 ~ 7 | 2 ~ 13 | 8 ~ 23 | 14 ~ 29 | 20 ~ 37 |
| >10 ~ 18 | 0 ~ 9 | 3 ~ 18 | 11 ~ 25 | 18 ~ 33 | 25 ~ 45 |
| >18 ~ 24 | 0 ~ 10 | 5 ~ 20 | 13 ~ 28 | 20 ~ 36 | 28 ~ 48 |
| >24 ~ 30 | 1 ~ 11 | 5 ~ 20 | 13 ~ 23 | 23 ~ 41 | 30 ~ 53 |
| >30 ~ 40 | 1 ~ 11 | 6 ~ 20 | 15 ~ 33 | 28 ~ 46 | 40 ~ 64 |
| >40 ~ 50 | 1 ~ 11 | 6 ~ 23 | 18 ~ 36 | 30 ~ 51 | 45 ~ 73 |
| >50 ~ 65 | 1 ~ 15 | 8 ~ 28 | 23 ~ 43 | 38 ~ 61 | 55 ~ 90 |
| >65 ~ 80 | 1 ~ 15 | 10 ~ 30 | 25 ~ 51 | 46 ~ 71 | 65 ~ 105 |
| >80 ~ 100 | 1 ~ 18 | 12 ~ 36 | 30 ~ 58 | 53 ~ 84 | 75 ~ 120 |
| >100 ~ 120 | 2 ~ 20 | 15 ~ 41 | 36 ~ 66 | 61 ~ 97 | 90 ~ 140 |
| >120 ~ 140 | 2 ~ 23 | 18 ~ 48 | 41 ~ 81 | 71 ~ 114 | 105 ~ 160 |
| >140 ~ 160 | 2 ~ 23 | 18 ~ 53 | 46 ~ 91 | 81 ~ 130 | 120 ~ 180 |
| >160 ~ 180 | 2 ~ 25 | 20 ~ 61 | 53 ~ 102 | 91 ~ 147 | 135 ~ 200 |
| >180 ~ 200 | 2 ~ 30 | 25 ~ 71 | 63 ~ 117 | 107 ~ 163 | 150 ~ 230 |
| >200 ~ 225 | 2 ~ 35 | 25 ~ 85 | 75 ~ 140 | 125 ~ 195 | 175 ~ 265 |
| >225 ~ 250 | 2 ~ 40 | 30 ~ 95 | 85 ~ 160 | 145 ~ 225 | 205 ~ 300 |
| >250 ~ 280 | 2 ~ 45 | 35 ~ 105 | 90 ~ 170 | 155 ~ 245 | 225 ~ 340 |

## 附录 3  圆柱滚子轴承的径向游隙（GB/T 4604.1—2012）

| 内径范围/mm | 游隙组别（代号） | | | | |
|---|---|---|---|---|---|
| | 2 组（C2） | 0 组 | 3 组（C3） | 4 组（C4） | 5 组（C5） |
| | 游隙范围/μm | | | | |
| 10 | 0 ~ 25 | 20 ~ 45 | 35 ~ 60 | 50 ~ 75 | — |
| >10 ~ 24 | 0 ~ 25 | 20 ~ 45 | 35 ~ 60 | 50 ~ 75 | 65 ~ 90 |
| >24 ~ 30 | 0 ~ 25 | 20 ~ 45 | 35 ~ 60 | 50 ~ 75 | 70 ~ 95 |
| >30 ~ 40 | 5 ~ 30 | 25 ~ 50 | 45 ~ 70 | 60 ~ 85 | 80 ~ 105 |
| >40 ~ 50 | 5 ~ 35 | 30 ~ 60 | 50 ~ 80 | 70 ~ 100 | 95 ~ 125 |
| >50 ~ 65 | 10 ~ 40 | 40 ~ 70 | 60 ~ 90 | 80 ~ 110 | 110 ~ 140 |
| >65 ~ 80 | 10 ~ 45 | 40 ~ 75 | 65 ~ 100 | 90 ~ 125 | 130 ~ 165 |
| >80 ~ 100 | 15 ~ 50 | 50 ~ 85 | 75 ~ 110 | 105 ~ 140 | 155 ~ 190 |
| >100 ~ 120 | 15 ~ 55 | 50 ~ 90 | 85 ~ 125 | 125 ~ 165 | 180 ~ 220 |
| >120 ~ 140 | 15 ~ 60 | 60 ~ 105 | 100 ~ 145 | 145 ~ 190 | 200 ~ 245 |
| >140 ~ 160 | 20 ~ 70 | 70 ~ 120 | 115 ~ 165 | 165 ~ 215 | 225 ~ 275 |
| >160 ~ 180 | 25 ~ 75 | 75 ~ 125 | 120 ~ 170 | 170 ~ 220 | 250 ~ 300 |

（续）

| 内径范围/mm | 游隙组别（代号） | | | | |
|---|---|---|---|---|---|
| | 2 组（C2） | 0 组 | 3 组（C3） | 4 组（C4） | 5 组（C5） |
| | 游隙范围/μm | | | | |
| >180~200 | 35~90 | 90~145 | 140~195 | 195~250 | 275~330 |
| >200~225 | 45~105 | 105~165 | 160~220 | 220~280 | 305~365 |
| >225~250 | 45~110 | 110~175 | 170~235 | 235~300 | 330~395 |
| >250~280 | 55~125 | 125~195 | 190~260 | 260~330 | 370~440 |

## 附录 4   开启式深沟球轴承（60000 型）的极限转速值

| 规格/mm | | 极限转速/(r/min) | 规格/mm | | 极限转速/(r/min) |
|---|---|---|---|---|---|
| 内径 | 外径 | | 内径 | 外径 | |
| 10 | 19，22，26，30，35 | 26000~18000 | 60 | 78，85，95，110，130，150 | 6700~4500 |
| 12 | 21，24，28，32，37 | 22000~17000 | 65 | 90，100，120，160 | 6000~4300 |
| 15 | 24，28，32，35，42 | 20000~16000 | 70 | 90，110，125，150，180 | 6000~3800 |
| 17 | 26，30，35，40，47，62 | 19000~11000 | 75 | 95，105，115，130，160，190 | 5600~3600 |
| 20 | 32，37，42，47，52，72 | 17000~9500 | 80 | 100，110，125，140，170，200 | 5300~3400 |
| 25 | 37，42，47，52，62，80 | 15000~8500 | 85 | 110，120，130，150，180，210 | 4800~3200 |
| 30 | 42，47，55，62，72，90 | 12000~8000 | 90 | 125，140，160，190，225 | 4500~2800 |
| 35 | 47，55，62，72，80，100 | 10000~6700 | 95 | 120，145，170，200 | 4300~3200 |
| 40 | 52，62，68，80，90，110 | 9500~6300 | 100 | 140，150，180，215，250 | 4000~2400 |
| 45 | 58，75，85，100，120 | 8500~5600 | 105 | 130，160，190，225 | 3800~2600 |
| 50 | 65，72，80，90，110，130 | 8000~5300 | 110 | 150，170，200，240，280 | 3600~2000 |
| 55 | 72，90，100，120，140 | 7500~4800 | 120 | 150，165，180，215，260 | 3400~2200 |

## 附录 5   带防尘盖的深沟球轴承（60000 – Z 型和 60000 – 2Z 型）的极限转速值

| 规格/mm | | 极限转速/(r/min) | 规格/mm | | 极限转速/(r/min) |
|---|---|---|---|---|---|
| 内径 | 外径 | | 内径 | 外径 | |
| 20 | 42，47，52 | 15000~13000 | 55 | 90，100，120 | 6300~5300 |
| 25 | 47，52，62 | 13000~10000 | 60 | 95，110，130 | 6000~5000 |
| 30 | 55，62，72 | 10000~8000 | 65 | 100，120，140 | 5600~4500 |
| 35 | 62，72，80 | 9000~8000 | 70 | 110，125，150 | 5300~4300 |
| 40 | 68，80，90 | 8500~7000 | 75 | 115，130，160 | 5000~4000 |
| 45 | 75，85，100 | 8000~6300 | 80 | 125，140 | 4800~4300 |
| 50 | 80，90，110 | 7000~6000 | 85 | 130，150 | 4500~4000 |

## 附录 6　带密封圈的深沟球轴承（60000 – RS 型、2RS 型、RZ 型、2RZ 型）的极限转速值

| 规格/mm | | 极限转速 | 规格/mm | | 极限转速 |
|---|---|---|---|---|---|
| 内径 | 外径 | /（r/min） | 内径 | 外径 | /（r/min） |
| 20 | 42，47，52 | 9500 ~ 8500 | 55 | 90，100，120 | 4500 ~ 3800 |
| 25 | 47，52，62 | 8500 ~ 7000 | 60 | 95，110，130 | 4300 ~ 3600 |
| 30 | 55，62，72 | 7500 ~ 6300 | 65 | 100，120，140 | 4000 ~ 3200 |
| 35 | 62，72，80 | 6300 ~ 5600 | 70 | 110，125，150 | 3800 ~ 3000 |
| 40 | 68，80，90 | 6000 ~ 5000 | 75 | 115，130，160 | 3600 ~ 2800 |
| 45 | 75，85，100 | 5600 ~ 4500 | 80 | 125，140，170 | 3400 ~ 2600 |
| 50 | 80，90，110 | 5000 ~ 4300 | 85 | 130，150，180 | 3200 ~ 2400 |

## 附录 7　内圈或外圈无挡边的圆柱滚子轴承（NU0000 型、NJ0000 型、NUP0000 型、N0000 型、NF0000 型）的极限转速值

| 规格/mm | | 极限转速 | 规格/mm | | 极限转速 |
|---|---|---|---|---|---|
| 内径 | 外径 | /（r/min） | 内径 | 外径 | /（r/min） |
| 50 | 80，90，110，130 | 6300 ~ 4800 | 95 | 170，200，240 | 3200 ~ 2200 |
| 55 | 90，100，120，140 | 5600 ~ 4300 | 100 | 150，180，215，250 | 3400 ~ 2000 |
| 60 | 95，110，130，150 | 5300 ~ 4000 | 105 | 160，190，225 | 3200 ~ 2200 |
| 65 | 120，140，160 | 4500 ~ 3800 | 110 | 170，200，240，280 | 3000 ~ 1800 |
| 70 | 110，125，150，180 | 4800 ~ 3400 | 120 | 180，215，260，310 | 2600 ~ 1700 |
| 75 | 130，160，190 | 4000 ~ 3200 | 130 | 200，230，280，340 | 2400 ~ 1500 |
| 80 | 125，140，170，200 | 4300 ~ 3000 | 140 | 210，250，300，360 | 2000 ~ 1400 |
| 85 | 150，180，210 | 3600 ~ 2800 | 150 | 225，270，320，380 | 1900 ~ 1300 |
| 90 | 140，160，190，225 | 3800 ~ 2400 | 160 | 240，290，340 | 1800 ~ 1400 |

## 附录 8　单列圆锥滚子轴承（30000 型）的极限转速值

| 规格/mm | | 极限转速 | 规格/mm | | 极限转速 |
|---|---|---|---|---|---|
| 内径 | 外径 | /（r/min） | 内径 | 外径 | /（r/min） |
| 50 | 72，80，90，110 | 5000 ~ 3800 | 90 | 125，140，160，190 | 3200 ~ 1900 |
| 55 | 90，100，120 | 4000 ~ 3400 | 95 | 145，170，200 | 2400 ~ 1800 |
| 60 | 85，95，110，130 | 4000 ~ 3200 | 100 | 150，180，215 | 2200 ~ 1600 |
| 65 | 100，120，140 | 3600 ~ 2800 | 105 | 160，190，225 | 2000 ~ 1500 |
| 70 | 100，110，125，150 | 3600 ~ 2600 | 110 | 150，170，200，240 | 2000 ~ 1400 |
| 75 | 115，130，160 | 3200 ~ 2400 | 120 | 180，215，260 | 1700 ~ 1300 |
| 80 | 125，140，170 | 3000 ~ 2200 | 130 | 180，200，230，280 | 1700 ~ 1100 |
| 85 | 120，130，150，180 | 3400 ~ 2000 | 140 | 190，210，250，300 | 1600 ~ 1000 |

## 附录9　单向推力球轴承（510000型）的极限转速值

| 规格/mm | | 极限转速/(r/min) | 规格/mm | | 极限转速/(r/min) |
|---|---|---|---|---|---|
| 内径 | 外径 | | 内径 | 外径 | |
| 50 | 70，78，95，110 | 3000～1300 | 90 | 120，135，155，190 | 1700～670 |
| 55 | 78，90，105，120 | 2800～1100 | 100 | 135，150，170，210 | 1600～600 |
| 60 | 85，95，110，130 | 2600～1000 | 110 | 145，160，190，230 | 1500～530 |
| 65 | 90，100，115，140 | 2400～900 | 120 | 155，170，210 | 1400～670 |
| 70 | 95，105，125，150 | 2200～850 | 130 | 170，190，225，270 | 1300～430 |
| 75 | 100，110，135，160 | 2000～800 | 140 | 180，200，240，280 | 1200～400 |
| 80 | 105，115，140，170 | 1900～750 | 150 | 190，215，250，300 | 1100～380 |
| 85 | 110，125，150，180 | 1800～700 | 160 | 200，225，270 | 1000～500 |

## 附录10　单向推力圆柱滚子轴承（80000型）的极限转速值

| 规格/mm | | 极限转速/(r/min) | 规格/mm | | 极限转速/(r/min) |
|---|---|---|---|---|---|
| 内径 | 外径 | | 内径 | 外径 | |
| 40 | 60，68 | 2400，1700 | 85 | 110，125 | 1300，900 |
| 50 | 78 | 2400 | 90 | 120 | 1200 |
| 55 | 78，90 | 1900，1400 | 100 | 150 | 800 |
| 65 | 90，100 | 1700，1200 | 120 | 155 | 950 |
| 75 | 110 | 1000 | 130 | 190 | 670 |

## 附录11　单列角接触轴承（70000C型、70000AC型、70000B型）的极限转速值

| 规格/mm | | 极限转速/(r/min) | 规格/mm | | 极限转速/(r/min) |
|---|---|---|---|---|---|
| 内径 | 外径 | | 内径 | 外径 | |
| 50 | 80，90，110，130 | 6700～5000 | 90 | 140，160，190，215 | 4000～2600 |
| 55 | 90，100，120 | 6000～5000 | 95 | 145，170，200 | 3800～3000 |
| 60 | 95，110，130，150 | 5600～4300 | 100 | 150，180，215 | 3800～2600 |
| 65 | 100，120，140 | 5300～4300 | 105 | 160，190，225 | 3700～2400 |
| 70 | 110，125，150，180 | 5000～3600 | 110 | 170，200，240 | 3600～2200 |
| 75 | 115，130，160 | 4800～3800 | 120 | 180，215，260 | 2800～2000 |
| 80 | 125，140，170，200 | 4500～3200 | 130 | 200，230 | 2600～2200 |
| 85 | 130，150，180 | 4300～3400 | 140 | 210，250，300 | 2200～1700 |

## 附录 12　ISO 公差等级尺寸规则

| 标准尺寸/mm | 公差等级（IT）及尺寸/μm | | | | | | | | | | | | |
|---|---|---|---|---|---|---|---|---|---|---|---|---|---|
| | IT0 | IT1 | IT2 | IT3 | IT4 | IT5 | IT6 | IT7 | IT8 | IT9 | IT10 | IT11 | TI12 |
| 1~3 | 0.5 | 0.8 | 1.2 | 2 | 3 | 4 | 6 | 10 | 14 | 25 | 40 | 60 | 100 |
| >3~6 | 0.6 | 1 | 1.5 | 2.5 | 4 | 5 | 8 | 12 | 18 | 30 | 48 | 75 | 120 |
| >6~10 | 0.6 | 1 | 1.5 | 2.5 | 4 | 6 | 9 | 15 | 22 | 36 | 58 | 90 | 150 |
| >10~18 | 0.8 | 1.2 | 2 | 3 | 5 | 8 | 11 | 18 | 27 | 43 | 70 | 110 | 180 |
| >18~30 | 1 | 1.5 | 2.5 | 4 | 6 | 9 | 13 | 21 | 33 | 52 | 84 | 130 | 210 |
| >30~50 | 1 | 1.5 | 2.5 | 4 | 7 | 11 | 16 | 25 | 39 | 62 | 100 | 160 | 250 |
| >50~80 | 1.2 | 2 | 3 | 5 | 8 | 13 | 19 | 30 | 46 | 74 | 120 | 190 | 300 |
| >80~120 | 1.5 | 2.5 | 4 | 6 | 10 | 15 | 22 | 35 | 54 | 87 | 140 | 220 | 350 |
| >120~180 | 2 | 3.5 | 7 | 8 | 12 | 18 | 25 | 40 | 63 | 100 | 160 | 250 | 400 |
| >180~250 | 3 | 4.5 | 7 | 10 | 14 | 20 | 29 | 46 | 72 | 115 | 185 | 290 | 460 |
| >250~315 | 4 | 6 | 8 | 12 | 16 | 23 | 32 | 52 | 81 | 130 | 210 | 320 | 520 |
| >315~400 | 5 | 7 | 9 | 13 | 18 | 25 | 36 | 57 | 89 | 140 | 230 | 360 | 570 |
| >400~500 | 6 | 8 | 10 | 15 | 20 | 27 | 40 | 63 | 97 | 155 | 250 | 400 | 630 |
| >500~630 | — | — | — | — | — | 28 | 44 | 70 | 110 | 175 | 280 | 440 | 700 |
| >630~800 | — | — | — | — | — | 35 | 50 | 80 | 125 | 200 | 320 | 500 | 800 |
| >800~1000 | — | — | — | — | — | 56 | 56 | 90 | 140 | 230 | 360 | 560 | 900 |

## 附录 13　深沟球轴承新老标准型号及基本尺寸对比表

| 基本尺寸/mm | | | 新型号 | 老型号 | 基本尺寸/mm | | | 新型号 | 老型号 |
|---|---|---|---|---|---|---|---|---|---|
| 内径 | 外径 | 宽度 | | | 内径 | 外径 | 宽度 | | |
| 20 | 47 | 14 | 6204 | 204 | 45 | 85 | 19 | 6209 | 209 |
| | 52 | 15 | 6304 | 304 | | 100 | 25 | 6309 | 309 |
| | 72 | 19 | 6404 | 404 | | 120 | 29 | 6409 | 409 |
| 25 | 52 | 15 | 6205 | 205 | 50 | 80 | 16 | 6010 | 110 |
| | 62 | 17 | 6305 | 305 | | 90 | 20 | 6210 | 210 |
| | 80 | 21 | 6405 | 405 | | 110 | 27 | 6310 | 310 |
| 30 | 62 | 16 | 6206 | 206 | | 130 | 31 | 6410 | 410 |
| | 72 | 19 | 6306 | 306 | 55 | 90 | 18 | 6011 | 111 |
| | 90 | 23 | 6406 | 406 | | 100 | 21 | 6211 | 211 |
| 36 | 72 | 17 | 6207 | 207 | | 120 | 29 | 6311 | 311 |
| | 80 | 21 | 6307 | 307 | | 140 | 33 | 6411 | 411 |
| | 100 | 25 | 6407 | 407 | | 95 | 18 | 6012 | 112 |
| 40 | 80 | 18 | 6208 | 208 | 60 | 110 | 22 | 6212 | 212 |
| | 90 | 23 | 6308 | 308 | | 130 | 31 | 6312 | 312 |
| | 110 | 27 | 6408 | 408 | | 150 | 35 | 6412 | 412 |

（续）

| 基本尺寸/mm | | | 新型号 | 老型号 | 基本尺寸/mm | | | 新型号 | 老型号 |
|---|---|---|---|---|---|---|---|---|---|
| 内径 | 外径 | 宽度 | | | 内径 | 外径 | 宽度 | | |
| 65 | 100 | 18 | 6013 | 113 | 90 | 225 | 54 | 6418 | 418 |
| | 120 | 23 | 6213 | 213 | 95 | 145 | 24 | 6019 | 119 |
| | 120 | 33 | 6313 | 313 | | 170 | 38 | 6219 | 219 |
| | 160 | 37 | 6413 | 413 | | 200 | 25 | 6319 | 319 |
| 70 | 110 | 20 | 6014 | 114 | 100 | 150 | 24 | 6020 | 120 |
| | 125 | 24 | 6214 | 214 | | 180 | 34 | 6220 | 220 |
| | 150 | 35 | 6314 | 314 | | 215 | 47 | 6320 | 320 |
| | 180 | 42 | 6414 | 414 | | 250 | 58 | 6420 | 420 |
| 75 | 115 | 20 | 6015 | 115 | 105 | 160 | 26 | 6021 | 121 |
| | 130 | 25 | 6215 | 215 | | 190 | 36 | 6221 | 221 |
| | 160 | 37 | 6315 | 315 | | 225 | 49 | 6321 | 321 |
| | 190 | 45 | 6415 | 415 | 110 | 170 | 28 | 6022 | 122 |
| 80 | 125 | 22 | 6016 | 116 | | 200 | 38 | 6222 | 222 |
| | 140 | 26 | 6216 | 216 | | 240 | 50 | 6322 | 322 |
| | 170 | 39 | 6316 | 316 | 120 | 180 | 28 | 6024 | 124 |
| | 200 | 48 | 6416 | 416 | | 215 | 40 | 6224 | 224 |
| 85 | 130 | 22 | 6017 | 117 | | 260 | 55 | 6324 | 324 |
| | 150 | 28 | 6217 | 217 | 130 | 200 | 33 | 6026 | 126 |
| | 180 | 41 | 6317 | 317 | | 230 | 40 | 6226 | 226 |
| | 210 | 52 | 6417 | 417 | | 280 | 58 | 6326 | 326 |
| 90 | 140 | 24 | 6018 | 118 | 140 | 210 | 33 | 6028 | 128 |
| | 160 | 30 | 6218 | 218 | | 250 | 42 | 6228 | 228 |
| | 190 | 43 | 6318 | 318 | | 300 | 62 | 6328 | 328 |

## 附录14　带防尘盖的深沟球轴承新老标准型号及基本尺寸对比表

| 基本尺寸/mm | | | 新型号 | | 老型号 | |
|---|---|---|---|---|---|---|
| 内径 | 外径 | 宽度 | 单封闭 60000–Z型 | 双封闭 60000–2Z型 | 单封闭 | 双封闭 |
| 10 | 26 | 8 | 6000Z | 6000–2Z | 60100 | 80100 |
| | 30 | 9 | 6200Z | 6200–2Z | 60200 | 80200 |
| | 35 | 11 | 6300Z | 6300–2Z | 60300 | 80300 |
| 12 | 28 | 8 | 6001Z | 6001–2Z | 60101 | 80101 |
| | 32 | 10 | 6201Z | 6201–2Z | 60201 | 80201 |
| | 37 | 12 | 6301Z | 6301–2Z | 60301 | 80301 |

（续）

| 基本尺寸/mm | | | 新型号 | | 老型号 | |
|---|---|---|---|---|---|---|
| 内径 | 外径 | 宽度 | 单封闭 60000-Z型 | 双封闭 60000-2Z型 | 单封闭 | 双封闭 |
| 15 | 32 | 9 | 6002Z | 6002-2Z | 60102 | 80102 |
| | 35 | 11 | 6202Z | 6202-2Z | 60202 | 80202 |
| | 42 | 13 | 6302Z | 6302-2Z | 60302 | 80302 |
| 17 | 35 | 10 | 6003Z | 6003-2Z | 60103 | 80103 |
| | 40 | 12 | 6203Z | 6203-2Z | 60203 | 80203 |
| | 47 | 14 | 6303Z | 6303-2Z | 60303 | 80303 |
| 20 | 42 | 12 | 6004Z | 6004-2Z | 60104 | 80104 |
| | 47 | 14 | 6204Z | 6204-2Z | 60204 | 80204 |
| | 52 | 15 | 6304Z | 6304-2Z | 60304 | 80304 |
| 25 | 47 | 12 | 6005Z | 6005-2Z | 60105 | 80105 |
| | 52 | 15 | 6205Z | 6205-2Z | 60205 | 80205 |
| | 62 | 17 | 6305Z | 6305-2Z | 60305 | 80305 |
| 30 | 55 | 13 | 6006Z | 6006-2Z | 60106 | 80106 |
| | 62 | 16 | 6206Z | 6206-2Z | 60206 | 80206 |
| | 72 | 19 | 6306Z | 6306-2Z | 60306 | 80306 |
| 35 | 62 | 14 | 6007Z | 6007-2Z | 60107 | 80107 |
| | 72 | 17 | 6207Z | 6207-2Z | 60207 | 80207 |
| | 80 | 21 | 6307Z | 6307-2Z | 60307 | 80307 |
| 40 | 68 | 15 | 6008Z | 6008-2Z | 60108 | 80108 |
| | 80 | 18 | 6208Z | 6208-2Z | 60208 | 80208 |
| | 90 | 23 | 6308Z | 6308-2Z | 60308 | 80308 |
| 45 | 75 | 16 | 6009Z | 6009-2Z | 60109 | 80109 |
| | 85 | 19 | 6209Z | 6209-2Z | 60209 | 80209 |
| | 100 | 25 | 6309Z | 6309-2Z | 60309 | 80309 |
| 50 | 80 | 16 | 6010Z | 6010-2Z | 60110 | 80110 |
| | 90 | 20 | 6210Z | 6210-2Z | 60210 | 80210 |
| | 110 | 27 | 6310Z | 6310-2Z | 60310 | 80310 |
| 55 | 90 | 18 | 6011Z | 6011-2Z | 60111 | 80111 |
| | 100 | 21 | 6211Z | 6211-2Z | 60211 | 80211 |
| | 120 | 29 | 6311Z | 6311-2Z | 60311 | 80311 |
| 60 | 95 | 18 | 6012Z | 6012-2Z | 60112 | 80112 |
| | 110 | 22 | 6212Z | 6212-2Z | 60212 | 80212 |
| | 130 | 31 | 6312Z | 6312-2Z | 60312 | 80312 |

## 附录15　带骨架密封圈的深沟球轴承新老标准型号及基本尺寸对比表

| 基本尺寸/mm | | | 新型号 | | 老型号 | |
|---|---|---|---|---|---|---|
| 内径 | 外径 | 宽度 | 单封闭 60000 – RS 型 | 双封闭 60000 – 2RS 型 | 单封闭 | 双封闭 |
| 10 | 26 | 8 | 6000RS | 6000 – 2RS | 160100 | 180100 |
| | 30 | 9 | 6200RS | 6200 – 2RS | 160200 | 180200 |
| | 35 | 11 | 6300RS | 6300 – 2RS | 160300 | 180300 |
| 12 | 28 | 8 | 6001RS | 6001 – 2RS | 160101 | 180101 |
| | 32 | 10 | 6201RS | 6201 – 2RS | 160201 | 180201 |
| | 37 | 12 | 6301RS | 6301 – 2RS | 160301 | 180301 |
| 15 | 32 | 9 | 6002RS | 6002 – 2RS | 160102 | 180102 |
| | 35 | 11 | 6202RS | 6202 – 2RS | 160202 | 180202 |
| | 42 | 13 | 6302RS | 6302 – 2RS | 160302 | 180302 |
| 17 | 35 | 10 | 6003RS | 6003 – 2RS | 160103 | 180103 |
| | 40 | 12 | 6203RS | 6203 – 2RS | 160203 | 180203 |
| | 47 | 14 | 6303RS | 6303 – 2RS | 160303 | 180303 |
| 20 | 42 | 12 | 6004RS | 6004 – 2RS | 160104 | 180104 |
| | 47 | 14 | 6204RS | 6204 – 2RS | 160204 | 180204 |
| | 52 | 15 | 6304RS | 6304 – 2RS | 160304 | 180304 |
| 25 | 47 | 12 | 6005RS | 6005 – 2RS | 160105 | 180105 |
| | 52 | 15 | 6205RS | 6205 – 2RS | 160205 | 180205 |
| | 62 | 17 | 6305RS | 6305 – 2RS | 160305 | 180305 |
| 30 | 55 | 13 | 6006RS | 6006 – 2RS | 160106 | 180106 |
| | 62 | 16 | 6206RS | 6206 – 2RS | 160206 | 180206 |
| | 72 | 19 | 6306RS | 6306 – 2RS | 160306 | 180306 |
| 35 | 62 | 14 | 6007RS | 6007 – 2RS | 160107 | 180107 |
| | 72 | 17 | 6207RS | 6207 – 2RS | 160207 | 180207 |
| | 80 | 21 | 6307RS | 6307 – 2RS | 160307 | 180307 |
| 40 | 68 | 15 | 6008RS | 6008 – 2RS | 160108 | 180108 |
| | 80 | 18 | 6208RS | 6208 – 2RS | 160208 | 180208 |
| | 90 | 23 | 6308RS | 6308 – 2RS | 160308 | 180308 |
| 45 | 75 | 16 | 6009RS | 6009 – 2RS | 160109 | 180109 |
| | 85 | 19 | 6209RS | 6209 – 2RS | 160209 | 180209 |
| | 100 | 25 | 6309RS | 6309 – 2RS | 160309 | 180309 |
| 50 | 80 | 16 | 6010RS | 6010 – 2RS | 160110 | 180110 |
| | 90 | 20 | 6210RS | 6210 – 2RS | 160210 | 180210 |

（续）

| 基本尺寸/mm | | | 新型号 | | 老型号 | |
|---|---|---|---|---|---|---|
| 内径 | 外径 | 宽度 | 单封闭 60000-RS型 | 双封闭 60000-2RS型 | 单封闭 | 双封闭 |
| 50 | 110 | 27 | 6310RS | 6310-2RS | 160310 | 180310 |
| 55 | 90 | 18 | 6011RS | 6011-2RS | 160111 | 180111 |
| | 100 | 21 | 6211RS | 6211-2RS | 160211 | 180211 |
| | 120 | 29 | 6311RS | 6311-2RS | 160311 | 180311 |
| 60 | 95 | 18 | 6012RS | 6012-2RS | 160121 | 180121 |
| | 110 | 22 | 6212RS | 6212-2RS | 160212 | 180212 |
| | 130 | 31 | 6312RS | 6312-2RS | 160312 | 180312 |

## 附录16 内圈无挡边的圆柱滚子轴承新老标准型号及基本尺寸对比表

| 基本尺寸/mm | | | | 新型号 NU0000 | 老型号 32000 | 基本尺寸/mm | | | | 新型号 NU0000 | 老型号 32000 |
|---|---|---|---|---|---|---|---|---|---|---|---|
| 内径 | 外径 | 宽度 | 内圈外径 | | | 内径 | 外径 | 宽度 | 内圈外径 | | |
| 20 | 47 | 14 | 27 | NU204 | 32204 | 30 | 72 | 27 | 40.5 | NU2306E | 32606E |
| | 47 | 14 | 26.5 | NU204E | 32204E | | 90 | 23 | 45 | NU406 | 32406 |
| | 47 | 18 | 26.5 | NU2204E | 32504E | 35 | 72 | 17 | 43.8 | NU207 | 32207 |
| | 52 | 15 | 28.5 | NU304 | 32304 | | 72 | 17 | 44 | NU207E | 32207E |
| | 52 | 15 | 27.5 | NU304E | 32304E | | 72 | 23 | 43.8 | NU2207 | 32507 |
| 25 | 52 | 15 | 32 | NU205 | 32205 | | 72 | 23 | 44 | NU2207E | 32507E |
| | 52 | 15 | 31.5 | NU205E | 32205E | | 80 | 21 | 46.2 | NU307 | 32307 |
| | 52 | 18 | 32 | NU2205 | 32505 | | 80 | 21 | 46.2 | NU307E | 32307E |
| | 52 | 18 | 31.5 | NU2205E | 32505E | | 80 | 31 | 46.2 | NU2307 | 32607 |
| | 62 | 17 | 35 | NU305 | 32305 | | 80 | 31 | 46.2 | NU2307E | 32607E |
| | 62 | 17 | 34 | NU305E | 32305E | | 100 | 25 | 53 | NU407 | 32407 |
| | 62 | 24 | 33.6 | NU2305 | 32605 | 40 | 80 | 18 | 50 | NU208 | 32208 |
| | 62 | 24 | 34 | NU2305E | 32605E | | 80 | 18 | 49.5 | NU208E | 32208E |
| 30 | 62 | 16 | 38.5 | NU206 | 32206 | | 80 | 23 | 50 | NU2208 | 32508 |
| | 62 | 16 | 37.5 | NU206E | 32206E | | 80 | 23 | 49.5 | NU2208E | 32508E |
| | 62 | 20 | 38.5 | NU2206 | 32506 | | 90 | 23 | 53.2 | NU308 | 32308 |
| | 62 | 20 | 37.5 | NU2206E | 32506E | | 90 | 23 | 52 | NU308E | 32308E |
| | 72 | 19 | 42 | NU306 | 32306 | | 90 | 33 | 53.5 | NU2308 | 32608 |
| | 72 | 19 | 40.5 | NU306E | 32306E | | 90 | 33 | 52 | NU 2308E | 32608E |
| | 72 | 27 | 42 | NU2306 | 32606 | | 110 | 27 | 58 | NU 408 | 32408 |

（续）

| 基本尺寸/mm | | | | 新型号 NU0000 | 老型号 32000 | 基本尺寸/mm | | | | 新型号 NU0000 | 老型号 32000 |
|---|---|---|---|---|---|---|---|---|---|---|---|
| 内径 | 外径 | 宽度 | 内圈外径 | | | 内径 | 外径 | 宽度 | 内圈外径 | | |
| 45 | 85 | 19 | 55 | NU209 | 32209 | 55 | 90 | 18 | 64.5 | NU1011 | 32111 |
| | 85 | 19 | 54.5 | NU209E | 32209E | | 100 | 21 | 66.5 | NU211 | 32211 |
| | 85 | 23 | 55 | NU2209 | 32509 | | 100 | 21 | 66.0 | NU211E | 32211E |
| | 85 | 23 | 54.5 | NU2209E | 32509E | | 100 | 25 | 66.5 | NU2211 | 32511 |
| | 100 | 25 | 58.5 | NU309 | 32309 | | 100 | 25 | 66.0 | NU2211E | 32511E |
| | 100 | 25 | 58.5 | NU309E | 32309E | | 120 | 29 | 70.5 | NU311 | 32311 |
| | 100 | 36 | 58.5 | NU2309 | 32609 | | 120 | 29 | 70.5 | NU311E | 32311E |
| | 100 | 36 | 58.5 | NU2309E | 32609E | | 120 | 43 | 70.5 | NU2311 | 32611 |
| | 120 | 29 | 64.5 | NU409 | 32409 | | 120 | 43 | 70.5 | NU2311E | 32611E |
| 50 | 80 | 16 | 57.5 | NU1010 | 32110 | | 140 | 33 | 77.2 | NU411 | 32411 |
| | 90 | 20 | 60.4 | NU210 | 32210 | 60 | 95 | 18 | 69.5 | NU1012 | 32112 |
| | 90 | 20 | 59.5 | NU210E | 32210E | | 110 | 22 | 73 | NU212 | 32212 |
| | 90 | 23 | 60.4 | NU2210 | 32510 | | 110 | 22 | 72 | NU212E | 32212E |
| | 90 | 23 | 59.5 | NU2210E | 32510E | | 110 | 28 | 73 | NU2212 | 32512 |
| | 110 | 27 | 65 | NU310 | 32310 | | 110 | 28 | 72 | NU2212E | 32512E |
| | 110 | 27 | 65 | NU310E | 32310E | | 130 | 31 | 77 | NU312 | 32312 |
| | 110 | 40 | 65 | NU2310 | 32610 | | 130 | 31 | 77 | NU312E | 32312E |
| | 110 | 40 | 65 | NU2310E | 32610E | | 130 | 46 | 77 | NU2312 | 32612 |
| | 130 | 31 | 65 | NU410 | 32410 | | 130 | 46 | 77 | NU2312E | 32612E |
| | | | | | | | 150 | 35 | 83 | NU 412 | 32412 |

## 附录 17　外圈无挡边的圆柱滚子轴承新老标准型号及基本尺寸对比表

| 基本尺寸/mm | | | 新型号 | | 老型号 | |
|---|---|---|---|---|---|---|
| 内径 | 外径 | 宽度 | N0000 型 | NF0000 型 | 2000 型 | 12000 型 |
| 20 | 42 | 12 | N1004 | — | 2104 | — |
| | 47 | 14 | N204 | NF204 | 2204 | 12204 |
| | 47 | 14 | N204E | — | 2204E | — |
| | 52 | 15 | N304 | NF304 | 2304 | 12304 |
| | 52 | 15 | N304E | — | 2304 E | — |
| 25 | 47 | 12 | N1005 | — | 2105 | — |
| | 52 | 15 | N205 | NF205 | 2205 | 12205 |
| | 52 | 15 | N205E | — | 2205E | — |

（续）

| 基本尺寸/mm | | | 新型号 | | 老型号 | |
|---|---|---|---|---|---|---|
| 内径 | 外径 | 宽度 | N0000 型 | NF0000 型 | 2000 型 | 12000 型 |
| 25 | 52 | 18 | N2205 | NF2205 | 2505 | 12505 |
| | 62 | 17 | N305 | NF305 | 2305 | 12305 |
| | 62 | 17 | N305E | — | 2305E | — |
| | 62 | 24 | N2305 | NF2305 | 2605 | 12605 |
| 30 | 62 | 16 | N206 | NF206 | 2206 | 12206 |
| | 62 | 16 | N206E | — | 2206E | — |
| | 62 | 20 | N2206 | — | 2506 | — |
| | 72 | 19 | N306 | NF306 | 2306 | 12306 |
| | 72 | 19 | N306E | — | 2306E | — |
| | 72 | 27 | N2306 | NF2306 | 2606 | 12606 |
| | 90 | 23 | N406 | — | 2406 | — |
| 35 | 72 | 17 | N207 | NF207 | 2207 | 12207 |
| | 72 | 17 | N207E | — | 2207E | — |
| | 72 | 23 | N2207 | — | 2507 | — |
| | 80 | 21 | N307 | NF307 | 2307 | 12307 |
| | 80 | 21 | N307E | — | 2307E | — |
| | 80 | 31 | N2307 | NF2307 | 2607 | 12607 |
| | 100 | 25 | N407 | — | 2407 | — |
| 40 | 68 | 15 | N1008 | — | 2108 | — |
| | 80 | 18 | N208 | NF208 | 2208 | 12208 |
| | 80 | 18 | N208E | — | 2208E | — |
| | 80 | 23 | N2208 | NF2208 | 2508 | 12508 |
| | 90 | 23 | N308 | NF308 | 2308 | 12308 |
| | 90 | 23 | N308E | — | 2308E | — |
| | 90 | 23 | N2308 | NF2308 | 2608 | 12608 |
| | 110 | 27 | N408 | — | 2408 | — |
| 45 | 85 | 19 | N209 | NF209 | 2209 | 12209 |
| | 85 | 19 | N209E | — | 2209E | — |
| | 85 | 23 | N2209 | — | 2509 | — |
| | 100 | 25 | N309 | NF309 | 2309 | 12309 |
| | 100 | 25 | N309E | NF309E | 2309E | 12309E |
| | 100 | 36 | N2309 | NF2309 | 2609 | 12609 |
| | 120 | 29 | N409 | — | 2409 | — |

（续）

| 基本尺寸/mm | | | 新型号 | | 老型号 | |
|---|---|---|---|---|---|---|
| 内径 | 外径 | 宽度 | N0000 型 | NF0000 型 | 2000 型 | 12000 型 |
| 50 | 80 | 16 | N1010 | — | 2110 | — |
| | 90 | 20 | N210 | NF210 | 2210 | 12210 |
| | 90 | 20 | N210E | — | 2210E | — |
| | 90 | 23 | N2210 | | 2510 | |
| | 110 | 27 | N310 | NF310 | 2310 | 12310 |
| | 110 | 27 | N310E | NF310E | 2310E | 12310E |
| | 110 | 40 | N2310 | NF2310 | 2610 | 12610 |
| | 130 | 31 | N410 | NF410 | 2410 | 12410 |
| 55 | 90 | 18 | N1011 | — | 2111 | — |
| | 100 | 21 | N211 | NF211 | 2211 | 12211 |
| | 100 | 21 | N211E | — | 2211E | — |
| | 100 | 25 | N2211 | NF2211 | 2511 | 12511 |
| | 120 | 29 | N311 | NF311 | 2311 | 12311 |
| | 120 | 29 | N311E | NF311E | 2311E | 12311E |
| | 120 | 43 | N2311 | NF2311 | 2611 | 12611 |
| | 140 | 33 | N411 | — | 2411 | |
| 60 | 95 | 18 | N1012 | — | 2112 | — |
| | 110 | 22 | N212 | NF212 | 2212 | 12212 |
| | 110 | 22 | N212E | — | 2212E | — |
| | 110 | 28 | N2212 | — | 2512 | |
| | 130 | 31 | N312 | NF312 | 2312 | 12312 |
| | 130 | 31 | N312E | NF312E | 2312E | 12312E |
| | 130 | 46 | N2312 | NF2312 | 2612 | 12612 |
| | 150 | 35 | N412 | — | 2412 | — |
| 65 | 120 | 23 | N213 | NF213 | 2213 | 12213 |
| | 120 | 23 | N213E | — | 2213E | — |
| | 120 | 31 | N2213 | | 2513 | — |
| | 140 | 33 | N313 | NF313 | 2313 | 12313 |
| | 140 | 33 | N313E | NF313E | 2313E | 12313E |
| | 140 | 48 | N2312 | NF2313 | 2613 | 12613 |
| | 160 | 37 | N413 | — | 2413 | — |

（续）

| 基本尺寸/mm | | | 新型号 | | 老型号 | |
|---|---|---|---|---|---|---|
| 内径 | 外径 | 宽度 | N0000 型 | NF0000 型 | 2000 型 | 12000 型 |
| 70 | 110 | 20 | N1014 | — | 2114 | — |
| | 125 | 24 | N214 | NF214 | 2214 | 12214 |
| | 125 | 24 | N214E | — | 2214E | — |
| | 125 | 31 | N2214 | — | 2514 | — |
| | 150 | 35 | N314 | NF314 | 2314 | 12314 |
| | 150 | 35 | N314E | NF314E | 2314E | 12314E |
| | 150 | 51 | N2314 | NF2314 | 2614 | 12614 |
| | 180 | 42 | N414 | — | 2414 | — |
| 75 | 130 | 25 | N215 | NF215 | 2215 | 12215 |
| | 130 | 25 | N215E | — | 2215E | — |
| | 130 | 31 | N2215 | NF2215 | 2515 | 12515 |
| | 160 | 37 | N315 | NF315 | 2315 | 12315 |
| | 160 | 37 | N315E | NF315E | 2315E | 12315E |
| | 160 | 55 | N2315 | NF2315 | 2615 | 12615 |
| | 190 | 45 | N415 | — | 2415 | — |
| 80 | 125 | 22 | N1016 | — | 2116 | — |
| | 140 | 26 | N216 | NF216 | 2216 | 12216 |
| | 140 | 26 | N216E | — | 2216E | — |
| | 140 | 33 | N2216 | — | 2516 | — |
| | 170 | 39 | N316 | NF316 | 2316 | 12316 |
| | 170 | 39 | N316E | NF316E | 2316E | 12316E |
| | 170 | 58 | N2316 | NF2316 | 2616 | 12616 |
| | 200 | 48 | N416 | NF416 | 2416 | 12416 |
| 85 | 150 | 28 | N217 | NF217 | 2217 | 12217 |
| | 150 | 28 | N217E | — | 2217E | — |
| | 150 | 36 | N2217 | — | 2517 | — |
| | 180 | 41 | N317 | NF317 | 2317 | 12317 |
| | 180 | 41 | N317E | NF317E | 2317E | 12317E |
| | 180 | 60 | N2317 | NF2317 | 2617 | 12617 |
| | 210 | 52 | N417 | — | 2417 | — |

（续）

| 基本尺寸/mm | | | 新型号 | | 老型号 | |
|---|---|---|---|---|---|---|
| 内径 | 外径 | 宽度 | N0000 型 | NF0000 型 | 2000 型 | 12000 型 |
| 90 | 140 | 24 | N1018 | — | 2118 | — |
| | 160 | 30 | N218 | NF218 | 2218 | 12218 |
| | 160 | 30 | N218E | — | 2218E | — |
| | 160 | 40 | N2218 | — | 2518 | — |
| | 190 | 43 | N318 | NF318 | 2318 | 12318 |
| | 190 | 43 | N318E | NF318E | 2318E | 12318E |
| | 190 | 64 | N2318 | NF2318 | 2618 | 12618 |
| | 225 | 54 | N418 | NF418 | 2418 | 12418 |
| 95 | 170 | 32 | N219 | NF219 | 2219 | 12219 |
| | 170 | 32 | N219E | — | 2219E | — |
| | 170 | 43 | N2219 | — | 2519 | — |
| | 200 | 45 | N319 | NF319 | 2319 | 12319 |
| | 200 | 45 | N319E | NF319E | 2319E | 12319E |
| | 200 | 67 | N2319 | NF2319 | 2619 | 12619 |
| | 240 | 55 | N419 | — | 2419 | — |
| 100 | 150 | 24 | N1020 | — | 2120 | — |
| | 180 | 34 | N220 | NF220 | 2220 | 12220 |
| | 180 | 34 | N220E | — | 2220E | — |
| | 180 | 46 | N2220 | — | 2520 | — |
| | 215 | 47 | N320 | NF320 | 2320 | 12320 |
| | 215 | 47 | N320E | NF320E | 2320E | 12320E |
| | 215 | 73 | N2320 | NF2320 | 2620 | 12620 |
| | 250 | 58 | N420 | NF420 | 2420 | 12420 |
| 105 | 160 | 26 | N1021 | — | 2121 | — |
| | 190 | 36 | N221 | NF221 | 2221 | 12221 |
| | 225 | 49 | — | NF321 | 2321 | 12321 |
| 110 | 170 | 28 | N1022 | — | 2122 | — |
| | 200 | 38 | N222 | NF222 | 2222 | 12222 |
| | 200 | 38 | N222E | — | 2222E | — |
| | 200 | 53 | N2222 | NF2222 | 2522 | 12522 |
| | 240 | 50 | N322 | NF322 | 2322 | 12322 |
| | 240 | 80 | N2322 | NF2322 | 2622 | 12622 |
| | 280 | 65 | N422 | — | 2422 | — |

（续）

| 基本尺寸/mm | | | 新型号 | | 老型号 | |
|---|---|---|---|---|---|---|
| 内径 | 外径 | 宽度 | N0000 型 | NF0000 型 | 2000 型 | 12000 型 |
| 120 | 180 | 28 | N1024 | — | 2124 | — |
| | 215 | 40 | N224 | NF224 | 2224 | 12224 |
| | 215 | 40 | N224E | — | 2224E | |
| | 215 | 58 | N2224 | NF2224 | 2524 | 12524 |
| | 260 | 55 | N324 | NF324 | 2324 | 12324 |
| | 260 | 86 | N2324 | NF2324 | 2624 | 12624 |
| | 310 | 72 | N424 | — | 2424 | — |
| 130 | 200 | 33 | N1026 | — | 2126 | |
| | 230 | 40 | N226 | NF226 | 2226 | 12226 |
| | 230 | 64 | N2226 | NF2226 | 2526 | 12526 |
| | 280 | 58 | N326 | NF326 | 2326 | 12326 |
| | 280 | 93 | N2326 | NF2326 | 2626 | 12626 |
| | 340 | 78 | N426 | — | 2426 | — |
| 140 | 210 | 33 | N1028 | — | 2128 | — |
| | 250 | 42 | N228 | NF228 | 2228 | 12228 |
| | 250 | 68 | N2228 | — | 2528 | — |
| | 300 | 62 | N328 | NF328 | 2328 | 12328 |
| | 300 | 102 | N2328 | NF2328 | 2628 | 12628 |
| | 360 | 82 | N428 | — | 2428 | — |
| 150 | 225 | 35 | N1030 | — | 2130 | — |
| | 270 | 45 | N230 | NF230 | 2230 | 12230 |
| | 320 | 65 | N330 | NF330 | 2330 | 12330 |
| | 320 | 108 | N2330 | NF2330 | 2630 | 12630 |
| | 380 | 85 | N430 | — | 2430 | — |
| 160 | 240 | 38 | N1032 | — | 2132 | — |
| | 290 | 48 | N232 | NF232 | 2232 | 12232 |
| | 290 | 80 | N2232 | — | 2532 | — |
| | 340 | 68 | N332 | NF332 | 2332 | 12332 |
| 170 | 260 | 42 | N1034 | — | 2134 | — |
| | 310 | 52 | N234 | NF234 | 2234 | 12234 |
| | 360 | 72 | N334 | — | 2334 | — |
| | 360 | 120 | N2334 | NF2334 | 2634 | 12634 |

## 附录18　单向推力球轴承新老标准型号及基本尺寸对比表

| 基本尺寸/mm | | | 新型号 510000 | 老型号 8000 | 基本尺寸/mm | | | 新型号 510000 | 老型号 8000 |
|---|---|---|---|---|---|---|---|---|---|
| 内径 | 外径 | 高度 | | | 内径 | 外径 | 高度 | | |
| 30 | 47 | 11 | 51106 | 8106 | 70 | 95 | 18 | 51114 | 8114 |
| | 52 | 16 | 51206 | 8206 | | 105 | 27 | 51214 | 8214 |
| | 60 | 21 | 51306 | 8306 | | 125 | 40 | 51314 | 8314 |
| | 70 | 28 | 51406 | 8406 | | 150 | 60 | 51414 | 8414 |
| 35 | 52 | 12 | 51107 | 8107 | 75 | 100 | 19 | 51115 | 8115 |
| | 62 | 18 | 51207 | 8207 | | 110 | 27 | 51215 | 8215 |
| | 68 | 24 | 51307 | 8307 | | 135 | 44 | 51315 | 8315 |
| | 80 | 32 | 51407 | 8407 | | 160 | 65 | 51415 | 8415 |
| 40 | 60 | 13 | 51108 | 8108 | 80 | 105 | 19 | 51116 | 8116 |
| | 68 | 19 | 51208 | 8208 | | 115 | 28 | 51216 | 8216 |
| | 78 | 26 | 51308 | 8308 | | 140 | 44 | 51316 | 8316 |
| | 90 | 36 | 51408 | 8408 | | 170 | 68 | 51416 | 8416 |
| 45 | 65 | 14 | 51109 | 8109 | 85 | 110 | 19 | 51117 | 8117 |
| | 73 | 20 | 51209 | 8209 | | 125 | 31 | 51217 | 8217 |
| | 85 | 28 | 51309 | 8309 | | 150 | 49 | 51317 | 8317 |
| | 100 | 39 | 51409 | 8409 | | 180 | 72 | 51417 | 8417 |
| 50 | 70 | 14 | 51110 | 8110 | 90 | 120 | 22 | 51118 | 8118 |
| | 78 | 22 | 51210 | 8210 | | 135 | 35 | 51218 | 8218 |
| | 95 | 31 | 51310 | 8310 | | 155 | 50 | 51318 | 8318 |
| | 110 | 43 | 51410 | 8410 | | 190 | 77 | 51418 | 8418 |
| 55 | 78 | 16 | 51111 | 8111 | 100 | 135 | 25 | 51120 | 8120 |
| | 90 | 25 | 51211 | 8211 | | 150 | 38 | 51220 | 8220 |
| | 105 | 35 | 51311 | 8311 | | 170 | 55 | 51320 | 8320 |
| | 120 | 48 | 51411 | 8411 | | 210 | 85 | 51420 | 8420 |
| 60 | 85 | 17 | 51112 | 8112 | 110 | 145 | 25 | 51122 | 8122 |
| | 95 | 26 | 51212 | 8212 | | 160 | 38 | 51222 | 8222 |
| | 110 | 35 | 51312 | 8312 | | 190 | 63 | 51322 | 8322 |
| | 130 | 51 | 51412 | 8412 | | 230 | 95 | 51422 | 8422 |
| 65 | 90 | 18 | 51113 | 8113 | 120 | 155 | 25 | 51242 | 8242 |
| | 100 | 27 | 51213 | 8213 | | 170 | 39 | 51324 | 8324 |
| | 115 | 36 | 51313 | 8313 | 130 | 210 | 70 | 51424 | 8424 |
| | 140 | 56 | 51413 | 8413 | | 170 | 30 | 51126 | 8126 |

（续）

| 基本尺寸/mm | | | 新型号 510000 | 老型号 8000 | 基本尺寸/mm | | | 新型号 510000 | 老型号 8000 |
|---|---|---|---|---|---|---|---|---|---|
| 内径 | 外径 | 高度 | | | 内径 | 外径 | 高度 | | |
| 130 | 190 | 45 | 51226 | 8226 | 150 | 190 | 31 | 51130 | 8130 |
| | 225 | 75 | 51326 | 8326 | | 215 | 50 | 51230 | 8230 |
| | | | | | | 250 | 80 | 51330 | 8330 |
| | 270 | 110 | 51426 | 8426 | | 300 | 120 | 51430 | 8430 |
| 140 | 180 | 31 | 51128 | 8128 | 160 | 200 | 31 | 51132 | 8132 |
| | 200 | 46 | 51228 | 8228 | | 225 | 51 | 51232 | 8232 |
| | 240 | 80 | 51328 | 8328 | | 270 | 87 | 51332 | 8332 |
| | 280 | 112 | 51428 | 8428 | 170 | 215 | 34 | 51134 | 8134 |
| | | | | | | 240 | 55 | 51234 | 8234 |

## 附录19    推力圆柱滚子轴承新老标准型号及基本尺寸对比表

| 基本尺寸/mm | | | 新型号 80000 | 老型号 9000 | 基本尺寸/mm | | | 新型号 80000 | 老型号 9000 |
|---|---|---|---|---|---|---|---|---|---|
| 内径 | 外径 | 高度 | | | 内径 | 外径 | 高度 | | |
| 10 | 24 | 9 | 81100 | 9100 | 50 | 70 | 14 | 81110 | 9110 |
| 12 | 26 | 9 | 81101 | 9101 | 55 | 78 | 16 | 81111 | 9111 |
| 15 | 28 | 9 | 81102 | 9102 | 60 | 85 | 17 | 81112 | 9112 |
| 17 | 30 | 9 | 81103 | 9103 | 65 | 90 | 18 | 81113 | 9113 |
| 20 | 35 | 10 | 81104 | 9104 | 70 | 95 | 18 | 81114 | 9114 |
| 25 | 42 | 11 | 81105 | 9105 | 75 | 100 | 19 | 81115 | 9115 |
| 30 | 47 | 11 | 81106 | 9106 | 80 | 105 | 19 | 81116 | 9116 |
| 35 | 52 | 12 | 81107 | 9107 | 85 | 110 | 19 | 81117 | 9117 |
| 40 | 60 | 13 | 81108 | 9108 | 90 | 120 | 22 | 81118 | 9118 |
| 45 | 65 | 14 | 81109 | 9109 | 100 | 135 | 25 | 81120 | 9120 |

## 附录20    我国和国外主要轴承生产厂电机常用滚动轴承型号对比表（内径 ≥ 10mm）

| 轴承名称 | | 型 号 | | | | |
|---|---|---|---|---|---|---|
| | | 中国 | | 日本 NSK | 日本 NTN | 瑞典 SKF |
| | | 新 | 旧 | | | |
| 向心深沟球轴承 | 开启式 | 61800 | 1000800 | 6800 | 6800 | 61800 |
| | | 6200 | 200 | 6200 | 6200 | 6200 |
| | 一面带防尘盖 | 61800 – Z | 106008 | 6800Z | 6800Z | — |
| | 两面带防尘盖 | 61800 – 2Z | 1080800 | 6800ZZ | 6800ZZ | — |
| | | 6200 – 2Z | 80200 | 6200ZZ | 6200ZZ | 6200 – 2Z |

（续）

| 轴承名称 | | 型　号 | | | | |
|---|---|---|---|---|---|---|
| | | 中国 | | 日本 NSK | 日本 NTN | 瑞典 SKF |
| | | 新 | 旧 | | | |
| 向心深沟球轴承 | 一面带密封圈 | 61800 – RS | 1160800 | 6800D | 6800LU | 61800 – RS1 |
| | | 6200 – RS | 160200 | 6200DU | 6200LU | 6200 – RS1 |
| | | 61800 – RZ | 1160800K | 6800V | 6800LB | 61800 – RZ |
| | | 6200 – RZ | 160200K | 6200V | 6200LB | 6200 – RZ |
| | 两面带密封圈 | 61800 – 2RS | 1180800 | 6800DD | 6800LLU | 61800 – 2RS1 |
| | | 6200 – 2RS | 180200 | 6200DDU | 6200LLU | 6200 – 2RS1 |
| | | 61800 – 2RZ | 1180800K | 6800VV | 6800LLB | 61800 – 2RZ |
| | | 6200 – 2RZ | 180200K | 6200VV | 6200LB | 6200 – 2RZ |
| 内圈无挡边圆柱滚子轴承 | | NU1000 | 32100 | NU1000 | NU1000 | NU1000 |
| | | NU200 | 32200 | NU200 | NU200 | — |
| | | NU200E | 32200E | NU200ET | NU200E | NU200EC |
| 推力球轴承 | | 51100 | 8100 | 51100 | 51100 | 51100 |
| 推力圆柱滚子轴承 | | 81100 | 9100 | — | 81100 | 81100 |

注：NSK 为日本精工公司（Nippon Seiko K. K. Japan），NTN 为日本东洋轴承公司（the Toyo Bearing Mfg Co. Ltd. , Japan），SKF 为瑞典斯凯孚集团。

## 附录 21　径向轴承（圆锥滚子轴承除外）内环尺寸公差表

| 内径范围 $d$/mm | 公差范围/μm | | | | | | | | | | |
|---|---|---|---|---|---|---|---|---|---|---|---|
| | 0 级（普通级） | | | | P6 级 | | | | P5 级 | | |
| | 内径 | 圆度 | | | 内径 | 圆度 | | | 内径 | 圆度 | |
| | | 直径系列 | | | | 直径系列 | | | | 直径系列 | |
| | | 8,9 | 0,1 | 2,3,4 | | 8,9 | 0,1 | 2,3,4 | | 8,9 | 0~4 |
| >2. 5 ~10 | 0 ~ – 8 | 10 | 8 | 6 | 0 ~ – 7 | 9 | 7 | 5 | 0 ~ – 5 | 5 | 4 |
| >10 ~18 | 0 ~ – 8 | 10 | 8 | 6 | 0 ~ – 7 | 9 | 7 | 5 | 0 ~ – 5 | 5 | 4 |
| >18 ~30 | 0 ~ – 10 | 13 | 10 | 8 | 0 ~ – 8 | 10 | 8 | 6 | 0 ~ – 6 | 6 | 5 |
| >30 ~50 | 0 ~ – 12 | 15 | 12 | 9 | 0 ~ – 10 | 13 | 10 | 8 | 0 ~ – 8 | 8 | 6 |
| >50 ~80 | 0 ~ – 15 | 19 | 19 | 11 | 0 ~ – 12 | 15 | 15 | 9 | 0 ~ – 9 | 9 | 7 |
| >80 ~120 | 0 ~ – 20 | 25 | 25 | 15 | 0 ~ – 15 | 19 | 19 | 11 | 0 ~ – 10 | 10 | 8 |
| >120 ~180 | 0 ~ – 25 | 31 | 31 | 19 | 0 ~ – 18 | 23 | 23 | 14 | 0 ~ – 13 | 13 | 10 |
| >180 ~250 | 0 ~ – 30 | 38 | 38 | 23 | 0 ~ – 22 | 28 | 28 | 17 | 0 ~ – 15 | 15 | 12 |
| >250 ~315 | 0 ~ – 35 | 44 | 44 | 26 | 0 ~ – 25 | 31 | 31 | 19 | 0 ~ – 18 | 18 | 14 |
| >315 ~400 | 0 ~ – 40 | 50 | 50 | 30 | 0 ~ – 30 | 38 | 38 | 23 | 0 ~ – 23 | 23 | 18 |
| >400 ~500 | 0 ~ – 45 | 56 | 56 | 34 | 0 ~ – 35 | 44 | 44 | 26 | 0 ~ – 27 | 27 | 21 |

## 附录 22　径向轴承（圆锥滚子轴承除外）外环尺寸公差表

| 外径范围 d/mm | 公差范围/μm | | | | | | | | | | |
|---|---|---|---|---|---|---|---|---|---|---|---|
| | 0 级（普通级） | | | | P6 级 | | | | P5 级 | | |
| | 外径 | 圆度 | | | 外径 | 圆度 | | | 外径 | 圆度 | |
| | | 直径系列 | | | | 直径系列 | | | | 直径系列 | |
| | | 8,9 | 0,1 | 2,3,4 | | 8,9 | 0,1 | 2,3,4 | | 8,9 | 0～4 |
| >6～18 | 0～-8 | 10 | 8 | 6 | 0～-7 | 9 | 7 | 5 | 0～-5 | 5 | 4 |
| >18～30 | 0～-9 | 12 | 9 | 7 | 0～-8 | 10 | 8 | 6 | 0～-6 | 6 | 5 |
| >30～50 | 0～-11 | 14 | 11 | 8 | 0～-9 | 11 | 9 | 7 | 0～-7 | 7 | 5 |
| >50～80 | 0～-13 | 16 | 13 | 10 | 0～-11 | 14 | 11 | 8 | 0～-9 | 9 | 7 |
| >80～120 | 0～-15 | 19 | 19 | 11 | 0～-13 | 16 | 16 | 10 | 0～-10 | 10 | 8 |
| >120～150 | 0～-18 | 23 | 23 | 14 | 0～-15 | 19 | 19 | 11 | 0～-11 | 11 | 8 |
| >150～180 | 0～-25 | 31 | 31 | 19 | 0～-18 | 23 | 23 | 14 | 0～-13 | 13 | 10 |
| >180～250 | 0～-30 | 38 | 38 | 23 | 0～-20 | 25 | 25 | 15 | 0～-15 | 15 | 11 |
| >250～315 | 0～-35 | 44 | 44 | 26 | 0～-25 | 31 | 31 | 19 | 0～-18 | 18 | 14 |
| >315～400 | 0～-40 | 50 | 50 | 30 | 0～-28 | 35 | 35 | 21 | 0～-20 | 20 | 15 |
| >400～500 | 0～-45 | 56 | 56 | 34 | 0～-33 | 41 | 41 | 25 | 0～-23 | 23 | 17 |

## 附录 23　径向轴承（圆锥滚子轴承除外）内外圈厚度尺寸公差表

| 内径范围 d/mm | 公差范围/μm | 内径范围 d/mm | 公差范围/μm |
|---|---|---|---|
| >2.5～10 | 0～-120（-40）[1] | >120～180 | 0～-250 |
| >10～18 | 0～-120（-80）[1] | >180～250 | 0～-300 |
| >18～30 | 0～-120 | >250～315 | 0～-350 |
| >30～50 | 0～-120 | >315～400 | 0～-400 |
| >50～80 | 0～-150 | >400～500 | 0～-450 |
| >80～120 | 0～-200 | | |

① 括号内的数字为 P5 级。

## 附录 24　Y（IP44）系列三相异步电动机现用和曾用轴承牌号

| 机座号 | 轴承牌号 | | | |
|---|---|---|---|---|
| | 主轴伸端 | | 非主轴伸端 | |
| | 2 极 | 4、6、8、10 极 | 2 极 | 4、6、8、10 极 |
| 80 | 6204-2RZ/Z2（180204K-Z2） | | | |
| 90 | 6205-2R/Z2（180205K-Z2） | | | |

（续）

| 机座号 | 轴　承　牌　号 | | | |
|---|---|---|---|---|
| | 主轴伸端 | | 非主轴伸端 | |
| | 2 极 | 4、6、8、10 极 | 2 极 | 4、6、8、10 极 |
| 100 | 6206－2R/Z2（180206K－Z2） | | | |
| 112 | 6206－2R/Z2（180306K－Z2） | | | |
| 132 | 6208－2R/Z2（180308K－Z2） | | | |
| 160 | 6209/Z2（309－Z2） | | | |
| 180 | 6311/Z2（311－Z2） | | | |
| 200 | 6312/Z2（312－Z2） | | | |
| 225 | 6313/Z2（313－Z2） | | | |
| 250 | 6314/Z2（314－Z2） | | | |
| 280 | 6314/Z2（314－Z2） | 6317/Z2（317－Z2） | 6314/Z2（314－Z2） | 6317/Z2（317－Z2） |
| 315 | 6316/Z2（316－Z2） | NU319（2319） | 6316/Z2（316－Z2） | 6319/Z2（319－Z2） |
| 355 | 6317/Z2（317－Z2） | NU322（2322） | 6317/Z2（316－Z2） | 6322/Z2（322－Z2） |

注：括号内的为以前曾用过的轴承行业标准 ZBJ11027－1989 中规定的轴承牌号。

## 附录 25　Y2（IP54）系列三相异步电动机现用和曾用轴承牌号

| 机座号 | 轴　承　牌　号 | | | |
|---|---|---|---|---|
| | 主轴伸端 | | 非主轴伸端 | |
| | 2 极 | 4、6、8、10 极 | 2 极 | 4、6、8、10 极 |
| 80～100 | 同 Y（IP44）系列 | | | |
| 112 | 6206－2Z（180206K－Z2） | | | |
| 132 | 6208－2Z（180208K－Z2） | | | |
| 160 | 6209－2Z（180209K－Z2） | 6309－2Z（180309K－Z2） | 6209－2Z（180209K－Z2） | |
| 180 | 6211（211－ZV2） | 6311－2Z（311－ZV2） | 6211（211－ZV2） | |
| 200 | 6212（212－ZV2） | 6212（312－ZV2） | 6212（212－ZV2） | |
| 225 | 6312（312－ZV2） | 6313（313－ZV2） | 6312（312－ZV2） | |
| 250 | 6313（313－ZV2） | 6314（314－ZV2） | 6313（313－ZV2） | |
| 280 | 6314（314－ZV2） | 6317（316－ZV2） | 6314（314－ZV2） | |
| 315 | 6317（317－ZV2） | NU319（2319－ZV2） | 6317（317－ZV2） | 6319（319－ZV2） |
| 355 | 6319（319－ZV2） | NU322（2322－ZV2） | 6319（319－ZV2） | 6322（322－ZV2） |

注：同附录 24。

## 附录 26　滚动轴承国家标准

| 序号 | 编　号 | 名　　称 |
|------|--------|----------|
| 1 | GB/T 271—2017 | 滚动轴承 分类 |
| 2 | GB/T 272—2017 | 滚动轴承 代号方法 |
| 3 | GB/T 273.1—2011 | 滚动轴承 外形尺寸总方案 第1部分：圆锥滚子轴承 |
| 4 | GB/T 273.2—2018 | 滚动轴承 推力轴承 外形尺寸总方案 |
| 5 | GB/T 273.3—2015 | 滚动轴承 向心轴承 外形尺寸总方案 |
| 6 | GB/T 274—2000 | 滚动轴承 倒角尺寸最大值 |
| 7 | GB/T 275—2015 | 滚动轴承与轴和外壳的配合 |
| 8 | GB/T 276—2013 | 滚动轴承 深沟球轴承 外形尺寸 |
| 9 | GB/T 281—2013 | 滚动轴承 调心球轴承 外形尺寸 |
| 10 | GB/T 283—2007 | 滚动轴承 圆柱滚子轴承 外形尺寸 |
| 11 | GB/T 285—2013 | 滚动轴承 双列圆柱滚子轴承 外形尺寸 |
| 12 | GB/T 288—2013 | 滚动轴承 调心滚子轴承 外形尺寸 |
| 13 | GB/T 290—2017 | 滚动轴承 冲压外圈滚针轴承 外形尺寸 |
| 14 | GB/T 292—2007 | 滚动轴承 角接触球轴承 外形尺寸 |
| 15 | GB/T 294—2015 | 滚动轴承 三点和四点接触球轴承 外形尺寸 |
| 16 | GB/T 296—2015 | 滚动轴承 双列角接触球轴承 外形尺寸 |
| 17 | GB/T 297—2015 | 滚动轴承 圆锥滚子轴承 外形尺寸 |
| 18 | GB/T 299—2008 | 滚动轴承 双列圆锥滚子轴承 外形尺寸 |
| 19 | GB/T 300—2008 | 滚动轴承 四列圆锥滚子轴承 外形尺寸 |
| 20 | GB/T 301—2015 | 滚动轴承 推力球轴承 外形尺寸 |
| 21 | GB/T 305—2019 | 滚动轴承 外圈上的止动槽和止动环 尺寸和公差 |
| 22 | GB/T 307.1—2017 | 滚动轴承 向心轴承 产品几何技术规范（GPS）和公差 |
| 23 | GB/T 307.2—2005 | 滚动轴承 测量和检验的原则及方法 |
| 24 | GB/T 307.3—2017 | 滚动轴承 通用技术规则 |
| 25 | GB/T 307.4—2017 | 滚动轴承 推力轴承 产品几何技术规范（GPS）和公差 |
| 26 | GB/T 4199—2003 | 滚动轴承 公差定义 |
| 27 | GB/T 4604.1—2012 | 滚动轴承 游隙 第1部分：向心轴承的游隙 |
| 28 | GB/T 4648—1996 | 滚动轴承 圆锥滚子轴承 凸缘外圈 外形尺寸 |
| 29 | GB/T 4662—2012 | 滚动轴承 额定静负荷 |
| 30 | GB/T 4663—2017 | 滚动轴承 推力圆柱滚子轴承 外形尺寸 |
| 31 | GB/T 5859—2008 | 滚动轴承 推力调心滚子轴承 外形尺寸 |
| 32 | GB/T 5868—2003 | 滚动轴承 安装尺寸 |
| 33 | GB/T 6391—2010 | 滚动轴承 额定动载荷和额定寿命 |

## 附录27　滚动轴承行业标准

| 序号 | 编　号 | 名　称 |
|---|---|---|
| 1 | JB/T 2974—2004 | 滚动轴承 代号方法的补充规定 |
| 2 | JB/T 3573—2004 | 滚动轴承 径向游隙的测量方法 |
| 3 | JB/T 5304—2007 | 滚动轴承 外球面球轴承 径向游隙 |
| 4 | JB/T 5313—2001 | 滚动轴承 振动（速度）测量方法 |
| 5 | JB/T 5314—2013 | 滚动轴承 振动（加速度）测量方法 |
| 6 | JB/T 5386—2005 | 滚动轴承 机床主轴用双列圆柱滚子轴承 技术条件 |
| 7 | JB/T 5389.1—2016 | 滚动轴承 轧机用滚子轴承 第1部分：四列圆柱滚子轴承 |
| 8 | JB/T 6643—2004 | 滚动轴承 四点接触球轴承 轴向游隙 |
| 9 | JB/T 7047—2006 | 滚动轴承 深沟球轴承振动（加速度）技术条件 |
| 10 | JB/T 7750—2007 | 滚动轴承 推力调心滚子轴承 技术条件 |
| 11 | JB/T 7751—2016 | 滚动轴承 推力 圆锥滚子轴承 |
| 12 | JB/T 7752—2017 | 滚动轴承 密封深沟球轴承 技术条件 |
| 13 | JB/T 7753—2007 | 滚动轴承 鼓风机轴承 技术条件 |
| 14 | JB/T 7754—2007 | 滚动轴承 双列满装圆柱滚子滚轮轴承 |
| 15 | JB/T 8211—2005 | 滚动轴承 推力圆柱滚子和保持架组件及推力垫圈 |
| 16 | JB/T 8236—2010 | 滚动轴承 双列和四列圆锥滚子轴承游隙及调整方法 |
| 17 | JB/T 8570—2008 | 滚动轴承 碳钢深沟球轴承 |
| 18 | JB/T 8571—2008 | 滚动轴承 密封深沟球轴承防尘、漏脂、温升性能试验规程 |
| 19 | JB/T 8721—2010 | 滚动轴承 磁电机球轴承 |
| 20 | JB/T 8722—2010 | 滚动轴承 煤矿输送机械用轴承 |
| 21 | JB/T 8880—2010 | 滚动轴承 电机用深沟球轴承 技术条件 |
| 22 | JB/T 8922—2011 | 滚动轴承 圆柱滚子轴承振动（速度）技术条件 |
| 23 | JB/T 8923—2010 | 滚动轴承 钢球振动（加速度）技术条件 |
| 24 | JB/T 10187—2011 | 滚动轴承 深沟球轴承振动（速度）技术条件 |
| 25 | JB/T 10235—2001 | 滚动轴承 圆锥滚子 技术条件 |
| 26 | JB/T 10236—2014 | 滚动轴承 圆锥滚子轴承振动（速度）技术条件 |
| 27 | JB/T 10237—2014 | 滚动轴承 圆锥滚子轴承振动（加速度）技术条件 |
| 28 | JB/T 10239—2011 | 滚动轴承 深沟球轴承用卷边防尘盖 技术条件 |

# 参 考 文 献

［1］ 陈雪峰.智能运维与健康管理 [M].北京：机械工业出版社，2021.

［2］ 黄志坚.机械设备振动故障监测与诊断 [M].2 版.北京：化学工业出版社，2017.

［3］ 徐萍.振动信号处理与数据分析 [M].北京：科学出版社，2016.

［4］ 余本国.基于 Python 的大数据分析基础及实战 [M].北京：中国水利水电出版社，2018.

［5］ 王勇.SKF 大型混合陶瓷深沟球轴承——风力发电机的可靠解决方案 [J].电机控制与应用，2008（12）：54-57.

［6］ 王勇.风力发电机中的轴承过电流问题 [J].电机控制与应用，2008（9）：15-19.

［7］ 王勇.工业电机中的滚动轴承噪声 [J].电机控制与应用，2008（6）：38-41.

［8］ 王勇.工业电机中的滚动轴承失效分析 [J].电机控制与应用，2009（9）：38-43.

［9］ 王勇.滚动轴承寿命计算 [J].电机控制与应用，2009（7）：14-18.

［10］ 王勇.工业电机滚动轴承润滑方案设计 [J].电机控制与应用，2009（12）：52-56.

［11］ 王勇.工业电机滚动轴承的安装与使用 [J].电机控制与应用，2010（1）：56-60.

［12］ 才家刚.电机故障诊断及修理 [M].北京：机械工业出版社，2016.

［13］ 才家刚，李兴林，王勇，等.滚动轴承使用常识 [M].2 版.北京：机械工业出版社，2015.

［14］ 才家刚，王勇，等.电机轴承应用技术 [M].北京：机械工业出版社，2020.

［15］ 王勇，赵明.齿轮箱轴承选型与维护 [M].北京：机械工业出版社，2022.

［16］ 王勇，赵明.齿轮箱轴承应用技术 [M].北京：机械工业出版社，2022.

［17］ RIBRANT J, BERTLING L M. Survey of failures in wind power systems with focus on Swedish wind power plants during 1997—2005 [J]. IEEE Transactions on Energy Conversion, 2007, 22（1）：167-173.